城市河道与黑臭水体治理

王　琳　王　丽　黄绪达　著

科学出版社

北　京

内 容 简 介

本书系统地回顾了城市河道演变发展的过程，以及伴随城市化进程，城市河道治理的思路与技术方法；对比了相同阶段国内外技术演变的过程、思想演变的过程，即从单一的河道治理、河流治理、流域治理、流域综合治理，发展到水生态韧性城市的过程；介绍了小流域综合治理的技术方法与案例；介绍了水生态韧性城市构建的技术方法与案例。

本书可供环境工程学以及工程应用专业人员的教学、科研与工程应用参考，也可以作为大学生、研究生和工程技术人员的参考书。

图书在版编目(CIP)数据

城市河道与黑臭水体治理/王琳，王丽，黄绪达著. —北京：科学出版社，2019.7

ISBN 978-7-03-061868-9

Ⅰ. ①城…　Ⅱ. ①王…　②王　③黄…　Ⅲ. ①城市-河道整治　Ⅳ. ①TV882

中国版本图书馆 CIP 数据核字(2019)第 146054 号

责任编辑：霍志国/责任校对：杜子昂

责任印制：吴兆东/封面设计：东方人华

科学出版社出版

北京东黄城根北街 16 号

邮政编码：100717

http://www.sciencep.com

北京中石油彩色印刷有限责任公司 印刷

科学出版社发行　各地新华书店经销

*

2019 年 7 月第　一　版　开本：720×1000　B5

2023 年 3 月第四次印刷　印张：22 3/4

字数：454 000

定价：138.00 元

前　言

麦克哈格在《设计结合自然》一书中曾问道："你还能找到最初促使城市形成的那条河流吗？"曾几何时，河道建设违背自然之道，采用硬质化、垂直陡峭、落差大、水流快的河道护岸，河道建设呈现平面形状直线化、断面形状规则化、护岸材料硬质化的现象。沉重的人工痕迹远离了人们对自然的追求，硬质护岸切断了水体与河地的联系，许多水生生物失去了生存环境，生物多样性严重受损。

2004 年我所在的中国海洋大学研究团队，开始城市河道修复研究，这一年我在青岛政协会议上发言的题目是："生态城市向左走，向右走"。这一年我开启了青岛李村河的研究，同年还参与了济南玉绣河的修复研究。这个阶段，我在这个研究领域培养了 1 名博士(宫兆国)和 2 名硕士(张炯和曹敏)，他们的研究方向都与玉绣河的修复有关，如玉绣河沿途的分散处理技术的评估、生态健康评估等的。我对这个方向的研究一直持续到 2008 年，并由博士研究生王建春完成其中讨论城市化对城市河道的影响的论文。这部分的研究形成了本书的第一部分，即随着历史的变迁，城市化对城市河道的影响，反映出不同阶段城市发展的需求主导了城市河道的形态与水质。这个阶段的特征，与 19 世纪英国、法国等发达国家出现的问题和采取的措施、形成的城市河道形态与水质状况类似。

经过长期的思考与研究，2012 年我撰写了《精明增长、低影响开发，让雨水流过海绵城市》，之后开展了海绵城市和黑臭水体的研究，研究方向从聚焦河道自身的修复，转向了小流域，提出小流域是完整水文单元和与之相耦合的生态单元，在城市进行小流域的水文和水生态综合规划与修复，才能实现城市河道水生态持续修复。此间我所在研究团队参与了济南市韩仓河小流域的综合规划与修复的研究工作，博士研究生王晋以"基于小流域尺度的城市化 LUCC 水文效应及水生态系统健康评价与修复研究"为题目，进行了韩仓河小流域水文过程和水生态的综合修复的研究。

2017 年我有幸遇到美国著名咨询公司 AECOM 工作人员，和他们一起讨论研究青岛风河的小流域综合规划。风河的定位是：做水质、做生态、做景观和做活力，实现流域持久繁荣。这次讨论，使我认识到城市河道要实现自然型河道、生态型河道等目标，仅从水文、水生态进行构建和修复还是不够的，要实现永续健康可持续，就要结合小流域内的土地开发，确保小流域中的每一个地块开发建设都符合小流域生态可持续的要求，在此目标下的小流域综合规划，不仅实现流域水生态健康，还可以实现经济同步发展，使社会更有活力。

2018 年，王金祥博士的论文《小城镇生态资本增值与评价研究——以潍坊白塔镇为例》完成了，论文的章节就成为本书的最后一章——水生态韧性城市，我认识到这才是城市水生态建设的目标。

本书的有关内容得到山东省社会科学规划重点项目“习近平生态文明制度思想研究”（18BDCJ01）和济南市科技计划项目“小流域水生态修复技术在海绵工程中的示范应用”（201704135）等项目的支持，在此表示感谢！

从单一的河道治理，到小流域水文水生态的修复，到小流域的综合规划，再到水生态韧性城市，是河道治理理念的变化。希望这一理念能引导城市河道的修复与黑臭水体的治理，为山水林田湖的修复做贡献，为实现国家持久繁荣献智慧。

作　者

2019 年 5 月 3 日

目　录

第 1 章　城市河道演变与河道水质

河流是人类文明的起源，是联结水圈、生物圈、岩石圈的重要纽带，同时也是重要的生物栖息地[1]。河流是经济社会发展的重要资源，常被称为陆地生态系统的动脉，对自然界的物质循环具有重要影响，可以促进物种间能量的流动，河流生态系统也是最重要的生态系统之一。河流作为水资源的载体，具有重要的生态服务功能，对经济社会的发展具有举足轻重的作用。

河流对城市的发展有重要的影响，哈尔福德·麦金德在《历史的地理枢纽》一书中曾说道："人们发现，在那段时期，欧洲的城市建于河岸上，经常是在支流的汇合处或者潮汐的源头，而且最自然的地方聚集地几乎与河谷所在地相吻合，它们的边疆大约在分水岭。举例来说，在欧洲中心的西里西亚、波西米亚和摩拉维亚，或者在英国的约克郡和莱斯特郡都有一批这样的地区。"[2]吕西安·费弗尔在《莱茵河：历史、神话和现实》一书中也提到："河谷为整个欧洲大陆提供了建立广泛联系的可能，人员和商品的流动极其频繁，众多的联系在这条水上大动脉上结成，这一切使地理学家们眼里的莱茵河仅仅是欧洲最活跃的地区之一。"[3]

泰晤士河是不列颠群岛上的第一大河，河流长 215mi（1mi=1.609344km），流域面积 13000km^2，发源于英格兰的科茨沃尔德（Cotswold），被视为是英国的母亲河[4]。在罗马人进入不列颠之前，泰晤士河被当地的凯尔特人称为泰姆萨斯（Tamesas）河，即"黑河"之意。这是由于大量的泥沙随河水冲刷而下，致使河水呈黑色。凯撒曾经在公元前 55 年想跨海峡进入不列颠，在《高卢战记》中[5]，凯撒称泰晤士河为"黑暗河"。公元 1 世纪，罗马人建造了伦迪尼姆（Londinium），修建了伦敦桥和道路网，整饬了泰晤士河的河道，伦敦的城市历史就此开始。到罗马帝国末期，罗马人撤离时，伦敦已经成为优良港湾和聚居地。

泰晤士河供应给伦敦两岸居民生活生产用水和丰盛的水产品，水运给英国人运来了东方的丝绸茶叶和新大陆的蔗糖金银，泰晤士河孕育了伦敦的繁华。但随着工业化时代的到来、人口的急剧增长和人们生活方式的改变，大量未经任何处理的生活污水和工业废水直接排入河中，导致泰晤士河严重污染，昔日优雅的"母亲河"变成了肮脏邋遢的"泰晤士老爹"[6]。

从 19 世纪中期开始，英国政府和伦敦市政当局开展了对泰晤士河的治理。1852～1891 年修建了两大截污排水系统，建立了城市排水系统，进行污水处理。1955～1975 年对泰晤士河进行全流域治理，修复了泰晤士河的生态系统。1975 年至今对泰晤士河进行全方位的提升和完善，包括制度、管理和可持续的研究。

经过长年建设，人类始终在征服河道，沿河修了堤岸，建设了拦河大坝，河道从自然河道变成了长期不变的人工渠，如图 1.1 和图 1.2 所示。

图 1.1　1616 年 Claes van Visscher 画的版画，展示当时的伦敦桥和前面的教堂

图 1.2　现在的伦敦桥和伦敦塔

公元 300 年前，在塞纳河西岱岛的江心小岛，一个被称为“吕岱斯”（音为“沼泽地”或“水中屋”）的小岛上，聚居着一个叫赛尔特的巴里西人(Parisii)部落。巴黎城在相当长一段时间里都是依自然地域分为三个区域：西岱岛、塞纳河右岸地区、塞纳河左岸地区。公元 360 年，罗马总督于连 •拉波斯(Jvlienl Apostac)，把吕戈戴斯城正式命名为巴黎(Paris)，从此这座城市就被称作巴黎，并一直沿用至今。拿破仑上台后，下令整治巴黎市区周边的乌克河和波代荷莱河，进行拓宽挖深，改善河水水源，作为巴黎市区居民的专用饮水新水源，这样既扩大了巴黎市区的水源来源，又保证了水源的清洁。同时，他又下令疏浚巴黎市区的圣 • 德尼斯运河和圣 • 马丁运河，使之作为塞纳河的船运辅助通道，这样减轻了塞纳河的船运压力，塞纳河的河水得以更加清洁。在塞纳河上修建的多座桥梁，改善了两岸交通。塞纳河总长 770km，从“民族”桥(Pont National Avbe)流入巴黎市区，到流出市区总长 12km，河段宽度在 136～165m 之间。它有四条支流：约莱河(Yonne)、马恩河(Marne)、瓦兹河(Olse)、奥贝河(Avbe)。17 世纪以前，塞纳河完全是一种自然流淌的形式，雨季来临时，河水猛涨，有时会洪水泛滥，1740 年还发生过洪水淹没杜伊勒花园的情况[7]。为减轻塞纳河的运输压力和减少塞纳河巴黎段因船只运输产生的污染，欧斯曼开掘运河，使来往巴黎的船只绕道运河出入塞纳河，减轻了塞纳河巴黎段运输压力，减少了塞纳河巴黎段污染。欧斯曼疏浚了圣 • 德尼斯运河，开掘了圣 • 马丁运河。在塞纳河下游伊屋赫地区修建了一个水闸，以提高塞纳河与两条运河的河床水位，增加船只的吃水量，增大塞纳河的运输量。图 1.3 所示为已经完全渠化的西提岛沿岸。

图 1.3　西提岛和巴黎圣母院，塞纳河已经完全渠化

北京城选址和永定河有密切关系，永定河的渡口功能为附近的部落提供了必要的交通。天福元年(936 年)北京所在地幽州改称南京，为保南京的安全，开始筑堤坝，宋代，永定河称卢水，这也是卢沟桥的来源；金贞元元年(1153 年)北京成为中都，永定河防洪和漕运日益重要，修筑了长达百米的堤防工程。清康熙三十七年(1678 年)大规模整修平原地区河道后，始改今名。1954 年建成蓄水 22 亿多 m^3 的官厅水库，才基本控制了上游洪水。2009 年，北京市政府决心整治已断流 30 年的城市母亲河——永定河，目标是使这条因人类过度使用而断流的河流重新有水，并在 170km 北京段恢复流水，尤其是在 37km 城市段形成五大湖面和十大公园，再辅以河道内外园林生态绿化，使河流重新成为景观。图 1.4 所示为永定河综合整治规划图。

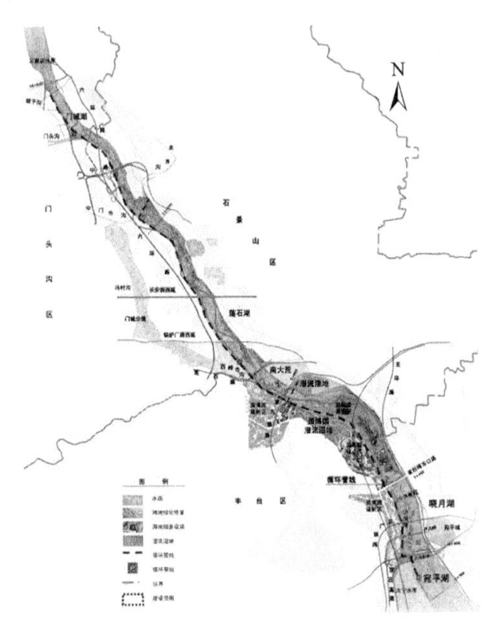

图 1.4　永定河综合整治规划图

春秋战国时期，管仲在《管子》中有言："凡立国郡，非于大山之下，必立广川之上，高毋近旱，而水用足，下毋近水，而沟防省。因天材，就地利。"古人提出建城市选址的依据，河流与城市之间的关系，用水和防御。总结近代史，发展过程中城市的变迁与对城市河流的开发利用，城市河流有以下功能：

(1)水文功能：在全球水循环过程中，河流是陆地径流的主要通道，大气降水降到地面以后，水流沿着低洼处汇集成河流，河流相互汇集进入海洋或湖泊，最后通过蒸发回到大气，完成整个循环。这一循环使河道中保持一定的径流量，同时实现了不同地域的水量分配。

(2)地质地貌功能：河流是地形地貌的一个重要组成部分，河水具有侵蚀、搬运和堆积的作用，促进了河流的产生、发育以及成熟，河流中的泥沙淤积形成了冲积平原以及平原上的特殊地貌。

(3)供水功能：河湖水系是地球淡水资源的最主要载体，是人类的主要水源地，可以被直接利用。同时，河流具有重要的灌溉作用，满足植物和农业的用水需求。工业生产也离不开水资源，水资源是工业和城市发展的基本保证，水资源承载力已成为工业发展的制约因素。

(4)航运功能：河流形成天然航道，依靠河水的流动进行人口、物资的搬运，促进流域经济发展和交流，并且运行成本较低，受天气因素影响较小。为了利用水运，国内外出现了大量的运河工程，充分发挥河流的航运功能。

(5)发电功能：水力发电是水资源综合利用的一个重要组成部分，利用河流的势能进行水力发电，而且水力发电是一种可再生能源，对环境影响较小，除此之外，还具有控制洪水泛滥、改善河流航运等功能。

(6)防洪功能：河流是陆地径流流入海洋的主要通道，通过对降水的疏导、排泄，调节水文过程，缓解洪水的压力，河漫滩也能延缓洪水对陆域的侵蚀，具有一定的蓄洪能力，降低洪涝灾害的风险。

(7)景观功能：河流的时间与空间格局不断更替变化，形态多样化，具有明显的景观多样性与特异性，给人们带来视觉美感。

(8)休闲功能：河湖水系可以为人类提供游泳、垂钓以及摄影等丰富多彩的休闲娱乐活动，可以陶冶情操、愉悦心情，具有重要的休闲和审美价值。

(9)文化功能：河流是人类文明的发源地，并滋润着人类文明不断发展，是人类文明的宝贵资源。水系的文化功能主要是指水系对人类精神文明的影响。

(10)生态功能:生态功能主要是指河流将有机质和无机盐输送给周围的生物体，作为营养物质进行吸收，并为它们提供栖息地，促进河流生态系统的发展和演化[8]。生态功能又具体分为：①物质生产功能，通过初级生产和次级生产，水系可以提供各种动植物产品。②纳污净化功能，河流在流动过程中，通过稀释、扩散和氧化还原等一系列物理、化学和生物作用，使排入河流中的污染物浓度不断降低，实现水体的自净，体现了水系自身的调控和修复能力。河流中的泥沙可以作为污染物的载体，伴随着河水的流动将污染物进行输送，降低了污染物对某一局部的持续危害。③栖息地功能，作为河流生态系统的一个重要组成部分，栖息地为河流中的生物体提供生长繁殖的环境，是生物体的重要支撑。河流形态的多样性促进了栖息地的多样性，有利于生物的多样性发展。④物质能量输送功能，物质能量输送功能又称为通道功能，包括横向和纵向[9]。水系利用河水的可溶性和流动性输送营养物质，进行物质和能量的交换。

水系的三种功能之间相互作用、相互协调。自然功能是水系最基本的功能，对其他两种功能具有决定作用，社会功能因人类需求而生并服务于人类，生态功能为人类带来正生态效益时可演化为社会功能。

然而在近现代，传统的水力学对河道的治理主要是防洪与排涝，采取的措施是：基于水流动力学对河流的径流量、流速、洪峰流量等数据进行综合计算，划定河流平面线，裁弯取直，设定河道的防洪能力，确定河道的断面尺寸，对河道进行渠化，导致河道功能丧失；在城市建设初期，对城市污水的认识不足，没有足够的排污设施，城市河道成了自然的排污渠，随着经济和人口增长，排污量增加，城市河道的生态功能急剧破坏，河水成了黑臭水体，下面将以济南市的小清河为例，反演城市化过程，论证小清河水质变化的相关性因素。

济南市因济水而得名，为了理清城市与河道变迁的关系，选择济南市小清河的河道、水质的历史演变实证人类活动对城市河道的影响。

1.1　济南市小清河河道的历史变迁

5 世纪末，菏泽以西的济水上段逐渐填塞，济水仅余下段，唐代改称为清河。大约在北宋熙宁十年(1077 年)七月[10]，大河在澶州曹村埽决溢，向东合北清河入海。从历城东北又决出一股新道，北流入济阳县境，与漯水合入渤海。其流经地区大致与今之历城以下黄河所行地区相同，此后黄河多次经此流路入海，河道逐渐宽广，而历城以下济水则源短流微，渐趋淤塞。宋代刘豫为防洪排涝，并兼有舟楫之利，循历城济水故道，挑挖疏浚，成为独流入海河流，并为增加水源，在华山下筑泺堰，使源于济南泉群的泺水，注入新开河道[11]。其后，由东平经平阴、长清、历城、济阳等地东北流入海的北清河称为大清河，由济南东流的新河道称为小清河。小清河在元、明、清以至民国时期，几次疏浚，河道亦屡有变迁。光绪九年(1883 年)，在泛滥三十年之后，对小清河进行了治理，将巨野河以西，华山以南之水汇入小清河。小清河上游各支流，如泺水、巨野河、绣江河等，时而北注大清河，时而注入小清河。1855 年，黄河夺大清河入海，黄河河床逐渐高悬于平地之上，泺水等河不能入黄，泺水演变为小清河上源，泺水之名遂废。1891～

1893 年盛宣怀奉命整治小清河，经疏浚治理，汇流群泉之水，成为山东省重要的排洪和航运河道[12]，就是当今的小清河，如图 1.5 所示[12]。

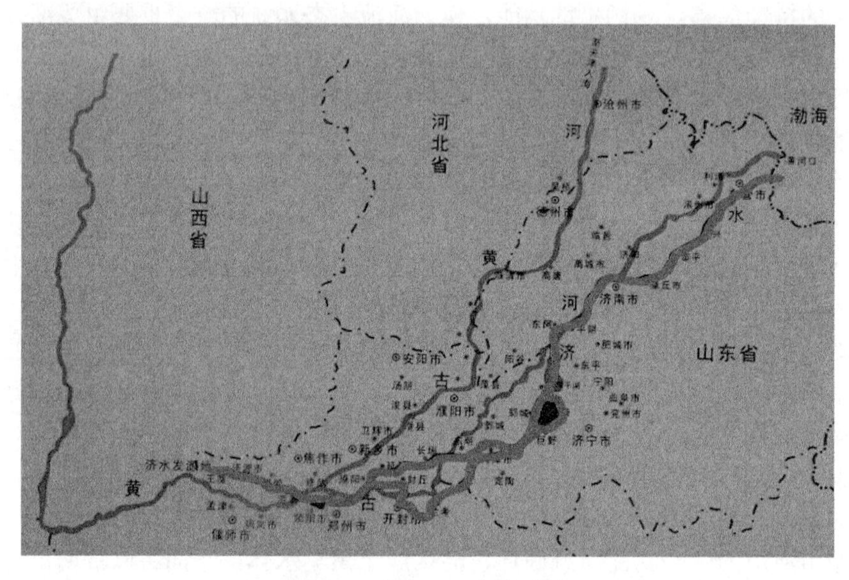

图 1.5　小清河河道位置图

伴随着城市的发展，人们对小清河进行了长期大规模的治理，河流的形态、河床比降等发生了显著的变化。新中国成立后，为治理小清河，济南市曾先后四次设立机构，进行勘测规划，并确定了“上蓄、中滞、下排”的流域治理原则。1950 年疏浚小清河 9.4km。1952 年从津浦铁路东起，沿小清河左岸，距河 100m 左右开挖新引河 1 条，至五柳闸东 100m 入小清河，以承泄左岸排水和便利航运。1958 年，济南市在小清河的支流中上游修建了大中型水库 5 座，小型水库 73 座，修建拦河坝 50 座，总库容 1.84 亿 m^3，这些工程对消减洪峰，减轻灾害，发展灌溉、养殖等起了显著作用，如图 1.6 所示。水库的规模如表 1.1 所示。

1963～1964 年，对小清河黄台水文站到鸭旺口 27km 进行复堤，堤顶高按 1962 年洪水位以上 0.5m，堤顶宽 2m。1964 年，疏浚小清河河道 2.8km，1971 年再次疏浚小清河睦里庄—五柳闸 19.5km。1978 年，编制小清河综合治理规划，1996～1998 年，按照“砍头、滞蓄、扩挖”的方案对小清河济南市段进行了扩挖、筑堤、岸墙护砌等，小清河的防洪能力由 5 年一遇提高到 20 年一遇。另外，河上还建了睦里庄、金牛、柴家 3 座拦河闸，43 座跨河桥，51 座排水涵闸和 135 处扬水站以及 6 处渡槽和跨河管道。2002 年，济南市政府公布《济南市小清河管理办法》，9 月 1 日实施。2007 年 11 月 6 日，济南市小清河综合治理工程开工。

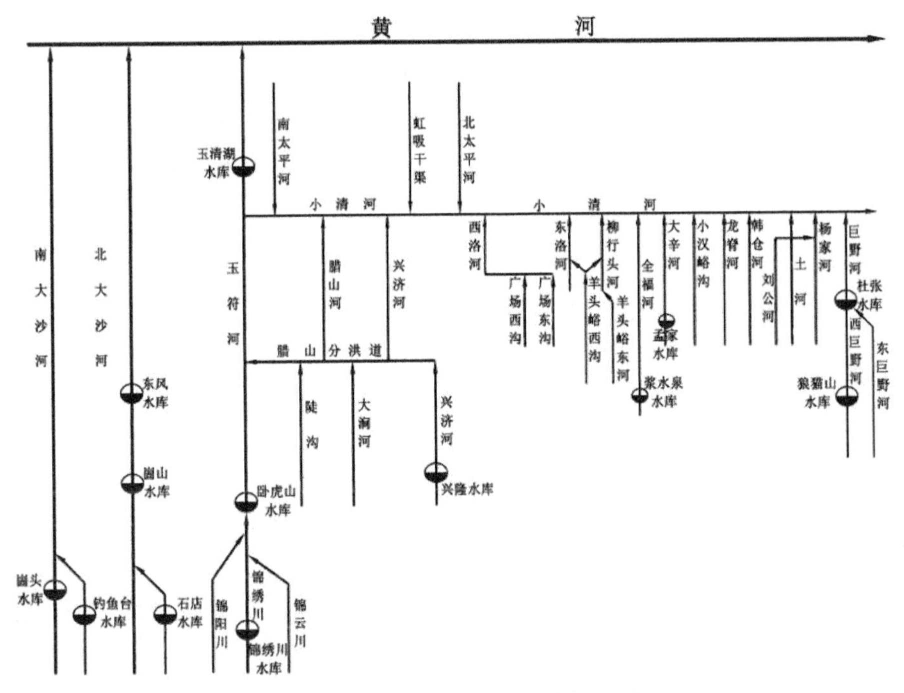

图 1.6　济南市大中小型水库位置图

表 1.1　济南市水库

水库类型	水库名称	建库年份(年)	流域面积(km^2)	所在河流	总库容(万 m^3)	坝型	防洪标准
大型水库	卧虎山水库	1958	557	锦绣、锦阳、锦云三川汇合处	10430	黏土心墙土石混合坝	100 年一遇设计，5000 年一遇校核
中型水库	锦绣川水库	1966	166	玉符河支流锦绣川	4150	浆砌石重力坝	100 年一遇设计，1000 年一遇校核
	狼猫山水库	1959	82	西巨野河上游	1560	均质土坝	50 年一遇设计，1000 年一遇校核
	石店水库	1966	40.2	北大沙河支流	1101	均质土坝	50 年一遇设计，1000 年一遇校核
	崮头水库	1959	100	南大沙河西支上游	1530	均质土坝	50 年一遇设计，1000 年一遇校核
	钓鱼台水库	1957	39	南大沙河东支上游	1030	均质土坝	50 年一遇设计，1000 年一遇校核

经过大规模的综合治理，河道的形态变化用表征河湾平面形态的参数中最常用总弯曲系数进行计算。1917 年小清河河型较顺直，总弯曲系数是 1.104(弯曲河流系数＞1.3)，河道走向为西南—东北向(图 1.7)。1996 年小清河河型如图 1.8

所示。与 1917 年相比基本没有变化，总弯曲系数为 1.087。将两个时期的流域平面图进行叠加后，基本重合在一起，仅河口段形态有明显差异[13]。

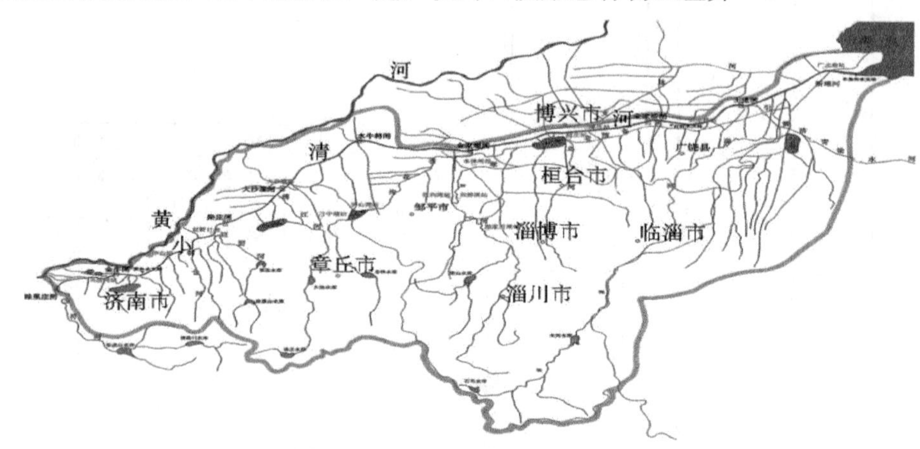

图 1.7　1917 年小清河济南段河型

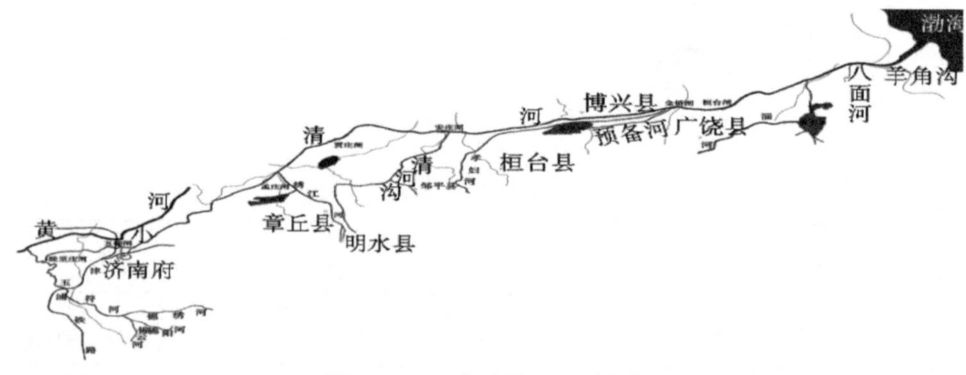

图 1.8　1917 年小清河平面形态

但在人类的干预下，河道的纵剖面特征变化比较显著，1917 年小清河纵剖面凹度较小，纵剖面的起点睦里庄闸河底高于海平面 29.07m，终点羊角沟河底高于海平面 0.95m，总高差 28.12m，如表 1.2 所示。1917 年小清河干流河道形成了 0.01%～0.025%的河底比降，河源段(距睦里庄闸 22km)河底比降较陡，至下游逐渐平缓，河源段比降是下游比降的 1.5 倍。

表 1.2　1917 年小清河干流河底比降

起点	终点	距离(km)	河底差(m)	比降(%)
睦里庄闸	黄台桥	21.02	5.25	0.025
黄台桥	张家林	44.35	5.46	0.012
张家林	岔河	53.91	7.87	0.015
岔河	羊角沟	89.22	8.49	0.095

1996年小清河纵剖面形态与1917年相似，但总高差为27.09m，干流河道河底比降为0.007%～0.039%，其中河源段比降比下游段大了3倍多。与1917年相比，1996年小清河河源段河底比降更陡、下游段比降更缓[13]，如表1.3所示。近百年来小清河干流河床下切，而且越向下游方向河床下切越明显，至河口段附近河床下切有变缓的趋势。

表1.3 1996年小清河干流河底比降

起点	终点	距离(km)	河底差(m)	比降(%)
睦里庄闸	黄台水文站	23.40	8.6	0.037
黄台水文站	绣江河闸	43.40	5.80	0.013
绣江河闸	金家堰闸	52.92	7.40	0.014
金家堰闸	南北河子	83.97	7.50	0.009

整治前后小清河不同河段断面从自然抛物线形变为梯形，形态上有较大变化。小清河整治是按非感潮河段进行横断面设计，济南市区按50年一遇洪水位一般高于地面1m左右确定断面尺寸，其他河段按5年一遇除涝水位线和河底满足除涝、清污和航道要求确定河底高程和宽度。小清河源头段睦里庄闸现状河道为浆砌石护坡。金牛闸向下12km河段为浆砌石复式矩形断面。金家堰闸以下河段局部退堤筑新堤，一般原堤加高培厚。感潮河段断面为切滩方案，新预备河口河段退左堤筑新堤，右堤原堤加高培厚，河道底部开挖底槽以满足六级航运要求。

济南小清河经过整治后，济南市段流经槐荫、天桥、历城、章丘四区，出章丘进入邹平，境内全长70.5km，流域面积2792km^2[2,14-17]，占济南市面积的34%，是济南及沿岸地区的唯一排洪河道。流域内有大小支流28条，主要有兴济河、东西洛河、工商河、腊山河、南太平河等，流域面积大于100km^{2}的支流有兴济河、巨野河、韩仓河、绣江河、漯河、大沙河等六条。小清河的支流大多是山洪性河道，呈单侧梳齿状分布于右岸，主要有腊山河、兴济河、东西洛河、工商河、柳行河、全福河等，其特点是坡陡流急，过水断面上游大于下游，每逢暴雨，宣泄不及，常造成支流下游漫溢成灾，因此在各支流的上游，修建了大小不同的拦蓄工程，平常基本无水。

小清河济南城区段流域面积323.4km^2，主要支流为全福河、柳行头河、东西洛河、工商河、兴济河、腊山河、匡庄西河、南太平河、虹吸干河、北太平河等，涉及槐荫、天桥、市中、历下、历城、章丘六区，并与滨州地区的邹平县接壤。济南市地下水资源丰富，素以“泉城”著称。泉水是济南市自然环境的一大特色，市区泉群分为趵突泉、黑虎泉、珍珠泉、五龙潭四大泉群。1950～1990年实测泉群涌水量平均为177km^3/d，泉群通过东、南、西护城河向北汇入大明湖，经东、西洛河流入小清河[18-22]。

济南市区河流水系主要分属黄河、小清河两大水系，济南市区段的小清河河网水系、济南市所有塘坝、节制闸、提升泵站等防洪工程平面位置如图 1.9 所示。

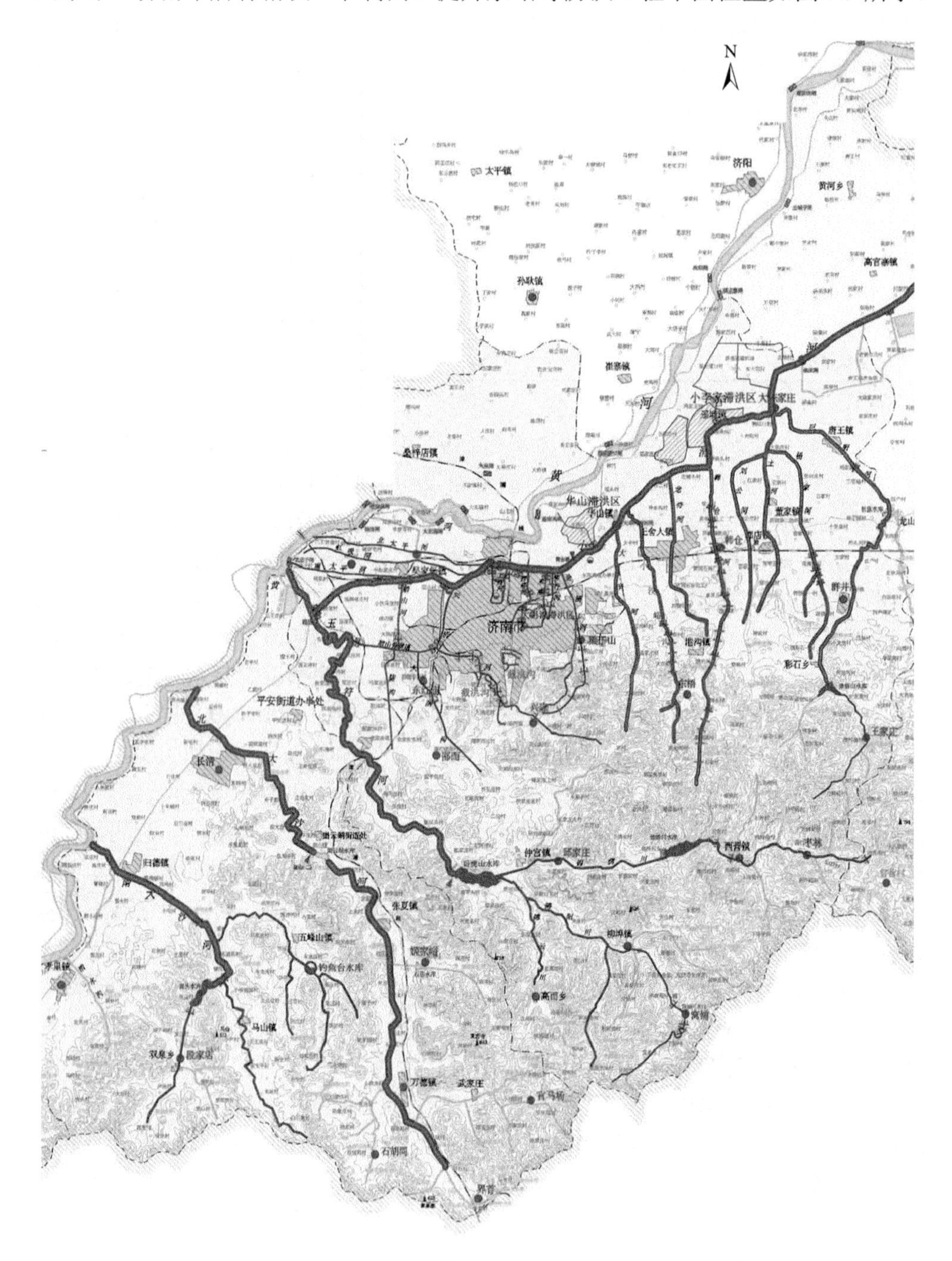

图 1.9　济南市河网水系和防洪工程平面位置图

1.2　小清河河道水质

历史上小清河不仅是重要的航道，也是著名的风景区。在20世纪70年代以前，小清河水质清澈见底，鱼虾等生物资源丰富，河道通畅，沿岸树木茂密，景色宜人[23]。60年代以后，污水排放量日渐增加，1960年全市日废水排放量为19万t, 70年代增至40万t左右，80年代初达到56万t，这些工业废水和生活污水经兴济河、工商河、西洛河、柳行头、七里河和王舍人镇六大排污系统的20多条河沟排入小清河。随着污废水排放量不断增加，并直接排入小清河，小清河上游修建了大量的水库和拦水坝，河水基本上无清洁补充水源，造成了河流自净能力极差，水质污染严重。80年代以后，快速的经济社会发展需要大量水资源，大量开采地下水导致小清河清洁水补充进一步不足，另外沿途各市大量未经处理的污水废水排入小清河中，污染物的数量远远超过其自净作用所能容纳的污染物的量，这直接致使小清河水质状况持续恶化。90年代虽经多方面污染治理仍日排废水60多万t。1991年《山东省环境质量报告书》数据显示，1991年小清河各监测断面除源头睦里庄水质较好，能够达到地表水环境质量I类标准外，其余各断面均远远超过V类水标准，为劣V类水，水质污染严重，具体的监测断面的位置如图1.10所示。

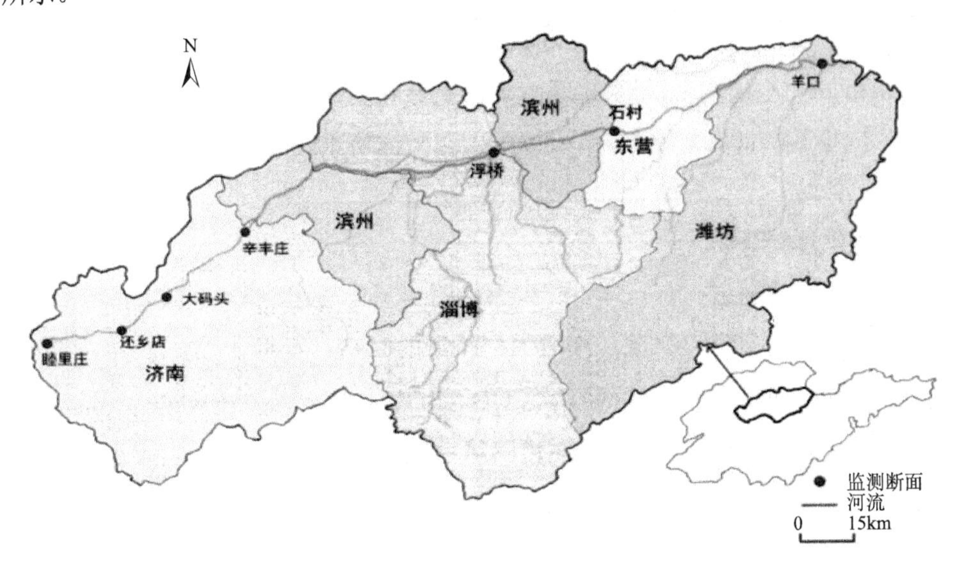

图1.10　小清河流域各监测断面位置图

近年来，随着城市的发展和人口的急剧膨胀，城市基础设施建设滞后，尤其是污水管网不健全，部分污水不经处理直接排入城区河道，导致河道内污水横流，垃圾淤塞，行洪不畅，严重影响了周边居民的生活环境，影响了济南市的水环境和城市形象，如图 1.11 所示。

图 1.11　被垃圾淤塞的小清河市区段河道

1997 年对小清河济南段设置的 7 个监测断面(睦里庄、马鞍山、五柳闸、还乡店、大码头、鸭旺口和辛丰庄)进行了监测，在监测的 26 个项目中，9 项超过《地面水质环境标准》(GB 3838—1988)中的四类标准，其中化学需氧量、高锰酸盐指数、生化需氧量、溶解氧、石油类、挥发酚和氨氮 7 项年均各断面全部超标，前五项已经超过地表水 V 类指标。结果表明小清河水质大于劣V类。表 1.4 为 1985～1994 年小清河济南段水质综合污染指数[24]。

表 1.4　1985～1994 年小清河济南段水质综合污染指数

断面	1985 年	1986 年	1987 年	1988 年	1989 年	1990 年	1991 年	1992 年	1993 年	1994 年
睦里庄	0	0.86	0.72	1.84	0	1.98	0.53	1.46	1.59	3.18
马鞍山	6.92	49.27	37.74	57.55	67.15	84.20	62.65	85.28	117.36	99.46
五柳闸	31.17	59.42	51.39	58.62	94.37	93.30	75.08	84.42	102.66	79.28
还乡店	27.54	71.22	56.05	65.43	92.26	89.53	77.41	86.92	112.50	86.11
大码头	21.61	73.60	64.94	67.78	108.10	184.41	83.68	79.36	104.20	83.57
鸭旺口	40.20	67.11	58.01	73.96	90.93	89.27	62.12	76.17	106.42	78.10
辛丰庄	35.32	51.34	45.59	59.31	67.83	70.56	52.66	61.99	72.71	59.36

1994 年底，济南市和淄博市两个城市污水处理厂一期工程相继开工，处理能力为 36 万 t/d，为小清河沿岸的群众打深水井 237 眼，解决沿岸群众的饮水问题[25]。1988 年市区人口 156 万，市区污水 62.4 万 t/d，其中生活污水占 40%，其他为工业废水。大量污水均直接排入河道，市内河道均称为污水渠，水色灰黑，腥臭四

溢。1986 年济南污水出厂进行可行性研究，设计规模为 45 万 t/d，一期工程 22.5 万 t/d，厂址位于济南市北部小清河侧盖家沟村，设计进水水质为：COD，500mg/L；BOD_5，260mg/L；SS，400mg/L。设计出水为二级排放。1996 年济南盖家沟污水处理厂建成运行，管网配套工程于 1997 年 8 月开工，2000 年底基本完成。新建济南兴济河污水处理厂于 2001 年建成[26]。济南污水厂 22.5 万 t/d 一期工程污水处理已经进入试运行阶段，但城市基础设施建设资金严重不足，连接污水管网与污水厂的末端污水干管无法上马，致使整个污水管网系统无法正常启用，污水依旧通过城市河道最终排入小清河，污水厂也只能抽小清河的水进行处理；同时，管网中部分管段老化，污水浸入河流污染了附近水体，使水体恶化，对城市景观和地下水源都有严重的影响。污水出厂如图 1.12 所示。

图 1.12　济南市污水处理厂(第一水质净化厂)

1.2.1　小清河各支流入河排污口现状

1) 兴济河河系

兴济河沿河共有排水口 118 个，其中小清河—济齐路段，排污口 4 个；济齐路—济微路段，2000 年对河道进行了截污改造，河道两侧有污水管，但由于管线堵塞，截留口不能及时疏通，现仍有少量污水排入河道；济微路—英雄山路段，共有排污口 52 个；英雄山路—兴隆水库路段，共有排污口 4 个；兴济河支流—南大槐树，共有排污口 8 个；兴济河支流—十六里河支流，共有排污口 9 个。

2) 工商河河系

沿工商河共有排水口 118 个，其中污水口 51 个。工商河沿岸较大的排水、污口有：万盛大沟、无影山中路泄洪沟、济洛路泄洪沟、生产渠等。

3）西泺河河系

西泺河河系（西泺河、西圩子壕、民生大沟、英雄山边沟河段）总长度 9km，明渠共有排水口 205 个，排污量约为 3.8 万 m^3/d；小清河至经一路河段，共有排水口 174 个（东岸 81 个，西岸 93 个），其中排污口 58 个（东岸 29 个，西岸 29 个）；西圩子壕河段共有排污口 31 个（东岸 21 个，西岸 10 个），该河段由于回民小区、民生大沟、经七路两侧等处污水直接排入该河道，河道污染严重，对周边地区环境影响较大。

4）东泺河河系

东泺河河系现有明渠内共有排水口 298 个（东岸 144 个，西岸 154 个），其中正在排污的为 221 个（东岸 93 个，西岸 128 个），排污量较大的排污口为：北园大街排污口、振华电镀厂排污口，明渠约 5.76km。其中，小清河至经一路段河道共有排水口 181 个（东岸 87 个，西岸 94 个），正在排污的为 151 个（东岸 69 个，西岸 82 个）；仁智街边沟河段共有排水口 40 个（东岸 18 个，西岸 22 个），正在排污的为 29 个（东岸 14 个，西岸 15 个）；羊头峪西沟河段共有排水口 77 个（东岸 39 个，西岸 38 个），正在排污的为 41 个（东岸 10 个，西岸 31 个）。

5）柳行头河河系

柳行头河历山路铁路桥以南部分因全部棚盖，无法观测排污口个数，历山路铁路桥以北及支流共有排污口 64 个。其中，较大的排污口有：黄台南路支流、小柳行头河支流。

6）全福河河系

全福河起源于浆水泉水库，自南向北流经经十东路、解放东路、工业南路、二环东路、花园路、山东大学老校区、北园大街后流入小清河，是济南市主要泄洪通道。其中工业南路以南的河段几乎全部棚盖。目前，该河道污染严重。

全福河共有排污口 74 个，小清河—工业南路小清河段共有排污口 63 个；工业南路—旅游路段共有排污口 11 个。

1.2.2　小清河各支流河道水质状况

根据济南市生态环境局提供的济南市地表水环境功能区划图，济南市城区河道兴济河、工商河、柳行头河、东泺河、西泺河、全福河都属于河道Ⅴ类水体。典型河道污水口排放调查如表 1.5 所示。

1991～2014 年，小清河济南段废水总量不断增加，由 1991 年的 15830 万 t 增长到 2014 年的 30796 万 t。工业污水所占的比例在 1992～2014 年不断下降，而生活污水所占的比例不断升高，工业废水与生活污水的比例由 1991 年的 62%∶38%变为 2014 年的 20%∶80%；在 1996 年之前，工业废水排放量占济南段废水

表 1.5　典型河道污水口水质调查

序号	河道名称	排水口数量(个)	排污口数量(个)	河道水质
1	兴济河	118	77	V 类水体
2	工商河河系	118	51	V 类水体
3	西泺河河系	205	89	V 类水体
4	东泺河河系	298	221	V 类水体
5	柳行头河	—	64	V 类水体
6	全福河	—	74	V 类水体

排放总量的绝大部分，生活污水所占的比例较小；而在 1996 年之后，随着对工业污水治理力度的加大，工业重复用水率不断提高，工业污水排放量所占比例逐渐减少，生活污水成为小清河济南段废水排放的主要来源。小清河济南段污水排放变化趋势如图 1.13 所示[27]。

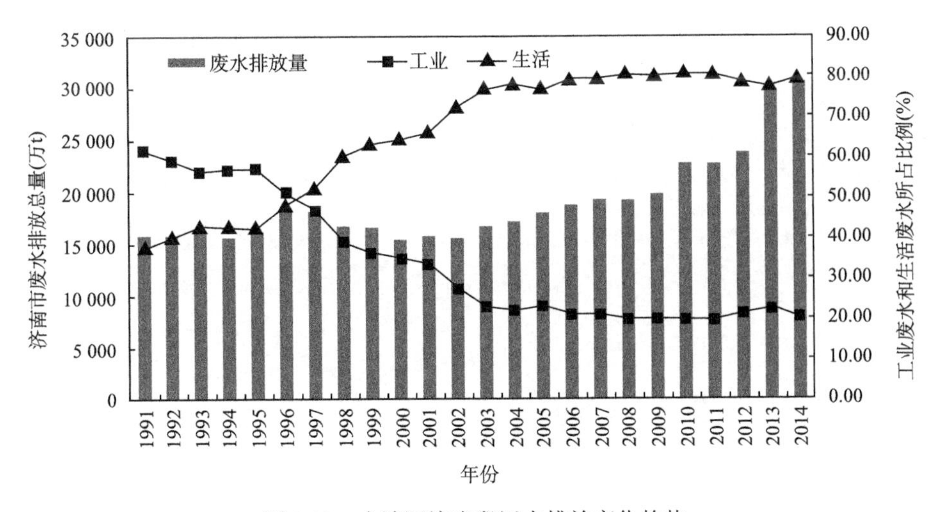

图 1.13　小清河济南段污水排放变化趋势

小清河是山东省唯一的海陆联运内河河道和排水河道，是横穿济南市区北部的一条城市河流，水系的功能与济南市产业发展定位息息相关。多年来，随着沿岸工业、农业的发展，城镇化水平的提高，排入小清河的废水不断增多，造成小清河水质恶化，如图 1.14 所示，2014 年小清河流域济南段河流排污量分布情况。

1.2.3　小清河流域污水处理厂建设情况[28]

截至 2013 年底，济南市城区已建成污水集中水质净化厂 5 座，处理能力合计为 76 万 t/d；已建成污水分散式处理站 8 座，分散式处理能力 8 万 t/d，污水集中和分散处理能力总计达到 84 万 t/d。图 1.15 为已经建成的集中污水处理厂位置。

截至 2013 年底，济南市已基本建成了污水收集系统主体框架，该框架可概括为四大排水分区和七大污水收集系统。其中四大排水分区从东向西分为大辛河分区、大明湖分区、兴济河分区、腊山河分区。各分区内包含的污水收集系统为：腊山河分区含西客站污水收集系统，大辛河分区含王舍人污水收集系统，大明湖分区含济泺路系统、大明湖系统、柳行头系统、黄台七里河系统四大污水收集系统，兴济河分区含济齐路污水收集系统。济南市排水系统分区表见表 1.6。

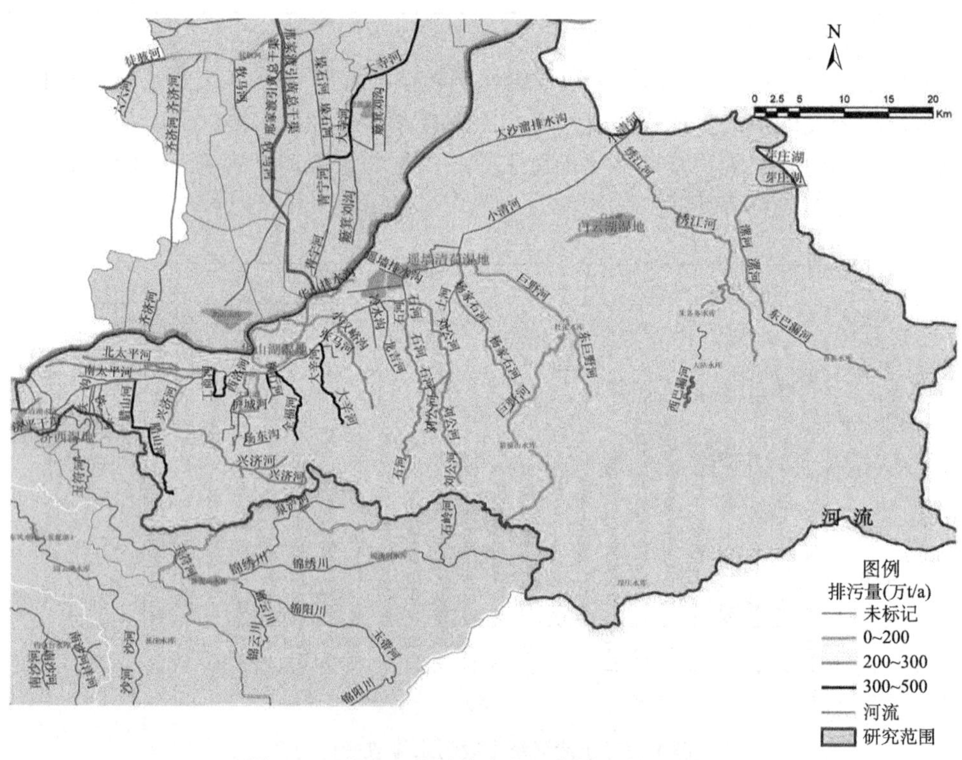

图 1.14　小清河流域济南段河流排污量分布图

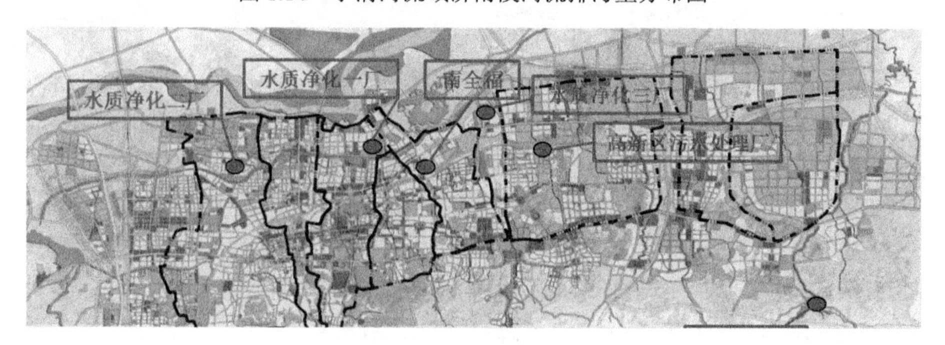

图 1.15　济南市污水处理厂位置图

表 1.6　济南市排水系统分区表

排水系统	排水体制	服务范围	收集面积(km²)	去向
西客站污水收集系统	分流制	西起京台高速，东至二环西路(西客站片区)	26.48	水质净化四厂
济齐路污水收集系统	截留式合流制	西起二环西路，东至纬六路及无影山路(旧城片区西部)	56.85	水质净化二厂
济泺路污水收集系统	截留式合流制	西起纬六路及无影山路，东至纬一路及东工商河(旧城片区中的中心城区老商埠区)	25.41	水质净化一厂
大明湖污水收集系统	部分分流，部分合流	西起纬一路及东工商河，东至历山路以西(主要为广场西沟、西圩子壕、西泺河广场东沟、东护城河、东泺河所辖范围)	40.64	水质净化一厂
柳行头污水收集系统	部分分流，部分合流	西起广场东沟及护城河，东至全福河	23.06	水质净化一厂
黄台七里河污水收集系统	部分分流，部分合流	起全福河，东至大辛河(燕山新区，主要集中在二环东路东西两侧)	34.81	水质净化三厂
王舍人污水收集系统	分流	西起大辛河，东至东绕城高速(贤文片区及王舍人片区)	91.94	水质净化三厂

济南市政府出资建设了污水分散式处理站 8 座，处理站的位置详见图 1.16，主要位于城区主要河道的周边，收集河道沿线管网污水，就地处理、就地回用，大部分作为河道的景观补充水源。

图 1.16　济南市污水分散式处理站位置图

1.3　城市化概念与济南城市化进展

城市化过程是一个多方面、多元化的时空动态转变过程，不同学科对城市化的理解有所不同。西方学者西蒙·库兹涅茨从人类学角度提出城市化是城市和乡村之间的人口分布的变化方式[29]。赫茨勒指出，城市化就是人口从乡村流入大城市以及人口在城市集中[30]。威尔逊将城市化解释为居住在城市的人口比重上升的现象[31]。从人类学角度定义的共同的特点是人口从农村向城市转移。从经济学的角度，西蒙 · 库兹涅茨指出，过去的一个半世纪的城市化，主要是经济增长的产物，是技术变革的产物，技术变革使大规模生产和经济成为可能。一个大规模的工厂，使社会的人口稠密，促进了人口向城市转移，人口转移又进而促进了经济投入增长[32]。沃纳赫希认为，城市化是以人口稀疏、空间上相当均匀遍布、劳动强度大，且个人分散为特征的农村经济，转变为具有基本对立特征的城市经济的变化过程[33]。经济学观点的城市化是各种非农产业发展的经济要素向城市集聚的过程，通过工业化、社会化和专业分工来实现。从产业结构的角度，城市化就是第二、第三产业不断发展的过程。从社会学的角度，沃斯指出，城市化意味着乡村生活方式向城市生活方式的发展、质变的全过程。沃斯强调生活方式不仅是日常的生活习俗、生活习惯，更重要的是制度、规划和方法等结构方面的内容[34]。孟德拉斯则认为，乡下人享有都市的一切物质条件和舒适，从这种意义上说，乡村的生活方式就是城市化了[35]。空间城市化是指随着经济、人口城市化所伴生的反映在载体上的现象，即农村地域向城市地域的转变，城市地域的升级，农村景观向城市景观的转变过程。从地理学的角度，美国学者弗里德曼提出：城市化是非城市型景观转化为城市型景观的地域推进过程[36]；英国学者施梅莱斯和瑞典学者亚历山大德逊认为，城市地域与农村地域之间存在一条明确的界限，城市化概念只能包括农村地域向城市地域的转变过程，不能包括城市内部的地域级差转化，即农村城市二元论。但美国的哈里斯、亚历山大，法国的查博特等认为，城市内部的地域级差变化完全是城市化的一种现象。城市性地域与农村地域在时间与空间上都是衔接的、渐变的、连续的，即农村城市连续论[37]。空间城市化是城市化的载体，城市化水平的推进必然会在空间上体现出来，即城市化过程在地域空间的外在表现，包括具有现代文明特征的城市载体形成和交通条件等基础设施改善等方面。因此，衡量城市化水平的单一指标除了常用人口比例指标外，另一个常用指标就是城市用地比重指标，即以某一区域内城市建成区面积占区域总面积的比重来反映，这正是从空间城市化的角度来度量城市化发展程度思想的体现。

结合城市化的定义，城市化从人口、经济、社会和空间等四个方面表现，是人类生产、生活及居住方式全面转变的动态过程。鉴于此，在衡量城市化综合发展水平时，将人口、社会、经济和空间等方面联系起来统筹考虑。从人口方面、经济方面、社会方面和空间方面等四个方面对济南市城市化水平进行测度评价。鉴于收集到的相关资料限制，以 1996～2012 年济南市城市化相关数据分析为主。

1.3.1　人口城市化

人口城市化是农村地区人口不断向城市地区集中迁移或者由农业人口转变

为非农业人口的过程。人口城市化水平是社会经济发展、社会进步及工业化进程的重要标志，研究一个地区人口城市化发展概况对了解该地社会经济发展情况具有重要意义。在人口城市化方面，一般采用非农业人口或城镇人口占总人口的比重及人口结构(即第三产业从业人员占总就业人口比重)指标来反映人口城市化水平。

1. 非农业人口

2012 年末，济南市户籍总人口数达到 609.21 万，常住人口达 695 万。年内全市非农人口总数 431.13 万，非农化率达 71.59%。1996～2012 年济南市农业人口及非农业人口变化情况见图 1.17，非农化率变化趋势见图 1.18。结合图 1.17 和图 1.18 分析得出：1996～2012 年，济南市非农业人口总体呈递增趋势，非农化率由 1996 年的 35.14%上升到 2012 年的 71.59%，其中 1996～2001 年非农业人口增长较为平缓，2001～2007 年，非农业人口增长较为迅速，2007 年之后，非农业人口数量增长缓慢，标志着人口城市化发展水平基本处于一种稳定状态。非农人口比重指标能够较为准确地反映城市化的内在动因及意义，能够体现一个城市的人口在经济活动上的结构关系。但是，该指标本身也具有一定的局限性，如城市内若存在着大量从事各种工作的非农业人口，便使得该指标计算结果与实际结果存在着一定的偏差[38]。

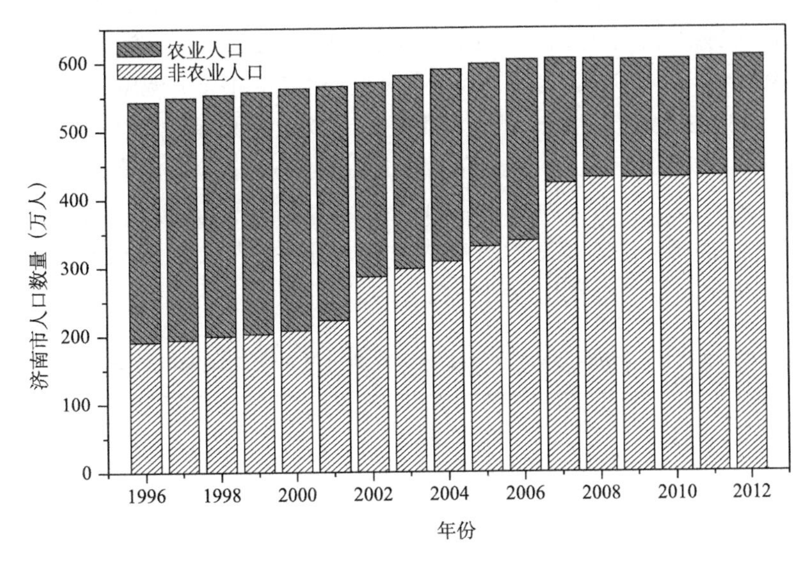

图 1.17　1996～2012 年济南市农业人口、非农业人口变化趋势图

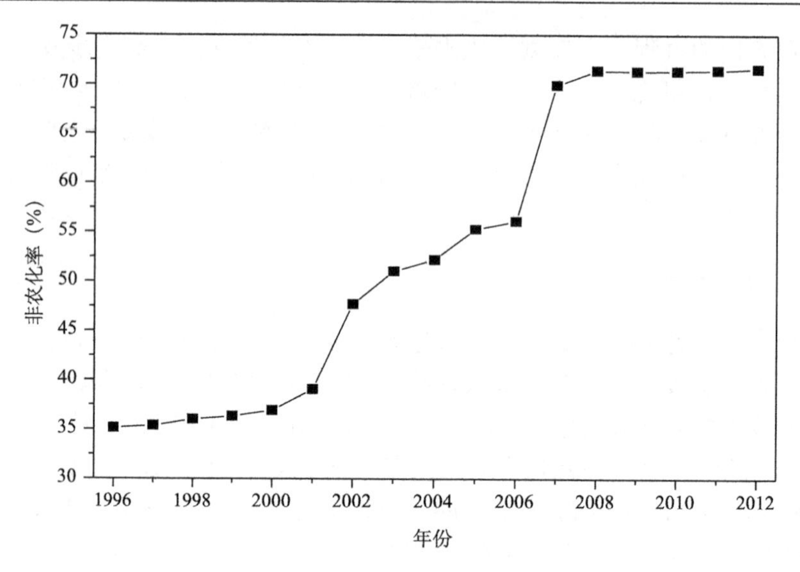

图 1.18　1996～2012 年济南市非农化率变化趋势图

2. 三次产业就业人口结构

2012 年末济南市从业人员总数 379.30 万，占户籍总人口的 62.3%，济南市第三产业从业人员比重随着济南市城市化进程的不断加速，呈现逐年上升趋势，由 1996 年的 33.3%增长到 2012 年末的 48.0%；1996～2002 年，第二产业从业人员比重呈下降趋势，而在 2002～2012 年呈平缓上升趋势，但上升幅度较小，趋于较平缓状态；1996～2012 年，第一产业从业人员比重始终保持下降趋势，由 1996 年的 32.4%下降到 2012 年的 19.6%，下降幅度明显。2012 年，济南市第一、第二、第三产业从业人员比重比例为 0.196∶0.325∶0.480，第三产业从业人员占绝对优势。1996～2012 年，济南市三次产业从业人员情况见表 1.7。1996～2012 年济南市三次产业从业人员比重变化趋势见图 1.19。

表 1.7　1996～2012 年济南市三次产业从业人员情况一览表

年份	从业人员总数（万）	第一产业从业人员（万）	第一产业从业人员比重	第二产业从业人员（万）	第二产业从业人员比重	第三产业从业人员（万）	第三产业从业人员比重
1996	332.33	107.7	0.324	113.91	0.343	110.72	0.333
1997	337.43	108.17	0.321	113.93	0.338	115.33	0.342
1998	341.63	109.32	0.320	113.38	0.332	118.93	0.348
1999	344.48	109.56	0.318	112.98	0.328	121.94	0.354

续表

年份	从业人员总数（万）	第一产业从业人员（万）	第一产业从业人员比重	第二产业从业人员（万）	第二产业从业人员比重	第三产业从业人员（万）	第三产业从业人员比重
2000	347.37	109.98	0.317	110.81	0.319	126.58	0.364
2001	350.1	109.99	0.314	109.24	0.312	130.87	0.374
2002	352.7	108.01	0.306	109.14	0.309	135.55	0.384
2003	355.3	104.9	0.295	110.6	0.311	139.8	0.393
2004	358.5	99.3	0.277	113.3	0.316	145.9	0.407
2005	360	99.1	0.275	114.2	0.317	146.7	0.408
2006	361.8	99	0.274	115.2	0.318	147.6	0.408
2007	364.3	98.8	0.271	116.3	0.319	149.2	0.410
2008	367.36	98.01	0.267	116.95	0.318	152.4	0.415
2009	372.25	97.8	0.263	119.15	0.320	155.3	0.417
2010	373.7	76.66	0.205	120.2	0.322	176.84	0.473
2011	375.5	74.95	0.200	120.7	0.321	179.85	0.479
2012	379.3	74.3	0.196	123.1	0.325	181.9	0.480

数据来源：1997～2013 年济南市统计年鉴。

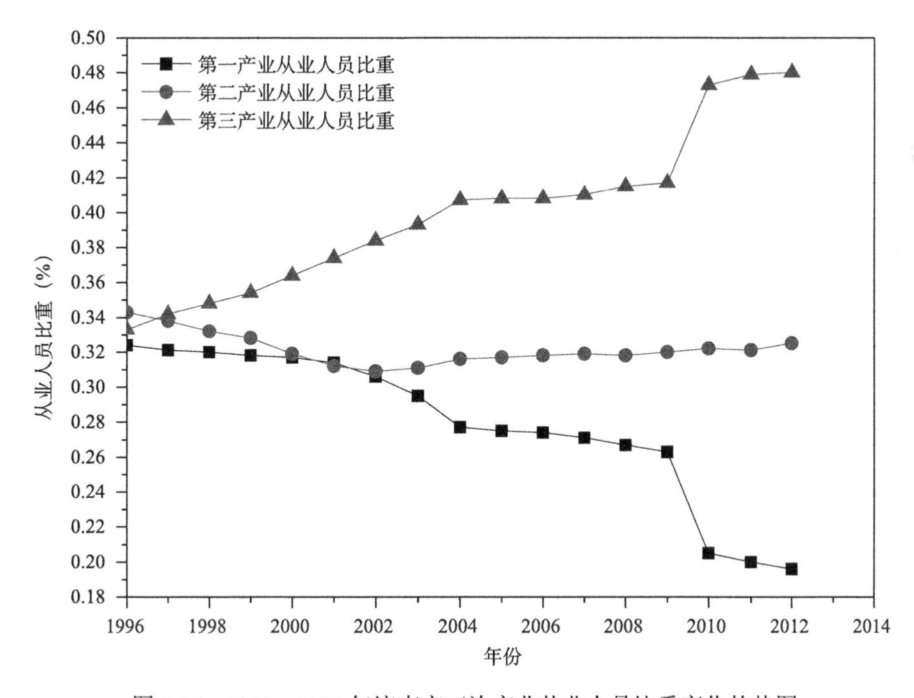

图 1.19　1996～2012 年济南市三次产业从业人员比重变化趋势图

1.3.2 经济城市化

经济城市化是随着社会生产力的发展和人类需求的不断提高人类经济活动向城市集中的过程[39]。同时经济城市化也是经济发展结构的非农业化，其中工业化则是直接推动经济城市化的直接因素，而第三产业的兴起和发展则是城市化深入发展的外在表现[40]。

改革开放以来，济南市国民经济持续快速发展，综合经济实力显著增强，特别是在“九五”以后，济南市城市化速度快速推进，为经济增长提供了广阔的空间。1996 年，济南市国民生产总值达到 580.8 亿元，人均 GDP 为 10701 元；到 2012 年国民生产总值增长到 4803.7 亿元，人均 GDP 达到 69444 元，分别为 1996 年的 8.27 倍和 6.49 倍。济南市该时间段内国民经济发展水平发生了显著变化。济南市 1996～2012 年国民生产总值及三次产业增加值变化情况见表 1.8。

表 1.8　1996～2012 年济南市国民生产总值及三次产业增加值变化情况表

年份	GDP 总量(亿元)	第一产业(亿元)	第二产业(亿元)	第三产业(亿元)	人均 GDP(元)
1996	580.8	74.2	274.9	231.7	10701
1997	709.9	85.5	328	299.5	12995
1998	802.2	90.2	366.4	345.5	14549
1999	881.3	92.5	399.8	389	15863
2000	944.1	96	414.7	433.4	16855
2001	1057.9	98	438.1	521.5	18697
2002	1190.1	100.1	501.6	588.4	20807
2003	1352.2	104.8	588.7	658.7	23362
2004	1600.3	120.6	721.9	757.8	27293
2005	1846.3	134.3	847.5	864.5	28900
2006	2161.5	145.1	997.1	1019.3	33480
2007	2500.1	150.3	1128.8	1221.1	38301
2008	3006.8	175	1313.1	1518.7	45563
2009	3340.9	187.1	1433.5	1720.3	50219
2010	3910.5	215.2	1637.5	2057.9	57947
2011	4406.3	237.9	1829	2339.5	64310
2012	4803.7	252.9	1938.1	2612.6	69444

数据来源：1997～2013 年济南市统计年鉴。

另外，济南市不断调整三次产业结构比例，从 1996～2012 年济南市产业结构变化图(图 1.20)可以看出，1996～2012 年，第一产业比重不断下降，由 1996

年的 12.8%下降到 2012 年的 5.3%；第二产业在 1996～2001 年由 47.3%下降到 41.4%，而在 2001～2006 年由 41.4%上升到 46.1%，之后呈下降趋势，到 2012 年时，第二产业比重为 40.3%；第三产业在 1996～2002 年呈逐年上升趋势，由 39.9%上升到 49.4%，而在 2002～2005 年呈短暂下降趋势，之后 2005～2012 年呈逐年上升趋势，到 2012 年时，第三产业比重达到 54.4%。通过济南市三次产业比重变化趋势图可得出，济南市第二产业比重同第三产业比重变化趋势大体呈相反方向变化；第一产业持续下降，第三产业总体上升趋势明显。目前济南市主导产业、新兴产业和传统产业梯次推进，产业发展新格局已基本形成。济南市产业调整力度逐步向合理化方向发展，产业结构在不断升级。济南三次产业的变化趋势正如 Petty-Clark 定理所描述：随着经济的发展，劳动力将首先从第一产业转向第二产业，并伴随着人均国民收入水平的进一步提高，逐步向第三产业转移。劳动力在三次产业间分布的趋势是，随着经济发展，第一产业逐步减少，第二、三产业相应增加。伴随着劳动力在不同产业间转移，劳动力必然在空间分布上重新配置。许多发达国家城市化过程中就业结构的变化反映了这种趋势，表 1.9 显示了发达国家三次产业劳动力的变化趋势[41]。

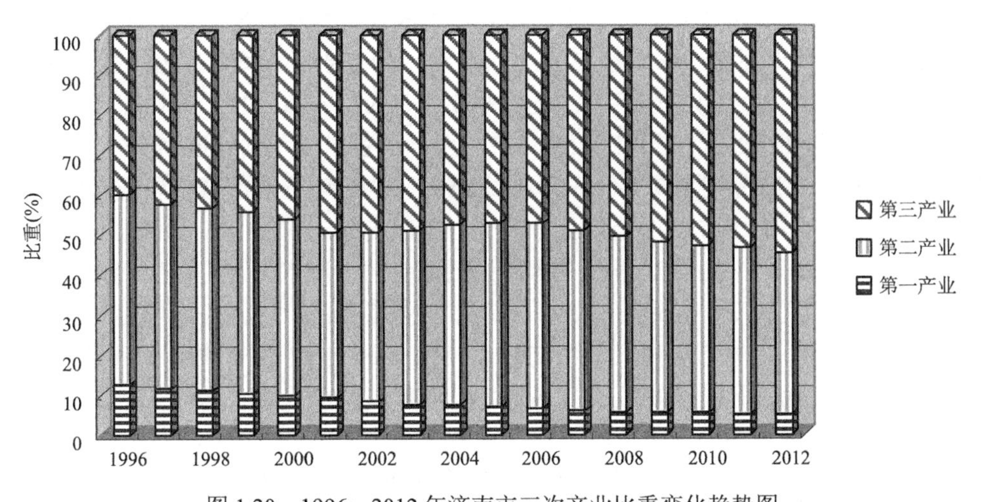

图 1.20　1996～2012 年济南市三次产业比重变化趋势图

表 1.9　20 世纪日本、美国、英国、德国四国劳动力在三次产业间的分布结构(%)

国别	产业名称	40 年代	50 年代	60 年代	70 年代	80 年代
日本	第一产业	45	37	29	16	10.3
	第二产业	24	26	31	35	34.8
	第三产业	31	31	40	49	54.9

续表

国别	产业名称	40 年代	50 年代	60 年代	70 年代	80 年代
美国	第一产业	17	12	7	4	3.6
	第二产业	31	35	34	33	30.2
	第三产业	52	33	59	65	66.2
英国	第一产业	6	5	3	2	1.6
	第二产业	46	47	45	40	37.4
	第三产业	48	48	52	58	61.0
德国	第一产业	27	23	12	8	8
	第二产业	41	44	48	43	43
	第三产业	32	33	52	44	44

1.3.3 社会城市化

一个地区社会城市化水平的高低主要反映该地区居民生活水平、生活质量的高低及该地区科学技术发展水平的高低。

济南市社会城市化发展过程中，城乡居民随收入增加，居民消费水平不断提高，消费结构处于不断改善状态。2012 年，济南市城市居民人均消费性支出比 2011 年增长 11.00%，达到 20032 元；人均食品支出、人均衣着支出、人均交通和通信支出分别达到 6162 元、2341 元和 3476 元，三者出现不同幅度增长，与 2011 年相比，增长幅度分别为 7.7%、6.3%及 22.8%。2012 年济南市城市居民恩格尔系数比 2011 年下降 0.9 个百分点，为 30.8%。2012 年城市最低生活保障金达到 450 元/月，比 2011 年多 50 元。济南市居民生活稳步向小康水平迈进，生活方式、价值观也发生了很大变化。另外，1996～2012 年济南市城市居民人均可支配收入逐年增长(图 1.21)，城市居民人均可支配收入由 1996 年的 5681.49 元增长到 2012 年的 32569.8 元，年增长幅度 27.8%，增长迅猛。城市居民人均可支配收入的提高促进了城市化发展。

据统计，2012 年末，济南市拥有卫生机构 5239 个，与 2011 年相比增长 1.6%。其中医院、卫生院 243 个，增长 21.5%。卫生机构床位 3.9 万张，增长 11.4%。市内各类卫生技术人员 4.4 万，较 2011 年增长 5.1%；执业(助理)医师 1.9 万，增长 6.1%。按常住人口计算，济南市每千人拥有病床数 5.6 张，每千人拥有医生 2.7 人，两者分别增长 10.9%、5.6%。2012 年末济南市公路通车里程达到 12297km，较 2011 年增长 3.0%。其中，高级、次高级路面长度达到 11997km，比 2011 年增长 2.8%。境内高速公路 347km，与 2011 年持平。2012 年末济南市拥有公交线路数 235 条，线路总长度达到 4226km；年内公交车辆营运 4701 辆，全年旅客运输量 8.7 亿人次，较 2011 年增长 0.9%。

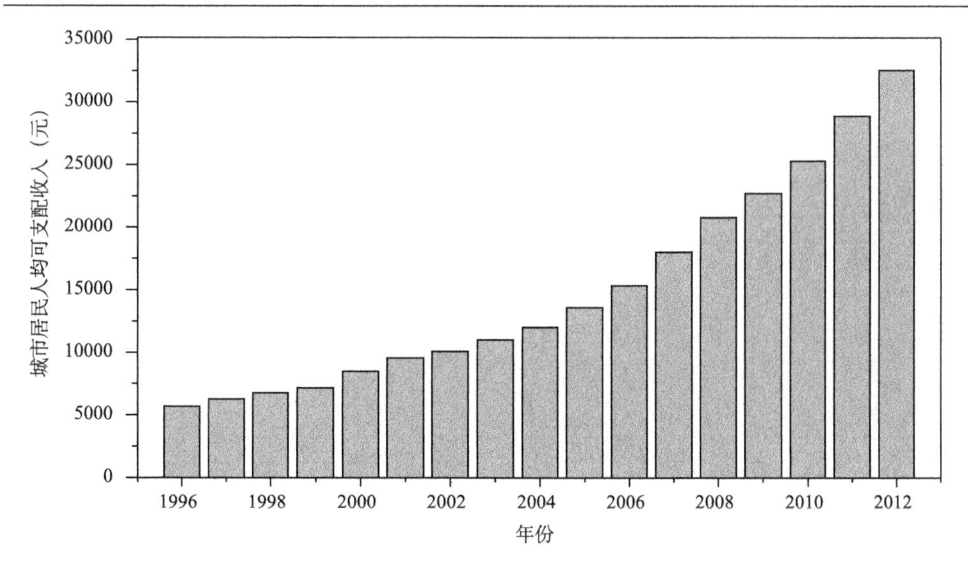

图1.21 1996～2012年济南市城市居民人均可支配收入变化趋势图

济南市产业和人口高度密集，济南市在科技创新、人力资本形成、信息及知识交流等方面都处于较高水平。济南市位于山东省的中西部，地理位置优越，交通发达，是知识、信息及技能中心。济南市是山东省的文化教育中心，具有良好的教育基础设施和受教育机会，据统计，2012年末，济南市共有高等院校70所，在校大学生65.99万。济南市有着良好的基础设施、大量的就业机会，从而吸引着众多优秀的人才，使得济南市人力资本形成具有显著优势。济南市具有多所市属科研院所，科研成果显著，为推动全市社会经济发展做出了重大贡献。

1.3.4 空间城市化

空间城市化发展过程是指城市内部的空间形态的变化过程，一般情况下包括城市的地域形态变化情况和城市的功能分区变动情况两部分。目前，城市建设用地面积占国土面积比重指标是衡量空间城市化水平发展的重要指标。1996～2012年，济南市城市建设用地面积占济南市面积比重总体呈上升趋势（图1.22），由1996年的2.25%上升到2012年的13.27%，上升幅度明显，济南市空间城市化发展显著。

通常情况下，空间城市化的研究内容还从城市化进程中土地利用变化及其分异规律、土地利用变化及其驱动因子、土地利用变化及其对环境的影响等方面来体现，其最终目的是通过合理利用土地资源实现人类社会与自然环境协调可持续发展，进而体现出空间城市化的可持续发展性[42]。

空间城市化演变过程是一个地区农村地域不断向城市地域转变、城市地域在原来基础上不断升级，土地转变过程中伴随着农村景观向城市景观转变的过程。

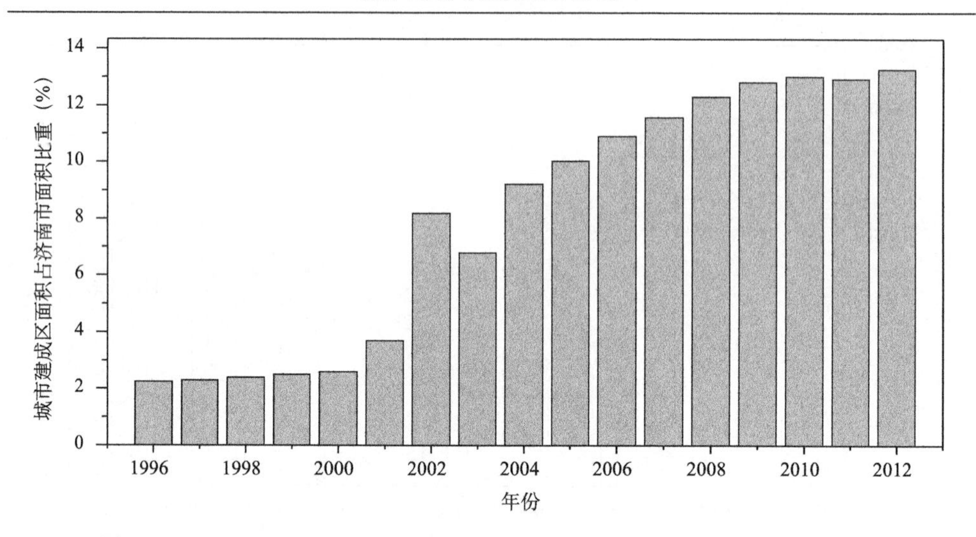

图 1.22　1996～2012 年济南市城市建成区面积占济南市面积比重变化趋势图

空间城市化是伴随着人口、经济及社会城市化所发生的反映在载体上的现象。一个城市土地利用的变换情况能够较好地反映该城市空间城市化的变动情况，土地利用是地域化的城市空间景观的主要表征之一[43]。

受资料限制，本节仅对 2000～2009 年济南市土地利用变化做了相应统计(图 1.23、图 1.24)。

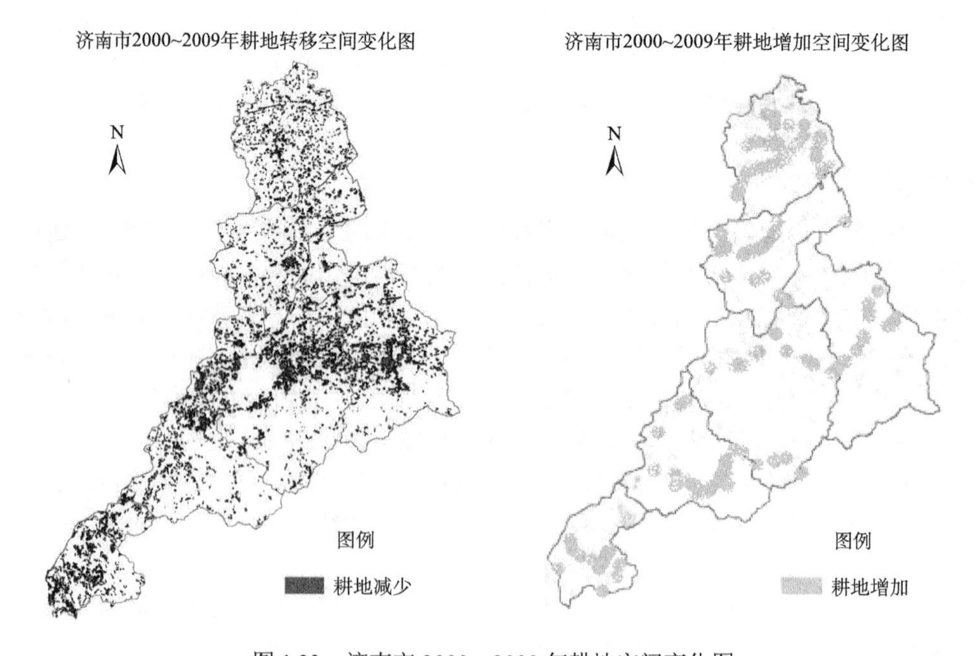

图 1.23　济南市 2000～2009 年耕地空间变化图

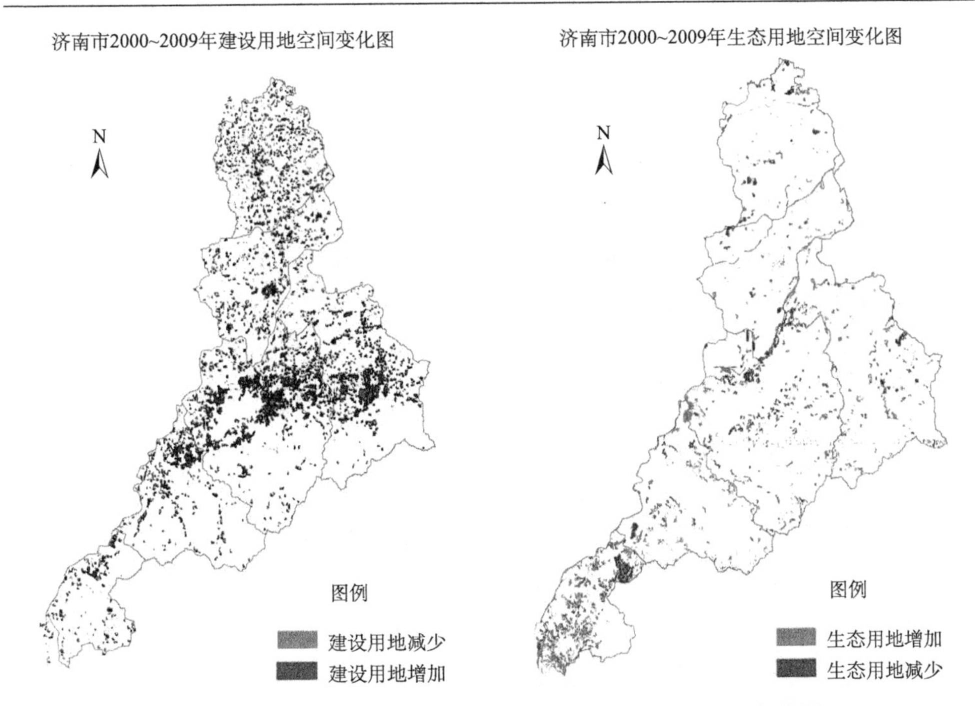

图 1.24　济南市 2000～2009 年建设用地及生态用地空间变化图

通过图 1.23 可以看出，2000～2009 年，济南市区范围内耕地面积减少幅度较大，耕地增加部分多集中在济阳县和商河县境内。市区内耕地面积减少的同时，建设用地面积相应大幅增加，多体现在中部建成区周边，大量耕地转为建设用地。2000～2009 年，济南市生态用地面积增加区域多于减少区域。

随着国民经济的快速发展，城市化、工业化进程逐步推进，济南市建设用地面积需求量不断增加，通常情况下，城市建设用地面积的增加主要通过占用耕地等农用地和占用未利用等用地等的形式来实现，使得济南市耕地、建设用地与生态用地供需矛盾问题表现突出。

按照济南市总体规划要求，济南市中心城区的发展规划控制范围达到 1022km^2，主要向东西两侧延伸发展，东边扩至城区边界，西侧到长清城区。济南市南面为南部山区、北侧为黄河，因此南北之间只能选取南部山区和北部黄河之间的适宜建设区。济南市作为山东省区域性中心城市，中心城区的未来发展要比其他一般城区更为严格，对于城市综合服务功能需进一步提高，经济规模需不断扩大，城市综合实力不断增强，从而使中心城区的综合竞争力提升，进一步强化济南市的吸引力和辐射能力，将济南市建设成为一座宜业宜居的现代化省会城市。

1.4 济南市城市化与小清河地表水综合污染指数耦合趋势分析

以小清河睦里庄、还乡店、大码头及辛丰庄四断面监测数据为依据，选取高锰酸盐指数、氨氮、总汞、COD_{Cr}、铅、BOD_5、挥发酚及石油类等八项指标作为河流水质的评价指标，计算各断面2000～2012年水污染综合指数，分析小清河受污染情况。另外，拟合2000～2012年城市化与小清河综合污染指数，分析受城市化影响小清河水环境质量变化情况。

对于综合污染指数，计算时统一采用《地表水环境质量标准》(GB 3838—2002)中Ⅳ类标准，具体标准值见表1.10。

表1.10 地表水质量综合评价标准(mg/L)

指标	Ⅳ类标准值	指标	Ⅳ类标准值	指标	Ⅳ类标准值
COD_{Cr}	30	高锰酸盐指数	10	总汞	0.001
氨氮	1.5	石油类	0.5	铅	0.05
BOD_5	6	挥发酚	0.01		

资料来源：《地表水环境质量标准》(GB 3838—2002)。

综合污染指数法是采用数学模型对分指数进行综合，定量反映各污染物对环境的共同影响，并依此来分析水质污染的方法。对于河流综合污染指数，具体计算方法如下：

$$P=\frac{1}{n}\sum_{i=1}^{n}P_i\text{，}\quad P_i=\frac{C_i}{S_i}$$

式中，P为均值型综合污染指数；P_i为i项污染物的污染指数；C_i为i项污染物的年均值；S_i为i项污染物的标准值；n为参与评价的污染物的项数。

根据地表水综合污染指数计算方法，得出2000～2012年小清河睦里庄断面、还乡店断面、大码头断面、辛丰庄断面及小清河济南段地表水综合污染指数，见表1.11。

表1.11 小清河济南段整体及各断面地表水综合污染指数

年份	睦里庄断面	还乡店断面	大码头断面	辛丰庄断面	综合污染指数
2000	0.25	4.92	3.38	2.82	2.84
2001	0.27	3.92	3.93	3.01	2.78
2002	0.23	4.24	3.25	3.11	2.71
2003	0.21	3.8	3.77	3.09	2.72

续表

年份	睦里庄断面	还乡店断面	大码头断面	辛丰庄断面	综合污染指数
2004	0.23	2.11	2.63	2.08	1.76
2005	0.26	2.36	2.81	2.78	2.05
2006	0.25	2.41	2.98	3.09	2.18
2007	0.22	2.44	2.87	3.71	2.31
2008	0.23	2.04	2.27	2.54	1.77
2009	0.19	1.8	2.01	1.98	1.49
2010	0.19	1.18	1.32	1.55	1.06
2011	0.2	0.84	0.83	0.63	0.63
2012	0.2	0.96	1.08	0.45	0.67

1.4.1 小清河济南段整体及各断面地表水综合污染指数变化情况

小清河济南段整体及各断面地表水综合污染指数变化情况见图 1.25。由图 1.25 分析得出，2000～2012 年，小清河济南段地表水综合污染指数总体呈下降趋势，小清河水质处于不断改善状态，但 2004～2007 年，综合污染指数呈短暂上升

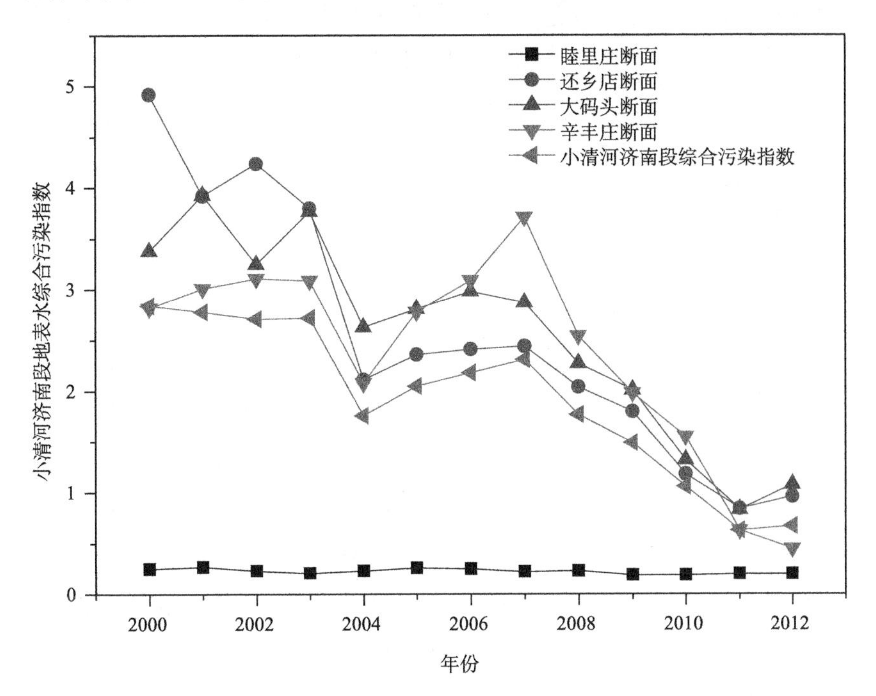

图 1.25　小清河济南段整体及各断面地表水综合污染指数变化趋势图

趋势，水环境质量小幅度下降。小清河济南段 4 个监测断面中，源头睦里庄断面地表水综合污染指数变化较小，始终处于较低值状态，表明小清河上游水质较好；除上游睦里庄断面外，其余三个监测断面地表水综合污染指数值较高，水污染严重，但从时间序列上分析，2007 年之前，还乡店断面、大码头断面及辛丰庄断面三个断面地表水综合污染指数变动幅度较大，处于不稳定状态，而 2007 年后，三断面地表水综合污染指数呈显著下降趋势，水环境质量不断提高，主要是由于 2007 年山东省委、省政府以及济南市政府做出综合整治小清河的重大战略部署，对小清河流域的综合整治工作不断加强，进而减轻了小清河济南段水环境污染，并且流域生态环境得到了较好的改善。

1.4.2 济南市城市化与小清河济南段地表水综合污染指数耦合趋势分析

小清河济南段水环境质量随济南市城市化的发展而变化，2000～2012 年济南市城市化综合指数与小清河济南段地表水综合污染指数耦合情况见图 1.26。由图 1.26 分析得出，随济南市城市化发展，小清河济南段地表水综合污染指数总体呈下降趋势，但小清河济南段地表水综合污染指数值仍处于较高水平，济南市城市化发展过程中，加大了小清河沿岸排污监管力度，加快了小清河沿岸污水治理工程设施建设，小清河济南段水质较以前有了明显好转。但是，由于历史原因，小清河水质在短时间内还不能达到令人完全满意的标准状态。因此，小清河济南段水污染治理工作仍是济南市今后所要面对的重要问题之一。

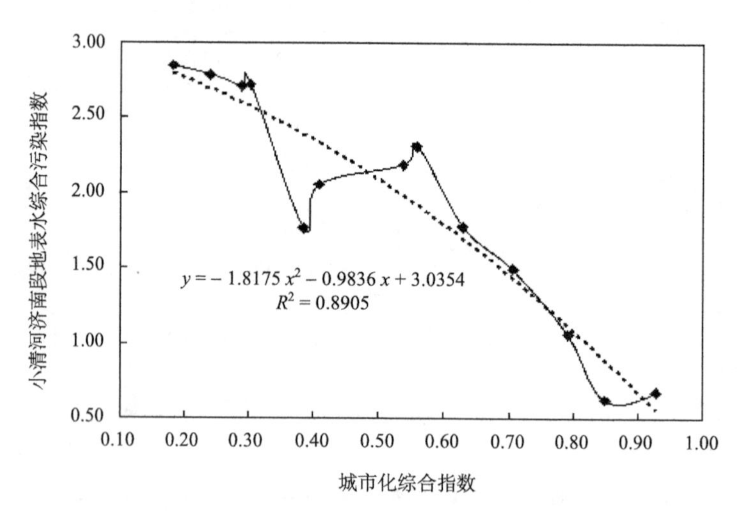

图 1.26 2000～2012 年济南市城市化综合指数与小清河济南段地表水综合污染指数耦合关系图

1.4.3　济南市城市化与小清河济南段各断面地表水综合污染指数耦合趋势分析

济南市城市化发展过程中，小清河济南段各断面受城市化影响情况也不尽相同。2000～2012 年，济南市城市化综合指数与小清河济南段各断面地表水综合污染指数耦合情况见图 1.27，耦合回归曲线参数情况见表 1.12。结合图 1.27 和表 1.12 分析得出，小清河济南段上游睦里庄断面与济南市城市化相关性较小，受城市化影响较小，地表水综合污染指数虽随城市化变动幅度较大，但数值始终保持在较低水平，水环境质量较好。还乡店断面地表水综合污染指数与城市化耦合相关系数值最高，为 0.898，二者耦合性较好。小清河济南段四个监测断面中，除上游睦里庄断面水质条件较好外，其余三个断面水环境质量状况均不理想，处于较差状态。2007 年之前，还乡店断面、大码头断面、辛丰庄断面地表水综合污染指数处于极其不稳定状态，随城市化发展波动性较大，而 2007 年之后，随政府综合整治工作及环保投入的加强，这三个断面地表水综合污染指数下降趋势较明显，水环境质量处于不断改善状态。

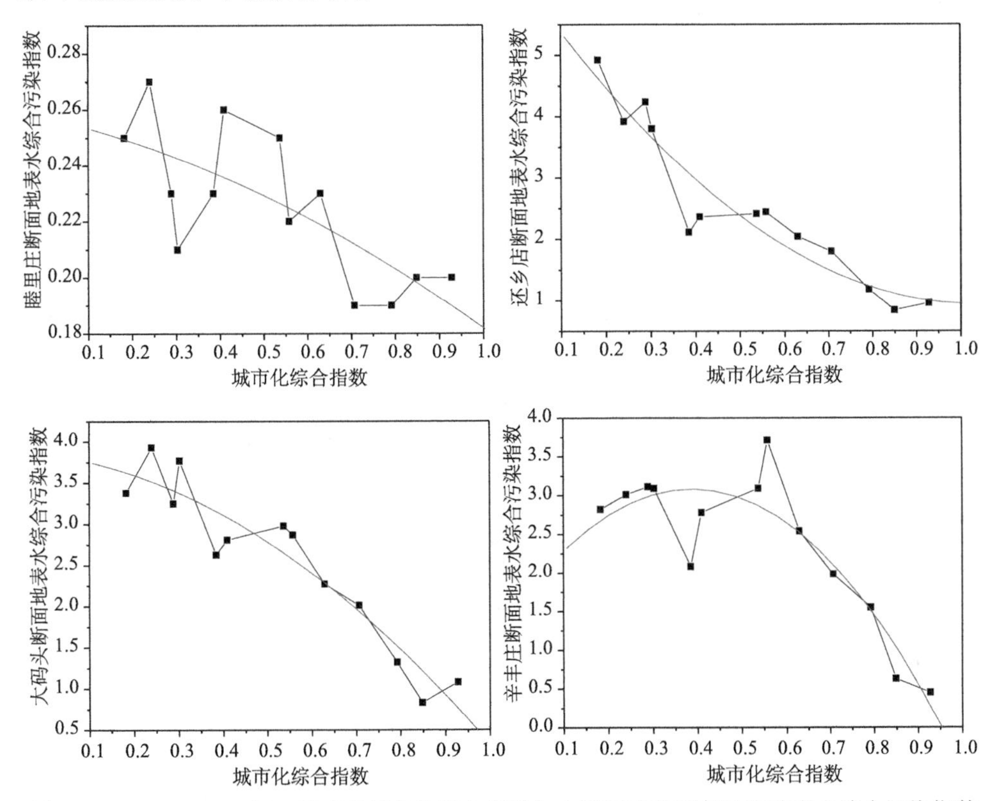

图 1.27　2000～2012 年，济南市城市化综合指数与小清河济南段各断面地表水综合污染指数耦合关系图

表 1.12 城市化综合指数与小清河济南段各断面地表水综合污染指数耦合回归曲线参数

城市化	综合污染指数	拟合曲线公式	相关系数 r
综合指数	睦里庄断面	$y=0.258-0.037x-0.038x^2$	0.538
	还乡店断面	$y=6.386-10.590x+5.156x^2$	0.898
	大码头断面	$y=3.858-0.743x-2.792x^2$	0.895
	辛丰庄断面	$y=1.634+7.465x-9.620x^2$	0.810

1.4.4 济南市城市化子系统与小清河济南段地表水综合污染指数耦合趋势分析

通过对济南市 2000～2012 年城市化子系统与小清河济南段地表水综合污染指数耦合关系，得到城市化子系统与小清河济南段地表水综合污染指数耦合关系图，见图 1.28；对所得耦合曲线进行回归分析，得出相关回归曲线参数，见表 1.13。结合图 1.28 和表 1.13 分析得出，城市化子系统中空间城市化与小清河济南段地表水综合污染指数耦合相关系数最高，表明二者相关性最好，之后按相关性系数由高到低排列依次为社会城市化、经济城市化和人口城市化。济南市城市化发展过程中，应充分协调好人口、经济、社会和空间四方面的发展情况，减轻城市化发展对小清河水环境影响。

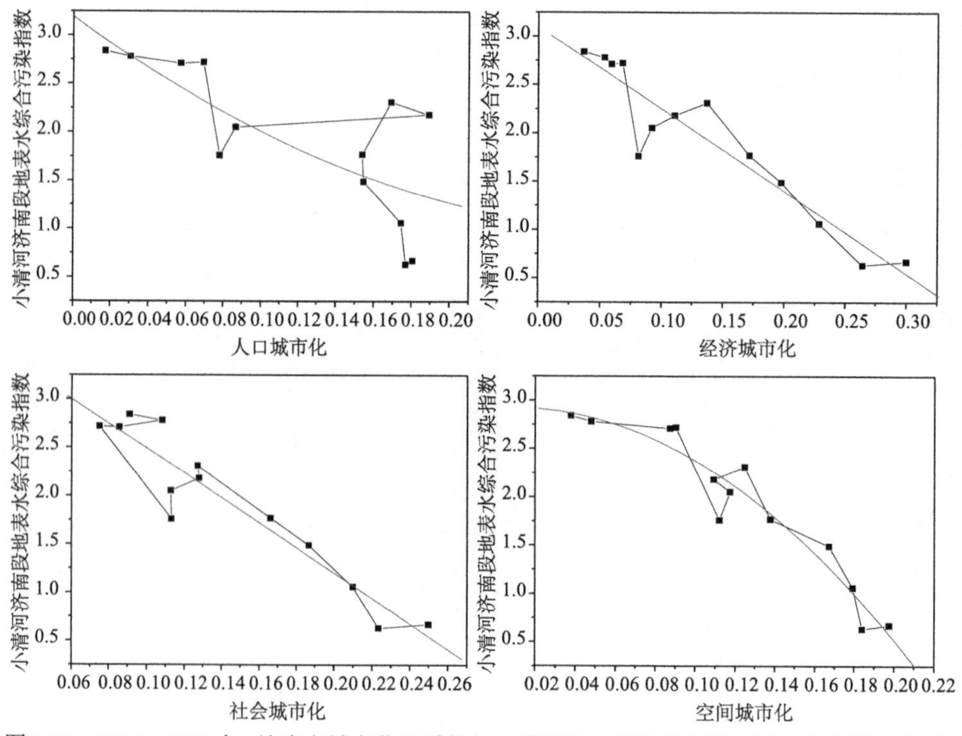

图 1.28 2000～2012 年，济南市城市化子系统与小清河济南段地表水综合污染指数耦合关系图

表 1.13　城市化子系统与小清河济南段地表水综合污染指数耦合回归曲线参数

城市化	综合污染指数	拟合曲线公式	相关系数 r
人口城市化	小清河济南段地表水	$y=3.195-14.118x+22.473x^2$	0.56
经济城市化		$y=3.093-8.413x-0.276x^2$	0.89
社会城市化		$y=3.751-12.385x-1.774x^2$	0.90
空间城市化		$y=2.920+1.128x-65.648x^2$	0.93

1.5　小清河济南段河流健康评价

小清河流域湿地总面积 8339.22hm²，其中，河流湿地面积 611.2hm²，占湿地面积的 7.33%；湖泊湿地面积 266.51 hm²，占湿地面积的 3.20%；沼泽湿地面积 1465.31hm²，占湿地面积的 17.57%；人工湿地面积 6607.4 hm²，占湿地面积的 79.23%。湿地主要分布在小清河两侧坡岸绿化区、济西湿地、北湖湿地、华山湿地、遥墙湿地、白云湖湿地、美里湖、洋娟湖等湿地区，河流的上游和下游部分河道内。济南市小清河流域主要湿地分布情况见图 1.29。

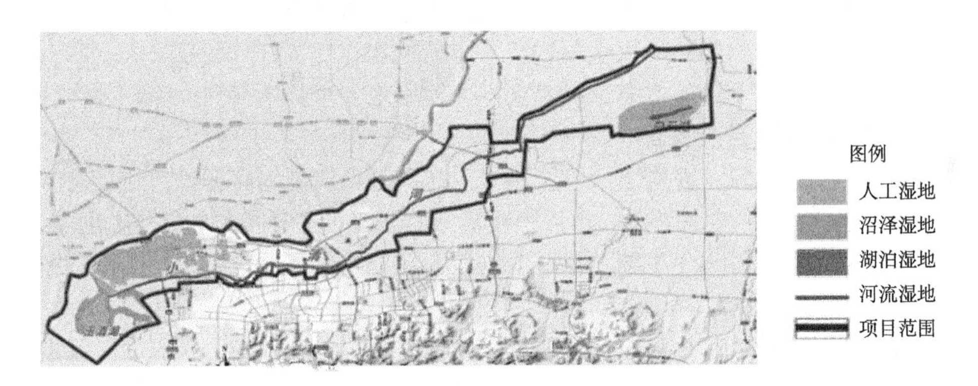

图 1.29　济南市小清河流域主要湿地分布图

根据小清河流域济南段各支流实际情况，对其健康程度进行评价，评价结果见表 1.14。上游生态保育区：生态系统健康级别为亚健康，即湿地生态结构完整，有较强的洪水调控能力，外界压力较大，接近湿地生态阈值，系统尚稳定，可发挥基本的湿地生态功能，湿地生态系统可维持，但敏感性强，已有少量的生态异常出现。

小清河上游、西巨野河、杨家河、土河、刘公河、玉清湖系统：健康级别为健康，河流形态结构稳定、水量补给充足、流量过程稳定、水环境质量较高且状况良好、水生生物状况良好且多样性丰富、大型底栖动物完整性较好、珍稀水生动物存活良好、浮游动植物存活状况良好、防洪完全达标、水功能区水质达标率较高、饮用水安全得到保障、为人类服务功能不断增强。

表 1.14　小清河济南段河流健康评价结论

河流			健康级别
小清河支流	上游生态保育区		亚健康
		小清河上游、西巨野河、杨家河、土河、刘公河、玉清湖	健康
		韩仓河、大辛河、华山大沟、北太平河、虹吸干渠、南太平渠、玉符河、陡沟、大河沟	亚健康
		小清河中上游河段、龙脊河、小汉峪沟	脆弱
		小清河中游河段、金福河、柳行河、腊山河	疾病
		东泺河、西泺河	恶劣
	下游农业示范区		脆弱

韩仓河、大辛河、华山大沟、北太平河、虹吸干渠、南太平渠、玉符河、陡沟、大河沟系统：健康级别为亚健康，河流形态结构开始受到干扰、水环境质量较好、河道生态需水水量能够得到满足、流量过程基本稳定、水生生物多样性开始减少、大型底栖动物和珍稀水生动物及浮游动植物存活良好且数量稳定、防洪能力大部分达标、水功能区水质达标率良好、饮用水安全基本得到保障、社会服务功能正常发挥、满足人类需求。

小清河中上游河段、龙脊河、小汉峪沟系统：健康级别为脆弱，河流形态结构受干扰破坏、河床稳定性降低、水环境质量开始恶化、生态需水水量基本满足、生物多样性减少、珍稀水生生物“浮游动物”存活率降低且数量减少、防洪基本达标、水功能区水质达标率降低。

小清河中游河段、金福河、柳行河、腊山河系统：健康级别为疾病，河流形态结构破坏严重、河床受到水流冲刷破坏、稳定性较差、水环境质量恶化、河道生态需水水量不能满足、河道出现断流、流量过程变化较大、水生生物较少、大型底栖动物珍稀水生动物濒临灭绝、防洪能力丧失、水功能区水质基本不达标、饮用水安全不能够得到保障、为人类服务功能基本丧失。

东泺河、西生泺河系统：健康级别为恶劣，河流形态结构完全被破坏、水环境质量恶化严重、生态与环境系统濒临崩溃、水生生物数量极少、河道连年出现断流、为人类服务功能完全丧失。

下游农业示范区：生态系统健康级别为脆弱，即湿地生态结构完整、具有一定的系统活力，外界压力较大，接近湿地生态阈值，系统尚稳定，可发挥基本的湿地生态功能，湿地生态系统可维持，但敏感性强，已有少量的生态异常出现。

1.6　小清河流域济南段湿地现状

小清河流域城市湿地主要有济西湿地、北湖湿地、华山湿地、遥墙湿地、白云湖湿地、美里湖、洋娟湖等湿地斑块。玉清湖斑块现状为沼泽湿地，美里湖、白云湖为人工湿地，遥墙湿地现有万亩荷塘。斑块从西到东跨度极大，主要集中在东西两极，分布极不均匀，如图 1.29 所示。

白云湖位于章丘市西北部，北临小清河，东临绣江河，西至历城区，南依济青高速公路，湿地面积为 13.54km^2，周边对外交通条件有青银高速公路和省道 321 线。周边城市主要道路有潘土路。白云湖湿地是一个复杂的湿地生态系统，湿地动植物资源丰富。湖区内存在二十多个自然村落，户户养鱼。白云湖湿地面积为 13.54km^2，其中，湖泊湿地面积为 2.3 km^2，占湿地总面积的 17.0%，位于白云湖中心位置，是目前未改造成鱼塘的开阔水面；沼泽湿地面积为 0.56 km^2，占湿地总面积的 4.3%，位于湖泊东西两端浅水区域，常年生长大量芦苇；人工湿地面积为 10.66 km^2，占湿地总面积的 78.7%，位于白云湖四周，属水产养殖场。白云湖湖区容水面积、容水量逐年缩小，造成湖水流通受阻，加之绣江河、漯河等主要入湖河面面积严重萎缩，河流、湖泊原生湿地遭到严重破坏。

1. 流域湿地水失衡，形成“水生态赤字”

1）上游河道缺水

上游河流为季节性河流，除汛期外，河流生态需水量明显不足，缺乏调蓄水库（湿地）。

2）城市河流水污染依然存在

污水排放标准偏低；农村面源污染依然存在，水体富营养化。

2. 流域湿地不健康，丧失“生态自由”

1）河流识别性不明显

受气候、土壤、降水等各方面影响，不同区域的河流形状、绿化模式具有自己的特色，存在区域差异，形成河流识别性，但小清河的河流识别性不明显。

2）流域湿地自然性丢失

城市河流裁弯取直，岸坡被混凝土或者浆砌石等覆盖垂直加固硬化或衬砌，上游河道淤积，失去了河流原有的蜿蜒的河流形态和自然岸线，河流地貌单一，内部生境破坏，阻断了水循环。

3）湿地的生态功能不能充分发挥

流域湿地生境破碎化，多种生态功能难以发挥；河道周边村庄建设缺乏统筹协调，环境脏乱，破坏河流生境与景观；区域生态修复功能脆弱。

1.7 本章小结

河流影响了城市的产生、发展和繁荣，城市产生之后城市的扩展，反过来又作用于城市，尤其是影响了城市的水环境，水资源、水安全和水环境都发生了巨大的变化。济南的小清河是中国城市许多城市河道变迁的缩影，因河而兴，城市兴起后，水资源短缺，洪水频发，水环境污染问题突现，由此可以有以下主要结论：

(1) 在中国的城市化进程中，城市污水处理设施建设起步较晚，1988 年济南市才开始进行污水处理厂规划，1992 年才有了济南历史上的第一座污水处理厂。

(2) 城市地下管网不完善，城市河道是主要的排污渠，甚至污水处理厂建成之初，由于管网不完善，从城市河道抽水进污水处理厂处理。

(3) 随着城市化进程的推进，基础设施建设的力度加大了，但是合流制、截留制系统仍然存在，是城市水环境没有得到彻底改善的根本原因。

(4) 城市化与城市环境、河道水环境之间的关系呈正相关性。

从法国和英国的发展史可以看出城市与河流的关系，其几乎与中国现在面临的问题一致，只是他们出现问题比较早，那时的工业污染远没有现在严重，中国面临的水环境问题是叠加出现，虽然晚，但是更严重复杂。

参考文献

[1] 马爽爽. 基于河流健康的水系格局与连通性研究. 南京: 南京大学硕士学位论文, 2013.

[2] 哈尔福德·麦金德. 历史的地理枢纽. 周定瑛译. 西安: 陕西人民出版社, 2013: 24.

[3] 吕西安·费弗尔. 莱茵河: 历史、神话和现实. 许纠龙译. 北京: 商务印书馆, 2010: 63.

[4] 伊藤一正, 吉田胜秀. 城市与河流: 全球从河流再生开始的城市再生. 汤显强, 吴遐, 陈飞勇译. 北京: 中国环境科学出版社, 2011: 124.

[5] 特里 · 法雷尔. 伦敦城市构型形成与发展. 杨至德, 杨军, 魏彤春, 译. 武汉: 华中科技大学出版社, 2010: 22.

[6] Green T. 泰晤士河变迁记. 世界科学, 1979(4).

[7] Paris and Versalles, Delia Gray—Durant. A&C Black, 2001, 124.

[8] 陈雷. 关于几个重大水利问题的思考——在全国水利规划计划工作会议上的讲话. 中国水利, 2010, (4): 1-7.

[9] 杜强, 王东胜. 河道的生态功能及水文过程的生态效应. 中国水利水电科学研究院学报, 2005, 3(4): 287-290.

[10] 宋史 · 河渠志. 志第三十八地理. 2014.

[11] 于钦. 齐乘, 卷二 · 水. 元代.

[12] 山东省地方史志编纂委员会. 山东自然地理志, 第一版. 济南: 山东人民出版社, 1996, 220-226.

[13] 林琳, 李福林, 陈学群, 等. 小清河河道历史演变与径流时空分布特征, 人民黄河, 2013, 12(35): 77-82.
[14] 安玉坤, 张杰. 从河流健康生命角度谈小清河综合治理. 水利发展研究, 2005, 5(10): 5-6.
[15] 马吉刚, 梅泽本, 夏泉, 等. 山东小清河污水治理现状及对策. 水土保持研究, 2003, 10(2): 7-8.
[16] 付东叶, 高明波, 朱国庆. 山东省高青县境小清河对沿岸浅层地下水的污染影响分析. 山东国土资源, 2007, 23(2): 4-7.
[17] 马惠群, 张丽静, 孙秀玲. 基于未确知理论的小清河水环境容量计算. 水资与水工程学报, 2012, (6): 8-9.
[18] 郑昭佩, 宋德香, 张俊成. 小清河济南段水污染现状与防治对策. 资源开发与市场, 2008, (12): 10-11.
[19] 郭红欣. 山东小清河水质污染原因及治理对策分析. 中国农村水利水电, 2003, (08): 70-75.
[20] 王军华, 刘宗强. 济南市小清河滨水区的更新规划研究. 山西建筑, 2009, 35(31): 12-13.
[21] 吴永亮. 理一理关于治理小清河的新闻标题. 青年记者, 2010, (21): 3-4.
[22] 张莹, 吕振波, 徐宗法, 等. 环境污染对小清河口大型底栖动物多样性的影响. 生态学杂志, 2012, (2): 11-14.
[23] 张继平, 刘朝柱, 商扬. 小清河: 我的 1964 记忆和 2011 点评. 走向世界, 2011, (30): 22-24.
[24] 胡政, 曾宪福, 孙绍民. 水资源与水旱灾害研究. 北京: 地震出版社, 1997: 175-178.
[25] 田家怡, 慕金波, 王安德, 等. 山东小清河流域水污染问题与水质管理研究. 青岛: 中国石油大学出版社, 1996.
[26] 张昭睿, 陆伯强, 王福栋. 小清河综合治理成效评价与对策研究. 济南: 山东科学技术出版社, 2003: 5.
[27] 刘文杰. 小清河流域水环境保护政策回顾性评价. 济南: 山东大学硕士学位论文, 2017.
[28] 邓仰杰. 济南市城区水环境治理问题研究. 济南: 山东大学硕士学位论文, 2014.
[29] 西蒙 • 库兹涅茨. 现代经济增长. 北京: 北京经济学院出版社, 1989.
[30] 赫茨勒. 世界人口的危机. 北京: 商务印书馆, 1963.
[31] Wilson C. The Dictionary of Demography. Oxford: Basil Blackwell Ltd, 1986.
[32] 西蒙 • 库兹涅茨. 各国的经济增长. 北京: 商务印书馆, 1985.
[33] 沃纳 • 赫希. 城市经济学. 北京: 中国社会科学出版社, 1990.
[34] Wirthih L. Urbanism as a way of life. American Journal of Sociology, 1989, (29): 46-63.
[35] H. 孟德拉斯. 农民的终结. 北京: 中国社会科学出版社, 1991.
[36] 许学强, 周一星, 宁越敏. 城市地理学. 北京: 高等教育出版社, 1997.
[37] 王放. 中国城市化与可持续发展. 北京: 科学出版社, 2000.
[38] 都沁军, 武强. 基于指标体系的区域城市化水平研究. 城市发展研究, 2006, (5): 5-8.
[39] 刘英群. 论经济城市化. 大连海事大学学报: 社会科学版, 2013, 11(6): 20-24.
[40] 叶玉婷. 广东省城市化与生态环境和谐度研究. 临汾: 山西师范大学硕士学位论文, 2012.
[41] 李杰. 中国投资产业结构的偏差及其调整. 经济学家, 2002, (1).
[42] 戴为民, 侍仪, 陈雪梅. 安徽省空间城市化安全指标体系构建及测度. 地域研究与开发, 2012, 31(6): 55-59.
[43] 李晓燕. 天津市的城市化与生态环境耦合发展关系研究. 天津: 天津财经大学硕士学位论文, 2013.

第2章　河道治理措施的演变历史

河道治理措施的演变，与人类经济活动有着密切的关系，也与人类认识水平、技术水平和管理水平相一致，早期的河道治理偏重于对河道的开发利用，此时对河道的治理措施主要有河道疏浚、河道裁弯取直、开挖分洪道、堤防填筑等工程，对河流进行分水拦蓄、按照邻近公路和铁路的走向取直，来实现航运、农业用水和工业用水的目的，以期获得经济价值；河道疏浚目的是扩大河道行洪能力，提高河道防洪除涝标准，减轻洪涝水灾害。然而随着经济发展、城市人口的增加和工业化进程的加快，城市污水处理设施不足，大量工业废水和生活污水直接排入城市河道，城市河道来水不足，水流流速缓慢，水体自净能力低，污染物不能及时排出和降解，污染物负荷已大大超过河水体的环境容量，城市河道污染日趋严重，水生态系统遭到了破坏，河道治理问题凸显。为解决城区内涝、改善城市河道水质，在20世纪90年代初河道整治工程主要采取的措施是：引水冲污和截留污水工程，污水处理厂与污水管网建设工程，对城市河道水环境进行整治，对河道进行铺衬，减轻污泥的污染。然而城市河流的水质非但没有恢复，反而出现黑臭现象，并从个别水体扩展到所有城市水体，因此在河道治理上提出了生态恢复的理念，遵从生态规律，从生态系统的独特性和完整性出发，进行综合治理。

2.1　埋掉排污河

19世纪欧洲进行了现代化和卫生运动，在城市进行大规模的道路、铁路和水路建设，在高密度的古老城市空间建新城，一些城市河道已经是排污河，会被埋掉，如伦敦的Fleet河、法国的Bievre河、莫斯科的Neglinnaya河，以及布鲁塞尔的Senne河、韩国的清溪川。

2.1.1　埋掉的伦敦城市河流Fleet河

1300年，伦敦市的城市居民已经增加到8万，基础设施严重缺乏，废弃的食物、动物的尸体、动物的粪便、人的粪便都堆积在街道上，那时城市还没有下水系统，街道成了垃圾的集聚地。当时伦敦城市中有大约20条河流，Fleet河就是其中最大的一条，从上游的Hampstead Heath流经6.4km，最终在Blackfriars桥下面进入泰晤士河，这条河的名字就来源于Anglo-Saxon名字：潮汐入口，为Fleet。第一次出现名字Fleet是在1274年，那时的街道比现在的长，包括LudageHill和

Strand 街道(图 2.1)。随着经济的发展和工业的出现，Fleet 河成为城市的下水道，河道的正常流量已经无法冲刷河道内堆积的垃圾，淤积时有发生，环境变得十分糟糕，老鼠大量繁殖，黑死病和伤寒病暴发，到 1848 年有一半的城市居民死于疾病。1855 年大都市皇家委员会为了解决污染问题不断进行河道拓宽，Christopher Wren 建议，将河道埋到地下，成为排污渠。渠道上面的街道的名字就成为 Fleet 街，如图 2.2 所示[1-3]。Fleet 排污干管分成上、中、下三层，每层都与小的支管相连。1863 年完工。

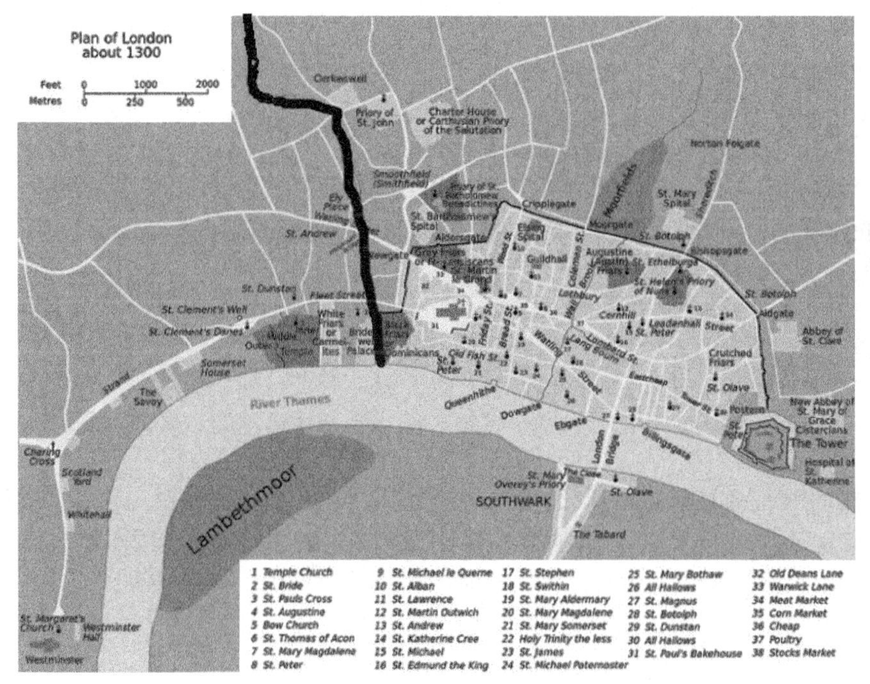

图 2.1　1300 年的伦敦地图，Fleet 河的位置

图 2.2　1855 年正在施工建设的下水道，将 Fleet 河作为排水系统深埋到 Fleet 街道下面

2.1.2　埋掉的法国 Bievre 河巴黎段

Bievre 河长 36km，位于法国 Île-de-France 大区，在塞纳河的左岸流入，Bievre 是英文“Beaver River”的译音。现在的河道是由自然河道改造的，提供菲利浦八世城墙外的修道院灌溉用水，从 13 世纪到现在，这部分河道都可以在地图中找到。随着工业化，河道也被工业化了，裁弯曲直，沿河建造了制革厂、屠宰场和印染厂，如图 2.3 和图 2.4 所示，河道污染日趋严重，成了开放的下水道。

图 2.3　19 世纪末沿 Bievre 河制革厂

图 2.4　1830 年沿 Bievre 河 Gobelins 加工厂的背面

18 世纪河道逐渐被管道化，11km 被渠化，加上了水泥盖板，5km 随着巴黎的城市化，已经掩埋在碎石下面消失了。近年来，Bievre 河成为雨水排放系统[4]，只有在污水排放系统关闭时，作为临时的传送系统使用。随着该大区周边的污水截污系统的完善，重新开放河道的计划已正式提出来，图 2.5 为 2003 年正在施工的重新开放掩埋的河段的施工现场。

图 2.5　重新开放的 Bievre 河道施工现场

没有截污前 Bievre 河道的水是排放到污水处理厂。截污后，河道中主要是雨水，河道的水又重新排入塞纳河，如图 2.6 为开放前河段所在的街道位置，图 2.7 为重新开放后位于 Massy 和 Verrieres 之间的河段。

图 2.6　开放前河道所在地下暗管的街道位置

图 2.7　为重新开放后位于 Massy 和 Verrieres 之间的河段

2.1.3　埋掉的 Neglinnaya 河莫斯科段

著名的 Neglinnaya 河全长 7.5km，是莫斯科河的支流，自然状态的 Neglinnaya 河从莫斯科的北部横穿市中心到莫斯科的南部进入莫斯科河。随着两岸城市的发展，1775 年人们提出了重建 Neglinnaya 河，1792 年开始重建，一个 2.13m 宽砖石结构的渠道，平行于 Neglinnaya 河建成。该渠道投入运行后，原来的河道就被埋掉了。1812 年莫斯科发生大火，渠道被污染，人们为渠道加上了砖石穹顶，成为第一条 Neglinnaya 隧道(1817～1914 年，如图 2.8 所示)，原来的 Neglinnaya 河就成了 Neglinnaya 街和剧院广场。在城市建成集中的排水系统前，该隧道也是城市下水道，将城市污水排入到莫斯科河。1910～1914 年隧道被大型的排水管取代，但还没有完全建成，就被第一次世界大战终结。

图 2.8　第一条 Neglinnaya 隧道

2.1.4　埋掉的韩国清溪川

清溪川长度 10.84km，流域面积 59.83km^2，流经首尔的中部钟路区和中区的边界。包围北岳山、仁王山、南山等首尔土地的所有的水流汇聚在清溪川往东边流，然后在往十里(首尔的一个地区)外箭串桥附近与中浪川合并，流往汉江。由于受季风的影响，首尔春秋两季气候干燥，夏季偏高温潮湿。因此，在雨水稀少的春秋时节，清溪川一般是干涸的。在降水频繁的夏季，稍有降雨就会导致洪水泛滥。清溪川河水水量也随旱季、雨季的更替出现较大的起伏变化。由于清溪川位于首尔市中心，周边商店和民宅密集，每当洪水泛滥时，房屋被淹、桥梁被毁、人员伤亡等现象时有发生。1406 年开始至 1407 年，主要是拓宽和清理呈自然形态的河床，并在沿河两岸砌筑堤坝，当时分为几个阶段进行治理工程，最终营造了现今的河流形态。1945 年，清溪川的河床布满了污泥和垃圾，沿着河边胡乱支起许多肮脏的木棚，污水严重污染了河流，如图 2.9 所示。战争结束之后，为维持生计而涌入首尔的大量难民都聚居在清溪川边，他们中有的在陆地上、有的在水上建起木棚艰难度日。沿着河边有肮脏的木棚村和大量的生活污水，使清溪川污染愈加严重。大量的污水流淌于市中心，阵阵恶臭令周边居民痛苦不堪，城市的整体形象严重受损。按照当地当时的经济实力，解决清溪川问题的唯一方法就是覆盖，如图 2.10 所示。1955 年，清溪川覆盖工程自广通桥上游约 136m 的地段开始，至 1958 年才正式开始进行整体覆盖工程。此外，从广桥到马场洞的总长 5.69km、宽达 16m 的清溪高架道路于 1967 年 8 月 15 日开工，至 1971 年 8 月 15 日竣工。清溪川周边的木棚被拆除，原地建起了大量现代式样的商业建筑，污水横流的河川脱胎换骨成为整洁的柏油马路，高架道路如图 2.10 所示。

图 2.9　清溪川曾是周边居民排放生活污水的“下水道”

图 2.10　Samil 和 Cheonggye 两座高架桥分别于 1967 年和 1976 年建成，成为穿越汉城市(今首尔)中心的重要交通干线

2.1.5　埋掉的北京龙须沟

龙须沟是永乐十八年(1420 年)建天坛、先农坛时，为排泄先农坛以西原来向东南之水而开凿的。明嘉靖三十二年(1553 年)修筑外城时，将龙须沟包入城中。根据《北京市志稿》记载：龙须沟北起虎坊桥，由西向东，经永安桥、天桥、红桥，过天坛北，南折至永定门外护城河，长约 6.3km，如图 2.11 所示。清末民初时，在虎坊桥以东的阡儿胡同、蜡烛芯胡同开办 140 多家制作羊皮的手工作坊，工业污水加上生活垃圾排入龙须沟，从此龙须沟变得污臭。民国时期，外城宣武门外大街以东，崇文门外大街以西，琉璃厂、鲜鱼口、兴隆街以南，先农坛、天坛以北地区共 $350hm^2$ 以内的雨水和污水，全部汇集到这条沟，经红桥、四块玉

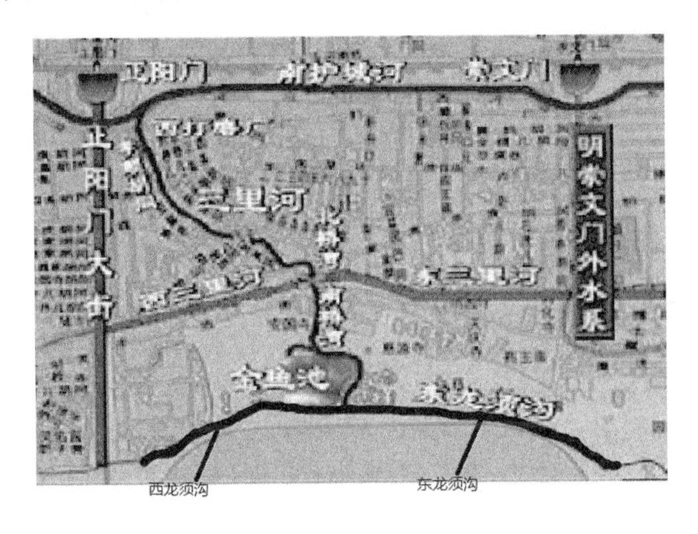

图 2.11　明朝龙须沟的位置图

以东，穿铁路南下出水关，流入南护城河。北平解放前，这一带的居民都是泥瓦匠、铁匠、三轮车夫、落魄艺人、摊贩、打零活的工人等贫苦劳动人民。在沟两旁布满了低矮潮湿、破旧不堪的棚屋和小平房，没有电灯，没有自来水，没有一条像样的街道。这条曲曲弯弯的明沟是一条名副其实的臭水沟。北京市第二届第二次各界人民代表会议上通过了“城市建设为生产服务，为劳动人民服务，为中央服务”的方针。1950 年北京市卫生工程局为了排除金鱼池、龙须沟当地的雨水和污水，在金鱼池大街，将天坛大街至天坛北坛根的明沟改为暗沟，红桥至太阳宫的明沟改为暗沟，沿现在的体育馆路向东新建下水道直接排入南护城河。1950 年 2 月，成立了龙须沟工程处。连同龙须沟一起，共整治了当时的“八条龙须沟”，大大改善了城区的排水状况和环境卫生。除了将明沟改建成暗沟外，政府还为龙须沟当地居民修了马路，安了路灯，通了电车，自来水和建成公共水站。

2.2　截污和城市污水处理

国外对河流污染治理技术的研究与应用始于二十世纪五六十年代的日本、美国及欧洲一些发达国家。当时这些国家正处于经济高速发展时期，每天都有大量未经处理的工业废水和生活污水就近排入河流，导致河流水质极度恶化，如英国的泰晤士河、欧洲的莱茵河、美国的霍姆伍德运河和密西西比河、日本的江户川和多摩川等[5]。针对这种情况，这些国家的政府加大城市污水处理厂的建设力度，减少进入河流的污染物质的量。日本、美国及欧洲一些发达国家的污水处理率已达到 90%以上。

2.2.1　泰晤士河截污

英国的泰晤士河全长约 400km，横贯英国首都伦敦与沿河的 10 多个城市，流域面积 1.3 万 km^2。泰晤士河沿岸的经济发达，流域经济占英国国民生产总值的 25%左右，在英国占有举足轻重的地位。泰晤士河为伦敦提供了 2/3 的饮用水和工业用水，是主要的水源。19 世纪前叶，泰晤士河河水清澈，碧波荡漾，鱼翔浅底。19 世纪初，城市居民的生活垃圾是泰晤士河最大的污染源。1596 年约翰・哈林顿(John Harington)发明了抽水马桶，如图 2.12 所示，但一直未能推广。1778 年约瑟夫・布拉默(Joseph Bramah)将之改进并大规模生产销售。1800 年，伦敦地区共有 20 万套房屋及其配套的茅厕，1850

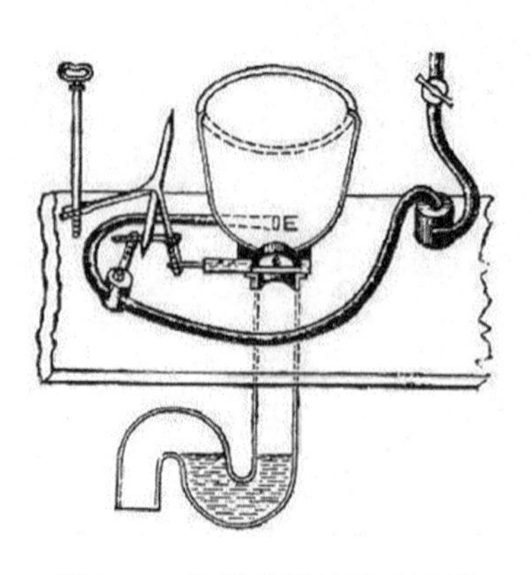

图 2.12　约翰发明的抽水马桶

年增加到 30 万套。

大都市皇家委员会(The Royal Commission on Metropolitan Sewage Discharge)发布的第一份报告指出：从 1810 年起一种名为“水箱”(water closet)的新发明应用广泛，对排水系统产生重大影响。1844 年《都市建筑法案》获得通过，要求所有新建住宅必须安装抽水马桶，抽水马桶的采用大幅增加了居民生活用水量和污水排放量。据统计，1850 年伦敦的 270581 户居民每日每户用水 160gal(1gal≈4.54609L)，到 1856 年，328561 户居民每日每户用水 244 gal。每年伦敦的污水排放总量，1850 年为 4330 万 gal，1856 年增加为 8080 万 gal[6]。1815 年，在大都市皇家委员会专员的建议下，议会立法规定所有茅厕粪池必须与城市的下水管道连通，以便于清理粪便。这一规定虽然有利于大大改善伦敦的城市和生活卫生状况，但大量未经任何处理的居民排泄物直接排入泰晤士河，对泰晤士河水质产生了灾难性影响。1810 年以后，抽水马桶在伦敦的应用日益广泛，大量的生活污水与粪便排入下水道，1810～1820 年，伦敦下水道的径流量增加了 1/3。同时，不断延长、扩展的下水道系统将更多的房屋连接起来。到 1852 年，在伦敦城的 16200 栋房屋中，就有 11200 栋与下水管道连通，而在同一时期，在大伦敦范围内，房屋数量从 136000 栋增加到了 306000 栋[6]。1840 年，托马斯·丘比特在议会“市镇卫生与健康委员会”作证时，对取消各家各户的粪池改用抽水马桶所产生的社会和环境影响，做了如下评价：50 年前，伦敦的每栋房屋都将污染物排入自家的粪池内……如今随着下水道的普及和改进，所有的污染物都被直接排入了河中，没有人会想到要去建粪池了，如今的泰晤士河取代了以前各家各户的粪池，变成了一个巨大的公共粪池。随着工业革命的兴起，大量的工厂如屠宰厂、制革厂等沿河而建；工业化又推进了泰晤士河两岸人口激增。伦敦人口从 1800 年的 100 万增加到 1850 年的 275 万。1854 年伦敦市的人口已经有 40 万人，未经处理生活污水和工业废水直接排到伦敦的泰晤士河，炎热的气候加剧了河道中气味，泰晤士河被称为臭河，每天大量的工业废水和生活污水未经处理直接排入泰晤士河，河水水质恶化，污浊不堪，成为伦敦的排污渠。

伦敦的泰晤士河污染在初期治理的主要措施就是截污。那时泰晤士河是开放的下水道，没有任何鱼类或者其他野生动物，对于伦敦的贫民造成了严重的健康威胁，当年由于河道污染而死于霍乱的人数达到 1 万人[7]。迫于各方面的压力，当局接受了 Joseph Bazalgette 提出的市政工程方案，对污水进行截污，沿泰晤士河两侧建 132km 的封闭的地下砖砌主干管，用于截留污水，同时修建 1800km 街道排水系统，用于接收生活污水，那时这些生活污水是沿着街道流遍伦敦。1859 年开始沿着泰晤士河两侧修建截污系统，一直持续到 1875 年才完成。泰晤士河两侧分为南区和北区，分别修建了雨污合流的收集系统，图 2.13 就是正在建设的东区靠近老福特街的下水道系统。图 2.14 为沿着泰晤士河两侧 Bazalgette 规划的雨污合流截污主干管[8]。

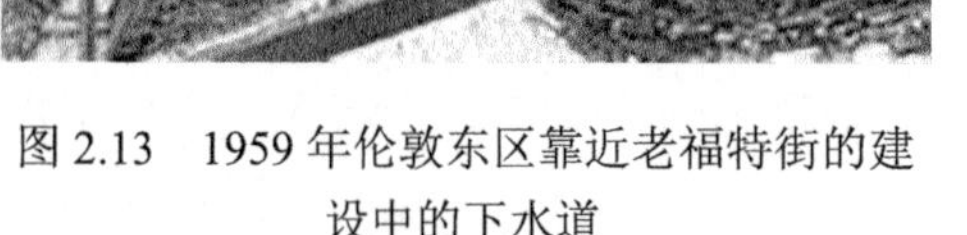

图 2.13　1959 年伦敦东区靠近老福特街的建设中的下水道

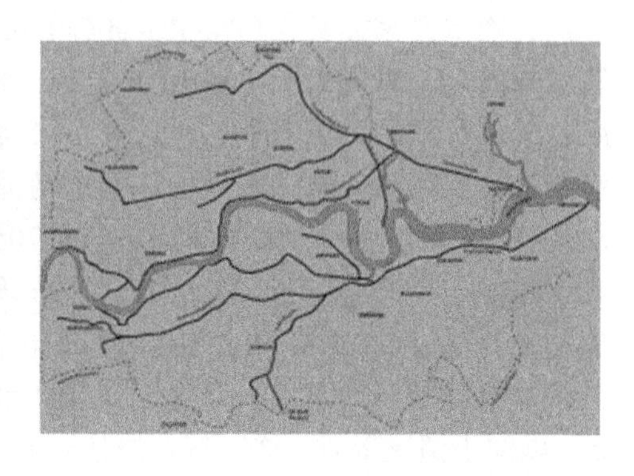

图 2.14　1880 年下水道，图中粗实线是雨污合流的截污主干管

该计划还包括泵站，在 Deptford（1864 年）和在 Crossness（1865 年）上修建的这两个泵站全部位于泰晤士河的南侧，北侧则在 Abbey Mills（1868 年）和在 Chelsea 堤坝上（1875 年）修建泵站。将城市排水收集输送到河道两侧的大型主干管中，河道两侧的主干管被称为北区和南区排水系统。主干管中的污水分别存储在 Benkton 和 Crossness 平衡水池中，然后未经处理的污水用泵排放到泰晤士河高潮点。伦敦市在 1869 年就修建了第一座污水净化设施，但是随着污水总量和污水处理难度的不断增加，原有设施已经不能满足这一要求。伦敦市政府以及都市工务局决定在泰晤士河南北两岸新建两座污水处理厂，其中位于北岸的贝肯顿（Benkton）污水处理厂于 1889 年完工，南岸的 Crossness 污水处理厂于 1891 年完工。当时的污水处理厂普遍采用石灰和铁盐作为沉淀剂将污水和污泥分离，污水用于灌溉农田，污泥则在压力作用下脱离出其余的水分，部分污泥烘干后会被当作肥料卖给农民，大多数会被掩埋或用驳船抛入海内。1900 年在 Benkton 和 Crossness 建设了强化污水处理设施[9]。图 2.15 为 1930 年伦敦的下水道系统，浅色的是污水管，深色的是截污干管，用于排放雨季的雨水。

2.2.2　巴黎塞纳河截污

直到 20 世纪中叶，巴黎还是从塞纳河直接取水饮用。污水排到没铺装的街道或者随地倾倒，最终也流入塞纳河。巴黎的第一条排水系统始建于 1200 年。当时的排水系统是开放的明浮，位于石子铺的路的中央。第一条全地下的排水系统建于 1370 年，在 Rue Mont Mcertre 大街下面排入塞纳河的支流。拿破仑 • 波拿巴当政期间加快了排水系统的建设。1805 年 Bruneseall 完成了 182km 的新排水系统的建设，如图 2.16 所示。

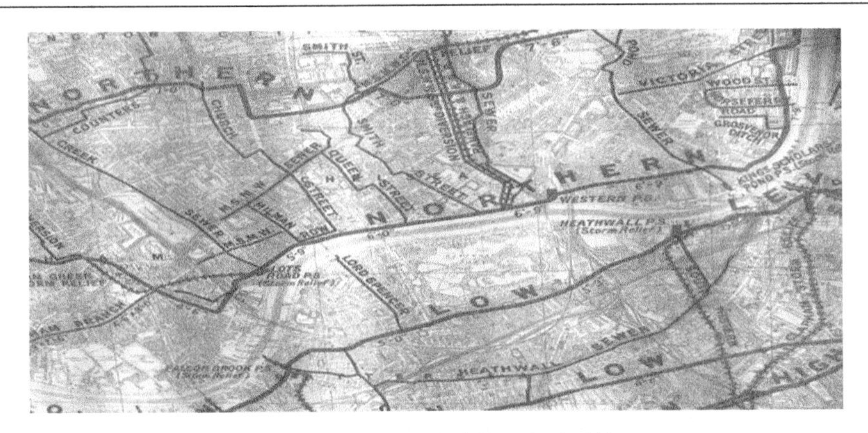

图 2.15　1930 年伦敦的下水道系统

图 2.16　1810 年在 Saint Denis 街道下面的排水道

1370 年，巴黎的教务长 Hugues Aubriot 在蒙马特街建造了穹顶石头砌成的排水管道，这个排水管道将收集的污水排放到 Menilmontant 小溪， 此时污水还是直接排放到开放的系统中[10]。1530 年命令新建筑必须修建化粪池[11]，1636 年巴黎已经有 24 个化粪池，其中 6 个是开放的化粪池，这些化粪池经常阻塞或者损坏[12]，1721 年法律规定房东必须付费清掏位于其建筑下面的化粪池[13]。1789 年巴黎已经有 26km 下水道，水库中的水用于冲走下水道中阻塞的固体废弃物[14]。在路易十四时，Bievre 河的右岸建造了大型的环形排水管道，收集地面污水排入塞纳河，取代了塞纳河左岸的用作污水排放的 Bievre 河，17 世纪晚期，巴黎拒绝建设现代给水系统，妇女还是从塞纳河取水。卫生设施不足是霍乱暴发的原因。拿破仑一世建造了巴黎第一个穹顶 30km 排水网。1830 年巴黎的行政长官 Claude-Philibert Barthelot，comte de Rambuteau 开始重新修建和扩大下水道系统，Henry Charles Emmery 从 1832 年到 1839 年任下水道系统的负责人，改善了巴黎的下水道系统，他将街道中央开放的排水系统改为地下的排水沟[13]，然而系统仍然不够用，而且无法正常运行。1855 年拿破仑三世命令工程师 Eugène Belgrand 设计了现代的巴黎排水和给水系统，1878 年排水系统长达 600km[15]，这时的下水道系统高 2.3m，宽 1.3m，用于收集雨水和污水，主干管甚至达到高 4.4m 和宽 5.6m，有马车行道，用于清理下水道[16]。1878～1913 年，巴黎所有建筑都连接到下水道系统，1914 年 68%的建筑连接到排水系统[17]。图 2.17 为 1851 年规划建设的巴黎排水系统。18 世纪末开始有用于污水处理的农场，1930 年巴黎有了巴黎历史上第一座污水处理厂[18]。

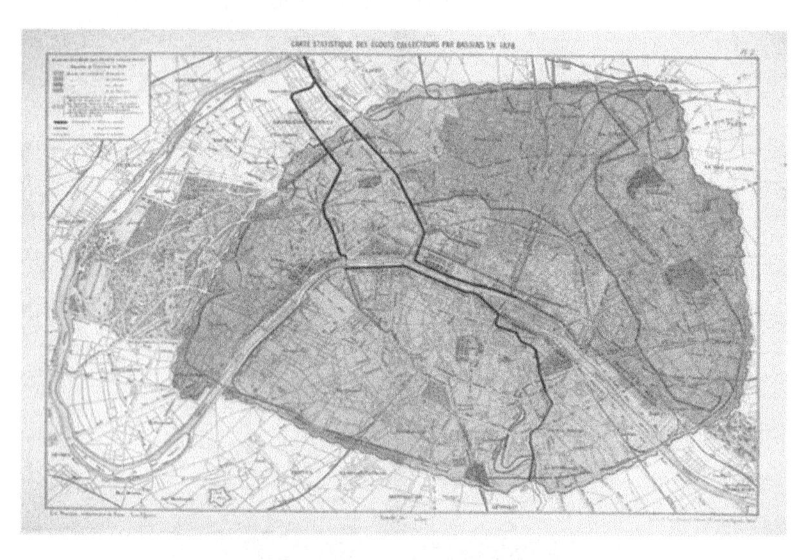

图 2.17　1851 年规划建设的排水系统(黑色粗实线为排水管位置)

17 世纪路易十四在塞纳河右岸修建了一条环形下水道，但左岸仍然用 Bievre 河作为下水道。拿破仑一世时，巴黎已经形成了 30km 的第一个下水道系统，1832 年暴发的霍乱，与污水直排塞纳河有直接关系。那时塞纳河还是城市饮用水水源，时任塞纳省省长的乔治·尤金·奥斯曼设计了巴黎的下水道系统。1851 年贝尔格朗利用巴黎东南高，西北低的地势特点，将排入塞纳河的污水截流后从塞纳河的右岸集中收集经干管排送到左岸，再用 600km 的干管送到安谢尔进行处理。早期的安谢尔处理厂采用土地处理，或者称为污水农场，就是将污水喷洒到农田上，进行处理。Achères 污水处理厂始建于 1930 年，目前处理规模已经达到 200 万 t/d，是欧洲较大的污水处理厂。

在文献上能够查到的国内第一篇介绍城市河道治理的文章是 1992 年发表在

《上海水利》上的，题为："苏州河水环境及其治理设想"的文章。文中介绍随着工业和人口的增长，苏州河两岸排入未经处理的生活污水和工业废水量为 120 万 m^3/d，苏州河上游的来水量仅为 80 万 m^3/d，清水与污水的比例为 2∶3，清水流量不足，丧失了苏州河的自净能力，造成苏州河水质超标，长期黑臭。文章提出苏州河治理工程是一项复杂的系统工程，必须综合治理，采取截污、清底、裁弯、法治等综合措施。这篇文章表明城市河道长期作为城市泄洪排污河道，已经不堪重负，治理迫在眉睫；给出的截污、清底、裁弯、法治等综合治理措施，是该阶段对城市河道治理的认识。

2.3　河道物理修复

20 世纪初期，随着城市排污量的增加，城市排水管网不完善，城市河道作为排污的明渠，污染日趋加剧，改善城市环境的需求十分迫切。鉴于河道污染的主要原因是城市没有污水排放的管网，或者有排放的管网，没有污水处理厂，污水就近排入城市河道，导致城市河道污染的事实，人们提出了物理法，常用的方法包括河流截污、人工增氧、底泥疏浚和引水稀释等，以改善城市河道水环境。

1. 河流截污

点源污染一直是导致城市河流污染的最主要因素，河流截污是将污染物输入河流的通道切断，是根治城市河流污染的直接有效的方法。河流截污工程通常是与其他方法结合治理城市河流，修复被破坏的河流系统生态功能。

2. 人工增氧

有机污染严重的河流由于有机物降解耗氧，河流会处于缺氧或者无氧状态，此时河流水质恶化，自净能力下降，正常的水生生态系统遭到严重破坏。如果在适当的位置向河水进行人工曝气充氧，提升水体的溶解氧，就可以避免出现缺氧或无氧河段，增强河流自净能力，优化水生生物的生存环境。人工增氧在英国的泰晤士河[19]，德国的 Emscher 河、Teltow 河、Fulda 河[20]，北京的清河[21]，上海的绥宁河[22]和福州的白马支河[23]都曾采用。河流人工增氧有固定式曝气和移动式曝气等形式[24]。固定式曝气有鼓风曝气和机械曝气两种形式[25]。此外，还可利用河流上已有的水坝、水闸等水利设施的跌水、泄流、喷泉和人工水上娱乐设施等进行增氧。

3. 底泥疏浚

河流河床的底泥中含有许多有机物和氮磷营养盐，它们在一定条件下会从底泥中溶出，有机物及营养盐的溶出会使水质恶化，同时也是恶臭的主要发生源[26]。而泥沙和污染物沉积严重的河流，还会影响交通和泄洪。疏浚河流底泥可以将底泥中的污染物移出河流生态系统，尤其是能显著降低内源磷负荷，因此挖掘底泥对改善那些底泥营养物质含量高的水体是一种有效的手段。在枯水季节，对整条或局部沉积严重的河段进行疏浚、清淤，恢复河流的正常功能。由于该方法技术简单，因此是目前世界各国改善水环境使用最多的方法，如上海的苏州河、南京的秦淮河等。一般不宜将底泥全部挖除或挖得过深，否则可能破坏水生生态系统[27]。

4. 引水稀释

引水稀释是通过工程调水对污染的水体进行稀释，使水体在短时间内达到相应的水质标准。该方法将大量的污染物在较短时间内输送到下游，减少了原来河段的污染物总量，降低了污染物浓度；使河流从缺氧状态变为好氧状态，提高河流自净能力；使河流死水区、非主流区的重污染河水得到置换；加大水流流速，可能冲起一部分沉积物，使已经沉淀的污染物重新进入水体。引水稀释净化污染水体可达到立竿见影的效果，投资也相对较少，因此被许多国家用来改善水环境。1964 年，日本东京为改善隅田川的水质，从利根川和荒川以 16.6 m^3/s 的流量引入清洁水进行冲污，工程完工后，BOD 由原来的 40mg/L 降到了 10mg/L，改变了隅田川的黑臭现象。美国芝加哥曾用 33 年的时间，建造了 3 条总长 113km 的人工运河，将密歇根湖的水引入芝加哥河，增加了该河的径流量并改善了水质[28]。德国的鲁尔河、俄罗斯的莫斯科河[29]、我国的黄浦江也曾使用过该方法，效果良好。

2.4 石狮市河道修复

石狮市中心区地势为东、西、南三面较高，北面出海方向较低，中间旧城区地形稍高，城市总排水方向是向北。城市排水，最大纵坡为 3.0%，最小纵坡为 0.3%。石狮市中心区污水排放量按给水乘以系数 0.8 计算，污水量为 10.5 万 t/d。2007 年之前石狮市还没有完善的污水收集管网，旧城区排水历史上采取明沟排水(即现在的内沟河)，生活污水全部直接排入城市内沟河(东排沟、塘园溪、灵山沟、龟湖溪等城市内沟河)，内沟河成了城市的下水道。随着人口增加，生活污水、工业废水增加，河道水质急剧下降，严重影响了城市生活环境。2007 年配套防洪工程及水污染治理工程，对内沟河整治，进行了管网截污，50%以上中心区生活污水通过截污管网进入城市污水处理厂，实现部分生活污水截污和雨污分流，分流后雨水进入城市内沟河。截至 2008 年，配套建设市区东区、西区污水主干管总长 6.5km，新建、改建市区污水收集管网总长 95km。建成总输送污水能力超过 10 万 t/d 的市区中心污水提升泵站(玉浦污水提升泵站)。截污以后污水排放量为 3

万 t/d。石狮市内沟河通过防洪截污整治后，污水排入量为 3 万 t/d，雨水排入量为 22.2 万 t/d(日均值)。

该市已经建有 5 万 t/d 的城市污水处理厂，依据规划 2010 年该污水厂处理能力扩建为 10 万 t/d，2011 年投产运行后，污水厂的有机负荷为 7.5 万 t/d。处理后的污水排水达到一级 A 的排放标准，出水全部回用作河道生态补水。

随着城市污水收集及处理率的不断提高，“十二五”排入内沟河的污水量将不断减少， 2011 年主河段的来水基本上是以雨水为主，过境水除雨水外，其余的为上游晋江市处理后达标的城市污水。中心城区的部分地区还没有完全实现雨污分流，没有污水口、雨水口的具体位置及数量的准确数值，各河段排入量按汇流面积取平均值。龟湖溪流域东部排水系统流域面积是塘园溪流域面积的近 2 倍，东部排水系统内污水的量为 2 万 t/d。西部排水系统塘园溪的污水量为 1 万 t/d。

2.4.1　城市主要河道排污现状

石狮市主城区内沟河为过境河流，内沟河入河各支流雨水和污水排入情况如表 2.1、表 2.2 和表 2.3 所示。

表 2.1　石狮市内沟河各支流现状

溪流名称	控制断面	集水面积 (km^2)	河长 (km)	雨水量 (万 m^3/a)	雨水日均量 (万 t/d)	坡降 (‰)	备注
梧桉溪		41.0	12.6	2310	14.10	3.1	汇入龟坝闸
塘园溪主干流	XS7	16.7	6.36	925	2.53	2.1	汇入龟坝闸口
塘园溪灵山沟	LS1	5.39	5.07	298	0.81	4.1	汇入塘园溪口
龟湖溪主干流	DG4-4	17.8	6.18	920	2.52	1.9	汇入龟坝闸口
龟湖溪东沟	DG6-2	6.87	3.68	380	1.04	1.9	汇入龟湖溪口
龟湖溪东茂沟	DM1	4.08	2.87	225	0.61	2.2	汇入龟湖溪
山雅沟	SY1	1.54	1.28	85	0.23	1.2	汇入龟坝水闸
后宅沟	GH2	2.34	1.27	125	0.34	1.4	汇入龟湖溪
合计雨水量					22.18		

注：数据均来自《石狮城市防洪排涝规划报告》。

表 2.2　塘园溪现状

塘园溪汇入雨水水量	925 万 m^3/a(日均 2.53 万 t)
塘园溪支流灵山沟汇入雨水量	298 万 m^3/a(日均 0.82 万 t)
小计雨水量	3.35 万 t/d
污水量	1 万 t/d
合计	4.35 万 t/d

注：数据均来自《石狮城市防洪排涝规划报告》。

表 2.3　龟湖溪现状

龟湖溪雨水水量	920 万 m^3/a（日均 2.52 万 t）
龟湖溪东茂沟汇入雨水量	225 万 m^3/a（日均 0.62 万 t）
后宅沟汇入雨水量	125 万 m^3/a（日均 0.34 万 t）
东沟汇入雨水量	380 万 m^3/a（日均 1.04 万 t）
小计雨水量	4.52 万 t/d
污水量	2 万 t/d
合计水量	6.52 万 t/d

注：数据均来自《石狮城市防洪排涝规划报告》。

2.4.2　河道物理修复技术措施

2007 年配套防洪工程及水污染治理工程，对内沟河整治和管网截污，实现部分生活污水管道截污，部分雨污分流，雨水进入城市内沟河。新建、改建市区污水收集管网详见图 2.18。其中浅色的粗实线是城市内沟河的位置，旁边黑色为截污干管的位置。从规划措施来看，2007 年石狮市的截污类似于法国 1851 年塞纳河的截污，也与国外的建设截污管网一样，同步进行了城市污水处理和达标排放，不同的是此时污水处理已经可以达到一级 A，而 1851 年法国的污水处理采用的是土地处理。

图 2.18　市区截污管网规划图

(1) 塘园溪(西排水沟)。全长 6.36km，起于新钞坑，止于大北环桥。到 2009 年底，完成 6km 截污，全部河段清淤 2 万 m^3，全河段进行护砌，两侧部分路面进行了硬化、美化、亮化工程。下游河段横二路到大北环桥，河段长 1.78km，全部进行拓宽硬化修建，拓宽后河宽 20m。截污、硬化、扩宽后的塘园溪如图 2.19 所示。

(2) 塘园溪支流灵山沟。起于灵山工业园区，终止于凤里办事处，汇入塘园溪，全长 5.07km，河道大部分采用暗涵设计，部分截污，部分进行了整治，如图 2.20 所示。

图 2.19　治理后的塘园溪

图 2.20　没有完全治理截污的灵山沟

(3) 龟湖溪重要支流东排水沟。东排水沟起于八七桥，终止于华侨医院，汇入龟湖溪，全长 3.68km，东排水沟进行了清淤、护砌。东排水沟位于老城区，沟渠两侧分布比较密集的居民楼，考虑施工对楼房基础安全的影响，以及在沟内布设排水明管对泄洪的影响，该河段近 50%没有实现截污，生活污水、周边的餐饮废水等直接排入河道。其中华侨医院到长福环岛沟段，布置了净化设备，没有建设完成，未处理污水直排进入东排沟，如图 2.21 所示。

图 2.21　护砌后的东排沟，截污不完整(华侨医院附近)

(4) 龟湖溪重要支流东茂沟。起于学府路，在老干部活动中心汇入龟湖溪主干。全长 2.87km。东茂沟进行了大部分的截流、清淤、护砌，整治后的东茂沟如图 2.22 所示。

图 2.22　整治完成后的东茂沟

(5) 龟湖溪支流塘后沟。起于塘后村宝盖工业园区，终止于石蚶路，汇入东茂沟，全长 670m，没有治理和护砌，属于规划防洪排涝治理范围，如图 2.23 所示。

图 2.23　塘后沟河段

(6) 龟湖溪重要支流后宅沟。后宅沟位于龟湖溪下游，邻近龟坝水闸滞洪区河段，是龟湖溪在香江路分流后流经后宅村形成的支流，在石狮市第三中学处重新汇入龟湖溪，全长 1.27km。这一河段目前没有经过治理，河道内水量较少，荒草丛生，没有护砌，仅仅在石狮市第三中学一侧有部分护砌，这一河段内的垃圾很多，属于规划防洪排涝治理范围，如图 2.24 所示。

图 2.24　后宅沟石狮市第三中学河段汇入龟湖溪处及后宅村内河段河床干枯、杂草丛生

(7) 龟湖溪主干，起于石狮市华侨中学，终止于大北环桥，汇入龟坝水闸滞洪区。全长 6.18km。河道绕过龟湖公园(龟湖滞洪区)，河道进行了全部护砌及大部分截污。

(8) 山雅沟，直接汇入龟坝水闸滞洪区。山雅沟全长 1.28km，起于龟湖中心小学，在大北环桥汇入龟坝水闸滞洪区。山雅沟入龟坝水闸河段河道较宽阔。河道没有治理，属于规划防洪排涝治理范围，如图 2.25 所示。

图 2.25　规划防洪排涝治理范围的山雅沟

(9) 梧桉溪大部分河段位于晋江市境内，污水的来源属于晋江汇入的外源污水，虽然在梧桉溪流域，两市政府已经对部分河段进行了综合治理，包括污水的原位治理，但是处理效果不显著，没有达到地表水体Ⅴ类的要求，如图 2.26、图 2.27 所示。

2.4.3　截污系统和其他物理设施建设

(1) 市区污水收集管网工程。建成总输送污水能力超过 10 万 t/a 的中心市区污水提升泵站(玉埔污水提升泵站)，总长 6.5km 的主压力管一期、二期工程，总长 6.5km 的东区、西区污水主干管，以及总长 95km 的新建、改建市区污水收集管网。

图 2.26　梧桉溪蓝黑色的污水

图 2.27　梧桉溪鸡肠沟入口

(2) 建设石狮市宝盖鞋业工业园区污水管网。完成污水收集管铺设约 6km。

(3) 安装 69 台增氧设备，建设生态浮床 2300m^2，石狮河道水质治理工程运行状态不好，处理效果不明显。

(4) 修建了西洋公园，该公园的水上景观部分是滞洪区的一部分。

建成后城市中心区排水系统如图 2.28 所示。

图 2.28　建成后的城市中心区排水系统图

2.4.4　物理治理措施使用后效果

物理技术截污，硬化、渠化和亮化工程实施后，对部分河段的水质进行了监测，2009 年监测数据结果详见表 2.4。

表 2.4　内沟河水质监测数据

点位	水系	采样日期	pH	COD (mg/L)	氨氮 (mg/L)
1. 龟湖溪主干流					
WY-01	吴园水库	2009.12.22	7.42	99	0.975
GH-01	石光华侨联合中学	2009.12.22	8.82	101	13.1
GH-02	石狮市第一中学(出口)	2009.12.22	11.08	379	25.8
GH-03	老干部活动中心(与东茂沟汇合下游)	2009.12.22	9.88	267	26.4
GH-04	横二路交叉点(与东沟汇合口上游)	2009.12.22	9.5	285	30.8
GH-05	龟坝水闸汇合口上游	2009.12.22	7.83	233	32.0
2. 龟湖溪东茂沟					
XL-01	厝仔水库	2009.12.22	9.02	115	3.08
QK-01	前坑水塘	2009.12.23	7.53	171	0.348
DM-01	塘边村东侧	2009.12.22	8.31	202	15.0
DM-02	塘边村(与塘后沟汇合口上游)	2009.12.22	8.47	209	24.6
DM-03	老干活动中心(与龟湖溪汇合口上游)	2009.12.22	8.01	342	27.9
3. 龟湖溪塘后沟					
TH-01	宝盖科技园区	2009.12.22	7.76	134	35.9
TH-02	塘边村(与东茂沟汇合口上游)	2009.12.22	7.35	198	40.9
4. 龟湖溪东沟					
DG-01	南环路交叉点(桥下)	2009.12.23	7.73	281	42.7
DG-02	长福环岛桥下	2009.12.23	7.71	186	42.5
DG-03	华侨医院墙外	2009.12.23	7.52	216	34.7
5. 塘园溪					
TY-01	共富路汽车城后面	2009.12.23	3.79	345	20.5
TY-02	西环路紫云酒店边	2009.12.23	3.72	281	37.9
TY-04	大北环 3#桥下	2009.12.22	7.86	130	12.9
6. 灵山沟					
RQ-01	容卿水库	2009.12.23	7.99	51	0.576
LS-01	凤里街道办事处前(与塘园溪汇合口上游)	2009.12.23	7.65	356	54.3
7. 梧桉溪					
WA-01	新鸡肠沟交叉点	2009.12.23	7.41	126	7.93

续表

点位	水系	采样日期	pH	COD (mg/L)	氨氮 (mg/L)
8. 南低渠					
ND-01	晋江、石狮交界(桥下)	2009.12.23	7.33	83	11.3
ND-02	雪上水闸	2009.12.23	7.45	65	8.16
9. 龟坝水闸					
GB-01	海仔口水闸(下)	2009.12.22	7.68	128	16.1
	龟坝水闸	2009.12.22	7.45	119	15.2
10. 雪上沟					
XS-01	十一孔桥水闸(上)	2009.12.23	7.3	108	12.1
11. 塘头沟					
TT-01	锦江出海口	2009.12.23	6.45	333	10.6
TT-02	污水处理厂尾水排放口下游	2009.12.23	6.79	65	9.13
12. 山雅沟					
SY-01	龟坝水闸汇合口上游	2009.12.22	7.76	275	62.8

截污系统投入使用三年后，石狮市环境监测站 2012 年对东排水沟(石狮市第三中学门口前)、塘园溪(火辉埔桥下)、西排水沟(凤里街道旁)三个点位的监测数据如表 2.5 所示。石狮市市区东、西排水沟和塘园溪水质污染严重，三条内沟河的水质全部属于劣Ⅴ类水。由表 2.5 的监测数据可以看出，从 2007 年开始就对城市污水

表 2.5　2012 年石狮市环境监测站对东、西排水沟的监测数据

河道	监测断面	采样日期	溶解氧	COD_{Cr} (mg/L)	BOD (mg/L)	氨氮 (mg/L)	总磷 (mg/L)	水质类别
东排水沟	第三中学大门旁	01.04	—	107	—	41.0	3.83	劣Ⅴ
		03.11	0.27	116	58.3	32.7	3.68	劣Ⅴ
		05.09	1.15	175	22.3	25.8	2.72	劣Ⅴ
		07.09	0.28	223	38	29.7	2.64	劣Ⅴ
		09.01	0.77	81	6.2	20.6	1.68	劣Ⅴ
		11.05	0.92	108	3.8	31.2	2.84	劣Ⅴ
塘园溪	火辉埔桥下	01.04	—	176	—	25.9	—	劣Ⅴ
		03.11	0.23	217	57.2	37.5	4.58	劣Ⅴ
		05.09	4.01	167	22.0	23.3	3.55	劣Ⅴ
		07.09	1.86	48	4.4	20.8	8.20	劣Ⅴ
		09.01	1.89	92	3.0	28.8	4.70	劣Ⅴ
		11.05	0.83	120	4.6	33.0	3.27	劣Ⅴ

续表

河道	监测断面	采样日期	溶解氧	COD_{Cr} (mg/L)	BOD (mg/L)	氨氮 (mg/L)	总磷 (mg/L)	水质类别
西排水沟	凤里街道旁	01.04	—	133	—	8.41	1.19	劣Ⅴ
		03.11	0.98	127	33.3	31.3	2.94	劣Ⅴ
		05.09	3.51	193	29.6	27.4	4.5	劣Ⅴ
		07.09	2.03	212	13.3	26.2	3.88	劣Ⅴ
		09.01	0.51	128	6.7	31.6	4.23	劣Ⅴ
		11.05	0.45	142	3.0	44.2	4.05	劣Ⅴ

进行截污，对河道进行硬化，对河道周围的设施进行整治后，河道的水质没有按照工程实施的设想达到预期的标准，也就是达到景观水Ⅳ类标准，彻底改善城市的水环境，2012 年的监测数据显示仍然为劣Ⅴ类。

各河道的水质情况分析汇总如下：

1. 龟湖溪及其相关水系水质情况

龟湖溪、东排水沟、后宅沟、塘后沟、东茂沟、山雅沟为石狮市的东部排水系统。该水系污染严重，包括上游的吴园水库，来水 COD_{Cr} 为 99mg/L，远远超过了地表水Ⅴ类水质标准，接近南方小城镇生活污水的水质。东部排水系统的下游，龟湖溪—第一中学位置的 COD_{Cr} 大于 350mg/L，氨氮浓度大于 25mg/L；东茂沟老干部活动中心汇入龟湖溪点位，COD_{Cr} 大于 300mg/L，氨氮浓度大于 25mg/L；龟湖溪、塘后沟、塘边村点位、宝盖科技园区点位氨氮的浓度高达 35mg/L 以上。龟湖溪整个东沟监测点位的氨氮浓度都大于 40mg/L。总体上看东部排水系统污染严重，水质很差，部分河段的水质超过我国城市生活污水的水质平均值。

2. 塘园溪及其相关水系水质情况

塘园溪、灵山沟、梧桉溪、南低渠为西部排水系统，该系统上游的容卿水库的水质较差，超过了地表水Ⅴ类水质标准。其中塘园溪上游共富路汽车城点位的 COD_{Cr} 浓度大于 300mg/L；灵山沟汇入塘园溪(凤里街道办事处)点位 COD_{Cr} 浓度大于 350mg/L，氨氮浓度大于 50mg/L。总体上看西部排水系统的污染程度好于东部排水系统，但是污染仍然很严重。

3. 排海段水质

塘头沟、雪上沟、龟坝水闸为石狮市污水排海系统，水质污染严重，污染突出点位排海的锦江出海口 COD_{Cr} 浓度大于 350mg/L。

总之，通过实际监测，石狮市城市内沟河污染严重，内沟河水质接近甚至超过城市生活污水厂的进厂水质。

2.4.5　石狮市河道物理修复问题分析

(1) 污水收集率低。老城区没有完善的污水收集管网，为了排污便利，居民楼及工商企业建筑近邻内沟河，在排污口与内河之间建立污水管网难度大。部分小区内部市政管网的建设不完善，无统一规划，特别是临市区沟渠的小区的污水，往往直接排入沟渠中，通过污水管道收集进入污水处理厂的污水量远远少于污水产生量，而大部分污水流入排水明渠，导致排水明渠内水体污染十分严重。

(2) 可以收集的污水经过处理后出水水质达到《城市污水处理厂污染物排放标准》(GB 18918—2002) 的 1A 标准，1A 的标准高于地表水Ⅳ类标准，仍然是劣Ⅴ类(黑臭水体)。如果河道没有其他的来水，只是处理后的城市污水的出水，河道中的水质必然是劣Ⅴ类。硬化后的河道几乎没有自净能力，导致河道水质长期超标。

(3) 河床淤积较严重，未能定期进行疏浚。石狮市地处风头水尾，受污水排放量增加、河面垃圾污染等方面影响，加上河道上游天然来水极少，水流速度极慢，排入河中的污物不能被河水冲刷，河道的自净能力近乎于零，造成河底淤泥量逐年增加，又未能定期进行疏浚，以至河床抬高，加重了内沟河水发黑、发臭的严重程度。长期淤积的底泥内包含大量沉积的磷、总氮、重金属、有机物等，在水体内不断地溶解释放、厌氧发臭，长期影响水环境。

(4) 雨水排入河道之前没有进行适当的处理，雨水径流挟带泥沙、垃圾、树枝树叶等排入河道，雨水径流对河道的污染负荷仍然有重要贡献，且携带的泥沙易堵塞河道。对老城区排入排洪渠的合流污水进行截流。在老城区合流污水排入河沟处设溢流井，降雨时，雨水溢流至塘园溪内。根据《福建省石狮市中心城区污水专项规划修编》，排入排洪沟渠需截流的污水约 3.35 万 m^3/d。市区内河经改造后，仍有部分污水排入，内河水混浊，河道中存在一定程度的沉积。

(5) 跨境污染问题治理没有取得实质性进展。晋江市跨境水系主要有南低渠晋江段、梧桉溪、海烟沟、东排水沟上游排水沟(即大埔排污沟)、西排水沟上游排水沟(即火辉埔排污沟、梧坑村排污沟)。长期以来，晋江市跨境水体不能稳定达标，造成石狮市内沟河、南低渠水环境污染程度加重，尤其是大埔、火辉埔、梧坑村存在涉重金属污染企业和印染企业，偷排漏排现象时有发生。来自晋江的污水约 $3500m^3/d$；塘园溪上游、梧桉溪、南低渠、海烟沟等跨境污染给石狮市中心区造成较大的环境压力。

2.5　青岛李村河修复

李村河流域是青岛市中心城区最大的河流系统，如图 2.29 所示，由李村河主河道及张村河、大村河、水清沟河等 10 条主要支流组成。其中李村河主河道发源于李沧区石门山南侧卧龙沟，流经毕家上流、王家下河、李村，在阎家山张村河与之汇流，至胜利桥大村河与之交汇，穿过胶济铁路桥，下穿环湾路汇入胶州湾，全长约 17km。

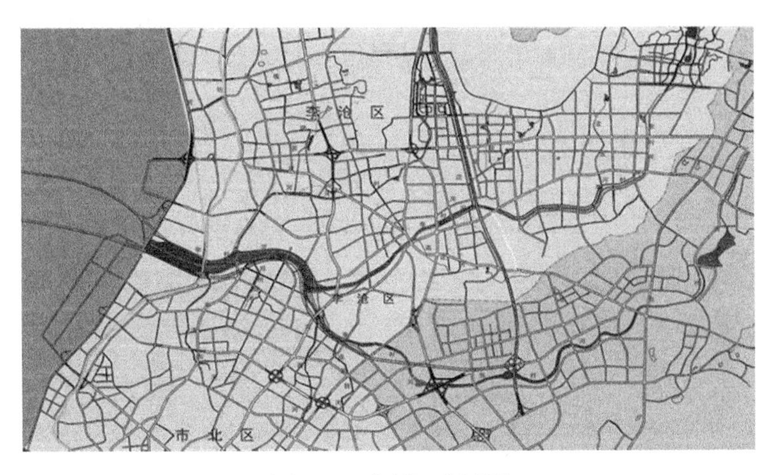

图 2.29　李村河流域图

张村河为李村河最大的支流，发源于崂山区北宅雾露顶山脉南侧，流经洪园、牟家、张村、中韩，在阎家山汇入李村河，河道全长约 21km，李村河的主要支流和汇入节点如图 2.30 所示。

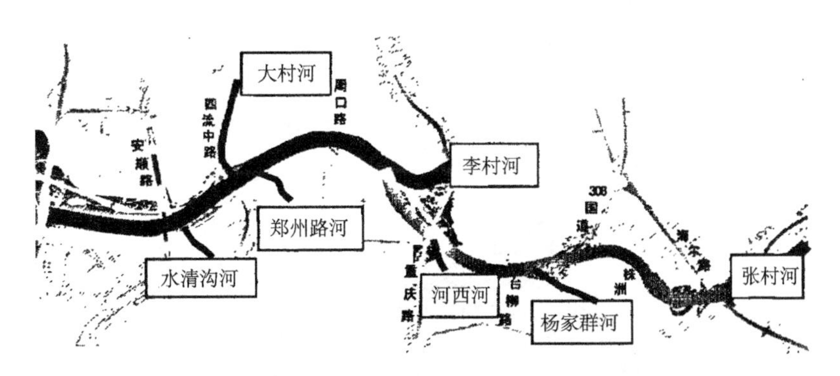

图 2.30　李村河主要支流和汇入节点位置图

流域内涉及市北、李沧、崂山三区，共计 12 个街道办事处，人口约 106.4 万。郑州路河在四方区北部境内，曾用名盐滩河，从海拔 43.1m 的小水清沟北的高东洼发源，流经开平路、洛阳路、郑州路，最后穿过青岛科技大学校园经舞阳路流入李村河，全长约 3km。该河是季节性河流，除夏季泄洪外，其他季节基本无水。

大村河是李村河的一条主要支流，发源于卧狼齿山西侧，流经上、下王埠，东、西大村，西流庄，晓翁村，沿沧口飞机场西墙在胜利桥东侧汇入李村河，自桃源水库以下主河道全长 7.4km，流域面积 17km^2，现状河宽 10～50m。大村河的支流主要有晓翁村河、西流庄河、东大村明沟、王埠明沟等。水清沟河，起于德安路，沿西北方向汇入李村河，总长 2.86km，河道宽 11～32m，河道内排污口 72 处，图 2.31 所示为直接排入水清沟的排污口，水清沟主要承载城市泄洪功能。

图 2.31　直接排入水清沟的排污口

历史上，李村河曾是青岛市第二个(第一个是海泊河水源地)重要饮用水源地，李村河水源地的旧址位于周口路 371 号，又称阎家山水源地，如图 2.32 所示。主体建筑为典型的德式建筑，砖石结构，黄岗岩砌基。1906 年在李村河与张村河的交汇处打井建设水源地，从水源地到储水山铺筑内径 400mm，长 11km 的输水管道，1909 年在阎家山村东建成投产，当时水源丰沛、水质良好，日供水高达 6000m^3，是海泊河水源地供水量的 15 倍。后经不断扩建，1922 年、1928 年和 1929 年青岛地图上均有李村河水源地标注。新中国成立后改为第一送水厂，几经扩建，至 20 世纪 60 年代，供水量已达到 334 万 m^3/a。1979～1988 年污染日益加重，河沙大量被挖，1988 年李村河水源地被迫停止供水，李村河具有饮用水源地的功能

图 2.32　1906 年在李村河与张村河的交汇处水源地的德式建筑

作用，不可挽回地结束了[30]。李村河重要的支流张村河，位于张村河中游的中韩水厂(又称第四送水厂，建于 1959 年)，利用张村河中游良好的富水区、丰沛的潜流，源源不断地供应地下水。但是，到 20 世纪 90 年代，由于严重的水污染，该水厂也废弃不用了。

张村河发源于崂山区北宅街道峪夼村东北，流向西南，经峪夼、鸿园、沟崖、南龙口、枯桃、张村等村，由郑张村前折向西，经中韩村东转西北，过 308 国道入李沧区于阎家山村东汇入李村河入胶州湾。河流总长 20km，流域面积 64km^2[31]。

张村河历史上沿河曾构筑一些零星局部的河堤。1962 年，东陈村用石砌护河堤 0.8km。1968～1975 年，沿河各村用砌石护堤(岸)方法，分别治理牟家村、枯桃村、张村等 9 个村庄左右两岸各一段，长 2.5km，建截坝 3 处。1999 年，张家下庄、董家下庄、郑张、张村、牟家、枯桃、中韩 7 个村投资 188.5 万元，共砌护治理河堤长 2.5km，工程量 0.97 万 m^3。张村河中、下游地处崂山城区和高新技术产业开发区腹地，沿河村庄密集，有近百家工业企业分布沿岸。虽经历年治理，但标准低、质量差，乱倒垃圾、乱采砂土，河形不规，防洪标准低。对此市、区两级政府决定高标准综合规划治理张村河中、下游[32]。该治理工程于 2002 年 2 月 9 日列入青岛市政府 2002 年办的 12 件实事之一。工程将防洪治理与环境治理相结合，统一规划，建成一条高标准行洪河道和一座优美的带状公园。综合治理河段全长 9.53km。治理工程从 2002 年初开始，2004 年底竣工，一期工程完成投资 2.5 亿元，主要完成工程项目：河道清障疏浚 103 万 m^3，河堤砌筑 12 万 m^3，硬化道路 19km，蓄水橡胶坝 4 座(表 2.6)，蓄水迷宫堰 1 座，跌水 2 座，河道两侧铺设雨污水管道 36km，跨河桥梁 2 座，漫水桥 2 座，截污口 60 个，绿化面积 9.62 万 m^2，植树 1.96 万棵，形成水面积 28.7 万 m^2，蓄水量 30 万 m^3。完成了前海一线所有排污口调查和污水改造路段的测绘，对截污方案进行设计。对大麦岛、海路、山东头等明沟涵洞进行了彻底清理，完成了大麦岛、东海路、王家麦岛、山东头村等九项截污工程，铺设各种类型管路共计几千米[33]。

表 2.6　张村河治理建设橡胶坝汇总表

橡胶坝名称	位置	建设时间	坝长(m)	坝宽(m)	最大坝高(m)	蓄水量(万 m^3)	总投资(万元)
张村橡胶坝	文张村	2012.12	60	10	2.5	4	250
东韩橡胶坝	东韩村	2012.06	66	10	2.5	8	400
中韩橡胶坝	中韩村	2012.06	66	10	2.5	8	500
西韩橡胶坝	西韩村	2012.12	70	10	2.5	8	550
合计						28	1700

张村河上游，村庄较少，几乎没有工业企业，因此水质较好。位于张村河上游的北龙口桥，按照青岛市地表水功能区划，执行《地表水环境质量标准》(GB 3838—2002)Ⅲ类标准，属于符合饮用水的区划标准。根据 2001～2003 年该站位的监测数据，北龙口桥的主要水质指标，除极个别的监测月份以外，全部达到或好于功能区评价标准，多年来的监测数据一直稳定达标。张村河中、下游污染程度比李村河略轻。中、下游监测站位分别为中韩桥和 308 国道桥。以中韩桥和 308 国道桥站位 COD、氨氮年均浓度和一次监测最大值为例：2001 年中韩桥、308 国道桥 COD、氨氮年均浓度分别为 53.8 mg/L 和 12.7mg/L，超过地表水(GB 3838—2002) Ⅴ类标准 0.4 倍和 5.4 倍。张村河中、下游水体属劣Ⅴ类。COD 一次监测最大值为 112mg/L，超标 1.8 倍；氨氮一次监测最大值为 19.8mg/L，超标 8.9 倍。2002 年中韩桥、308 国道桥 COD、氨氮年均浓度分别为 40.8mg/L 和 61.3mg/L，超过地表水Ⅴ类标准。COD 一次监测最大值为 106mg/L：氨氮一次监测最大值为 34.2mg/L，超标 16.1 倍。2003 年中韩桥、308 国道桥共监测、采样三次。COD 一次监测最大值为 55mg/L，氨氮一次监测最大值为 33.9mg/L，超标 16.0 倍。从上述数据分析可以得出：张村河 COD 污染指标呈下降趋势，但是氨氮污染程度居高不下，说明生活污水是张村河的最主要的污染源。图 2.33 为改造前的张村河段，图 2.34 为改造后的河段。

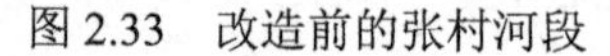

图 2.33　改造前的张村河段

图 2.34　改造后的张村河段

大村河长期缺乏系统的管理，周边村庄、厂企乱排污水，乱倒垃圾，河内污水横流，臭气熏天，河道淤积严重，河床逐年抬高，严重影响了附近居民的生活质量和防洪泄洪要求，市、区两级政府每年都拿出一定的资金进行河道维护管理，但未从根本上解决河道脏、乱、差的局面。根据大村河、水清沟污染状况监测结果发现，这两条支流污染十分严重。大村河二航校站位，COD 高达 529mg/L，超标 12.2 倍；氨氮为 43.6mg/L，超标 20.8 倍。水清沟唐河路桥 COD 为 290mg/L，水清沟桥氨氮为 35.1mg/L，分别超标 6.3 倍和 16.7 倍。这两条支流的工业、生活污水源源不断地注入李村河，使李村河污染日趋严重。

在李村河入海口处进行了李村河污水处理厂建设，如图 2.35 所示。李村河污水处理厂始建于 1996 年，一期工程采用 A/O+VIP 工艺，设计规模为 8 万 m^3/d，于 1997 年建成投产[34]；二期工程采用改良 A^2/O 工艺，设计规模为 9 万 m^3/d，于 2008 年建成投产；一级 A 升级改造工程于 2009 年下半年开始，于 2010 年 11 月开始运行；三期扩建工程于 2014 年 10 月开工建设，分为 4.5 万 m^3/d 污水处理设施扩建和 3.5 万 m^3/d 污水处理设施扩容两部分建设，2016 年开始运行，污水处理能力再增 8 万 m^3/d，建成后污水总规模提高至 25 万 m^3/d[35-39]，远期达到 30 万 m^3/d。

图 2.35　李村河污水处理厂位置图

2.5.1　李村河流域治理效果评估

青岛市环境监测站在河道污染较严重的中、下游区域，布设了三个监测断面，按照监测规范和《青岛市环境监测计划》的要求，定期进行采样、分析。具体站位是：中游为 308 国道桥和曲戈庄桥，下游为李村河入海口。选取 2001～2003 年李村河上述三个站位的主要污染参数进行分析、评价。李村河三个例行监测断面 2001～2003 年监测数据表明，主要污染参数除个别站位的数据外，均超过地表水（GB 3838—2002）V 类标准。李村河中、下游水域属劣 V 类水体，完全是生活和工业污水的混合体。从上述三年数据可以看出，2001 年、2002 年李村河污染最为严重，COD 最大值出现在 2002 年 7 月李村河入海口，监测值为 86mg/L，超过评价标准 11.2 倍，氮氮最大值出现在 2002 年 7 月曲戈庄站位，监测值为 53.9mg/L，超标 26.0 倍。2003 年李村河中、下游水域污染程度有所减轻，入海口的 COD 和曲戈庄氨氮最大值分别为 245mg/L 和 4～2.6mg/L，比 2002 年分别降低了 49.6% 和 21.0%。此外，还可以看出，李村河污染的空间分布，自中游向下，越来越严重，大多数参数在李村河入海口均达到最大值。这与李村河下游接纳了张村河、大村河以及水清沟的污水有关。从 COD、氨氮和总磷严重超标的情况，特别是氨氮和总磷超标的现象可以推断，李村河河道中生活污水已经占了相当大的比例。

2003 年在李村河及其支流共布设 18 个监测站位，进行 8 项指标的监测。监测结果如表 2.7 所示。结果表明，除张村河上游北龙口站位符合地表水(GB 3838—2002)Ⅲ类标准，达到功能区要求外，其余站位均超过地表水(GB 3838—2002) V 类标准，属劣 V 类水体。

表 2.7　李村河及其支流水质监测结果(2003 年)

河流	监测点位	监测项目							
		I	COD_{Cr} (mg/L)	氨氮 (mg/L)	总磷 (mg/L)	溶解氧 (mg/L)	水温(℃)	流量 (m/s)	嗅
张村河	沙子口北龙口桥	4.0	16	0.19	0.36	7.45	25.7	0.09	无
	中韩桥	6.7	20	4.50	0.67	9.30	27.4	0.09	无
	北村小区西桥	22.8	166	41.5	3.12	2.62	27.0	0.04	异味
	台柳路桥	11.1	82	17.0	1.43	3.92	300.8	0.10	异味
	台柳路支流 1	31.8	236	46.4	4.35	2.81	27.3	0.14	异味
	台柳路支流 2	20.3	194	43.4	4.17	2.44	28.8	0.11	异味
	重庆南路桥	27.5	195	46.0	4.19	2.36	28.6	0.36	异味
	闫家山水坝	17.5	136	22.6	2.58	3.04	28.8	0.36	异味
李村河	侯家庄桥	10.5	26	8.61	1.20	5.84	26.8	0.07	无
	308 国道	8.5	54	17.4	2.05	5.79	27.8	0.21	无
	曲戈庄桥	18.8	119	27.5	3.04	3.89	31.0	0.10	异味
	午阳路桥	17.4	100	35.9	2.35	0.85	28.8	0.02	异味
	胜利桥	38.3	223	30.3	3.46	1.89	29.2	1.52	异味
	李村河入海口	18.8	230	16.0	2.35	3.35	26.3	1.20	异味
大村河	荣花边西桥	34.7	252	25.0	3.01	2.56	29.4	0.05	异味
	二航校门前桥	49.4	529	43.6	4.14	1.92	29.2	0.20	异味
水清沟	水清沟桥	17.4	194	35.1	3.46	2.69	26.1	0.06	异味
	唐河路桥	35.4	290	25.5	2.02	1.81	31.9	0.84	无

注：李村河入海口监测数据采用青岛市环境监测站 7 月监测数据。

为了清晰地看出沿李村河河道到河口水质的变化趋势，对 COD_{Cr} 和氨氮数据进行对比分析，如图 2.36 所示。18 个监测站位的 COD_{Cr} 和氨氮是逐渐增加的趋势，也就是沿途汇流进入的各支流河道的来水都进一步增加污染程度。尽管进行了城市河道治理，但是下游的污染没有彻底改观。

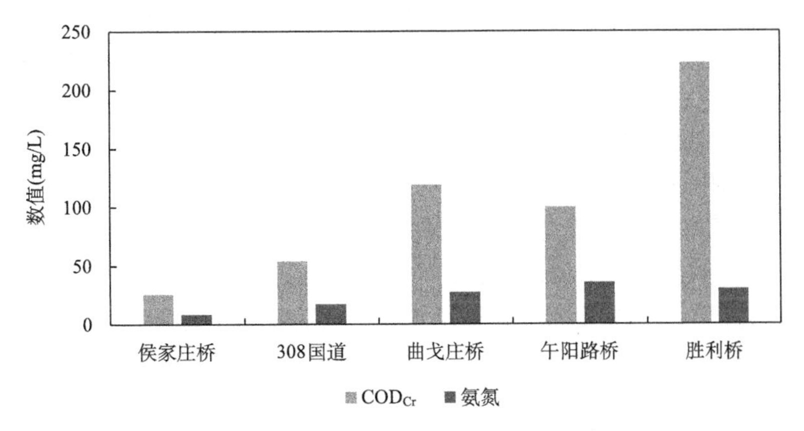

图 2.36　2003 年沿李村河各监测站位的 COD_{Cr} 和氨氮变化趋势

2001 年青岛市、李沧区两级政府将李村河上游综合整治工程列为当年的重点工程。工程范围从 308 国道李村河大桥至毕家水库段。工程内容包括清理河道、截污、砌筑堤坝、两岸绿化、水资源利用、小流域生态保护等。在李村河一期工程竣工后，李村河上游得到了彻底改观。

李村河的面源污染按其来源大致可分为：空气中的悬浮物和降落物、土壤中的污染物、堆积在河道周边居民生活产生的各类废弃物、地表散落物、路面尘土、生活垃圾、施工建筑、河道中腐烂植被，这些污染物在雨水的冲刷下形成径流汇入李村河。面源污染的污染物扩散受自然条件的影响明显，污染物种类比较复杂，监测浓度变化较大，排放强度也具有极大的不确定性，且由于面源污染的面积大、污染物种类较多，治理的难度极大。

李村河的内源污染主要是河流中底泥，底泥是河流底部的表层沉积物质，是水体的一个重要组成部分。底泥由于分解、解吸和界面的共同作用，又不断受到水流的冲刷，积累的部分污染物会不断向水体扩散，产生二次污染且底泥厌氧时会释放出恶臭气体。由于前些年李村河流域的水质持续恶化，中下游河道底泥沉积较多，在枯水期对李村河流域水质的影响极大。除此之外，藻类植物、水面浮游生物等，也是李村河流域内源污染的主要原因，内源污染源大量消耗水中的溶解氧，造成李村河水质富营养化。

李村河流域水污染没有彻底改观的原因分析：多年来市、区两级政府投入了大量人力、财力进行了李村河干流及主要支流的综合治理工作，但中下游整治明显不彻底，水质反而有所恶化，主要是早期的治理仅限于下游新建污水处理厂、河道清淤及河道周边的绿化，未进行污染点源的截污和污染面源的治理，在以下几方面存在突出的问题。

(1) 排污管网及污水集中处理设施建设薄弱，李村河流域下游部分区域排污管网欠缺较大，上下游截污管网未能全线贯通，造成大量污水不能集中收集到污水处理厂处理；李村河污水处理厂 8 万 t 的日处理能力明显不能满足现有的污水收集量，导致所截污水不得不通过溢流重新汇入李村河。

(2) 李村河流域治理总投入中的污染治理部分总体不足，大量的治理资金用于河道防洪工程和景观建设工程，只有少部分用于汇流区截污及河道生态调蓄水工程，导致部分区域雨污分流系统欠缺，雨污混排或污水直排。

(3) 沿河居民及部分企业环境意识薄弱，沿岸居民产生的生活垃圾随意丢弃。

李村河的点源污染。李村河流域的点源污染问题最为严重，对李村河流域的水质影响极大，点源污染主要分为以下四类：

(1) 周边居民排放的生活污水。由于李村河流域周边环境基础设施较为薄弱，生活污水不能有效收集，周边居民在生活过程中产生的大量生活污水汇入李村河，生活污水主要以有机污染物为主，构成成分较为复杂，污染物中化学需氧量、生化需氧量、氨氮、石油类、总磷等指标较高，且生活污水的水量、水质具有明显的周期性变化特点，直接排入河道会大量消耗水中的溶解氧，造成水质恶化，河水逐渐失去自净功能。

(2) 工业企业排放的废水。由于李村河流域内的工业企业较少，仅张村河附近青岛啤酒二厂一家废水排放企业的生产废水部分经深度处理后直排张村河，其余企业排放的污水均排入市政管网最终进入污水处理厂。所以李村河流域周边的工业废水排放量很少，对李村河水体的污染相对较小。

(3) 服务行业排放的污水。随着李村河流域周边住宅小区及人口的增长，来自餐饮、旅馆、洗车、娱乐等服务行业排放的污水在李村河流域所占比例越来越大，大部分的污水经过处理后纳入市政污水管网系统，但是也有一些小型单位的污水，未经处理直接排入下水道，或排入就近河道，李村河流域特别是中下游居民区附近，服务行业排放的污水较为严重。

(4) 市政管网汇入的污水。城市管网分为雨水管网和污水管网。降雨后，大量雨水径流将李村河流域周边的污染物经雨水管网带入河道，雨水中主要污染物成分有化学需氧量、硝酸盐类、悬浮物、石油类、重金属及其他无机盐，对河流的水质影响较大。污水管网内基本为生活污水，一旦破损，大量生活污水就会流入李村河，水质也会明显恶化。在河岸或河道，垃圾日积月累，造成周边垃圾堵塞河道，垃圾渗滤液汇入河水中，加上监管不到位，沿河部分企业追求短期经济利益偷排污水，也较大程度影响了河流的水质。

(5)河道已无自净能力。李村河是一条季节性特点非常突出的河流，丰水期、枯水期水量的变化十分明显，在冬春季节的枯水期，河道内的生态水量与丰水期相比大幅减少，上游部分断面时有断流现象出现，成为名副其实的排污河。由于部分河段水流不畅，形成“死水”。

(6)河道治理工作分头实施，欠缺一个组织领导机构协调解决跨区域的实际问题，监督治理工作进展和实际效果。治理的相关责任部门包括市政、环保、城管、各区监管部门、环卫公司，一旦出现问题，极易出现责任不清的情况。

2008 年李村河流域污染治理工程再次启动，市政府主要领导连续在市长办公会上研究环胶州湾区域环境保护和城市环境综合整治工作，并担任相关领导小组组长，指导部署具体流域污染治理工作。《李村河流域污染限期治理工作方案》、《环胶州湾流域污染综合整治工作方案》的制定，从职责上明确了环境保护局、市政公用局、李村河流域沿岸各区政府、城管执法局等各部门的任务和完成时限，并建立流域污染综合整治的保障措施及相应的考核制度，对流域污染综合治理工作做出具体指导和要求，对李村河流域采取流域截污、点源治理、补充生态景观用水、河道清淤、污水处理厂及配套污水管网升级改造、上游河道两侧环境综合整治相结合等一系列措施。

2009 年 1 月，李沧区委、区政府坚持科学发展，注重城区生态建设，将李村河上游(青银高速至青岛酒店管理学院)综合治理作为利民惠民、改善环境的突破点，开启了整治工程。该工程全长 4km，历时 1 年多，于 2010 年 7 月完工。李村河上游整治工程项目众多，工程量大，施工难度高，是青岛市河道治理之最。2010 年 3 月，青岛市制定了《李村河流域污染限期治理工作方案》，确定了李村河流域污染治理目标和具体任务，自 4 月 1 日至 5 月底，全面开展李村河流域污染限期治理环保专项行动。现状大村河截污干管接入李村河北岸截污干管，近期在铁路桥处穿越李村河汇入李村河南岸截污干管，经李村河南岸污水处理厂处理后排海；远期排入李村河北岸污水处理厂处理后排海。李村河上游综合治理规划图如图 2.37 所示。

2018 年在综合治理完成后，对河道水环境再次进行了综合评估。

2.5.2　水环境实地调查

李村河主河道中上游水环境质量良好，有大量水生植物种植，水生态系统较为完善，水体溶解氧、透明度较好，但水体色度较高。

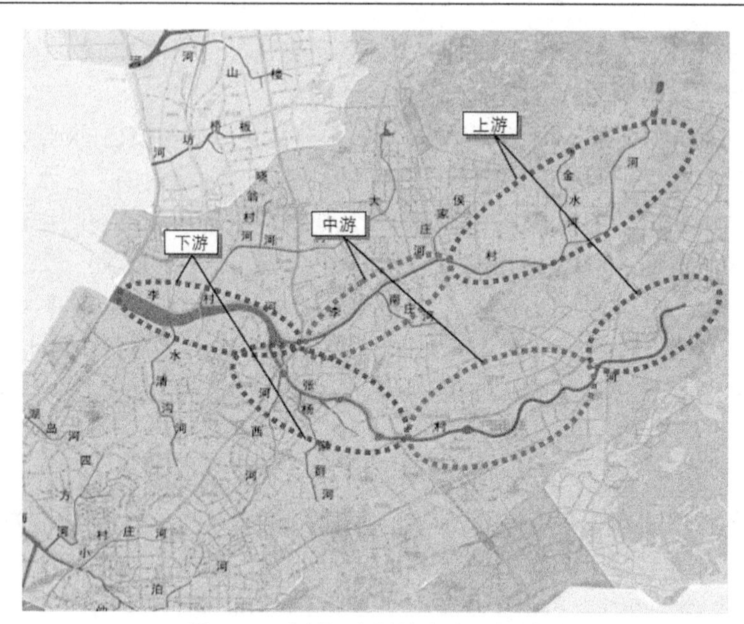

图 2.37　李村河上游综合治理规划图

李村河中上游水环境现状如图 2.38 所示。

(a)　(b)

(c)　(d)

图 2.38　李村河中上游水环境现状

(a)、(b)为上游；(c)、(d)为中游

李村河下游(重庆路断面起)上游污染物累积以及支流带来大量生活污水，导致水环境恶化，水体发黑发臭，溶解氧下降，氧化还原电位(ORP)降低，透明度降低。其水环境现状如图 2.39 所示。

(a)　(b)

(c)　(d)

图 2.39　李村河下游水环境现状

张村河主河道上游水质较好，水生态系统完整，但色度、浊度较高。中游由于临时截污坝等工程措施，水量急剧下降。张村河沿途经崂山区 23 个城中村，河道补水主要来源于居民生活污水渗漏和自然降雨，雨污合流，水质差，水环境恶劣，ORP、溶解氧等指标均较差。下游由于临时截污坝的作用，部分河道内污染源隔离效果好，河道内水流主要为自然降水，水质较好，如图 2.40 所示。

(a)

(b)

(c)　(d)

图 2.40　张村河流域水环境现状

大村河为李村河支流，其上游(金水路—秀峰路—重庆路段)水质较好，溶解氧、ORP 等指标均较好，水生态系统较完整，下游(西流庄河至李村河段)由于临时截污措施的作用，将大量清水纳入污水管网，雨后污水管网负荷过高导致污水产生倒灌溢流，污染河道水体及底泥，如图 2.41 所示。

(a)　(b)

(c)　(d)

图 2.41　大村河流域水环境现状

水清沟河为李村河支流，经调查发现水清沟河沿岸临时截污措施较多，河道中的水(雨污合流)经临时截污坝纳入沿河污水管道，最终纳入李村河南岸干管，进入李村河污水处理厂，汛期管网水力负荷过高，导致污水从井口溢流到河道内，污染李村河干流水体和底泥，危害较大，如图 2.42 所示。

(a)　(b)

(c)　(d)

图 2.42　水清沟河流域水环境现状

郑州路河、韩哥庄河、杨家群河、河西河等支流与上述支流情况相近，但污染程度存在差异。

2.5.3　水质检测与分析

2018 年对李村河流域 20 个河道断面及 21 个污水干管水样进行检测分析，取样点位分布如图 2.43 所示。

图 2.43　监测点位分布图

1. 李村河河道水质

李村河从上游到下游入海口 COD_{Cr}、NH_4^+-N 变化情况如图 2.44 所示。

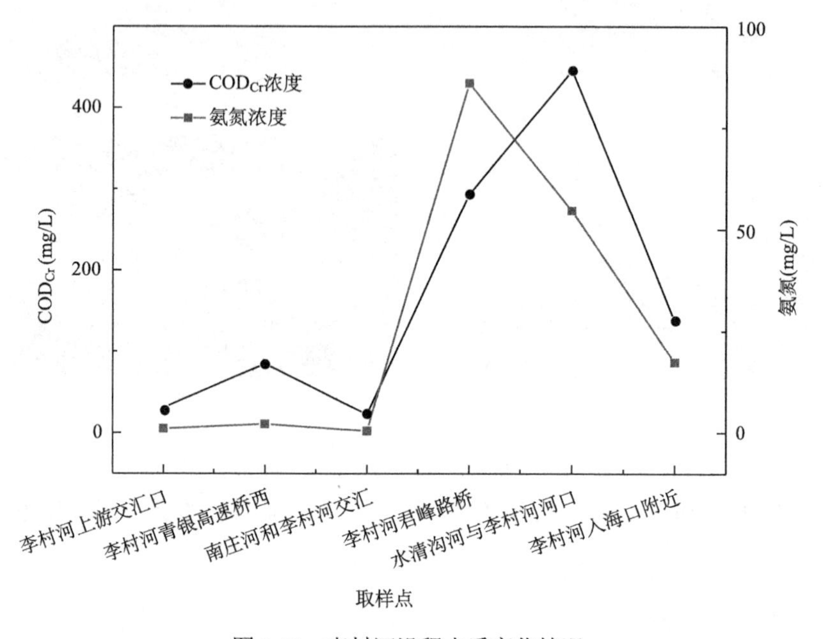

图 2.44　李村河沿程水质变化情况

从图 2.44 可以看出，李村河上游水质较好，COD_{Cr}、NH_4^+-N 含量沿水流方向呈逐步上升趋势，NH_4^+-N 含量在南庄河与李村河交汇断面达到峰值 86.03mg/L，COD_{Cr} 在水清沟河与李村河河口断面达到峰值 445.59mg/L，随后呈下降趋势，最终在入海口附近断面 COD_{Cr}、NH_4^+-N 含量分别为 137.58mg/L、17.29mg/L。中上游建有河中渠，无点源污染直接进入，且水生态系统相对完整，因此水质较好，沿水流方向有点源污染排入，污染物浓度呈上升趋势，下游由于污染物的累积和支流带来的污染物，污染物浓度达到峰值，依靠临时截污坝的作用和雨水、再生水稀释及潮水涨落稀释，李村河入海口附近污染物浓度得到一定程度下降。

2. 张村河河道水质

张村河从上游北龙口到下游与李村河交汇处 COD_{Cr}、NH_4^+-N 变化情况如图 2.45 所示。

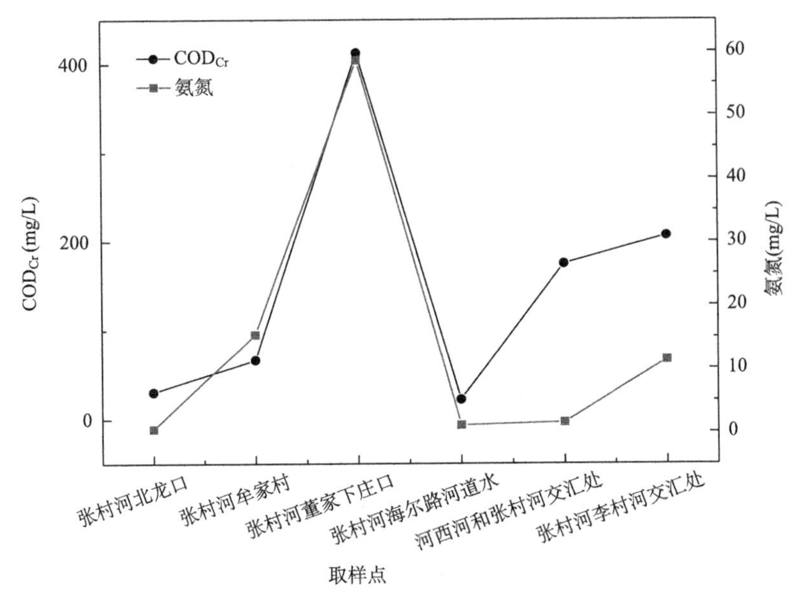

图 2.45　张村河沿程水质变化情况

从图 2.45 可以看出张村河上游水质较好，在崂山辖区内 COD_{Cr}、NH_4^+-N 含量沿水流方向呈逐步上升趋势，COD_{Cr}、NH_4^+-N 含量在董家下庄排口断面达到峰值 412.73mg/L、58.59mg/L，后进入市北辖区内，COD_{Cr}、NH_4^+-N 突降至较低水平，随后又呈逐步上升趋势，最终在与李村河交汇口断面分别达到 206.5mg/L、11.34mg/L。上游虽然存在鸿园村、裕夼村等部分点源污染，但因水量丰沛，且水生态系统相对完整，因此水质较好。在崂山辖区内，张村河流经 23 个城中村，城中村污水管网配套不完善，大量生活污水直排入河道，带来大量污染物，导致污染物浓度在董家下庄口断面达到峰值，进入市北辖区后由于临时截污坝的作用，污染物浓度突降，随后支流汇入，带来污染物，导致污染物浓度再呈上升趋势。

3. 大村河河道水质

大村河从上游到下游与李村河交汇处 COD_{Cr}、NH_4^+-N 变化情况如图 2.46 所示。

大村河水质污染物浓度从上游至下游呈现逐步上升趋势，上游金水路桥断面 COD_{Cr}、NH_4^+-N 含量分别为 39.63mg/L、5.70mg/L，污染物浓度在下游河中渠冒溢点达到 383.98mg/L、46.34mg/L。这与大村河周边的点源污染情况相关。

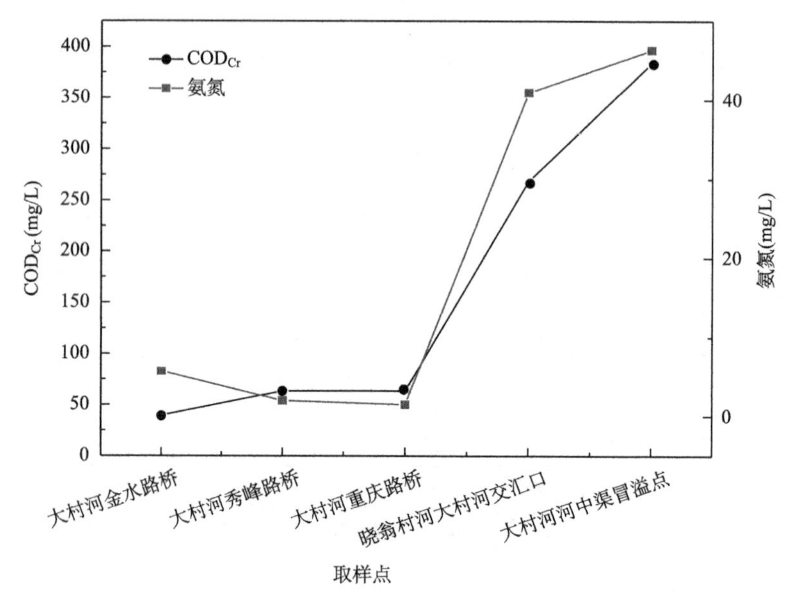

图 2.46　大村河沿程水质变化情况

2.5.4　存在问题分析

近年来，政府加大李村河全线及相关支流治理力度，河道污染状况和沿线城市环境得到持续改善，但随着城市开发建设快速发展，李村河流域污水处理能力不足、污水处理设施布局不尽合理、老城区排水管网不完善、雨污分流不彻底、河道缺乏稳定水源补给、日常管理执法水平不高等问题日益凸显，造成河道水质环境较差，影响李村河下游断面达标和胶州湾水质改善。2017 年 8 月以来根据水质监测情况，李村河入海口断面下半年除 11 月达标外，其他月份均有部分指标不达标。按照国家、山东省确定的水污染防治目标责任和环保督察要求，亟须加快李村河流域水环境系统化整治提升。

1. 点源排查治理不到位

沿线各支流除水清沟河、大村河与郑州路河进行过系统的点源污染排查工作外，其他大部分支流的点源污染排查工作尚未全面完成，部分已排查的河道污染点源治理难度大，相关部门及辖区整治的决心与力度不够，导致点源污染治理不彻底。

2. 存在大量临时截污措施

从 2002 年开始，为了提高青岛市的污水处理率以及改善河道环境，配合河道景观建设，李村河流域在各级支流陆续修建了大约 150 处临时截污措施，与市政污水管道之间设置集水管道，集水管管径从 300mm 至 800mm 不等，经估算总集水断面值远大于南北两岸污水主干管 $4.9m^2$ 的输水断面值(过流能力 60 万 t/d)，这些临时截污措施导致流域内雨污混流，大量雨水、地表水和地下渗水进入污水系统。

3. 清水混入污水管网

因沿线有十多个村庄尚未完成雨污分流改造，以及雨污分流不彻底，临时截污措施将清污混流的污水纳入排污管道内，最终进入污水处理厂。清水混入污水管网问题可以从水量、水质和水温等方面体现出来(以 2017 年 7 月和 2018 年 1 月的数据分析)。

1) 进入的水量变化

李村河污水处理厂丰水期和枯水期进水水量如图 2.47 所示。

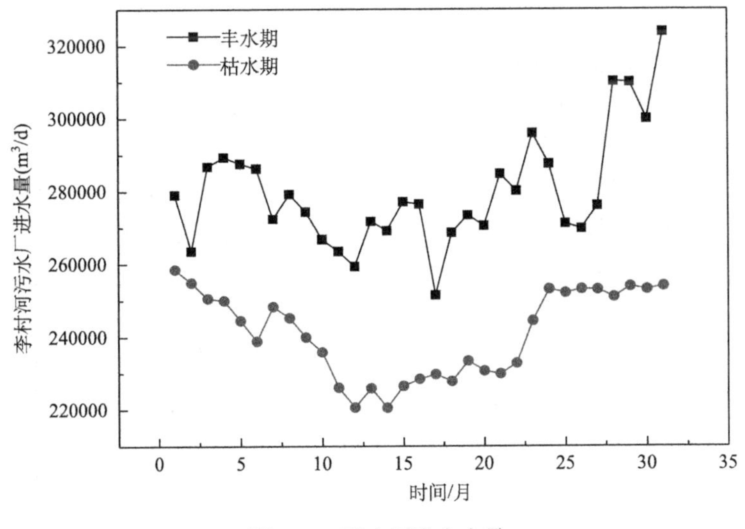

图 2.47　污水厂进水水量

从图 2.47 可以看出，李村河污水处理厂丰水期进水水量明显高于枯水期进水水量。污水厂服务的区域是固定的，因此污水产量应大体保持稳定，而出现进水水量上的巨大差异主要是因为丰水期临时截污措施将大量清水截入污水管道，导致污水厂进水量急剧攀升。

2) 河道水质变化

在 2018 年 2～4 月流域内多批次水样和大量数据的基础上，3 月上旬李村河南北岸污水干管水质数据如表 2.8 所示。

表 2.8　李村河两岸干管水质

编号	取样点位	COD (mg/L)	氨氮 (mg/L)	悬浮物 (mg/L)
1	深圳路桥南	381	57.9	182
2	深圳路桥北	159	20.6	105
3	黑龙江路桥南	715	123	298
4	黑龙江路桥北	191	28	125
5	重庆路桥南	735	89.4	363
6	重庆路北两河交口北	330	40.6	142
7	胜利桥南	527	76.3	179
8	铁路桥东李村河北	355	50.4	151

从表 2.8 可见，李村河两岸干管中的污水水质远低于青岛市正常污水的水质(李村河厂设计进水水质 COD_{Cr} 为 900mg/L)，这说明排水系统中混入大量污染较轻的清水。

3) 污水厂进水水温变化

冬季海泊河污水处理厂及李村河污水处理厂进水水温情况如图 2.48 所示。从图 2.48 可知，冬季(2017 年 11 月～2018 年 4 月)海泊河污水处理厂进水平均水温为 13.8℃，高于李村河污水处理厂进水平均水温 12.1℃。李村河污水处理厂进水中纳入了大量的低温地表水，导致李村河污水厂进水水温显著降低。

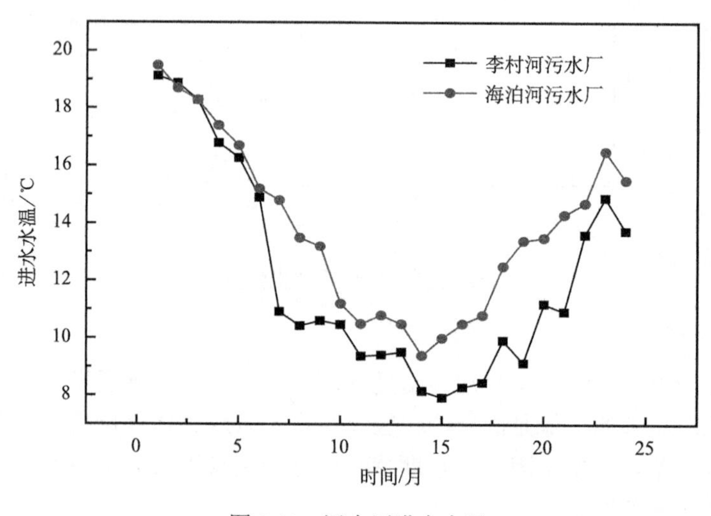

图 2.48　污水厂进水水温

综上所述，水量、水质、水温等方面体现出李村河流域存在严重的清水进入污水管网的问题。

4. 污水溢流

(1) 李村河污水处理厂近年来长时间处于高负荷运行，污水处理厂进水主干管中水位较高。现状处理规模(25 万 t/d)无法满足服务区域污水集中处理要求，致使李村河南北岸截污主干管高水位运行，常年导致水清沟河等截流的污水无法进入主干管，溢流到李村河，造成河道污染。

(2) 临时截污措施将大量雨水、河水或地下水截入污水管道，增大污水处理厂的水力负荷冲击，当污水来量大于污水厂能力时，污水通过排水管网倒灌回河道，造成污染，如图 2.49 所示。

图 2.49　污水溢流现场情况

5. 污水处理厂效能低

李村河污水处理厂设计进水 COD_{Cr} 为 900mg/L，设计水量为 25 万 t/d。大量雨水、河水、地下水在临时截污措施的作用下进入污水管网，致使污水厂进水量超过设计值，而进水水质却低于设计值，大量清水挤占了污水处理厂的处理能力，导致污水厂总运行效能低，污水处理成本上升。

6. 污水处理能力不足

李村河污水处理厂一期工程于 1992 年立项，1996 年 7 月开工建设，1998 年 2 月投入使用，该厂服务人口 29 万，服务面积 29km^2，日处理污水 8 万 t，根据当时青岛市的经济社会发展水平，充分利用自然水体的自净能力，选用 VIP 处理工艺，执行《污水综合排放标准》(GB 8978—1988)的二级排放标准，尾水排入胶州湾；在《城镇污水处理厂污染物排放标准》(GB 18918—2002)颁布以后，环保部门对青岛市环境质量提出了更高的要求，再加上李村河流域经济、人口快速增加，青岛市相继进行了李村河污水厂二期(9 万 t/d)、三期(8 万 t/d)工程建设，执行其中的一级 A 排放标准；近年以来，因为服务人口增加至 106.4 万，同时崂山区污水接入李村河系统，李村河厂污水处理能力已经不能满足要求。

7. 底泥反复污染

河底污泥形成的原因有两种，一种是因为自然原因沉积的污泥，主要是自然固氮固硫、植物枯萎、动物死亡腐烂后剩余的密度较大的污泥，也称背景污染，是一种自然现象，自然水体能够利用自净能力自行降解。另一种是暗渠积存的因工业、生活污水不正常排放沉在渠内的污泥，这部分污泥密度较小，有机物含量很高，因为在暗渠中不见阳光，长期不分解，越积越多，到了雨季就会被冲入主河道，这部分污泥就超出了水体的自净能力，既污染水体又污染河底底泥，造成反复清淤、反复污染的恶性循环。

丰水期污水厂高负荷运行，当处理能力无法满足处理要求时，出现污水倒灌至河道，同时携带大量的固体垃圾，也造成底泥的反复清淤、反复污染。

8. 河道缺乏稳定优质水源补给

李村河河道水主要来自于雨水和渗水，现阶段没有稳定的水源补给措施。除雨季降雨之后的短期内，一年中绝大部分时间处于断流状态。李村河胜利桥处设有国控断面，国家环保部门对河道断面水质要求必须达到Ⅴ类，且连续断流也视为不达标。为符合越来越严格的环保要求，需需求稳定、优质的河道水源补给。

2.6 本章小结

早期的河道治理，从埋掉污染河流，到河流截污、建设污处理厂，采取了大量的物理措施，如河道硬化、清淤、修建拦水坝形成河道景观以改善季节性河道水环境问题等。历时 20 多年城市河道改造，河道的问题没有从根本上改善，河道下游的水质大部分仍然是劣Ⅴ类。究其原因，就是截污不彻底，管理不到位，河道生态水量不足。

早期直到本书编写以来，国家的排水规划中对污水处理厂的选址的原则是在城市河道的下游，致使处理后的城市污水直接进入城市下游的河道，如果河道上游没有持续的生态补水进入，河道就是干涸的。在进行城市河道修复时，污水处理厂的选址的原则是值得反思的问题。

参考文献

[1] Tom Bolton. The fascinating history of London’s cost rivers. www.telegraph.co.uk/travel/2018.12.

[2] River Fleet, Will storr. The secrets of London’s underground rivers.www.edegraph.co.uk/

culture/2019.6.

[3] Richard T, Ellis H. London under London: A subterranean guide. 2nd. London: John Murray, 1993: 33.

[4] Reopening of a section of the River Bièvre in an urban environment.

[5] 金雪标, 石登荣, 陶康华, 等. SBR 法处理城市河道水初步研究. 上海师范大学(自然科学版), 1997, 26(4): 62-67.

[6] Halliday Stephen. The Great Stink of London. Sir Joseph Bazalgette and the Cleansing of the Victorian Metropolis. Thrupp: Sutton Publishing Limited, 1999: 42-43.

[7] Dale H Porter. The Great Stink of London: Sir Joseph Bazalgette and the cleansing of the Victorian Metropolis(Review). Victorian Study, 2001, 43(3): 530-531.

[8] http: //www. crossness. org. uk/history/London's-sanitation/how-the-system-worked. html.

[9] 克拉普 T. 工业革命以来的英国环境史. 王黎译. 北京: 中国环境科学出版社, 2011: 81.

[10] Les Miserables, Jean Valijean. The Sewers of Paris: A Brief History. Mtholyoke, 2010.

[11] Reid D. Paris Sewer and Sewermen. Cambridge: Harvard University Press, 1991.

[12] Mason D J P. The use of earthen tubes in Roman vault construction: An example from Chester. Britannia, 1990, 21: 215-222.

[13] Burian S, Edwards F. Historical Perspectives of Urban Drainage. Global Solutions for Urban Drainage//Strecker E W, Huber W C. Global Solutions for Urban Drainage, Proceedings of Ninth International Conference on Urban Drainage (9ICUD) Reston. American Society of Civil Engineers: 2002: 1-16.

[14] Bertrand-Krajewski J L. Flushing urban sewers until the beginning of the 20th century. Proceedings of the 11th International Conference of Urban Drainage (11 ICUD), Edinburgh, 2008: 10.

[15] Roger Celestin, Eliane Dal Molin in France From 1851 to Present, 45-52.

[16] Donald Keid. Paris Sewers and Sewermen. Harvard University Press, 1993.

[17] Kesztenbaum Lionel; Rosenthal, Jean-Laurent. Sewers' diffusion and the decline of mortality: The case of Paris, 1880-1914. Journal of Urban Economics. Urbanization in Developing Countries: Past and Present, 2017, 98: 174-186. doi: 10. 1016/j. jue. 2016. 03. 01.

[18] Lofrano G, Brown J. Wastewater management through the ages: A history of mankind. Sci Total Environ, 2010, 408: 5254-5264.

[19] 凌晖. 纯氧曝气在污水处理和河道复氧中的应用. 中国给排水, 1999, 15(8): 49-51.

[20] 刘延恺, 陆苏, 孟振全. 河道曝气法——适合我国国情的环境污水处理工艺[J]. 环境污染与防治, 1994, 16(1): 22-25.

[21] 陈伟, 叶舜涛, 等. 苏州河河道曝气复氧探讨[J]. 给水排水, 2001, 27(4): 7-9.

[22] 黄民生, 徐亚同, 戚仁海. 苏州河污染支流——绥宁河生物修复试脸研究. 上海环境科学, 2003, 22(6): 384-388.

[23] 熊万林, 李玉林. 人工曝气生态净化系统治理黑臭河流的原理及应用. 四川环境, 2004, 23(2): 34-35.

[24] 孙从军, 张明旭. 河道曝气技术在河流污染治瑰中的应用. 环境保护, 2001, 4: 12-15.

[25] Flynn N J, Snook D L, Wade A J, et al. Macrophyte and periphyton dynamics in a UK

Cretaceous chalk stream: The River Kennet, a tributary of the Thames. The Science of the Total Environment, 2002, 282/283: 143-157.
[26] 戴雅奇, 熊昀青, 由文辉. 疏浚对苏州河底栖动物群落结构的影响. 华东师范大学学报(自然科学版), 2003, 3: 83-86.
[27] 董哲仁. 受污染水体的生物-生态修复技术. 中国水利科技网, 2002, 12.
[28] 汤建中, 宋韬, 江心英, 等. 城市河流污染治理的国际经验. 世界地理研究, 1998, 7(2): 114-119.
[29] 青岛市文物局. 近现代重要史迹及代表性建筑. 2011: 290.
[30] 金印, 栾同晓. 张村河流域水资源调查评价. 农村水电及电气化, 2007, 2: 14-16.
[31] 崂山区志编纂委员会办公室. 崂山区志. 2006: 161.
[32] 刘英民. 崂山区生态示范区建设成效显著. 2005 北京绿色奥运环境保护技术与发展研讨会论文集. 国家环境保护总局, 2005: 109-110.
[33] 孟涛, 刘杰, 杨超, 等. MBBR 工艺用于青岛李村河污水处理厂升级改造. 中国给水排水, 2013, (02): 59-61.
[34]段存礼, 顾瑞环, 程俊涛, 等. 青岛李村河污水厂升级改造工程设计及运行. 中国给水排水, 2011, (12): 66-70.
[35] 庄克颜. 青岛李村河污水厂生物池地基处理方案比较. 中国给水排水, 1999, (05): 41-42.
[36] 刘浩, 安洪金, 牟润芝. 青岛李村河污水处理厂二期工程的设计与运行. 中国给水排水, 2010, (20): 76-80.
[37] 孟涛, 王丹, 余鹏, 等. 李村河污水处理厂一级A升级改造设计总结: 全国排水委员会2012年年会, 南宁, 2012.
[38] 丁曰堂. 李村河污水处理厂生物除磷脱氮工艺的运行. 中国给水排水, 2000, (04): 49-51.
[39] 马云飞. 城市污水处理厂扩容改造技术方案研究. 青岛: 青岛理工大学硕士学位论文, 2014.

第3章　城市化与河网水系

河网是由大小和长度各不相同的河槽相互交错形成的泄水系统。近年来，在城市化的进程中，下垫面受人类活动的影响越来越严重，不断发生变化，同时，城市建筑用地占用了大量河道，造成河床淤积、河道萎缩，甚至断流，使得河网的水系结构与连通水平发生了剧烈的变化[1]，造成水系结构趋于简单，连通受阻，调蓄能力下降，洪涝灾害频发以及水生态环境恶化。畅通的水系网络可以增强水资源的丰枯调剂能力，促进水流循环，提高区域应对环境变化的能力，保障流域内的防洪、供水和生态安全。良好的水系结构与连通状况能够优化水土资源配置格局，提高抵御水旱灾害的能力，增强水资源的承载能力，实现水资源的可持续利用，促进水资源保护与经济社会发展之间的协调，促进生态用水与生产生活用水之间的协调，促进不同空间格局之间水资源利用的协调，促进河网水系格局与经济社会格局之间的协调。

3.1　水 系 功 能

水系功能是指水系与外界环境相互作用产生的功能，水系功能一般可以分为自然功能和社会功能。自然功能是河流以及湖泊的重要属性，与人类社会的可持续发展息息相关；社会功能主要是水系对经济社会发展支撑作用的体现[2]。但近年来城市化发展进程加快，水系的生态功能受到了严重的破坏，日益引起人们的关注，因此在讨论水系功能的时候需要强调水系的生态功能。图3.1给出了水系功能的分类。

3.1.1　自然功能

1. 水文功能

在全球水循环过程中，河流是陆地径流的主要通道，大气降水到达地面以后，水流沿着低洼处汇集成河流，河流相互汇集进入海洋或湖泊，最后通过蒸发回到大气，完成整个循环。这一循环使河道保持一定的径流量，同时实现了不同地域的水量分配。

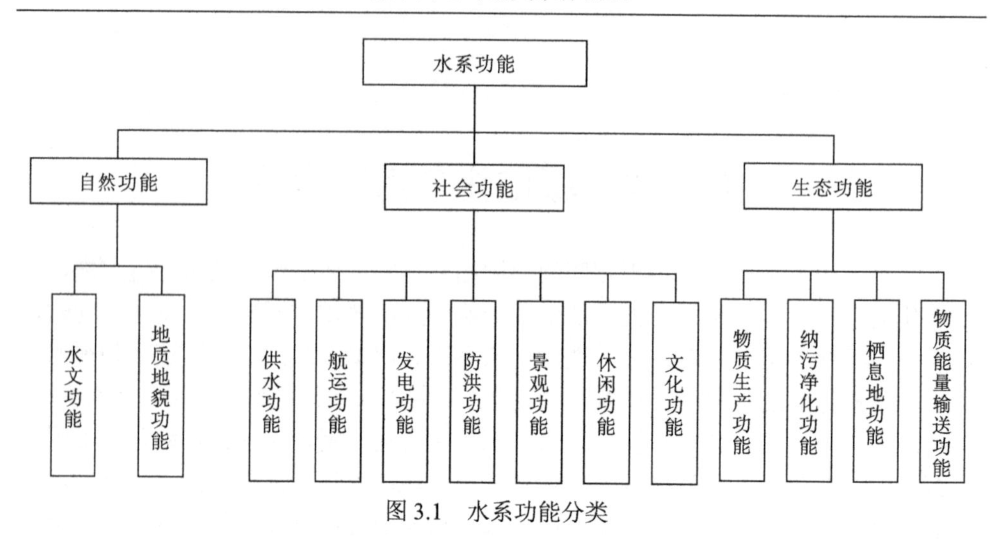

图 3.1　水系功能分类

2. 地质地貌功能

河流是全球地形地貌的一个重要组成部分，河水具有侵蚀、搬运和堆积的作用，促进了河流的产生、发育以及成熟，河流中的泥沙淤积形成了冲积平原以及平原上的特殊地貌。

3.1.2　社会功能

1. 供水功能

河湖水系是地球淡水资源的最主要载体，是人类的主要水源地，可以被直接利用。同时，河流具有重要的灌溉作用，满足植物和农业的用水需求。工业生产也离不开水资源，水资源是工业和城市发展的基本保证，水资源承载力已成为工业发展的制约因素。

2. 航运功能

河流形成天然航道，依靠河水的流动进行人口、物资的搬运，促进流域经济发展和交流，并且运行成本较低，受天气因素影响较小。为了利用水运，国内外出现了大量的运河工程，充分发挥河流的航运功能。

3. 发电功能

水力发电是水资源综合利用的一个重要组成部分，利用河流的势能进行水力发电，而且水力发电是一种可再生能源，对环境影响较小，除此之外，还具有控制洪水泛滥、改善河流航运等功能。

4. 防洪功能

河流是陆地径流流入海洋的主要通道，通过对降水的疏导、排泄，调节水文过程，缓解洪水的压力，河漫滩也能延缓洪水对陆域的侵蚀，具有一定的蓄洪能力，降低洪涝灾害的风险。

5. 景观功能

河流的时间与空间格局不断更替变化，形态多样化，具有明显的景观多样性与特异性，给人们带来视觉美感。

6. 休闲功能

河湖水系可以为人类提供游泳、垂钓以及摄影等丰富多彩的休闲娱乐活动的场所，可以陶冶情操、愉悦心情，具有重要的休闲和审美价值。

7. 文化功能

河流是人类文明的发源地，并滋润着人类文明不断发展，是人类文明的宝贵资源。水系的文化功能主要是指水系对人类精神文明的影响。

3.1.3 生态功能

生态功能主要是指河流将有机质和无机盐输送给周围的生物体，作为营养物质被其吸收，并为它们提供栖息地，促进河流生态系统的发展和演化[3]。根据生态效益的类型可以将生态功能分为以下四类：

1. 物质生产功能

通过初级生产和次级生产，水系可以提供各种动植物产品。

2. 纳污净化功能

河流在流动过程中，通过稀释、扩散和氧化还原等一系列物理、化学和生物作用，使排入河流中的污染物浓度不断降低，实现水体的自净，体现了水系自身的调控和修复能力。河流中的泥沙可以作为污染物的载体，伴随着河水的流动将污染物进行输送，降低了污染物对某一局部区域的持续危害。

3. 栖息地功能

作为河流生态系统的一个重要组成部分，栖息地为河流中的生物体提供生长繁殖的环境，是生物体的重要支撑。河流形态的多样性促进了栖息地的多样性，有利于生物的多样性发展。

4. 物质能量输送功能

物质能量输送功能又称为通道功能，包括横向和纵向两种[4]。水系利用河水的可溶性和流动性输送营养物质，进行物质和能量的交换。

水系的三种功能相互作用、相互协调。自然功能是水系最基本的功能，对其他两种功能具有决定作用，社会功能因人类需求而生并服务于人类，生态功能为人类带来正生态效益时可演化为社会功能。

3.2　城市化对水系的影响

水系主要受到自然环境的变化和人类活动的影响。随着经济社会的发展，人类在河流中筑坝，在某些河段对河道进行裁弯取直以满足人类需求，不断破坏河岸带的植被，过度开发水资源，这一切都对河流造成了严重影响，改变了水系原有的结构及其连通性，进而影响了水系的功能，生态效益下降。

水系结构是水域的一种空间特征，用来描述河流、湖泊等水体的空间分布特征，主要包括其长度和面积等属性。良好的水系结构可以优化水体的空间布局，增强不同水体之间的水力联系，促进物质能量的输送转移，提高水体的纳污净化能力。同时，良好的水系结构可以为水生物提供更多的栖息地，有利于生物的多样化，可以为人类提供休闲娱乐场所，形成优美的景观格局。

水系连通性水平的高低不仅影响水资源空间配置格局，对水资源的承载能力也会产生一定的影响。良好的连通性可以提高水系抵御洪涝灾害的能力，增强水体的调蓄功能，保障水环境安全。另外，水体相互连通可以为水生物提供多样的栖息地以及繁殖通道，有利于物种的多样性。

城市水系主要具有供水功能、航运功能、防洪功能、景观功能、休闲功能、文化功能、纳污净化功能以及栖息地功能等八种功能。随着城市化的发展，水系遭受了一定程度的破坏，主要体现在以下几个方面：

1) 不透水面增加

不透水面增加是城市化发展的一个重要标志。路面硬化降低了雨水的下渗能力，地面径流迅速汇入河道，河流的调蓄压力增大，洪涝灾害的风险大大提高。河流渠道化现象日益明显，切断了河流与周围河漫滩的联系，河流的横向连通性受阻，降低了水体的物质交换能力，河流的纳污净化能力也随之减弱，容易引发水质恶化。同时，生物的栖息通道被阻隔，栖息地环境单一化，导致生物多样性下降甚至某些物种灭绝。

2) 侵占水域，河道淤积

城市化建设过程中大量侵占河道，破坏河岸植被带，水土流失，泥沙淤积，阻塞河道，造成河床抬高，河道窄化，降低了河流的疏浚能力。一些天然沟渠被人工填埋，实际水面积不断减少，调蓄能力减弱，洪涝灾害风险加剧。另外，河道被截断后，造成生物栖息地破碎化，大量水工建筑物破坏了鱼类的洄游通道，影响生物繁衍。

3) 裁弯取直

为了提高河流的航运价值以及抵御洪涝灾害，人类对弯曲河道进行裁弯取直，减少了河流的长度，水系结构简单化，流速的均一造成河流水环境的单一化，栖息地多样性减弱，不利于生物的繁衍以及河流生态系统的稳定[5]。

4) 污染物增多

随着城市化的发展，大量工业废水、农业废水以及生活污水直接进入河道，水体中的污染物浓度急剧升高，超过了水体的自净能力，造成水质恶化，水环境质量下降，河流的景观休闲功能随之减弱。

5) 河岸开发

城市建设过程中破坏河岸的自然植被，植被的减少降低了对污染物的阻隔作用，更多的污染物直接进入河道，引起水质恶化。

3.2.1　水利工程对水系的影响

水利工程在防洪、灌溉等许多方面给人类带来经济效益的同时，对水系的结构与连通造成了一定程度的破坏，改变了水系原有的结构以及水文过程，并通过物理、化学和生物作用对水系产生一系列的连锁反应(图 3.2)，水利工程建设对水系的影响主要包括以下几个方面。

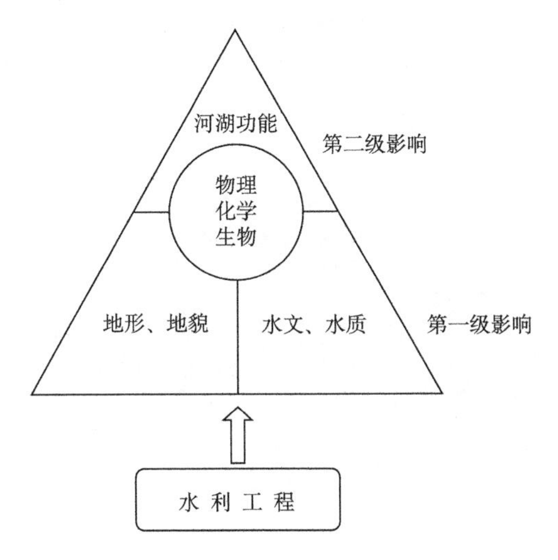

图 3.2　水利工程对水系的影响

1. 影响水文周期

闸坝的建设改变了水系原有的水力特征，引起水位的变化，打破了河流自身原有的水文情势，虽然可以达到防洪兴利的目的，但河流的水文功能发生改变，影响其中生物的生长，不利于河流生态系统的稳定，从长远来看，对经济社会的可持续发展是不利的[6]。

2. 切断水力联系

河流中的闸坝将河流截断，破坏了水系的连通性，切断了不同水体之间的水力联系，水流趋于平缓，停留时间变长，水体扩散能力下降，自净能力减弱，容易引发水体的富营养化。另外，水工建筑物阻碍了河流中的物质能量交换，水生物的生存空间减少，生物多样性减弱。

3. 影响水位、水量

水工建筑物会抬高上游水位，增加水体面积，可能会破坏河岸原有的一些自然景观，如农业用地，影响粮食生产。下游水量大幅度减少，流速变缓，很容易造成泥沙淤积，污染物扩散速度减慢，水体纳污能力下降，引起水质恶化，破坏生态环境。

伦敦泰晤士河上，有 45 闸以及相邻的一个或者多个坝，这些闸和坝的组合系统主要用于控制下游河道的水量，减少洪水风险，保证航道通航。古代泰晤士河上就建有许多构筑物，如鱼塘和水磨，当时坝的建设是为了驱动水进入磨坊，如图 3.3 所示这些坝保证了水进入磨坊，但是又影响船舶航行，为此在坝的旁边建设了闸，确保船可以在不同的水位通过，这些闸也是可移动的坝。泰晤士河也是中世纪伦敦的“高速路”，人们到伦敦各处都是乘船。那时城市河道的连通性也很好，为了通行还开挖了渠，如图 3.4 所示为人工开挖的渠道示意图。

图 3.3　泰晤士河上的水磨

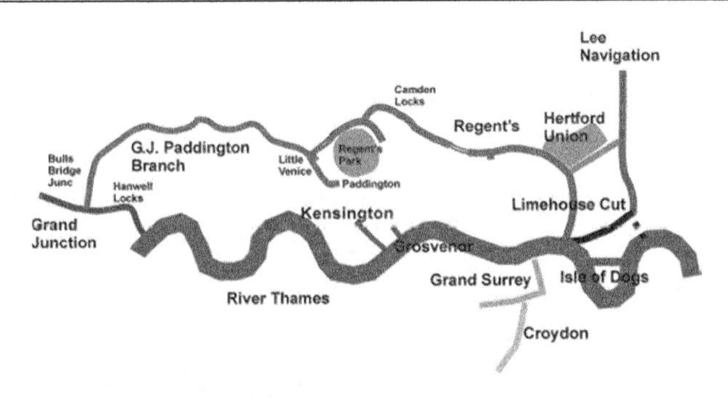

图 3.4　图中伦敦人工开挖的渠道(除泰晤士河外)

Grand Surrey 渠于 1809 年开通，1940 年这个渠道的部分被遗弃了，1960 年全部排干，1970 年码头关闭，目前已经改建为公园，只有很少的遗迹可以看出来其曾经是渠道。The Grosvenor 渠是最小的人工渠，于 1825 年启用，目前已经是维多利亚站，1899 年渠道的上部被关闭，1927 年被填平。

3.2.2　城市化对水系结构的影响

分枝与汇合是河网水系结构最基本的特征，虽然流域的形态千差万别，但它们在结构上具有一定的相似性。水系结构是分析河网形态与功能的重要基础，河流等级的划分是定量分析水系形态结构的基础。河流分级的原则最早是 1914 年由 Gravelius 提出来的，1914 年以后，为满足定量分析的需要，序列命名的原则越来越受国内外专家学者的青睐，越来越多的专家学者主张采用序列命名的方法对河流进行分级。对于自然水系，Horton[7]于 1945 年提出了著名的河数定律及河长定律，明确指出，每级河流分支数构成几何数列(河数定律)；给定流域相邻级别河流分支的平均长度，趋于一几何数列，其首项是一级分支的平均长度。Starhler 对其进行修正后，于 1957 年明确提出，在匀质流域内存在几何学的相似性[8]。Starhler 水系分级方法是研究水系结构规律的基础，是目前专家学者广泛使用的河流分级方案。Horton 定律为定量化研究河流水系发育以及地貌发育演化开辟了新的领域，揭示了河网水系结构的经验数量关系，但表现形式因条件不同而有所差异。Tarboton[9]认为水系结构参数是否满足 Horton 定律与研究尺度的大小有关。

在 Horton 和 Starhler 研究的基础上，越来越多与河流地貌学有关的研究相继展开。目前，河流地貌学中常用的水系结构指标有流域内不同等级河流之间的长度比、数目比、面积比，以及河网密度、平均分枝比、河频率等。高华端等[10]根据 Strahler 河道分级法则，在 1∶200000 地图上将乌江流域描述为七级流域，并以河道分枝比与分枝能力等指标为基础，建立数学模型，表征流域地表水系结构。周家维等[11]按照 Strahler 定级法，分析研究北盘江流域水系结构，并从河道的密度、等级特征、分枝比与分枝能力等指标出发，揭示北盘江流域的水系结构特征。

美国数学家 B.Mandelbrot 于 1967 年创立了分形理论，将分形定义为局部以某种形式与整体相似的形体，并将分形几何学引入到相关的水文学中进行研究，根据河流分形特征，研究河长与流域面积的关系，随着研究的深入，相关学者将水系的分形理论与自相似理论广泛地应用于河流形态的研究[12]。20 世纪 80 年代以来，在水系结构几何分形研究的基础上，水系结构与水系发育过程之间的定量关系不断得到验证。Tarboton[13]于 1988 年在实证的基础上证明了自然水系具有分形特征，并计算出分维值介于 1.7～2.5。La Barbera 等[14]研究了水系分维的计算方法，指出水系分维应该在 1～2 之间，其平均值在 1.6～1.7 之间。Claps 等[15]研究指出水系分维的平均值应在 1.7 左右。另外，国外学者还探讨了 Horton 定律在计算水系分维方面的局限性[16-19]。

国内的学者黄奕龙研究了深圳的城市化对水系结构的影响，认为：城市的开发过程中将河流填埋，减少了水系的长度和河流宽度；在城市河流的改造过程中，对河流进行了大规模的防洪整治，对许多河流进行了截弯取直改造，因此影响了河流的长度和水生态空间。全市流域面积 $10km^2$ 以上的河流中，80%左右已经进行防洪整治，护岸已经被硬化，河流蜿蜒特征被改造，较多的弯曲被取直，河流线性化明显。河流长度近 20 年来已经减少了 280km。假若平均河宽为 5 m，减少的水域面积达到 $1.4km^2$。水系密度减小、分支能力下降和分维数减小反映出河流结构的简单化、自相似性的削弱，导致了河流蓄水空间的减小和河道廊道生态空间的丧失，丰水期径流量的增大，洪峰期提前，增加了洪灾的可能性；平水期或枯水期径流减小，减小了河流的基流[20]。深圳市大多数河流的基流只有城市化前的 20%，河流调蓄洪水的能力却下降了 8%左右[21]。

陈晓宏等[22]对珠江三角洲地区的河网进行了分析，发现人类活动使该地区的水文情势发生了显著变化，调蓄能力下降，水安全风险加剧。陈德超等利用 3S 技术，研究上海城市化过程中水系演变与土地利用变化之间的关系，发现城市化是影响浦东新区水系结构变化的主要因素[23]。杨凯等[24]、袁雯等[25]、孟飞等[26]也探讨了上海市的河网水系结构，发现城市化是导致感潮河网地区水系结构趋于简单化的重要原因。白义琴[27]研究了 1965～2006 年浦东新区的水系变化情况，发现城市化对河网变化有重要影响。周洪建等[28]研究发现，永定河流域京津段的水系结构趋于简单化，河道长度和数量明显减少，河流调蓄能力降低，水灾害风险加剧。陈云霞等[29]以浙江沿海平原区为例研究城镇化对河网水系的影响，发现城镇化水平越高，对河网的影响越显著。

下面介绍上海的城市化与河网水系的变化。

上海是一座因河而兴的城市，长江携带大量泥沙，在河口三角洲沉积，上海的陆地逐渐发育形成。这段深厚的历史，可通过上海的水网走向来读解：西南方向的青浦、松江等地，公元前四十世纪是陆地，或在公元前一世纪便已成陆，其水网密布却并不规则，一派江南水乡景象；而东边的奉贤、川沙、南汇等地，分别成陆于公元七世纪与十世纪左右，宏观的河网轮廓形状与常年的冲积方向基本一致，微观的河道较为规整；至于崇明岛上的河网，方向与上海其他地方不同，结构也更加疏朗，如图 3.5 所示。

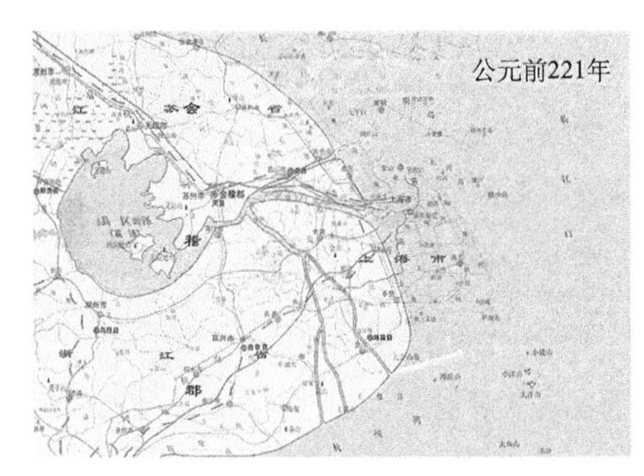

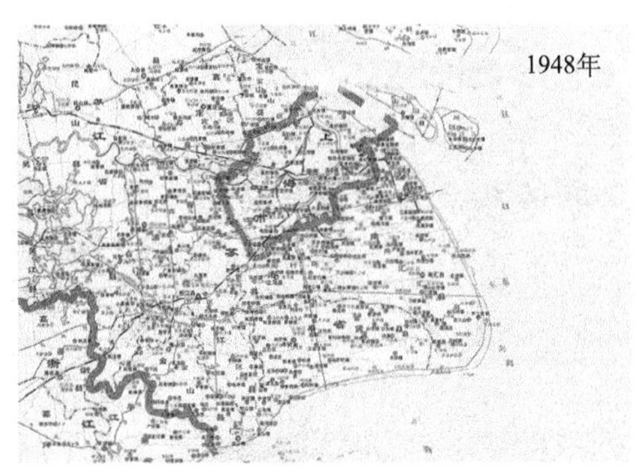

图 3.5　公元前 221 年到 1948 年上海城市演变

注：原图来自上海人民出版社《上海历史地图集》

上海城市化进程中，也有填河的历史。据统计，1860 年到 1949 年，有记载的中心城区河道消失 88 条，总长度超过 222 km；1949 年到 2003 年，中心城区河道消失超过 220 条，总长度超过 300 km。图 3.6 所示为上海城市化过程中河网水系变化。

经过多年发展变迁，上海已建成分片治理、人工调控的河网水系。先后整治开挖淀浦河、大治河、川杨河、蕴藻浜、油墩港、太浦河等骨干河道和众多中小河道。而后陆续新开了崇明环岛运河、外环西河等一大批骨干河道，疏浚拓宽原有河道，逐步形成上海现状河道网络。2016 年，上海市河道共 43424 条(段)，长 28811.44km，面积 494.32 km^2。根据《上海市骨干河湖水系布局规划》，要构建 226 条骨干河湖水系，其中规划河道总长度 3687km，主干河道 71 条，规划河道总长度 1823km，主要湖泊为淀山湖和元荡；次干河道 155 条，规划河道总长度 1864km，如图 3.7 所示。

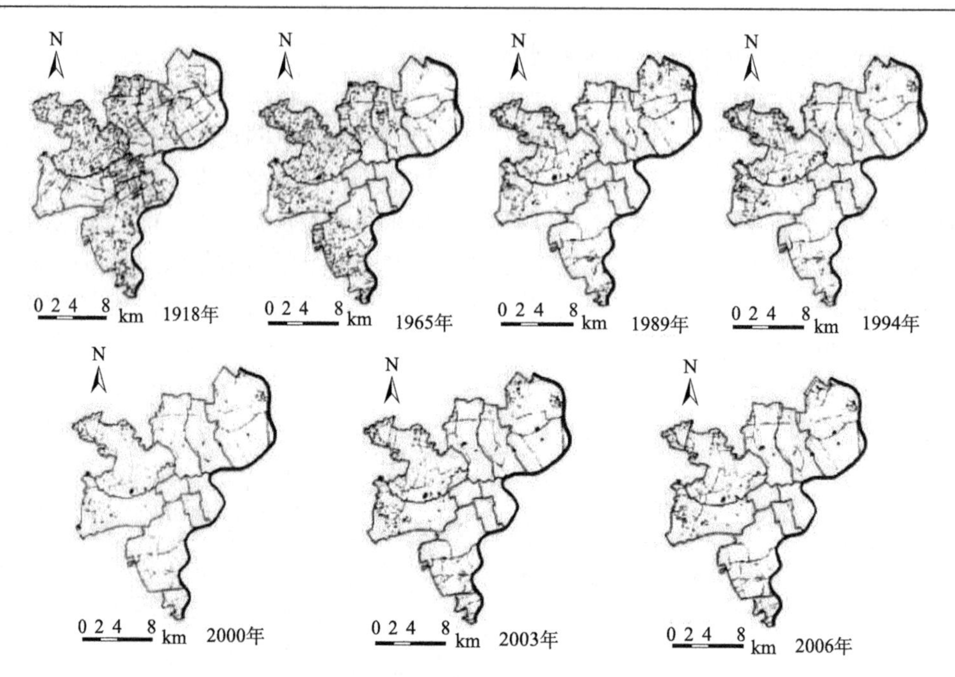

图 3.6　上海市中心城区(浦西)近百年来水系分布图(1918～2006 年)

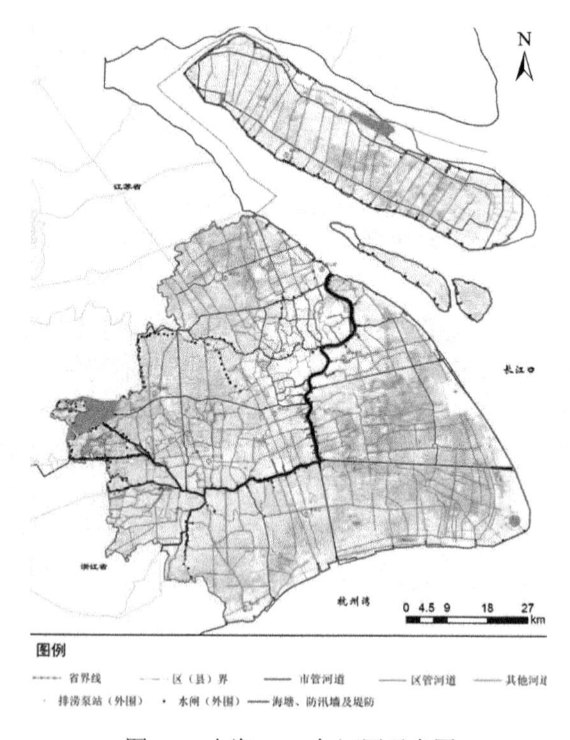

图 3.7　上海 2016 年河网示意图

研究表明，上海市中心城区的河网水系在一个世纪以前还像周边地区一样相当发育，十分密集。但是，随着工业发展，静安、黄浦、卢湾以及南市等中心城区的水系在 20 世纪 50 年代以前就基本消亡。20 世纪 50～80 年代，上海城市河网水系的消失区主要集中在徐汇、长宁、普陀、闸北、虹口、杨浦和宝山等区；20 世纪 80 年代中后期，这些区的河流水系基本没有变化。1989 年以后，普陀、闸北和长宁区的水系出现了较大程度的减少。据统计，近 50 年来，全市河流长度缩短了约 270km，河网密度也大为减少。例如，宝山区 20 世纪 50 年代河网密度为 4.74km/km^2，至 1994 年为 4.21km/km^2，到 1999 年锐减为 0.93km/km^2, 5 年间减少了约 78%。总的看来, 20 世纪 50 年代至 60 年代末和 90 年代中期至 90 年代末期变化最为显著。空间上，又以研究区的西北部和东南部变化剧烈。对河网演化和土地利用信息进行更加直观和量化研究，1964～1984 年，所有区的河流长度和面积均呈持续下降趋势，以虹口和徐汇变化最为剧烈；1984～1989 年，各区河流长度和面积基本没有大的变化；1989～1999 年，闸北、普陀和长宁变化明显，其他区仍然保持较为稳定的态势；20 世纪 80 年代上半期和 90 年代后半期是河流减少较为集中的两个阶段。以上变化特点是与上海城市建设的历史和发展速度相一致的。另外静安、黄浦、南市和卢湾 4 区的河流在 1964 年以前就已经消失。

土地利用与河网水系演化的相互关系的研究结果表明：50 年来上海城市空间迅速扩展。上海市建成区面积从 1947 年的 91.6 km^2(含浦东陆家嘴块)逐步扩大到 1996 年的 364 km^2，扩大了约 3 倍；如与改革开放以来的统计数据对比(169.6km^2，1979 年)；建成区面积约增加了 1.15 倍。市区城市化率也从 1947 年的 40%相应增加到 1979 年的 65.9%；并继续增加到 1996 年的 96.2%。从用地类型上看，水域和农业用地逐渐减少，城市用地呈逐年递增趋势。水域和农业用地 1947 年为 188.87 km^2，1979 年为 110.9 km^2，至 1996 年减少到 29.82 km^2；河流随城区扩展逐渐减少；尤其是城市边缘区的河流大量迅速地消失，更是城市化的直接后果，图 3.8 所示为 1950 年、1964 年、1979 年、1984 年、1994 年和 1999 年上海地区水系分布图与土地利用图叠加后的图。从图中可以看出 1990 年后随着城区向西北和北部迅速扩展，导致本市西北部苏州河以北的河流大量消失，如今只剩下澎越浦等大的支流[30]。

一个世纪以前，上海地区河网密布，但在城市发展过程中，尤其是近半个世纪以来，随着城市建成区域不断向外扩展，许多河流被填没、淤堵，河流数量大为减少，导致河道自然排水功能下降，加大了城市暴雨积水的可能，同时影响了河流的水质状况。

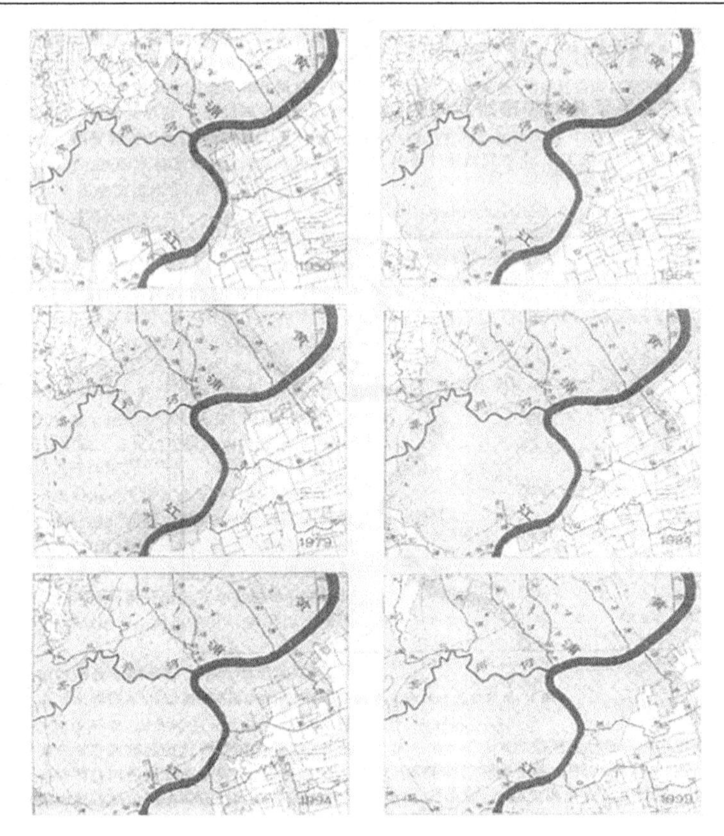

图 3.8 上海河网与城区叠加图

3.3 诸城市城市化与河网水系

3.3.1 诸城市概况

诸城市是国务院确定的全国沿海对外开放城市、全国综合改革试点市和中国优秀旅游城市。位于山东半岛东南部，泰沂山脉与胶潍平原交界处，东与胶州、胶南毗连，南与五莲接壤，西与莒县、沂水为邻，北与安丘、高密交界。东西最大横距 66.5km，南北最大纵距 72km，市境呈倒彩蝶形，总面积 2183km^2，南部山峦起伏，北部水网密布，素有“龙城水乡”之称。全市辖 3 个街道，10 个镇，1329 个自然村，总人口 108.19 万。

1. 水文

诸城市位于山东东南部，靠近黄海，属暖温带半湿润季风气候，四季分明，冷热干湿差异明显，降水量季节性变化明显，年际变化大，地域分布差异较大。

根据潍坊市水文局统计资料，诸城市多年平均降水量 754.3mm，其中 1991～2010 年年平均降水量 726.8mm，较多年平均降水量少 27.5mm，如表 3.1 所示。受气候和地形影响，降水具有年际变化大、年内分布不均以及地域变化大的特点。

表 3.1　诸城市 1991～2010 年逐月平均降水量(mm)

年份	1月	2月	3月	4月	5月	6月	7月	8月	9月	10月	11月	12月	全年
1991	7.3	17.3	41.0	38.9	108.5	126.2	170.6	58.2	24.9	1.6	8.0	20.3	622.8
1992	22.2	13.7	12.9	20.1	19.3	28.7	134.2	150.7	68.4	38.5	3.3	12.0	524.0
1993	8.0	45.5	4.6	29.6	70.4	149.1	250.6	75.0	67.5	29.1	91.9	3.4	824.7
1994	0.3	15.5	24.5	44.1	15.2	68.7	131.6	296.3	55.3	78.1	31.9	22.8	784.3
1995	1.9	2.4	14.9	15.6	33.8	38.4	120.2	287.0	79.8	34.2	0.2	0.0	628.4
1996	6.4	0.0	33.7	43.9	14.3	185.6	203.3	92.4	76.8	62.8	14.1	10.2	743.5
1997	2.4	11.0	29.4	42.9	35.2	26.2	61.2	360.7	12.4	9.0	57.9	20.1	668.4
1998	12.9	71.5	68.3	93.0	97.6	54.4	150.0	234.2	20.5	19.4	1.7	5.8	829.3
1999	0.1	1.6	3.2	26.1	110.0	81.0	57.2	367.5	177.5	74.6	8.5	0.8	908.1
2000	33.5	8.0	0.6	5.2	67.1	117.1	42.9	243.0	40.0	80.2	50.5	2.3	690.4
2001	34.3	25.5	6.3	13.7	9.9	79.3	263.2	173.6	22.3	11.1	8.6	14.1	661.9
2002	18.8	4.1	27.5	52.4	112.0	90.6	108.7	33.6	22.8	10.8	5.4	8.6	495.3
2003	8.7	26.3	30.1	51.5	91.7	134.6	156.9	170.7	128.9	84.3	58.2	30.3	972.2
2004	5.2	19.3	7.8	23.6	72.4	48.8	146.5	198.4	67.3	4.4	65.0	7.0	665.7
2005	0.0	33.6	8.3	23.6	46.7	117.8	94.0	199.0	261.7	30.5	9.0	7.8	832.0
2006	8.9	8.0	4.1	49.8	54.6	56.3	149.9	168.3	9.2	11.7	14.9	24.3	560.0
2007	4.2	12.4	39.0	43.3	47.0	112.5	142.5	294.2	153.2	22.9	0.0	27.7	898.9
2008	10.9	5.5	22.8	72.5	109.0	51.3	307.3	251.8	30.0	62.1	9.7	4.0	936.9
2009	1.2	15.0	31.8	20.2	62.8	55.0	207.5	97.9	27.6	39.0	26.8	19.5	604.3
2010	2.0	33.0	13.9	25.3	89.9	56.6	146.9	210.8	103.8	1.7	0.0	1.5	685.4

注：数据来自《诸城市水利志(1991—2010)》。

流域地表面的降水，如雨、雪等，沿流域的不同路径向河流、湖泊和海洋汇集的水流称为径流。在某一时段内通过河流某一过水断面的水量称为该断面的径流量。径流深指计算时段内的经流总量平铺在整个流域面积上所得到的水层深度。天然河川径流主要受气候和下垫面条件的影响，此外，水利工程建设也是影响河川径流的重要因素。诸城市水利工程众多，对市内河流径流起到了明显的调节作用。

市境多年平均陆上水面蒸发量为 1644.2mm。除 8 月降水集中，蒸发量小于降水量外，其他月份蒸发量都大于降水量，特别是春季，蒸发量是降水量的 4.7 倍以上，易发生干旱。5～6 月多刮干热的西南和南风，风速较大，气温急剧上升，湿度减小，是全年蒸发量最大的月份。冬季温度低，不易于蒸发，12 月、1 月是全年蒸发量最少的月份。

诸城市大部分地区为弱透水性地层，地下水资源较贫乏。第四纪松散岩孔隙水大部分分布在潍、渠河冲积平原区，基岩裂隙水大部分分布在贾悦、石桥子等乡镇，其余大部分为土壤孔隙水。

诸城市地下水的补给来源主要靠降水，地下水位随降水量的大小升降，流向趋势同地表河流的流向趋势一样，大部分由南向北排泄，且地下水补给河水。

2. 水系

诸城市河流众多，分为潍河水系、吉利河水系、胶莱河水系。发源于市境内的百尺河、芦河、扶淇河、太古庄河、尚沟河、非得河、荆河和发源于临朐县的渠河，以及发源于五莲县的涓河、莒县的闸河呈叶脉状汇集于潍河，形成全市以北流水为主的潍河水系，全市有87%的面积属于潍河流域。其次是市境东南部南流水的吉利河水系，东北部北流水的五龙河、胶河，属胶莱河水系。

潍河水系是境内最大水系，主、支流呈树枝状分布，该水系在境内河床比降大，水流湍急，河谷下切深邃，侵蚀力强，水土流失严重，河道又多弯曲，宽窄不一。该水系支流众多，纵贯市境西南、中部、北部而后出境。潍河贯穿诸城市境内，由枳沟镇西南经墙夼水库入市境，由西南流向东北，穿过枳沟镇，流经龙都、舜王、密州三个街道及昌城、相州两个镇交界处，至相州镇尚家庄村出境入峡山水库。境内长78km，流域面积1901.2km^2，占市境总面积的87%，最大泄洪量6097m^3/s，如同境内其他河流，河道径流补给主要源于降水，属季风雨型河流，由于历年降水和季节间降水变化较大，径流年际和季节性变化相当显著，为雨季流量大、旱季流量小的季节性河流。潍河沿岸土地肥沃，地势平坦，第四纪覆盖层较厚，多有砂层，地下水较丰富，为境内富饶之地。

3.3.2 水系结构特征

水系结构描述的是一个地区天然河网水系的平面轮廓或分布特点，自然情况下，河网水系多呈羽状、叶状或树枝状，水系结构符合Horton定律。河网水系是我国东部沿海地区重要的自然景观，对经济社会的发展具有重要影响。然而随着城市化的发展，人类活动对天然河网水系的影响日益加剧，水生态环境逐渐恶化，河网结构趋于简单化，河流面积减少，河网的调蓄能力逐渐下降，水安全风险加剧。研究一个地区的水系结构特征是修复河流生态系统的基础，有利于实现水资源的可持续利用，有利于生态系统的稳定。

1. 水系分级

河流分级是定量化研究水系结构的基础，对后续水系结构形态分析具有直接影响。目前主要从水文学、地貌学以及社会经济学三个角度对河流等级进行划分。

1) Gravelius 分级法

Gravelius 从水文学角度划分河流等级，于 1914 年提出：河网中的主干河流为一级河流，汇入主干河流的支流为二级河流，汇入支流的小支流为三级河流，依次类推。Gravelius 分级法难以区分水系中的主流和支流，河网中河流越小，等级越高，而且在不同流域内河流等级不具有可比性，河流等级虽然相同，但河流之间的差别可能比较大。

2) Horton 分级法

Horton 从地貌学角度对河流等级进行划分，该方法与 Gravelius 分级法的顺序恰恰相反，以河流的形成和发展为出发点，对河流进行分级。如图 3.9 所示，Horton 于 1945 年提出：最小的不分叉的河流为一级河流，只有一级河流汇入的为二级河流，只有一、二两级河流汇入的为三级河流，依次类推，就可以将所有河流命名完毕[9]。该方法可以克服 Gravelius 分级法的一些弊端，实现河流等级的比较，但也有不足之处，如二级以上的河流均可延伸至河源，是二级河流的上游部分，实际具有一级河流的特征。

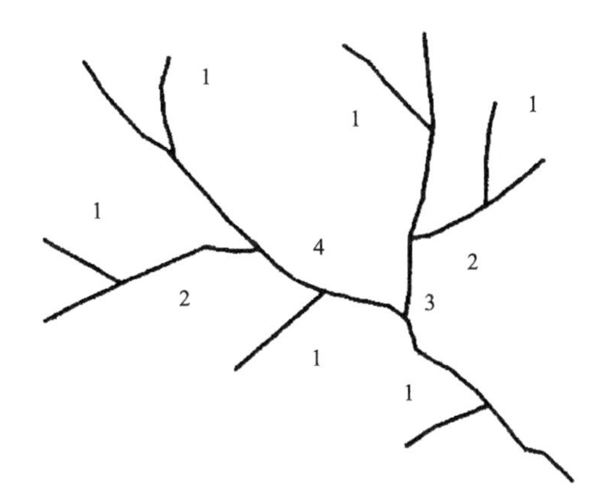

图 3.9　Horton 分级法

3) Strahler 分级法

Strahler 在 Horton 分级法的基础上进行改进，如图 3.10 所示，提出一直延伸到河源的主流的最顶端部分不能认为是主流，而只是一级河流，认为从河源出发的为一级河流，相同等级的河流汇合后河流等级增加一级，不同等级的河流汇合后河流等级取两者中的较高者，该方法克服了 Horton 分级法的缺陷，但不能反映河流的水量和所含泥沙量随河流等级升高而增加的情况。

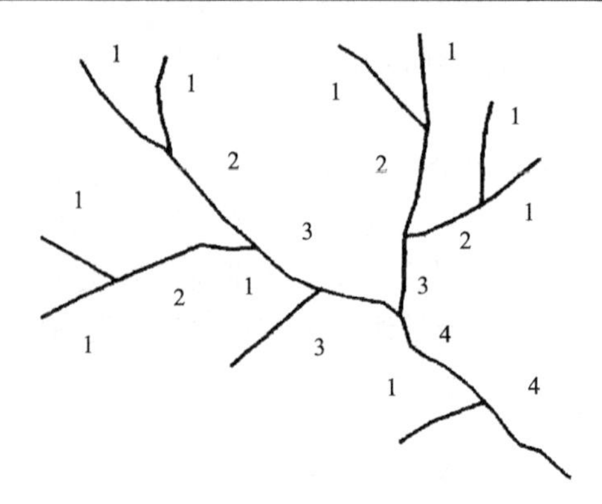

图 3.10　Strahler 分级法

4) Shreve 和 Scheidagger 分级法

Shreve 和 Scheidagger 从河流等级与水量、泥沙量之间的关系的角度，提出了河流分级方法。Shreve[31]认为：水系中最小不分叉的河流为一级河流，两条河流交汇形成的河流的等级为这两条河流等级之和。Scheidagger 提出的方法与 Shreve 大致相同，只是将最小的河流等级定为二级，所有河流等级都以偶数计[32]。

2. 诸城市水系分级

河流分级法则对水系结构的研究有重要影响，目前一般采用 Strahler 分级法对河流进行分级，该方法便于分析水系结构形态，被广大学者广泛使用。诸城市内水网密布，主、支流呈树枝状分布，水力坡降较小，借鉴 Strahler 对河流等级划分的方法，对诸城市的河流进行分级，级数越高，河流流域面积越大。

3. 水系结构指标体系

描述河网水系结构的指标有很多，用来选取水系结构评价指标体系中各个指标的方法只有两类：经验法，依据专业知识进行指标的选择；客观法，依据数学统计进行指标的选择。现缺乏一个统一完整的指标体系来描述水系结构特征。经验法与客观法两种方法的优缺点如表 3.2 所示。

指标的选取主要考虑以下几个原则：

全面性原则：选取的指标能够全面体现研究对象的特征，并且要保证指标体系的完整。

独立性原则：所选指标相对独立、稳定，具有较强的独立性，保证指标体系的简洁。

差异性原则：指标可以从不同角度描述研究对象的特征，并且可以分类。

可操作性原则：指标具体数据要方便获取，易于量化，有利于分析比较。

表 3.2　构建指标体系的方法

构建方法	含义	优点	缺点
经验法	充分依靠研究者的专业知识，根据其对研究对象的认识选择指标，构建评价指标体系	避免不符合常识的指标的出现，增加指标体系的可操作性	容易受到研究者的学术水平、专业背景和个人喜好的限制，构建结果难以一致，产生具有偏颇的评价指标
客观法	完全以与评价对象相关的数据为基础，借助一定的数学统计方法进行主要指标遴选，构建指标体系的方法	所建指标体系客观	对数据质量要求较高，且容易丢失含有重要信息的指标

4. 水系结构性特征、指标参数及其计算

综合国内外研究，一般选用河道的密度、等级特征、分枝比与分枝能力等描述河流结构特征的参数，来构建指标体系；在水系结构几何分形研究的基础上，研究水系结构与水系发育过程之间的定量关系。鉴于以上两种主流的研究方法，本书拟同时采用两种方法进行研究，进行彼此参考，增强研究成果的实用性。

结构特征用水系平均分枝比 R_{b}、河网发育系数 K_{ω} 以及干流面积长度比 R_{AL} 表征河网结构关系。

1) 水系平均分枝比 R_{b}

水系平均分枝比是分析水系结构的一个重要参数，水系平均分枝比一般接近常数，受自然条件的影响较小，因此，选取整个水系的平均分枝比对水系结构进行量度是比较合理的结构尺度。计算公式如下：

$$R_{\mathrm{b}} = N_x / N_{x+1}$$

式中，N_x、N_{x+1} 为第 x、$x+1$ 级河流的数量。

2) 河网发育系数 K_{ω}

河网发育系数 K_{ω} 是指各级支流的长度与干流长度之比，表征河网中各级支流的发育程度，计算公式如下：

$$K_{\omega} = L_{\omega} / L_0$$

式中，L_{ω} 为 ω 级河流的长度；L_0 为干流的长度。

3) 干流面积长度比 R_{AL}

干流面积长度比 R_{AL} 是指流域内干流的面积与其长度之比，表示干流长度与面积发育的不同步性。比值越大，表明单位长度上河流的面积越大，过水能力越强，反之，单位长度上河流的面积越小，过水能力越弱。计算公式如下：

$$R_{\mathrm{AL}} = A_0 / L_0$$

式中，A_0 为干流的面积；L_0 为干流的长度。

5. 水系结构的一般性特征

选取河网密度 R_d、水面率 W_p 以及河频率 R_f 等指标来表征河网水系的一般性特征。

1)河网密度

河网密度 R_d 是指区域内所有河流的总长度与区域总面积之比，与研究区的自然状况有关。河网密度的大小反映流域对降水的水文响应快慢。计算公式如下：

$$R_d = L_R / A$$

式中，L_R 为区域内河流总长度；A 为区域总面积。

2)水面率

水面率 W_p 是指单位面积上河流、水库以及湖泊等水体的面积，是水系结构分析常用的指标，一般其值越大对河流越有利。计算公式如下：

$$W_p = \frac{A_w}{A} \times 100\%$$

式中，A_w 为区域内河流、水库以及湖泊的总面积；A 为区域总面积。

3)河频率

河频率 R_f 是指区域内河流的数量与区域总面积之比，表征水系中河流数量的发育特征，计算公式如下：

$$R_f = N / A$$

式中，N 为河流数量；A 为区域总面积。

6. 诸城市水系结构指标体系

基于对水系指标参数的选取，根据研究区的实际情况，综合考虑河网水系的结构特征和一般性特征，力求简洁而全面地反映河网水系的结构特征，从河流的数量、面积以及地貌形态等方面构建水系结构指标体系，如表 3.3 所示。

表 3.3 水系结构指标体系

分类	指标	计算方法	内涵
结构特征	水系平均分枝比 R_b	$R_b = N_x / N_{x+1}$	河流发育程度
	河网发育系数 K_ω	$K_\omega = L_\omega / L_0$	支流长度发育
	干流面积长度比 R_{AL}	$R_{AL} = A_0 / L_0$	河流面积与长度发育的不同步性
一般特征	河网密度 R_d	$R_d = L_R / A$	河流长度发育
	水面率 W_p	$W_p = \frac{A_w}{A} \times 100\%$	河流(及湖泊)面积发育
	河频率 R_f	$R_f = N / A$	河流数量发育

3.3.3　诸城市水系结构特征

1. 水系数据获取

诸城市的水系数据主要来自诸城市水系分布图以及《诸城市水利志》，利用 ArcGIS 软件对水系图进行配准、设置坐标系，进行数字化处理。以线表示河流要素，通过添加长度字段，计算出各线状图层中河流的长度；以面表示水库要素，通过添加面积图层，计算各个水库的面积。在数字化基础上完成各图层的拼接、切割以及叠加，得到研究区的水系矢量图，如图 3.11 所示。

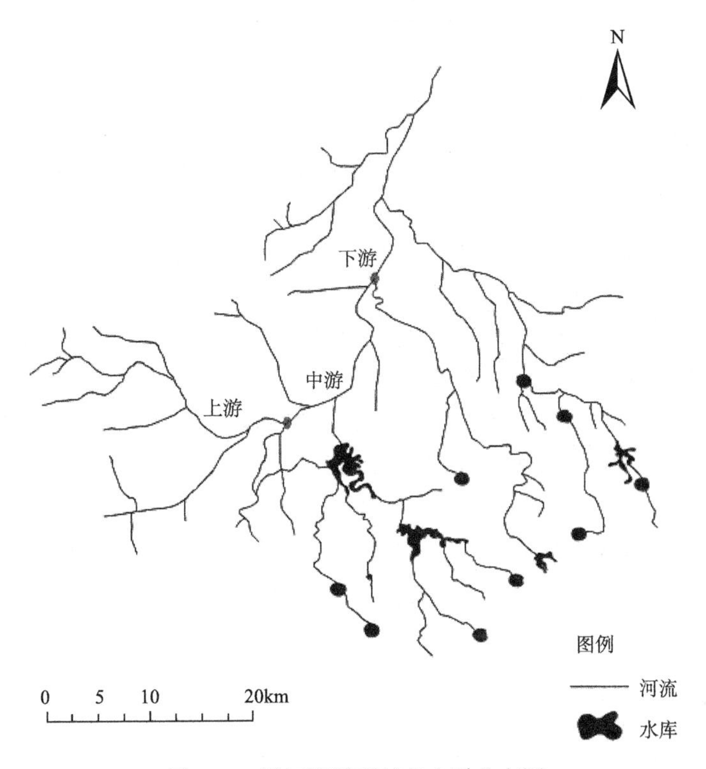

图 3.11　潍河流域诸城市水系分布图

2. 诸城市水系结构的空间差异

以涓河口和芦河口为分界点将潍河流域诸城段分为上游、中游、下游 3 段，上游是从大北杏到涓河口，中游是从涓河口到芦河口，其余为下游。根据构建的水系结构指标体系，分别计算研究区上游、中游、下游 3 段各个水系指标的值(表 3.4、表 3.5、表 3.6)，分析比较水系结构的空间差异。

表 3.4　潍河流域诸城段上游水系指标参数值

指标参数	R_b	K_ω	R_{AL}	R_d	W_p	R_f
数值	4.43	5.08	0.63	0.16	3%	0.036

表 3.5　潍河流域诸城段中游水系指标参数值

指标参数	R_b	K_ω	R_{AL}	R_d	W_p	R_f
数值	2.33	3.68	0.56	0.24	2.7%	0.032

表 3.6　潍河流域诸城段下游水系指标参数值

指标参数	R_b	K_ω	R_{AL}	R_d	W_p	R_f
数值	3.05	5.53	0.60	0.22	2.8%	0.038

由表 3.4～表 3.6 可以看出，潍河流域诸城段水系结构呈现出空间上的差异，其中，中游的河网密度 R_d 达到 0.24，高于上游和下游，而中游的其他水系指标值较上游和下游均偏低，表明中游地区受人类活动影响，河网退化，发育程度降低，结构趋于简单化、主干化。尤其是水系平均分枝比 R_b 仅为 2.33，一般自然河网水系的平均分枝比在 3～5 之间，说明潍河流域诸城段中游的水系平均分枝比偏低，支流发育程度较低，受城市建设的影响，河道被大量侵占，河流数量减少，河网末端一些小支流消失，造成河流发育程度降低。另外，中游的干流面积长度比 R_{AL} 仅为 0.56，低于上游和下游的 0.63 和 0.60，中游河道萎缩，河流面积减少，过水能力减弱，与人类围河造田、大量侵占河道有关，受人类活动影响较上游及下游更为明显。中游河道的水面率 W_p、河频率 R_f 分别为 2.7%和 0.032，均低于上游和下游水平，进一步说明中游地区受人类活动影响较大，河流数量及面积均减少，水系发育程度较低。

3. 水系结构指标随河流等级的变化特征

1) 同一等级河流的总长度随河流等级的变化特征

分别计算 2010 年研究区内一级河流、二级河流以及三级河流的长度，比较分析同一级河流长度随河流等级的变化情况，如表 3.7 所示。

表 3.7　不同等级河流的总长度

河流等级	一级	二级	三级
河流总长度(km)	198.1	155.5	78

对研究区河流长度与河流等级关系的研究表明，同一等级河流的总长度与河流等级呈负相关，随着河流等级的增加，同一等级河流的总长度逐渐减少，而且减少的趋势越来越明显，二级河流的总长度比一级河流的总长度减少了 21.5%，三级河流的总长度比二级河流的总长度减少了 49.8%。主要原因是随着河流等级的增加，城市化发展水平也逐渐提高，河网的水系结构趋于主干化、单一化，城市建设大量侵占河道，河流萎缩，高等级河流难以保留，造成河流长度逐渐减少。

2) 河频率随河流等级的变化特征

分别计算 2010 年研究区内一级河流、二级河流以及三级河流的河频率，比较分析河频率随河流等级的变化情况，如表 3.8 所示。

表 3.8　不同等级河流的河频率

河流等级	一级	二级	三级
河频率 (%)	2.26	0.89	0.32

通过分析河频率随河流等级的变化，可以看出河频率与河流等级呈明显的负相关关系，随着河流等级的增加，河频率逐渐减小，一级河流最高，可以达到 2.26%，而三级河流最低，仅为 0.32%，这也符合自然流域的一般特征，也验证了本书采用的河流分级方法的合理性。由于两条低等级河流相汇形成一条高等级河流，因此在流域内，随着河流等级的升高，河流的数量就会相应减小，河频率降低。

3.3.4　城市化对水系连通影响

河网水系连通是提高水资源配置能力、优化水土资源格局、改善生态环境以及降低水安全风险的重要基础，水系连通对经济建设和社会发展具有重要作用。近年来水系连通研究已成为国内外学者讨论的热点，相关研究逐渐兴起。国际和国内的学者对水系连通的实践起步较早，但对理论基础的研究尚有不足，处于起步阶段。近年来，对水系连通的基本概念及其作用的研究逐渐受到重视，已成为新的研究热点[33]。

河网水系的连通性是河流评价体系的一个重要指标[34]。它不仅是河流健康评价体系中的一个重要指标，同时也对河流的生态修复与保护具有重要指导作用。一般来说，水系的连通性水平与河流生态系统的健康状况呈正相关关系，连通性越好，河流自我修复能力越强，河流健康状况越好。水系连通性主要受流域内水循环的本底条件以及水循环过程的影响，水系的结构形式与特征参数共同决定水系连通性的好坏[35]。良好的水系连通会提高水体的交换能力，可以增强水体的纳污能力以及自净能力，改善河流水质。同时，水系连通可以增强水系的调蓄能力，降低洪涝灾害的风险，有利于水资源的合理配置。另外，良好的水系连通可以增加生物栖息地的面积，有利于生物多样性的保护以及生态系统的稳定[36]。水系的连通性不仅是河流的一种自然属性，而且对河流生态系统的社会属性也有重要影响，水系连通性的变化会影响河流的功能及其健康以及经济社会的可持续发展，近年来，对于水系连通性的研究已经成为水利研究工作的热点之一。

1. 水系连通的概念

水系是由自然水体(包括河流、湖泊以及湿地等)以及人工修建的水利工程(如水库、闸坝、沟渠等)共同作用形成的一个自然-人工复合水系。作为水资源的载体，水系不仅对生态环境具有重要作用，同时也对经济社会发展起到重要的支撑作用。近年来，水文学、生态学以及地貌学等学科越来越重视水系连通性的概念研究，但目前理论研究还处于起步阶段，对于水系连通的概念尚无统一规范。水利部长江水利委员会(以下简称长江水利委员会)认为水系连通不仅包括河流、湖泊连通，还包括湿地系统，各个系统之间相互作用共同反映水系的连通状况。张欧阳将水系连通性定义为：河流、湖泊以及湿地等各个水体之间的连通情况。在前人研究的基础上，本书认为水系连通需要建立各个水体之间的水力联系，实现水资源的可持续利用，优化水资源配置格局，提高水体的调蓄能力，改善河流生态环境，增强河流防洪抗灾能力。

2. 水系连通的组成要素

河网水系连通形成一个复杂的水网系统，组成要素主要包括三个方面：

(1) 自然水系。不受人类活动的干预，自然演变形成的河流、湖泊以及湿地等水体组成自然水系，是水系连通的基础，主要连接天然河道、湖泊等。自然水系的形成与演变主要受地质作用(如地壳运动、地形等)与自然环境因素(如气候、植被等)的影响，过程比较复杂。

(2) 人工水系。人工修建的水库、闸坝、沟渠等用于供水、排水的水利工程构成人工水系，主要将人工修建的水利工程与自然水体连接起来，是水系连通的重要途径和手段。近年来，水利工程对经济社会发展的作用愈发明显，兴水利除水害是当前重点工作之一，但是，值得注意的是，水利工程对于河网水系连通的影响是双面的，一方面，水利工程可以加强水体之间的水力联系，优化水资源配置，改善生态环境；另一方面，水利工程的建设破坏了生物栖息地的连通性，生态廊道受阻，栖息地破碎化，不利于生态系统的稳定。

(3) 调度准则。良好的水系连通需要依靠一定的调度准则来实现，充分发挥水利工程的作用，达到防洪调蓄的作用。调度准则需要充分考虑连通区域的经济社会发展、生态环境以及气候变化等因素，力求全面、准确，需要有完备健全的机制保障系统做支撑。

3. 水系连通的特征

水系连通是统筹调配水资源、实现人水和谐的重要途径，是实现水资源可持续利用、河流生态系统健康稳定的迫切要求，水系连通可以提高河网抵御水自然灾害的能力。水系连通具有以下几个特征：

(1) 复杂性。河网水系是一个自然-人工复合系统，水系结构复杂；水系连通的组成要素众多，包括自然水系(河流、湖泊、湿地等)以及人工水系(水库、闸坝、沟渠等水利工程)；影响因素众多，既包括自然演变、气候变化等自然因素，又包括占用河道、围垦造田等人为因素，并且这些因素都具有不确定性，更增加了水系连通的复杂性；涉及学科领域广泛，包括水文学、景观学、生态学以及经济学等众多学科。

(2) 系统性。 优化水资源配置格局，解决水资源时空分布不均问题需要从系统的观念出发，水系连通是河网水系的一个整体状态，具有系统性的特点。水系连通已经发展成为一个涉及生态、环境、社会经济等多要素的复杂系统，系统内各要素相互联系、相互作用，形成时空上相互联系、制约的复杂关系。

(3) 动态性。水系连通是一个动态过程，与自然环境的变化以及人类活动密切相关，包括水体内部的动态性以及水系连通过程的动态性。由于经济社会发展的需要，水体的流向可能会较自然状态发生偏移，以满足人类的需求，水系连通工程的调度准则也可能会使水系的结构功能呈现动态性。

(4) 时空性。时间和空间是世间万物运动的两个基本属性，水系连通也不例外。河网中的不同水体在不同的时间、地域上具有不同的特征，水体的流动在不同的时空也具有不同的特性，水质、水量都具有时空分布不均的特点。水系连通需要因地制宜，科学合理地调配水资源，达到丰枯调剂、多源互补的目的。

4. 水系连通的分类

水系连通是一个多层次、多要素、多功能的复杂系统，建立科学的分类体系是研究水系连通的基础。分类是将一系列复杂要素按照相似性或差异性进行归类的过程，分类的依据不同，水系连通的分类就会有不同的标准。本书按照科学性原则、系统性原则、主导性原则、可操作性原则等建立水系连通的分类体系，如表 3.9 所示。

5. 水系连通性评价

水系连通性是河流生态系统的基本属性，对其结构和功能具有重要作用。在城市化进程中，人类大量修建水利工程，改变了自然水系的结构，改变了水系的自然连通状态。

表 3.9　水系连通分类体系

依据	类别	特征
连通功能	以提高水资源统筹调配能力为主	合理调整河湖水系格局，提高缺水地区水资源承载能力
	以提高河湖健康保障能力为主	通过河湖水系连通加速水体流动，提高水体自净能力；为生态脆弱河湖补水，修复受损水生态系统
	以提高水旱灾害抵御能力为主	疏通洪水出路，维护洪水蓄滞空间；构建抗旱应急水源通道，提高抵御水旱灾害能力
连通对象	河流与河流连通	连通对象为河流，改变连通河流水体的径流过程
	河流与湖泊连通	连通对象为河流和湖泊，从河流向湖泊输水促进湖泊水体流动，改善湖泊水环境，发挥湖泊调蓄洪水作用，增强区域/流域防洪能力
	湖泊与湖泊连通	连通对象为湖泊与湖泊，增加水体流动性，提高净化能力，改善水环境状况，调配水资源
	河流与湿地连通	通过连通向缺水严重的湿地补水，保护和改善湿地生态功能
	多对象复杂连通	河流、湖泊、湿地等多种类型的水体相互连通，发挥综合作用
连通方向	单向连通	水流方向单一
	双向连通	水流双向流动
	网状连通	河网密集区，流向不定
连通性评价方法	结构连通性	景观的空间形式和景观要素在物理上的连接度
	功能连通性	用过程描述的区域相互连接的动态属性

本书运用景观生态学的原理对河流的连通性进行分析评价，采用廊道与网络的概念将河流看作景观中的廊道，将水系看作网络，评价水系的连通性水平。廊道是指不同于周围景观基质的线状或带状景观要素，河流廊道本身就是结构与功能的结合体，具有多种生态服务功能，河流廊道相互交织形成一个个节点，廊道与节点相连共同构成水系网络。

根据潍河流域诸城段河网水系呈树枝状分布的特点，运用树状水系连通性指数(DCI)的方法研究河网水系的连通性水平，并分析比较连通性水平的空间差异。

树状水系连通性指数是根据闸坝的数量、可通过能力以及地理位置，定量评价水系的连通性水平。与网状水系不同，树枝状水系中任意两点间的路径是唯一的，整个水系的连通性状况主要取决于河网中任意两点之间闸坝的数量、可通过能力以及河段长度。每个闸坝占用的实际空间忽略不计，因而不会影响河网的总长度。将水系中的闸坝看作节点，将河流切割成一个个河段，河段是指由于闸坝的存在而将河道分成的各个节段。由闸坝分割形成的各个河段内部是完全连通的，整个水系的连通性可视为任意两个河段之间连通性的总和，树状水系连通性指数可采用以下公式进行计算：

$$\mathrm{DCI}=\sum_{i=1}^{n}\sum_{j=1}^{n}c_{ij}\frac{l_i}{L}\frac{l_j}{L}\times 100$$

式中，n 为河段的数量，等于闸坝的数量加 1；l_i 与 l_j 分别为河段 i 与河段 j 的长度；L 为河网的总长度；指数乘以 100 是为了将 DCI 的值调整为 0～100 之间，其值越高，表明连通状况越好；c_{ij} 为河段 i 与河段 j 的连通性，其值取决于河段 i 与河段 j 之间闸坝的数量以及可通过能力。水体通过每个闸坝的能力是独立的，如果河段 i 与河段 j 之间有 M 个闸坝，那么 c_{ij} 可用如下公式表示：

$$c_{ij}=\prod_{m=1}^{M}p_m$$

式中，p_m 为水体通过第 m 个闸坝的能力。

如果闸坝的可通过能力 p=0 或 1，则水系的连通性可用以下公式计算：

$$\mathrm{DCI}=\sum_{i=1}^{n}\frac{l_i^2}{L^2}\times 100$$

国外学者对水系连通的研究主要集中在水文学、沉积学以及景观生态学等角度，并探讨了连通性的定量化表述。Herron 等[37]从水文学角度出发，认为连通性是指径流从源区到干流，再到流域网络最后出流的移动效率。Pringle[38]、Freeman 等[39]则认为连通性是水循环过程中各要素之间随着水介质的物质以及能量转移效率。Hooke[40]将水系的连通性定义为河网中水流与沉积物的物理转移。Bracken 等[41]从景观生态学层面出发，认为水系连通是水流在景观各斑块及廊道之间的转移能力。Ward 等[42]从河流生态系统的纵向、垂向、侧向和时间尺度四个维度研究水系的连通性。Turnbull 等[43]认为水系连通是一个动态过程，描述一个区域的动态属性。Goodwin[44]从景观生态学角度出发研究河网水系，将河流作为廊道，将水系作为水景观要素中的网络。Poulter 等[45]从图论角度出发调查水网属性，建立电子网络模型。Cui 等[46]利用最短路径算法比较河网水系在高流量和低流量两种情况下的异同。Lane 等[47]通过建立水文模型研究河网参数在连通性中的重要作用。Karim 等[48]基于 MIKE21 模型定量研究径流时间和空间连通范围。Phillips 等[49]、Jencso 等[50]探讨了水系连通性与径流动力学之间的内在联系。Reid 等[51]认为独立分流连通性是指河道径流从开始到充满的时间。Jaeger 等[52]利用电阻传感器计算径流的空间纵向连通性。

连通性的理论研究也逐渐受到国内学者的重视，主要从宏观方面研究水系连通的内涵、特征及其分类。全国“十二五”规划已将河湖连通正式纳入国家江河治理战略中，国家越来越重视水系连通这一命题。长江水利委员会认为水系连通不仅包括河流、湖泊连通，还包括湿地系统，各个系统之间相互作用共同反映水系的连通状况[53]。张欧阳等[54]从河河连通、河湖连通以及河库连通三个方面研究了长江流域的水系连通情况，指出水系连通性主要由水流的持续性及其连接通道的畅通状况两个基本要素决定。刘家海[55]将水系连通定义为采用合理措施和管理理念调节水体之间联系的行为。唐传利[56]阐述了水系连通的基本内涵，探讨了河湖连通的主要内容。窦明等[57]、李宗礼等[58]在前人研究的基础上，指出水系连通需要建立水体之间的水力联系，优化水资源配置格局，提高水体的调蓄能力，改善河流生态环境，增强河流防洪抗灾能力。王中根等[59]深入研究水循环系统各个要素的基本内涵，探讨河流生态系统的物理机制，为水系理论体系的建立做出重要贡献。李原园[4]认为改善水系的生态环境是水系连通的主要功能。赵进勇等[60]利用图论的方法，建立图的邻接矩阵，分析了河道-滩区系统连通性状况。邵玉龙等[61]研究了河网连通性与城市化发展的响应机制。崔国韬等[62]在对国内外大量案例分析的基础上，总结了河湖水系连通工程对水生态环境以及经济社会发展的影响。徐光来等[63]利用水力阻力与图论相结合的方法定量计算了太湖流域的水系连通性。丁圣彦等[64]从景观生态学角度出发，研究了开封地区近百年来的连通性变化情况。徐慧等[65]将河流与景观相结合，分析比较太仓市水系规划前后的连通性差异。卢涛等[66]对三江平原不同地区的沟渠结构和景观结构进行了研究。李宗礼等[67]根据水系连通的性质、尺度以及空间格局等要素建立了水系连通的分类体系，并详细阐述了每一类型的基本特征，并以太湖为例对其水环境整治分为以下类型(表 3.10)。

表 3.10　太湖流域水系连通类型与研究

分类依据	类别	特征
连通性质	恢复型	通过河道疏浚、整治等恢复原有水流通道
连通功能	以提高河湖健康保证能力为主	通过河湖水系连通加速水体流动，提高水体自净能力，为生态脆弱河湖补水，恢复受损水生态系统
连通区域	下游河网区	水量丰沛，江河关系复杂，水环境承载力降低，水质性缺水问题严重
连通尺度	流域水网	以维护流域整体性为原则，兼顾上中下游及各部门的用水权
连通时效	常态连通性	水系常年保持连通
连通方向	网状连通	河网密集区，流向不定

从现有的文献可以看出，水系连通性已引起学者高度重视，对其他学科的研究也有重要作用，水系连通的研究难以推广，定量化研究还需进一步深入。

3.3.5　诸城市水系连通性评价

以 2010 年诸城市水系分布图为主要信息源，利用 ArcGIS 软件进行数字化，获取水系矢量数据，作为分析研究的基础。在研究区内，共有蓄水量 35 万 m^3 以上的闸坝 21 座，闸坝的位置如图 3.12 所示，闸坝的名称和编号如表 3.11 所示，利用 ArcGIS 分别测量每个河段的长度以及河网的总长度。

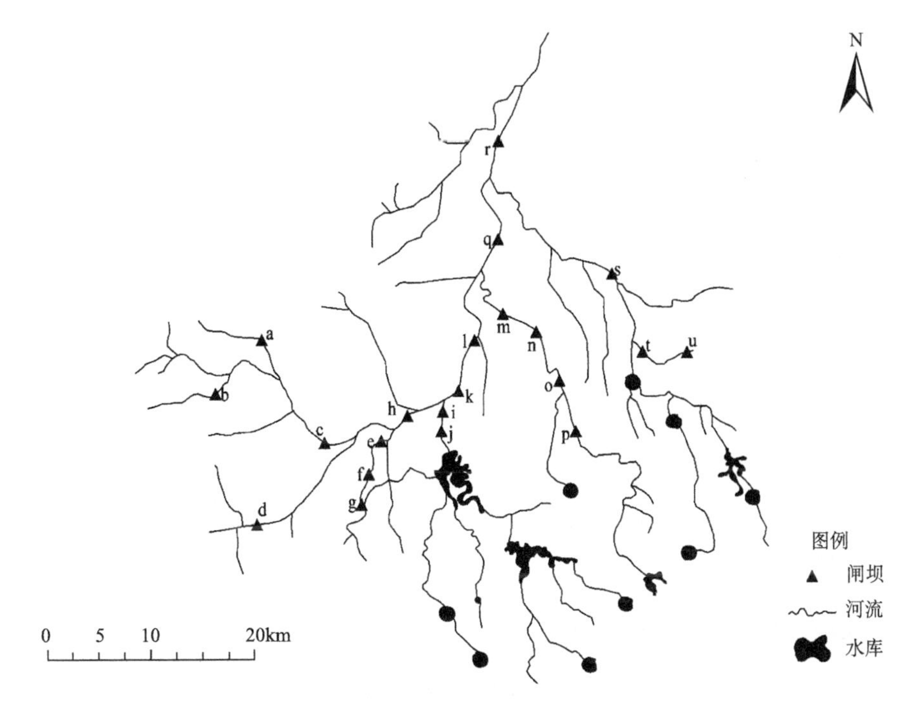

图 3.12　潍河流域诸城市闸坝分布情况(2010 年)

表 3.11　潍河流域诸城段闸坝编号、名称对照表(2010 年)

编号	闸坝名称	编号	闸坝名称
a	后卜落林子拦河闸	l	拙村拦河闸
b	大马庄拦河闸	m	河崖拦河闸
c	东楼拦河闸	n	大重兴拦河闸
d	枳沟拦河闸	o	后炳庄拦河闸
e	大村拦河闸	p	冯家芦水拦河闸
f	吕标拦河闸	q	道明拦河闸
g	西见屯拦河闸	r	古县拦河闸
h	栗元拦河闸	s	张家小庄拦河闸
i	繁荣路拦河闸	t	刘家村拦河闸
j	兴华路拦河闸	u	岳东拦河闸
k	密州拦河闸		

注：资料来自《诸城市水利志》。

利用树状水系连通性指数的方法分别计算潍河流域诸城段上游、中游以及下游的 DCI 指数，分析比较连通性水平，如表 3.12 所示(闸坝可通过能力 p 的影响因素比较复杂，并不在研究范围之内，因此本书假定所有闸坝的可通过能力均为 0.5)。

表 3.12　潍河流域诸城段 DCI 指数

区域	上游	中游	下游	整个水系
DCI 指数	62.41	50.93	58.65	31.57

研究结果显示，潍河流域诸城段整个水系的 DCI 指数为 31.57，其中中游地区的连通性水平最差，仅为 50.93，比上游地区少 18.4%，比下游地区少 13.2%。闸坝的建设对河网水系的连通性造成了比较大的影响，随着城市化的加快，各种水利设施应运而生，但水利建设具有双重作用，在优化水资源的配置、抵御洪涝灾害、实现丰枯调剂的同时，也会对河流生态系统带来一些负面影响，不利于生态系统的可持续发展。

3.3.6　闸坝对水系连通性的影响

随着经济和社会的发展，一些发达国家和发展中国家大量在河流中修建闸坝，以满足人类的需求，依靠闸坝减轻洪涝灾害，调整水资源配置格局。闸坝在防洪、供水、排水和灌溉等方面具有举足轻重的作用。然而，闸坝在发挥一定经济社会效益的同时，对河流连通性造成了不同程度的影响，破坏了河流生态系统的健康稳定[68]，使河流的流速、水深等水力学特征发生变化，改变了水系的水文学与热力学特征[69]。闸坝建设将河流拦腰截断，破坏了水系的连续性[70]，改变了河流的自然连通状态，使河流流向发生改变，水系的连通性水平下降，水体自净能力以及水环境容量减弱，容易引起水质恶化，破坏河流生态环境。

诸城市河网水系闸坝密布，蓄水量 35 万 m^3 以上的闸坝由 1980 年的 7 座增加到 2010 年的 21 座。近年来，闸坝的建设使水系的连通性发生了很大变化，河流连通性遭到严重破坏，给河流生态系统带来巨大压力，本书针对研究区的现状，运用树状水系连通性指数的方法就闸坝对潍河流域诸城段水系连通性的影响展开研究。

1. 闸坝的可通过能力对连通性的影响

本书主要探讨闸坝对河流连通性的影响，选取诸城市境内的潍河水系作为研究对象，不考虑诸城市境外河流的影响。在选取的水系范围内，共有蓄水量 35

万 m^3 以上的闸坝 21 座。分别计算闸坝的可通过能力 p 从 0 增加到 1 的 DCI 指数，分析可通过能力对连通性的影响。

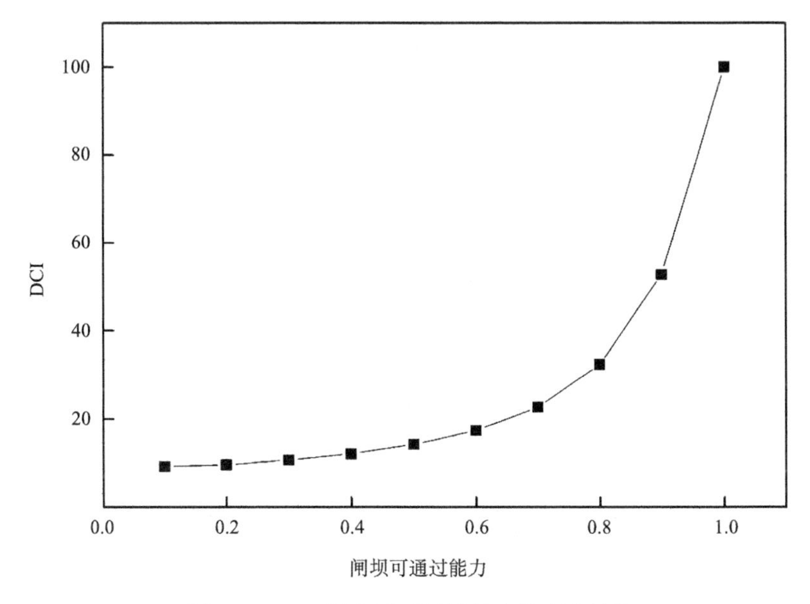

图 3.13　DCI 随闸坝可通过能力的变化情况

从图 3.13 中可以看出，随着闸坝可通过能力 p 的增加，DCI 指数有逐渐增加的趋势，并且增加的幅度越来越大。当 $0<p<0.6$ 时，随着可通过能力 p 的增加，DCI 增加的趋势并不明显，说明当闸坝的可通过能力 p 较低时，尽管 p 增加较多，但水系整体的连通性水平并没有明显改善；而当 $0.6<p<1.0$ 时，尤其当 $p>0.8$ 时，DCI 指数明显增加，说明当闸坝的可通过能力 p 较高时，当 p 稍微变化，整个水系的连通性水平就会有明显提升。根据以上分析可以看出，在修复河流连通性的过程中，可以优先考虑可通过能力较好的闸坝，其对提高整个水系的连通性水平效果更明显。对于自然连通状态下的河流，一旦建设闸坝，整个水系的连通性就会明显下降，因此在工程规划与建设过程中需要慎重考虑。

2. 闸坝建设对连通性的影响

根据闸坝建成的时间以及地理位置，分别获取 1980 年、1990 年与 2010 年的闸坝分布图，如图 3.14、图 3.15 和图 3.16 所示，比较分析闸坝建设对连通性的影响。因为主要探讨的是闸坝对连通性的影响，所以没有考虑 1980～2010 年河道长度的变化。

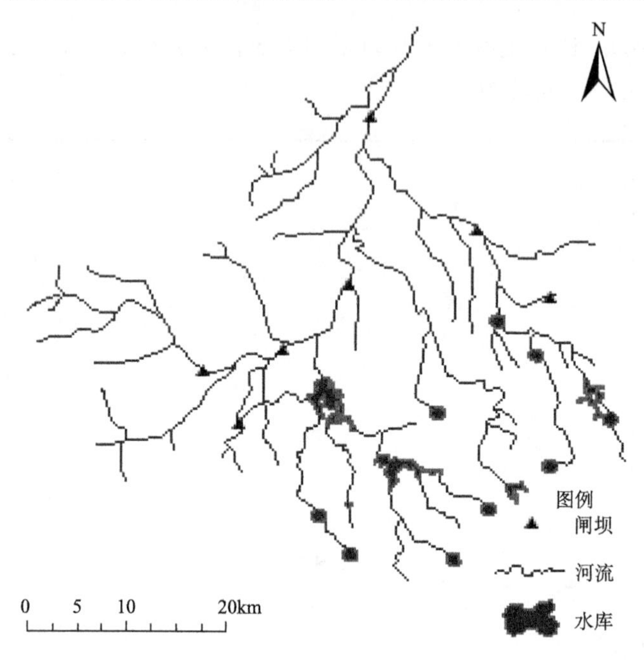

图 3.14　1980 年闸坝分布情况

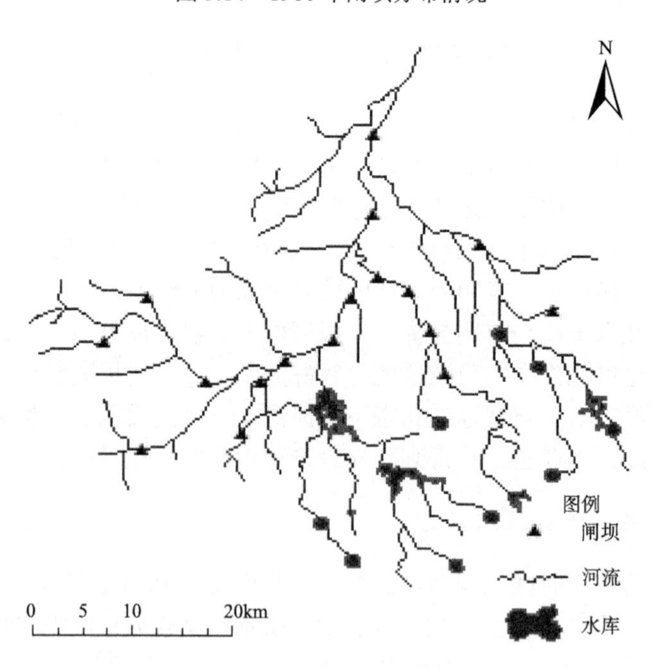

图 3.15　1990 年闸坝分布情况

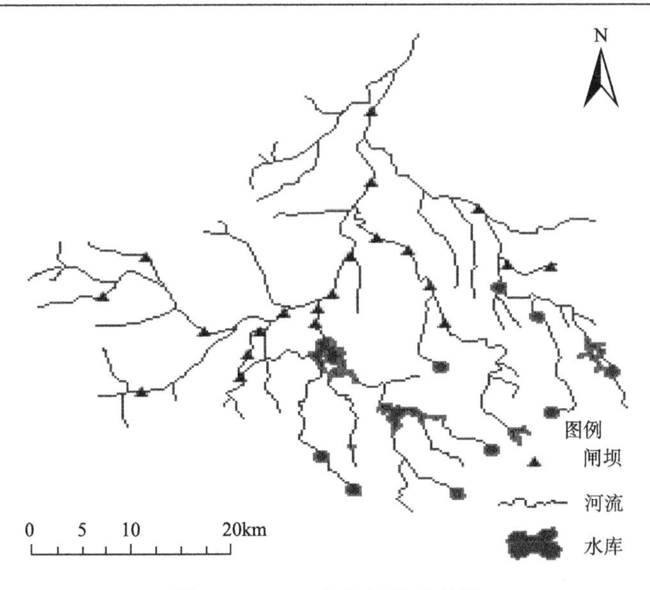

图 3.16　2010 年闸坝分布情况

从表 3.13 可以看出，1980 年、1990 年及 2010 年闸坝数量分别为 7 个、17 个和 21 个，利用树状水系连通性指数方法计算得出 1980 年、1990 年及 2010 年的 DCI 指数分别为 56.11、32.44、31.57。从 1980 年至 1990 年，DCI 下降了 42.2%，从 1990 年至 2010 年，DCI 下降了 2.7%。由此可以看出，闸坝建设严重破坏了水系的连通性，尤其对接近自然连通状态的水系影响更为显著。当河流中闸坝数量较少时，增加闸坝的数量会对水系的连通性产生较为严重的影响；而当闸坝的数量达到一定数量时，建设闸坝对水系连通性的影响相对较小。

表 3.13　不同时期水系的连通性水平

时间	1980 年	1990 年	2010 年
闸坝数量	7	17	21
DCI	56.11	32.44	31.57

3.3.7　基于水系连通的闸坝拆除研究

在现有闸坝的基础上，分别计算拆除每个闸坝后整个水系 DCI 的变化情况，研究每个闸坝对整个水系连通性的影响，为河流地连通性的修复提供一种参考。

从表 3.14 可以看出，拆除不同的闸坝对水系的连通性有不同的影响，拆除闸坝 q 对整个水系的连通性影响最为显著，DCI 指数可增加 4.37，而拆除闸坝 u，DCI 仅增加 0.03。在修复河流连通性时，可以根据 ΔDCI 的值确定闸坝拆除的优先次序，如 q、r、h 及 l 对水系整体连通性影响较大，可以优先考虑拆除。

表 3.14　拆除每个闸坝后 DCI 的变化情况

闸坝	现在的 DCI 指数	拆除后的 DCI 指数	ΔDCI
a	31.57	31.92	0.35
b	31.57	31.75	0.18
c	31.57	34.27	2.70
d	31.57	32.53	0.96
e	31.57	32.15	0.58
f	31.57	31.92	0.35
g	31.57	31.8	0.23
h	31.57	34.91	3.34
i	31.57	31.78	0.21
j	31.57	31.66	0.09
k	31.57	34.81	3.24
l	31.57	34.90	3.33
m	31.57	33.13	1.56
n	31.57	32.96	1.39
o	31.57	32.76	1.19
p	31.57	32.48	0.91
q	31.57	35.94	4.37
r	31.57	34.93	3.36
s	31.57	33.47	1.90
t	31.57	31.86	0.29
u	31.57	31.60	0.03

3.4　本 章 小 结

本章以潍河流域诸城段为研究区域，主要以 2010 年研究区内水系分布情况为数据基础，对诸城市境内各个水系的水系结构与连通性进行研究，并根据研究区域的实际情况，探讨闸坝对水系连通性的影响，主要结论如下：

1. 河流等级划分

河流等级的划分是定量研究水系结构形态的重要基础，根据潍河流域诸城段水网密布、主支流呈树枝状分布、水力坡降较小的特点，采用 Strahler 对河流等级划分的方法，将研究区内河流划分成 28 条一级河流、15 条二级河流以及 7 条三级河流。

2. 研究区的水系结构特征

以 Strahler 河流分级法为基础，以 GIS 技术作支撑，将研究区的水系分布图进行矢量化处理，获取河流矢量数据，建立以水系平均分枝比、河网发育系数、干流面积长度比、河网密度、水面率以及河频率等指标为基础的河网水系结构评价体系，定量分析研究区的水系结构特征，研究比较水系结构的空间差异，分析水系指标参数与河流等级之间的关系。

研究表明，潍河流域诸城段水系结构呈现出空间上的差异。中游的河网密度 R_d 达到 0.24，高于上游和下游，而中游的其他水系指标值较上游和下游均偏低，其中，中游河段的水系平均分枝比 R_b 仅为 2.33，低于上游和下游的 4.43 和 3.05；干流面积长度比 R_{AL} 仅为 0.56，低于上游和下游的 0.63 和 0.60；水面率 W_p、河频率 R_f 分别为 2.7%和 0.032，均低于上游和下游水平。这表明中游地区的河网发育程度较低，结构趋于简单化、主干化，受城市建设的影响，河道被大量侵占，河流数量减少，造成河流发育程度降低。

同一等级河流的总长度与河流等级呈负相关，随着河流等级的增加，同一等级河流的总长度逐渐减少，而且减少的趋势越来越明显，二级河流的总长度比一级河流的总长度减少了 21.5%，三级河流的总长度比二级河流的总长度减少了 49.8%。

河频率与河流等级呈明显的负相关关系，随着河流等级的增加，河频率逐渐减小，一级河流最高，可以达到 2.26%，而三级河流最低，仅为 0.32%。

3. 研究区河网水系连通性评价

根据潍河流域诸城段河网水系呈树枝状分布的特点，运用树状水系连通性指数(DCI)的方法研究河网水系的连通性水平，并分析比较连通性水平的空间差异，研究表明：潍河流域诸城段整个水系的 DCI 指数为 31.57，其中中游地区的连通性水平最差，仅为 50.93，比上游地区少 18.4%，比下游地区少 13.2%。闸坝的建设对河网水系的连通性造成了比较大的影响，随着城市化的加快，各种水利设施应运而生，但水利建设具有双重作用，在优化水资源的配置、抵御洪涝灾害、实现丰枯调剂的同时，也会对河流生态系统带来一些负面影响，不利于生态系统的可持续发展。

4. 闸坝对河网水系连通性的影响

在对河网水系连通性评价的基础上，研究闸坝的可通过能力以及数量对水系连通性的影响，并探讨基于水系连通的闸坝拆除方案，研究表明：随着闸坝可通过能力 p 的增加，DCI 指数有逐渐增加的趋势，并且增加的幅度越来越大。当 $0<p<0.6$ 时，随着可通过能力 p 的增加，DCI 增加的趋势并不明显，说明当闸坝的可通过能力 p 较低时，尽管 p 增加较多，但水系整体的连通性水平并没有明显改善；而当 $0.6<p<1.0$ 时，尤其当 $p>0.8$ 时，DCI 指数有明显增加，说明当闸坝的可通过能力 p 较高时，当 p 稍微变化，整个水系的连通性水平就会有明显提升。

闸坝建设严重破坏了水系的连通性，尤其对接近自然连通状态的水系影响更为显著。当河流中闸坝数量较少时，增加闸坝的数量会对水系的连通性产生较为严重的影响；而当闸坝达到一定数量时，建设闸坝对水系连通性的影响相对较小。

拆除不同的闸坝对水系的连通性有不同的影响，拆除闸坝 q 对整个水系的连通性影响最为显著，DCI 指数可增加 4.37，而拆除闸坝 u，DCI 仅增加 0.03。在修复河流连通性时，可以根据 ΔDCI 的值确定闸坝拆除的优先次序，如 q、r、h 及 l 对水系整体连通性影响较大，可以优先考虑拆除。

参 考 文 献

[1] 唐涛，蔡庆华，刘健康. 河流生态系统健康及其评价. 应用生态学报，2002，13(9)：1191-1194.

[2] 罗伯明，曹海明. 基于河流生态健康的河流管理研讨. 江苏水利, 2009, (7): 8-9.

[3] 钱正英，陈家琦，冯杰. 人与河流和谐发展. 中国水利, 2006(2): 7.

[4] 李原园，郦陆强，李宗礼，等. 河湖水系连通研究的若干问题挑战. 资源科学，2011，33(3): 386-391.

[5] 陈婷，杨凯. 城市河岸土地利用对河流廊道功能影响初探——以上海苏州河为例. 世界地理研究, 2006, 15(3): 82-87.

[6] 杜强，王东胜. 河道的生态功能及水文过程的生态效应. 中国水利水电科学研究院学报, 2005, 3(4): 287-290.

[7] Horton R. Erosional development of streams and their drainage basins: Hydrophysical approach to quantitative morphology. Geological Society of America Bulletin, 1945, 56(3): 275-370.

[8] Strahler A. Hypsometric (area-altitude) analysis of erosional topography. Geological Society of America Bulletin, 1952, 63(11): 1117-1142.

[9] Tarboton D G. Fractal river networks, Norton's laws and Tokunaga cyclicity. Journal of hydrology, 1996, 187(1): 105-117.

[10] 高华端，杨世逸. 乌江流域水系结构分析. 贵州农学院丛刊, 1994, (1): 104-125.

[11] 周家维，胡藻. 北盘江流域水系结构特征及分析. 贵州林业科技, 1997, 25(1): 26-31.

[12] 苏伟忠，杨桂山. 太湖流域南河水系无尺度结构. 湖泊科学, 2008, 20(4): 514-519.

[13] Tarboton D G, Bras R L, Rodriguez-Iturbe I. The fractal nature of river networks. Water Resources Research, 1988, 24: 1317-1322.

[14] La Barbera P, Rosso R. On the fractal dimension of stream networks. Water Resources Research, 1989, 25(4): 735-741.

[15] Claps P, Oliveto G. Reexamining the determination of the fractal dimension of river networks. Water Resources, 1996, 32(10): 3123-3135.

[16] Veltri M, Veltri P, Maiolo M. On the fractal description of natural channel networks. Journal of Hydrology, 1996, 187: 137-144.

[17] Agnese C, D'A saro F, Grossi G, et al. Scaling properties of topologically random channel networks. Journal of Hydrology, 1996, 187: 183-193.

[18] Kirchner J W. Horton 规律统计的必然性与河网的随机分布. 汪兴华译. 世界地质, 1994, 13(4): 107-111.

[19] Schuller D J, Rao A R, Jeong G D. Fractal characteristics of dense stream networks. Journal of Hydrology, 2001, 243(1-2): 1-16.

[20] 黄奕龙. 深圳市水文系统退化与水资源安全保障体系研究. 北京: 北京大学博士后出站报告. 2006.

[21] 黄奕龙, 王仰麟, 刘珍环, 等. 快速城市化地区水系结构变化特征——以深圳市为例. 地理研究, 2008, 27(5): 1212-1218.

[22] 陈晓宏, 陈永勤. 珠江三角洲河网区水文与地貌特征编译及其成因. 地理学报, 2002, 57(4): 429-436.

[23] 陈德超, 陈中原. 浦东开发以来的河网变迁研究. 苏州科技学院学报(自然科学版), 2004, 21(4): 1-7.

[24] 杨凯, 袁雯, 赵军, 等. 感潮河网地区水系结构特征及城市化响应. 地理学报, 2004, 59(4): 557-564.

[25] 袁雯, 杨凯, 徐启新. 城市化对上海河网结构和功能的发育影响. 长江流域资源与环境, 2005, 14(2): 133-138.

[26] 孟飞, 刘敏. 高强度人类活动下河网水系时空变化驱动机制分析——以浦东新区为例. 兰州大学学报(自然科学版), 2006, 42(4): 16-20.

[27] 白义琴. 上海浦东新区快速城市化进程中河网变迁特征及水系保护研究. 上海: 华东师范大学硕士学位论文, 2010.

[28] 周洪建, 王静爱, 岳耀杰, 等. 基于河网水系变化的水灾危险性评价——以永定河流域京津段为例. 自然资源学报, 2006, 15(6): 45-49.

[29] 陈云霞, 许有鹏, 付维军. 浙东沿海城镇化对河网水系的影响. 水科学进展, 2007, 18(1): 68-73.

[30] 陈德超, 李香萍, 杨吉山, 等. 上海城市化进程中的河网水系演化. 城市建设与城市发展, 2002(5): 31-35.

[31] Shreve R L. Stream length and basin areas in topologically random networks. Journal of Geology, 1969, 77: 397-414.

[32] 芮孝芳. 水文学原理. 北京: 中国水利水电出版社, 2004.

[33] Michaelides, K, Chappell A. Connectivity as a concept for characterizing hydrological behaviour.

Hydrological Processes, 2009, 23(3): 517-522.

[34] 吴阿娜, 杨凯. 河流健康状况的表征及其评价. 水科学进展, 2005, 16(4): 602-608.

[35] 夏军, 高扬, 左其亭, 等. 河湖水系连通特征及其利弊. 2012, 31(1): 26-31.

[36] Commission H R. Healthy river for tomorrow. Sydney: Healthy River Commission, 2003.

[37] Herron N, Wilson C. A water balance approach to assessing the hydrologic bufferingpotential of an alluvial fan. Water Resources Research, 2001, 37(2): 341-351.

[38] Pringle C M. Hydrologic connectivity and the management of biological reserves: A global perspective. Ecological Applications, 2001, 11(2): 981-998.

[39] Freeman M C, Pringle C M, Jackson C R. Hydrologic connectivity and the contribution of stream headwaters to ecological integrity at regional scales. Journal of the American Water Resources Association, 2007, 43(1): 5-14.

[40] Hooke J M. Human impacts on fluvial systems in the Mediterranean region. Geomorphology, 2006, 79(3): 311-355.

[41] Bracken L J, Croke J. The concept of hydrological connectivity and its contribution tounderstanding runoff-dominated geomorphic systems. Hydrol Process, 2007, 21(13): 1749-1763.

[42] Ward J V, Stanford J A. Ecological connectivity in alluvial river ecosystems and its disruption by flow regulation. Regulated Rivers: Research and Management, 1995, 11: 105-119.

[43] Turnbull L, Wainwright J, Brazier R E. A conceptual framework for understanding semi-arid land degradation: Ecohydrological interactions across multiple-space and time scales. Ecohydrology, 2008, 1(1): 23-34.

[44] Goodwin B J. Is landscape connectivity a dependent or independent variable?. Landscape ecology, 2003, 18(7): 687-699.

[45] Poulter B, Goodall J L, Halpin P N. Applications of network analysis for adaptive management of artificial drainage systems in landscapes vulnerable to sea level rise. Journal of Hydrology, 2008, 357(3): 207-217.

[46] Cui B, Wang C, Tao W, et al. River channel network design for drought and flood control: A case study of Xiaoqinghe River basin, Jinan City, China. Journal of environmental management, 2009, 90(11): 3675-3686.

[47] Lane S N, Reaney S M, Heathwaite A L. Representation of landscape hydrological connectivity using a topographically driven surface flow index. Water resources research, 2009, 45: W8423.

[48] Karim F, Kinsey-Henderson A, Wallace J, et al. Modelling wetland connectivity during overbank flooding in a tropical floodplain in north Queensland, Australia. Hydrological Processes, 2012, 26(18): 2710-2723.

[49] Phillips R W, Spence C, Pomeroy J W. Connectivity and runoff dynamics in heterogeneous basins. Hydrol Process, 2011, 25(19): 3061-3075.

[50] Jencso K G, McGlynn B L. Hierarchical controls on runoff generation: Topographically driven hydrologic connectivity, geology, and vegetation. Water Resources Research, 2011, 47(11).

[51] Reid M A, Delong M D, Thoms M C. The influence of hydrological connectivity on food web structure in floodplain lakes. River Research and Applications, 2012, 28(7): 827-844.

[52] Jaeger K L, Olden J D. Electrical resistance sensor arrays as a means to quantify longitudinal connectivity of rivers. River Research and Applications, 2012, 28(10): 1843-1852.

[53] 长江水利委员会. 维护健康长江, 促进人水和谐研究报告. 武汉: 长江水利委员会, 2005.

[54] 张欧阳, 熊文, 丁洪亮. 长江流域水系连通特征及其影响因素分析. 人民长江, 2010, 41(1): 1-5.

[55] 刘家海. 黑龙江省河湖水系连通战略构想. 黑龙江水利科技, 2011, 39(6): 1-5.

[56] 唐传利. 关于开展河湖连通研究有关问题的探讨. 中国水利, 2011, (6): 86-89.

[57] 窦明, 崔国韬, 左其亭, 等. 河湖水系连通的特征分析. 中国水利, 2011, (16): 17-19.

[58] 李宗礼, 李原园, 王中根, 等. 河湖水系连通研究: 概念框架. 自然资源学报, 2011, 26(3): 513-522.

[59] 王中根, 李宗礼, 刘昌明, 等. 河湖水系连通的理论探讨. 自然资源学报, 2011, 26(3): 523-529.

[60]赵进勇, 董哲仁, 翟正丽, 等. 基于图论的河道-滩区系统连通性评价方法. 水利学报, 2011, 42(5): 537-543.

[61] 邵玉龙, 许有鹏, 马爽爽. 太湖流域城市化发展下水系结构与河网连通变化分析——以苏州市中心区为例. 长江流域资源与环境, 2012, 21(10): 1167-1172.

[62] 崔国韬, 左其亭, 窦明. 国内外河湖水系连通发展沿革与影响. 南水北调与水利科技, 2011, 9(4): 73-76.

[63] 徐光来, 许有鹏, 王柳艳. 基于水流阻力与图论的河流连通性评价. 水科学进展, 2012, 23(6): 776-781.

[64] 丁圣彦, 曹新向. 清末以来开封市水域景观格局变化. 地理学报, 2004, 59(6): 956-963.

[65] 徐慧, 徐向阳, 崔广柏. 景观空间结构分析在城市水系规划中的应用. 水科学进展, 2007, 18(1): 108-113.

[66] 卢涛, 马克明, 傅伯杰. 三江平原沟渠网络结构对区域景观格局的影响. 生态学报, 2008, 28(6): 2746-2752.

[67] 李宗礼, 郝秀平, 王中根, 等. 河湖水系连通分类体系探讨. 自然资源学报, 2011, 26(11): 1975-1982.

[68] Nilsson C, Reidy C A, Dynesius M, et al. Fragmentation and flow regulation of the world's large river systems. Science, 2005, 308: 405-408.

[69] Berkamp G, McCartney M, Dugan P, et al. Dams, ecosystem functions and environmental restoration. South Africa(Cape Town): Box P O, 2000.

[70] 史云鹏, 曹晓红. 水利水电工程维持河流连通性的思考. 中国水能及电气化, 2011, (12): 20-25.

第4章　河道修复与生态补水

河道生态环境需水是一个很复杂的概念，国内外至今都没有统一的定义。较早出现的是关于河道枯水流量 low-flow 的研究，世界水文组织(WMO，1974)里将枯水流量定义为“在持续干旱的天气下河流中水流流量”[1]。随后，由于河流污染问题严重，出现对最小可接受流量(minimum acceptable flows)的研究，其最小可按受流量除了满足航运功能外，还要满足排水纳污功能。1976 年 Tennant[2]根据其所分析的美国 11 条河流断面数据的结果，建议将年均流量的 10%看作河流水生生物的生长最低量，30%看作河流水生生物的满意量，200%看作河流水生生物需求的最优量，进而提出了维持河流水生态的河流流量标准，称为 Tennant 法。Tennant 法还派生出一些方法，如 Q95th、Q90th 最小流量法，年平均流量 80%的 Hoppe 法等[3]。

1996 年，Gleick 明确提出了基本生态需水的概念，即提供一定质量和一定数量的水给自然生境，以求最少改变自然生态系统的过程，并保证物种多样性和生态完整性[4]。河流生态环境需水量是指维持水生生物正常生长及保护特殊生物和珍稀物种生存所需要的水量[5]。最小生态环境需水量是在正常来水条件下，维持河流水生生物较好的栖息地而需要保留在河流内的最小水量[6]。

国内外关于河流、湖泊生态用水的计算方法很多，主要可以分为以下四类:

(1)历史流量评估法(historic flow method)基于河流历史记录的流量特征，认为历史流量足以展现河流生态系统在自然状态性能平衡下的正常运行方式。该方法是一种属于非现场类型的河流生态需水方法，包括蒙大拿法、流量历史曲线法、产水常数法等。该法简单，易于操作，在水文资料缺乏的流域或对数据要求不是很高的规划中使用，是一种简捷的算法。但是该方法对河流的实际情况做了过多的简化，也没有考虑生物需求和生物间的相互关系，在水系复杂的流域估算值难以反映整体河流生态系统的基本需求，在历史流量数据缺乏的河流更是无法使用。我国北方河流季节变化极大，往往枯水季流量还小于多年平均流量的 10%，特别是对于干旱和半干旱地区，该法缺少实际应用价值。日本依据集水面积大小来估算生态基础流量，其估算标准为每 100km^2 集水面积应维持 0.67m^3/s，以此为生态基础流量。综上所述，该法只能在要求不高的河流中使用，或者作为其他方法的一种粗略检验方法。

(2)水力定额法认为生态系统的生态功能与某项相应的环境参数有对应关系，据此采用生态功能相对应的环境条件来确定河流生态流量的基本数值。该方法包括湿周法(Wetted perimeter method)、R2CROSS 法、WSP 水力模拟法等。与历史流量评估法相比，该方法考虑了更多更具体的河流信息，但是该类方法假定河道是稳定的，而且选定的横断面能够表征整个河道，实际上这是不可能的；该方法也忽略了水流流速的变化，而且没有考虑具体物种或物种各个生命阶段对流量流速的要求。

(3) 栖息地定额法是把大量的水文化学数据和选定的生物在不同生长阶段的生物信息相结合，评价流量的变化对生物栖息地的变化，包括河道内流量增加法(IFIM)、有效宽度(UW)法、加权有效宽度(WOW)法、偏好面积法等。栖息地法考虑了更多的水力和生物要素，是定量且基于生物的原理，在美国被认为是最合理的评价方法。但此类方法复杂，要求相当多的时间、资金和专门的技术。传统的算法不使用于对河流的规划和河流两岸整个生态系统，不符合河流管理的要求。

(4) 整体分析法包括 BBM 法、澳大利亚的整体法等，是建立在尽量满足整个河流生态系统要求的基础上的。

上述计算方法都是针对微污染或是无污染的自然河流，对于已处于严重污染的城市河流则无法适用，因为其默认了达到一定水质要求的前提条件，或者只注重于河流对水量的需求。而对于受到污染较重的城市河流，具有一定水质要求的水量则成为维持河流生态系统功能完整的关键和前提条件，目前国内外关于防治河流水质污染的生态需水量计算主要有水质指标约束法和水环境功能设定法。

(1) 水质目标约束法是依据水环境容量的基本原理，按照水质目标为约束的方法计算，主要计算污染水体水质稀释自净的需水量，作为满足环境质量目标约束的河道最小流量值。其基本原理是在考虑河段上游来水量污染物浓度、河段内污染物产生量、河段内污染物治理浓度、河段内污废水资源化程度、河段内城市污废水产生总量和污染物削减综合状况的条件下，得出满足河段水质控制目标的相应水量。根据环境水力学有关水质污染稀释自净需水量求算的基本思路，水利部珠江水利委员会曾于 1992～1993 年研究过以水环境质量目标为约束条件的城市河段最小流量测算方法，其基本模型如下：

$$C_s[Q_i+\Sigma q(1-K_2)]=(1-K)[Q_iC_i+W(1-K_1)(1-K_2)]$$

式中，C_s 为河段水质目标值，mg / L；Q_i 为 i 断面上游来水量，m^3/S；C_i 为 i 断面污染物浓度，mg/L；W 为河段内污染物总量，g/s；Σq 为河段内污废水总量，m^3/s；K 为污染物削减综合系数；K_1 为河段内污染物治理系数；K_2 为河段内污废水资源化系数。

K_1、K_2 是两个与社会经济发展、环境保护投资及水污染治理投资、污染源治理效益和废污水资源化条件等有关的治理系数。

水质目标法能够比较准确地算出河道内维持水体稀释自净所需的流量值，目前应用得较为广泛。

(2)水环境功能设定法：根据河流的稀释、自净等环境功能，设定合理的河道环境需水量(Q_{vi})。这种方法是首先将河流(河段)划分为 i 个小段，将每段看作闭合汇水区，计算每一段的环境需水量(Q_{vi}，i=1，2，3，…，n),然后对其求和即可得到整个河流(河段)的环境需水量 Q_v。

对于每一小段(i)的 Q_{vi} 必须满足下列方程：

$$Q_{vi} \geqq \lambda \times Q_{ui}，Q_{vi} \geqslant Q_{ni}(P)\ (P \geqslant P_o)$$

式中，λ 为河流稀释系数；Q_{vi} 为第 i 段河道内的最小环境需水量；Q_{ui} 为第 i 段的污水排放总量，合理的污水排放量是指达标排放的废污水量；$Q_{ni}(P)$ 为不同水文年(如多年平均、枯水年、平水年)设定保证率(指月保证率，如 P_o=90%，P_o=80%等)下第 i 段的河道流量。

这种方法理论上简单易行，但是河流的稀释系数 λ 该怎样确定才合理，方法中并没有明确给出。当河流的流量满足某一段河道的环境功能时，也可能会满足其他河段的水体稀释自净要求，因此整个河流的环境需水量也未必是各段需水量的简单叠加。

水质目标约束法和水环境功能设定法都只是给出了一种计算模式，没有具体约束指标，更没有给出约束指标选取的理论依据，在实际研究应用中也是如此。曾维华等[7]应用生态学、环境学和水文学理论系统分析了穿紫河河道生态环境需水量的研究范畴和影响因素，根据不同污染物在河道中的消解特性，认为影响常德市穿紫河水体达到Ⅳ类水水质标准的最大控制因子为 COD_{Cr}，对穿紫河不同时段下的河道生态环境需水量进行了定量研究，得出穿紫河河道生态环境需水量为 2.92m^3/s。王沛芳等[8]探讨了山区城市河道生态环境需水量规律，认为城市河道生态环境需水量主要与水生生物栖息场所需水量、污染物稀释净化需水量、景观功能要求的适宜水深和适宜水面面积等因素有关，据此建立了山区城市河道生态环境需水量和生态需水水深的计算模式，并用该模式对浙江省丽水市城市生态环境需水量和生态需水水深进行了计算，确定五一溪生态环境需水量为 0.1m^3/s。逄勇等[9]根据晋江流域的特点，对该地区改善河道水环境的生态需水量、保证山美水库水质达标的生态需水量以及满足河道生态用水比例，分别采用径污比计算法、水体允许纳污量计算法进行了计算，得出了晋江流域东溪永春段的生态需水量为 20.9～24.4m^3/s；东溪南安段的生态需水量为 12.9～15.5m^3/s；西溪安溪段的生态需水量为 23.8～38.8m^3/s；西溪南安的生态需水量为 7.8～8.1m^3/s。城市河流都是位于城市所在流域范围内的河流，从上游到下游，穿越各种地形、环境，受城市和流域土地利用性质、水文、气候、季节变化等的影响较大，不同的河流因施加影响的外界条件不同而形成不同的水文水质特征[10,11]，因此为达到修复系统生态功能目的所需要约束的水质指标就会不同，选取适宜的约束指标对修复河流生态系统至关重要，而当前的城市河流生态需水量研究都没有很好地解决这一问题。国内外关于河流、湖泊生态用水的计算方法虽然很多，但归纳起来都存在一定的缺陷和应用局限性，主要表现在以下几个方面：

(1) 缺乏适用于城市河道生态需水量计算的方法。目前城市河流在城市化过程中慢慢退化为城市河道，河流水质恶化，水生物生存空间压缩，河流生态系统功能需要既能够满足水质水量又能够满足水生物生存空间的环境支撑。

(2) 保护水生生物栖息地的生态需水量法注重于生物生存空间的满足，忽略了水生生物对水质的要求，这在受点源污染与非点源污染胁迫的城市河道中应用存在明显的局限性。

(3) 防治河流水质污染的生态需水量法没有充分考虑沿河段污染物种类的复杂性和污染物排放的不确定性影响；对特定河流其影响水质生态指标的理化控制因子不同，需要采取的水质约束指标就会不同；生态河流的生态状况需要能够反映水生生物生存条件的生态指标来表征。

(4) 目前的防治河流水质污染的生态需水量法都没有考虑和计算河道引水后环境容量的增加和自净能力的增强，致使河流需水计算量明显大于其实际需要量。

4.1　济南玉绣河修复与生态补水

济南市玉绣河流域地处华北中纬度地带，属暖温带半湿润大陆性季风气候区，光热资源较丰富，多年平均气温 12.9℃，全年无霜期 202 天。极高气温 41.1℃，极低气温–24.5℃。其特点是春季干燥多风，夏季炎热多雨，秋季天高气爽，冬季干冷期长，总之四季分明，雨热同期。大气降水量多年平均 617.2mm，总的分布趋势南部多于北部，中部大于东西两端。南部中低山区年平均降水量为 700～750mm，中部丘陵山区年平均降水量为 600～700mm，北部平原区年平均降雨量为 550～600mm。降水年内分布很不均匀，主要集中于汛期 6～9 月，降水量约占全年的 75.5%，年际间丰枯期交替出现。历史上年最大降水量 1145mm，发生于 1962 年，而年最少降水量仅 336mm，并具有周期变化与持续时间较长的特点，时常发生旱涝灾害，且水资源严重不足，这些都直接影响着工农业生产的发展。2006 年济南市区降水量为 652.5mm。

4.1.1　玉绣河流域治理工程范围

济南市玉绣河水环境治理工程南起分水岭水厂，北至大明湖。地形南高北低，自西南向东北倾斜。途经分水岭庄、十六里河庄、张安、东八里洼、西八里洼、玉函小区、舜玉小区和市内的机关、企业、宾馆、公园等，有兴济河、广场东沟、广场西沟、西洛河等多处河道，规划长度约 10.5km，规划面积约 40 万 m^2。区位图见图 4.1。规划区域治理前的状况：①分水岭水厂至南外环段。目前锦绣川水库至分水岭水厂东侧已建成长约 30km 的流水明渠，分水岭水厂东侧的明渠和两条沟之间、两条沟和护城河之间均无连接渠道。分水岭水厂至南外环段包括分水岭庄、十六里河庄，主要为农田和少部分的企事业单位，因缺乏管理，部分地段已成为垃圾堆积场。②南外环至八里洼路。南外环至八里洼路主要为居住小区，包括六里河新村、兴济河小区、玉函小区、南郊水厂，兴济河由东向西流经此区，由于连年干旱，河水主要为沿途排放的污水。居住区内建筑密度大。③广场西沟。八里洼沟至文化西路沿高架桥北去称为广场西沟，其中经十路以南长 3350m，石砌，断面为复式结构，上宽 20m，下宽 8m，平均深 8m；经十路以北长 750m，石砌，断面为矩形，宽 7m，深 4m。两段累计明渠 3800m，暗道 300m，穿越桥梁 6 座，河道两侧污水口共 20 余处。其中，八里洼路—舜玉路段张安新村居民倾倒的垃圾使河底宽度只有 2～3m；舜玉路—济大路段河底全部是淤泥，河床上种植农作物、臭椿，植被覆盖率低，抗外界干扰的能力较差，有向裸地演变的趋势。沿线有四处污水口，有一条自八里洼至马鞍山路的热力管线，河道两侧多为居民小区和单位宿舍，沿河道每边留有 15～20m 的空地，已被违章建筑、农贸市场占据；济大路—马鞍山路段离济大路北侧 120m 处有一拦水坝；马鞍山路—经十路段除金三杯广场处河道被蓬盖，其他河床均被垃圾覆盖，杂草丛生；经十路—文化西路段，两侧建筑密集，紧压河道。④广场东沟。由太平庄南侧流经山东省财政学院、沿舜耕路至文化西路，在山东大学齐鲁医院附近和广场西沟汇合。其中，财政学院—文化西路段河道穿越桥梁 16 座；财政学院—舜耕路段河底杂草丛生，淤泥严重，两岸有少量绿化，植被结构单一；舜耕路—济大路段河底淤泥严重，河底有乱石及混凝土铺装，济南大学院内两岸绿化较好，但有大的污水口；济大路—马鞍山路段河道内有两条热力管线；青年东路—文化西路段河底淤泥严重，有 8 条热力等管线。

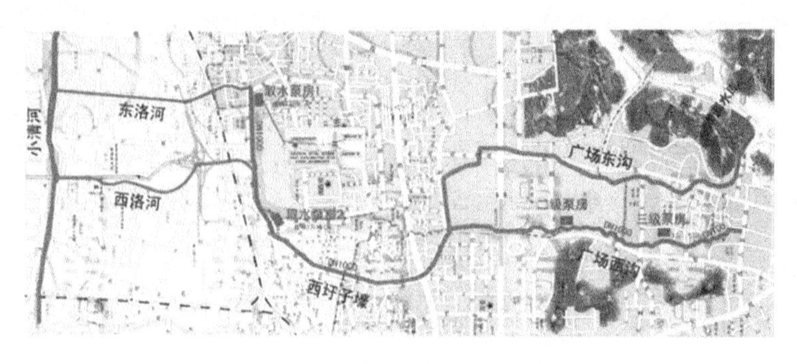

图 4.1　济南市玉绣河区位图

4.1.2　玉绣河污染成因分析

玉绣河的两个支流广场东沟、广场西沟是济南南部的主泄洪沟，且西沟沿线居民区居多，排入污水以生活污水居多，污染物浓度高，异味大，色度深。广场西沟有污水口 39 处，广场东沟现有污水口 31 处，两沟日排污量约在 1 万～1.5 万 m^3。这些污水口排出的大量污水导致河沟的水质恶化，加之周围居民向河中乱丢垃圾，造成玉绣河现在这种恶劣水质状况，如图 4.2 所示。经测定水质与《城市污水再生利用 景观环境用水水质》(GB/T 18921—2002)相比，不能达到景观用水的标准，见表 4.1。

表 4.1　济南市玉绣河治理前水质

项目	COD_{Cr}(mg/L)	BOD_5(mg/L)	SS(mg/L)	NH_3-N(mg/L)	TN(mg/L)	TP(mg/L)	pH
数值	400	250	260	40	50	3.5	6～9

水体污染物的来源分为点源和非点源两类。本章中点源污染是指企业、社区、医院、学校、商场等通过特定的排污管道，将各种污水集中排入地表水环境所造成的污染；非点源污染是指污染物从不确定的地点、在不确定的时间内、通过不确定的途径进入地表水环境所造成的污染，包括农田和城市降雨径流、大气干湿沉降、底泥二次污染等。

图 4.2　修复前的玉绣河

1. 沿岸点源污染

济南市区段大量工业废水和生活污水未经处理直接排放，玉绣河成为纳污河道，其污染负荷大大超过水体的自净能力。污水口分布情况见表 4.2。两沟日排污量约 1 万～1.5 万 m^3。这些污水口排出的大量污水导致河沟的水质恶化，周围居民向河中乱丢垃圾，造成玉绣河水质恶劣。

表 4.2　济南市玉绣河治理前污水口分布

河段名称	所属河道	污水口(处)
经十路—文化西路	广场西沟	1
经十路—马鞍山路	广场西沟	8
马鞍山路—司法局东南拦水坝	广场西沟	8
司法局东南拦水坝—济大路	广场西沟	17
省邮政局宿舍—市审计局宿舍	广场西沟	2
市审计局宿舍—舜玉小区农贸市场	广场西沟	2
农贸市场—舜玉路	广场西沟	1
经十路—经十一路	广场东沟	7
经十一路—马鞍山路	广场东沟	3
马鞍山路—济大路	广场东沟	12
济大路—舜耕路	广场东沟	6
舜耕路—财政学院	广场东沟	3

2. 沿岸非点源污染

通过截污工程能够有效控制市区段的点源污染，但对非点源污染目前尚无很好的解决方法。非点源污染发生具有随机性、区域性和不确定性，非点源污染在时空上无法定点监测和控制。玉绣河的非点源污染类型包括农业非点源污染、底泥二次污染、城市地表径流污染等。

农业非点源污染主要是指农业生产活动中，农田中土粒、氮素、磷素、农药及其他有机或无机物，在降水或灌溉过程中，通过农田地表径流、农田排水和地下渗漏等过程进入水体造成的污染，主要包括农药污染和化肥污染。在分水岭庄、十六里河庄段有农田，如不加以合理控制，会形成玉绣河庞大的污染径流来源。

城市地表径流也是玉绣河水质污染的非点源之一，主要指城市生活垃圾、建筑残渣、汽车排气与漏油、生活污水等通过降雨径流直接排入受纳水体的一种污染现象。在雨季，尤其初雨和强降雨时，未及时清运的固体垃圾、建筑材料及公路上的漏油等被暴雨冲刷，许多泥沙、污水、固体废弃物等直接排入玉绣河河道，加剧了水体的污染负荷。

3. 造成水质恶化的其他影响因素

玉绣河的原有河道片面追求河岸的硬化覆盖，强调河流的防洪功能，淡化了河流的资源功能和生态功能，破坏了自然河流的生态链。原来的广场西沟和东沟大量建设钢筋混凝土、块石等直立式护岸，河流完全被硬化，阻隔了土壤与水体的生物化学循环与交流，河道的一些生态功能随之消失，同时加大了河水的流速与径流下泄，减少了河水的入渗。固化的驳岸阻止了河道与河畔植被的水气循环，使很多陆上的植物丧失了生存空间，还使一些水生动物失去了生存避难地，易被洪水冲走，这无疑破坏了水滨生态系统和生物过程的连续性。

4. 生态水补充不足

玉绣河的水源基本靠雨水及山洪来水进行补给，为季节性河道，补给水量有限，且带有明显的季节性，非雨季基本无流量，水体缺少必要的循环，抗污染冲击能力小，水质容易恶化。另外，由于主要依靠降水补给，山区汇水面积小，河道水量补给不足。

4.1.3　玉绣河综合治理工程

2006 年玉绣河生态修复一期工程已完成，投资额 2.0 亿元，主要对支流广场西沟实施了综合治理工程，具体措施包括[12,13]：

(1) 底泥疏浚。玉绣河清淤约 17.4 万 m^3，将底泥中的营养物质移出了水体，显著降低内源磷负荷，为后续治理工作减轻了压力。

(2) 截污及废水资源化。堵截河道污水口 105 处，铺设截污管线 3900m，在点源污水较集中的河道旁分散建设中水站，对点源污水进行深度处理，已建成污水处理站 4 座，日处理能力达到 8500m^3，出水回补河道作为生态用水。

(3) 水体复氧。沿玉绣河设置 5 座跌水坝，分别位于青年桥 (0+0)、植物园北侧 (0+110)、植物园中段 (0+1200)、植物园南侧 (0+1400) 和舜玉路 (0+3100)，以充分利用水坝的跌水和河道纵断面的近自然处理进行曝气增氧。植物园附近的景观水体设计以人工增氧为主的梯级复氧来改善水环境质量，如图 4.3 所示。在其他河段沿主河道每间隔约 200m 修建滚水坝、橡皮坝等进行蓄水，修橡皮坝 2 座，小型滚水坝 13 座，以增加河道蓄水，保证有足够的生态水量。

(4) 生态化措施。在玉绣河植物园附近建设水面面积约 2200 m^2 的景观塘，景观塘内架设漂流浮岛，如图 4.4 所示，种植芦苇、美人蕉等植物，以提高水体景观性和水域净化能力，同时改变水环境生态链结构的单一性。种植乔灌木 60 种，

18.9 万余株，环境整治面积约 30hm^2，新增绿地 14.2 万 m^2。

图 4.3　人工增氧——梯级复氧

图 4.4　生态措施——漂流浮岛

(5)生态河道断面设计。根据生态河道的原理，顺应原有河床地理结构，采用多种河道断面形式，通过改变水体状态和增减水岸遮蔽物等方式，降低水流速度，为河流水生生物提供可栖息的隐蔽场所，增加生境多样性和物种多样性，以形成稳定的河流生态系统。在河道断面处理上，采用可渗透性的生态驳岸形式，充分保证河岸与河流水体之间的水分交换和调节功能，同时具有一定的抗洪强度，在低水位时，两岸景观和河道的生态系统也能够保持连续性。图 4.5 为生态河道断面形式。

(6)河滨带治理。拆除沿岸违章建筑和部分建筑约 1.5 万 m^2，恢复河滨带空间，为两岸景观生态建设用地提供基础；沿玉绣河原有明沟两侧，每侧留 15m 宽的景观植被带，在沿途人类活动较集中的地段做节点，形成绿线上的亮点，一期治理工程已建设景观生态节点 2 处，种植植物 60 个品种，18.9 万株，增加植被面积

14.2 万 m^2。在景观生态节点处结合蓄水，顺势建设小游园，营造不同形式的城市水景和园林小品，为市民提供亲水空间。图 4.6 所示为规划设计的植物园效果图。

图 4.5　广场东沟生态河道断面形式

图 4.6　玉绣河综合整治植物园效果图

4.2　污水分散处理与生态补水

玉绣河位于济南的中南部，济南市地势南高北低，大型污水处理厂均建在市区北部，如图 4.7 所示。

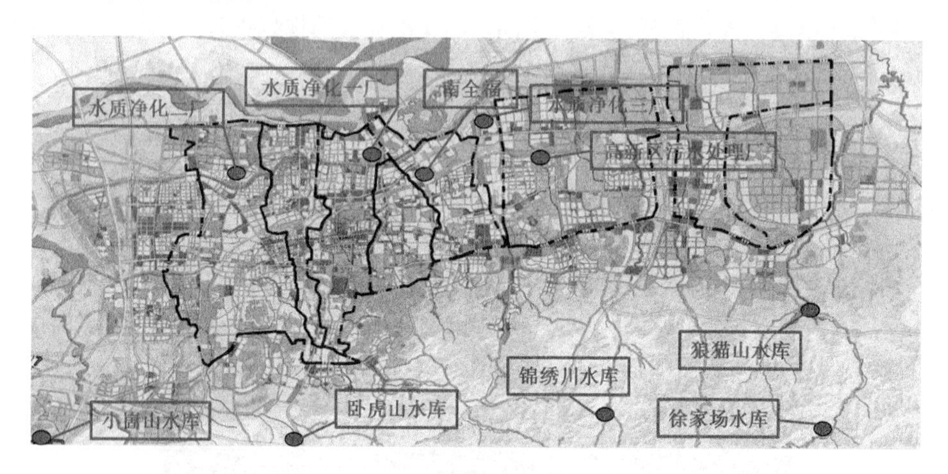

图 4.7　济南市集中污水处理厂位置图

济南市将污水集中收集到大型污水处理厂并集中处理后排入河道下游，利用南高北低的地形，利用重力流进行污水收集，污水收集容易，但中水无法就地回用，需铺设管道逆地势而上，需要多级提升，运行成本极高，运行费用也十分昂贵。济南市排水系统建设滞后，玉绣河附近大部分区域为雨污合流排水系统，污水管网已经不堪重荷。玉绣河作为季节性河道自身水流量极不稳定，排污口分散，中水需求量随季节变化而有所不同。为了解决河道有稳定的生态水量，同时解决沿河雨污混流现象，在玉绣河辐射的流域范围内进行雨污分流改造和污水截流，截流后的污水就地处理，沿河散点式布置不同规模的污水处理站。分级、分段净化污水。沿途建设 4 个小型中水处理站，与城市污水管网并网，污水净化后排放河道补充水源，间歇分散点源污水，转为持续定量达标排放中水，解决河道旱季只有污水的现状。

沿玉绣河已投入运行的有广场西沟上的 1 号、2 号、3 号以及广场东沟上的 4 号中水站，各污水处理站的设计处理能力分别为 500 m^3/d、2000 m^3/d、3000 m^3/d 和 2000 m^3/d，沿玉绣河中水站位置如图 4.8 所示。

4.2.1　1 号和 2 号中水站

在八里洼路和舜玉路交接处的 1 号(可移动式)和 2 号中水站采用了同一公司设计的处理工艺，即纯氧曝气的生化处理工艺，处理规模分别为 500 m^3/d 和 2000 m^3/d，工艺流程如图 4.9 所示。

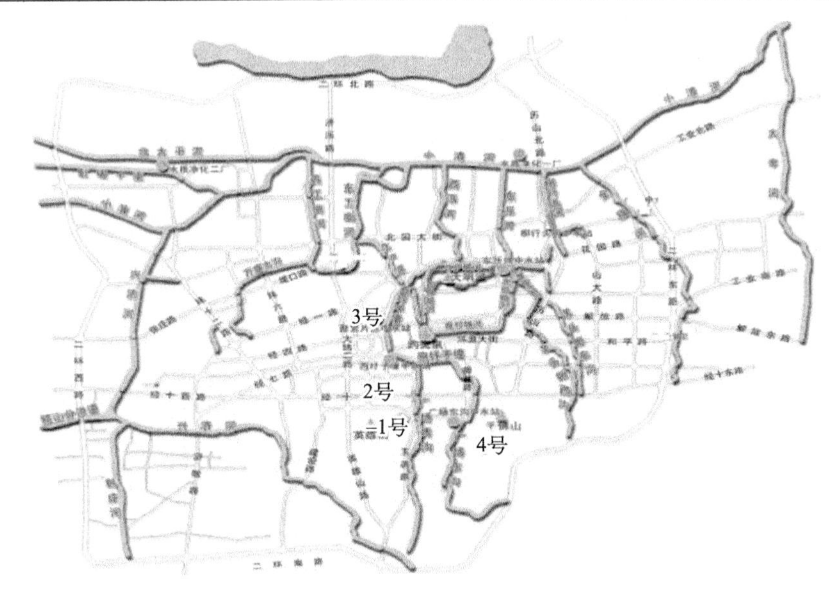

图 4.8　中水站位置

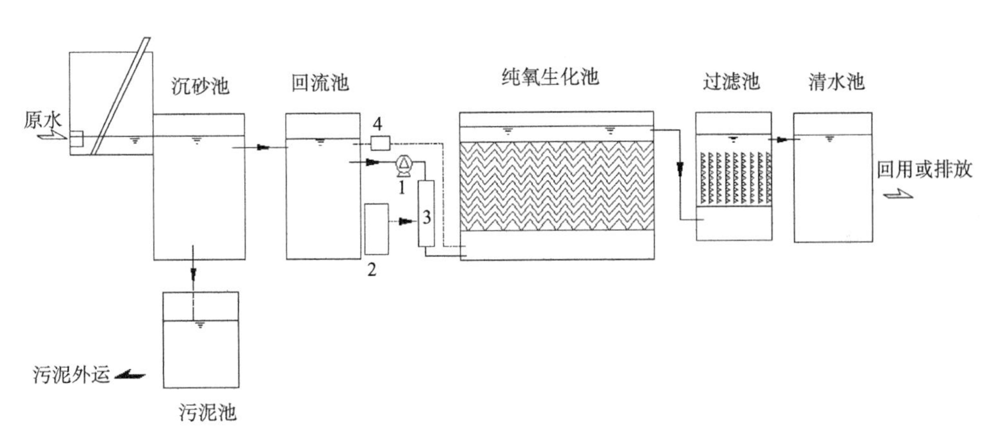

图 4.9　污水处理站纯氧曝气生化处理工艺流程

1.进水泵；2.制氧机组；3.溶氧器；4.回流控制系统

沿玉绣河截流后的生活杂排水经格栅进入调节池，小区排放的生活污水水质、水量不均匀，不同时期废水流量和污染物浓度波动较大，污水进入调节池，在池内充分混合，设计在调节池内的水力停留时间为 24h。调节池中的污水进入回流池与生化池回流水进行混合，混合后的污水用泵提升进入溶氧器，溶氧器是一特制的中空设备，计算水力停留时间，污水在溶氧器内停留 1～2min 即可达到溶解氧(DO)为 40～60mg/L，如此高的 DO 使得氧的传质不再是限制因素。充氧后的污水通过生化反应池底部的分布器进入生化反应池，上向流经过填料层，与

表 4.3　2006 年 5~11 月舜玉路中水站进出水水质监测结果

月份	SS			COD			BOD			TN			NH_3-N			TP			PO_4^{3-}		
	进水（mg/L）	出水（mg/L）	去除率（%）	进水（mg/L）	出水（mg/L）	去除率（%）	进水（mg/L）	出水（mg/L）	去除率（%）	进水（mg/L）	出水（mg/L）	去除率（%）	进水（mg/L）	出水（mg/L）	去除率（%）	进水（mg/L）	出水（mg/L）	去除率（%）	进水（mg/L）	出水（mg/L）	去除率（%）
5	293.6	10.4	96.5	962.6	102.4	89	460.2	21.5	95.3	34.21	16.45	52	10.77	2.51	77	6.06	0.49	92	3.97	0.25	94
6	258.9	11.8	95.4	724.2	87.2	88	295.9	18.5	93.7	23.45	11.35	52	8.87	3.73	58	6.21	1.18	81	5.93	0.36	94
7	282.5	11.3	96.0	647.6	63.6	90	285.7	15.9	94.5	32.32	19.21	41	7.68	2.94	62	4.37	0.92	79	4.03	0.27	93
8	278.4	9.5	96.6	759.2	79.2	90	310.2	18.5	94.0	21.36	13.17	38	7.52	1.54	80	3.96	0.85	79	3.67	0.52	86
9	256.2	9.2	96.4	903.5	97.3	89	462.3	28.8	93.8	30.08	16.87	44	9.13	5.21	43	5.28	0.76	86	5.02	0.58	88
10	274.8	9.8	96.4	856.4	67.5	92	425.9	23.5	94.5	35.16	17.57	50	11.32	3.17	72	6.73	1.05	84	5.74	0.43	93
11	269.3	6.9	97.4	721.3	61.5	91	341.8	19.2	94.4	37.05	16.46	56	13.31	7.24	46	6.51	0.93	86	6.16	0.33	95

填料上附着的微生物进行充分接触，污水中的有机污染物在附着在填料上的活性污泥作用下分解，DO被消耗，污水达到上部出水堰时，混合液的DO已降至1～3mg/L。生化反应池内不设曝气装置，只有液、固两相缓慢上流，这为污泥生长提供了良好平稳的环境，形成的污泥密实，絮团大。生化反应池内的活性污泥浓度为4～6g/L，生化池的出水一部分回流至回流池，另一部分进入接触过滤池，过滤后的出水用于河道景观和绿化用水。氧气由低压变压吸附分子筛型制氧机组制备后进入溶氧器。

由于纯氧曝气池的混合液中污泥浓度(MLSS)远高于普通的鼓风曝气池，在同等的污水处理量情况下，纯氧曝气池所需的水力停留时间远低于鼓风曝气池，纯氧曝气系统的噪声也低于鼓风曝气系统，除了值班室外的所有处理设施都设在地下，基本上不存在挥发性有机化合物的气体逸散和噪声，大大降低了中水站对周围环境的不利影响。与玉绣河水体的水质监测同步，对舜玉路的2号中水站进出水及各工艺单元的进出水水质进行采样分析。2006年5～11月每月的进出水水质监测数据平均值见表4.3，各工艺单元的进出水水质监测数据平均值见表4.4。

由表4.3和表4.4中数据可知该工艺对有机污染物的降解能力较强，但NH_3-N的去除能力达不到设计要求，这可能与该站运行时间较久，缺乏对纯氧制造设备定期维护，导致出水的NH_3-N浓度过高有关。NH_3-N浓度是玉绣河水体中叶绿素a浓度的限制因子，将导致玉绣河水体中藻类的过度繁殖。因此需要对设备进行检测和维护，并对现有工艺进行改造，增设缺氧段，完善系统的反硝化反应过程，使出水的NH_3-N浓度在设定的限值范围内。

表4.4　2006年舜玉路中水站各工艺单元进出水水质监测结果(mg/L)

单元	COD	TN	NO_3^--N	NH_3-N	TP	PO_4^{3-}
进水	903.52	30.08	0.08	9.13	5.28	5.02
沉砂池	764.38	27.34	0.38	8.24	4.51	4.34
纯氧生化池	243.65	19.75	1.26	5.94	1.16	0.93
过滤出水	97.34	16.87	1.45	5.21	0.76	0.58

4.2.2　3号中水站

玉绣河旁的植物园中水站采用了生态污水处理系统(ecological wastewater treatment system，ETS)，处理规模为3000m^3/d，工艺流程如图4.10所示。

生态桶是集曝气和植物吸收于一体的反应器，利用自然水体自净原理，加入人工强化技术，将传统的曝气池分成多个连续的桶状的曝气桶，曝气桶内培植美人蕉、芦苇等植物，植物能将光合作用产生的氧气通过根系输送至根区，在植物

表 4.5　5～11 月 3 号中水站进出水水质监测结果

月份	SS			COD			BOD			TN			NH_3-N			TP			PO_4^{3-}		
	进水(mg/L)	出水(mg/L)	去除率(%)	进水(mg/L)	出水(mg/L)	去除率(%)	进水(mg/L)	出水(mg/L)	去除率(%)	进水(mg/L)	出水(mg/L)	去除率(%)	进水(mg/L)	出水(mg/L)	去除率(%)	进水(mg/L)	出水(mg/L)	去除率(%)	进水(mg/L)	出水(mg/L)	去除率(%)
5	167.8	7.6	95.5	225.1	51.4	77.2	157.6	15.8	90.0	46.65	13.56	71	11.39	1.76	85	7.71	2.55	67	4.14	1.53	63
6	185.1	9.3	95.0	703.7	94.3	86.6	390.5	36.1	90.8	32.65	15.66	52	9.85	1.93	80	6.43	2.45	62	6.05	0.87	86
7	176.5	5.8	96.7	513.7	43.6	91.5	235.1	20.6	91.3	43.39	14.45	67	8.96	1.27	86	5.76	1.87	68	4.68	1.42	70
8	163.9	5.3	96.8	475.3	35.8	92.5	194.7	17.1	91.2	30.79	10.42	66	8.43	3.64	57	4.76	1.05	78	3.76	2.64	30
9	159.4	7.2	95.5	513.7	47.9	90.7	186.3	16.6	91.1	36.64	15.38	58	11.35	1.56	86	6.87	1.78	74	6.32	1.53	76
10	148.7	6.8	95.4	764.7	101	86.9	353.6	33.1	90.6	39.64	12.55	68	13.58	2.74	80	8.14	3.25	60	7.22	1.76	76
11	174.9	9.7	94.5	637.9	44.8	93.0	313.9	28	91.1	40.65	17.59	57	14.69	2.69	82	7.45	1.61	78	6.75	1.05	84

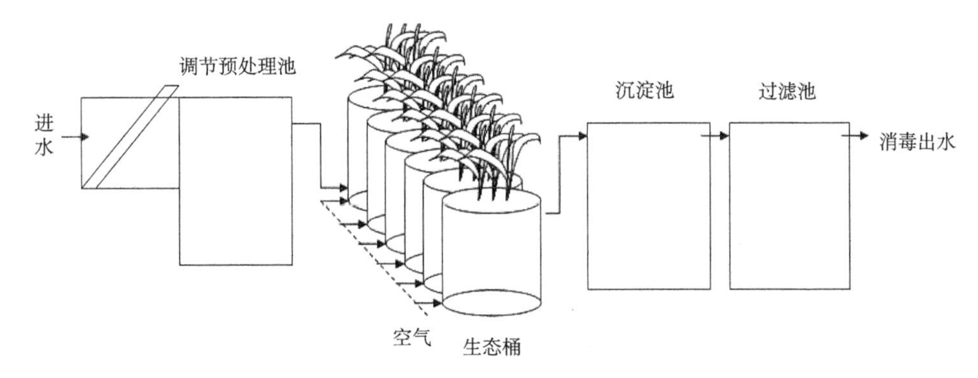

图 4.10　ETS 工艺流程

根区的还原态介质中形成氧化态的微环境，这种根区有氧区域和缺氧区域的共同存在为根区的好氧和厌氧微生物提供了各自适宜的小生境，使不同的微生物各得其所，发挥相辅相成的作用，以此提高污染物降解能力和系统的稳定可靠性。同时旺盛的美人蕉等植物也形成了景观，改变了人们对于污水处理设施脏臭的印象。与玉绣河水体的水质监测同步，对植物园中水站进出水及各工艺单元的进出水水质进行了采样分析。5～11 月每月相关的进出水水质监测数据平均值见表 4.5，各工艺单元相关的进出水水质监测数据平均值见表 4.6。

表 4.6　2006 年 11 月 3 号中水站进出水水质监测结果(mg/L)

单元	COD	TN	NO_3^--N	NH_3-N	TP	PO_4^{3-}
进水	637.87	40.65	0.57	9.69	7.45	6.75
预处理	527.74	34.97	1.68	8.83	6.88	5.27
生态桶 1	426.63	28.65	3.74	6.05	5.74	4.67
生态桶 2	382.64	25.43	4.65	5.84	5.27	3.03
生态桶 3	352.77	25.37	4.47	4.25	4.86	2.88
生态桶 4	259.65	24.46	4.95	4.36	4.49	2.93
生态桶 5	196.43	22.35	5.68	4.15	3.65	2.89
生态桶 6	122.53	23.42	6.33	3.29	2.53	1.95
沉淀池	65.32	19.56	6.47	2.87	1.89	1.35
过滤出水	44.76	17.59	6.78	2.69	1.61	1.05

由表 4.5 和表 4.6 可知，该工艺对有机污染物的降解能力和硝化作用较强，但缺乏适宜反硝化反应发生的缺氧环境，导致出水的硝酸氮浓度过高，玉绣河水体中叶绿素 a 浓度与硝酸氮浓度有着很强的相关性，最终导致玉绣河水体中藻类的过度繁殖。因此需要对现有工艺进行改造，在生态桶内创造缺氧环境，增加回

流工艺，延长水力停留时间，加强系统的反硝化反应过程，以使出水的硝酸氮浓度在设定的限值范围内。

4.2.3　4 号中水站

玉绣河广场东沟旁的植物园中水站采用了曝气生物滤池(BAF)工艺，处理规模为 3000m^3/d，工艺流程如图 4.11 所示。

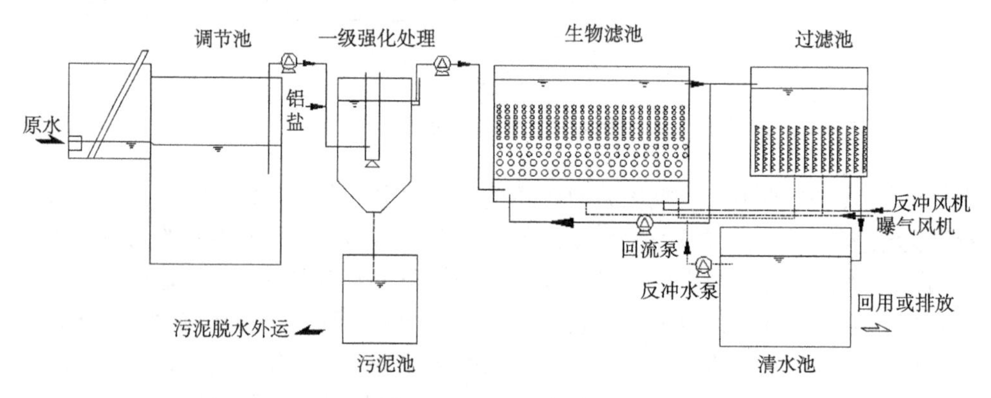

图 4.11　BAF 工艺流程

污水首先进入调节池，在池内充分混合以保证后续处理设施的连续稳定运行。调节池中的污水经提升泵进入一级强化处理系统，投加絮凝剂，利用竖流沉淀池将絮凝物和污水加以分离。产生的污泥进入污泥池，经脱水外运。竖流沉淀池的出水经提升进入活性滤料生物滤池，这是整个处理系统的核心设备，它的最大特点是在粒状滤料的表面生长有大量生物膜，污水自下向上流过滤料，池底则提供曝气，使污水中的有机物得到吸附、截留和生物分解。活性滤料生物滤池的出水进入高效过滤池，该过滤装置的滤料直径小，具有比表面积大、过滤阻力小等优点，处理后的水用于景观用水和绿化用水。

生物滤池采用上向流进水的方式，滤池总容积为 235m^3(5.8m×4.5m×9m)，分两格，停留时间为 2h，BOD 容积负荷为 3kg/(m^3·d)，气水比 6∶1，生物滤池内设置由山东十方环保能源股份有限公司生产的 SF-LL-A 型活性滤料，滤料直径 3～5mm，材质密度 1.5g/cm^3，滤料层高度 3.2m。曝气生物滤池在降解有机污染物的过程中由于同化作用，在滤料表面生长大量新的细菌体，使生物膜变厚。同时由于截留部分悬浮物，滤池的水头损失增加。当水头损失达到一定范围时，应对其进行反冲洗，将老化的生物膜反洗出来，滤池的反冲洗采用气水联合反冲洗的方式，气水比 9∶1，反冲洗排水流入调节池重新处理。

与玉绣河水体的水质监测同步，对玉绣河广场东沟旁的中水站进出水及各工艺单元的进出水水质进行了采样分析，结果见表 4.7、表 4.8。

表 4.7　2006 年 5～11 月 4 号中水站进出水水质监测结果

月份	SS			COD			BOD			TN			NH_3-N			TP			PO_4^{3-}		
	进水（mg/L）	出水（mg/L）	去除率（%）	进水（mg/L）	出水（mg/L）	去除率（%）	进水（mg/L）	出水（mg/L）	去除率（%）	进水（mg/L）	出水（mg/L）	去除率（%）	进水（mg/L）	出水（mg/L）	去除率（%）	进水（mg/L）	出水（mg/L）	去除率（%）	进水（mg/L）	出水（mg/L）	去除率（%）
5	237.4	8.7	96.3	402.6	42.6	89.4	237.8	8.9	96.3	36.55	14.64	60	8.86	1.23	86	4.62	1.24	73	4.27	0.98	77
6	192.6	7.5	96.1	354.3	58.8	83.4	196.4	9.4	95.2	34.76	17.87	49	9.75	3.22	67	5.31	1.86	65	5.02	0.73	85
7	183.1	5.4	97.1	192.5	36.4	81.1	126.8	7.3	94.2	21.69	11.45	47	7.89	1.31	83	3.23	1.53	53	2.89	0.92	68
8	213.4	10.2	95.2	331.5	26.7	92.0	178.7	7.9	95.6	38.82	17.32	55	8.76	2.57	71	4.63	1.41	70	3.96	1.32	67
9	265.2	7.8	97.1	453.2	34.8	92.3	245.3	9.2	96.2	34.72	19.65	43	11.67	2.64	77	4.65	2.21	52	4.54	0.68	85
10	158.7	8.6	94.6	475.6	46.5	90.2	257.4	11.8	95.4	39.87	13.64	66	13.65	1.51	89	5.68	0.84	85	5.17	0.65	87
11	191.3	9.3	95.1	556.5	44.9	91.9	223.6	9.3	95.8	47.17	16.32	65	10.23	2.13	79	4.21	2.43	42	4.11	0.81	80

表 4.8 2006 年 10 月 4 号中水站进出水水质监测结果(mg/L)

单元	COD	TN	NO_3^--N	NH_3-N	TP	PO_4^{3-}
进水	475.56	39.87	0.14	13.65	5.68	5.17
一级强化处理	385.34	18.34	0.18	5.83	3.11	2.45
生物滤池	93.26	14.06	3.24	2.37	1.12	0.93
过滤出水	46.45	13.64	4.54	1.51	0.84	0.65

由表 4.7 和表 4.8 中数据可知该工艺对有机污染物的降解能力较强，但缺乏适宜反硝化反应发生的缺氧环境，导致出水的硝酸氮浓度过高，玉绣河水体中叶绿素 a 浓度与硝酸氮浓度有着很强的相关性，最终必然导致玉绣河水体中藻类的过度繁殖。需要对现有工艺进行改造，在厌氧段和好氧段之间增设回流，增强系统的反硝化反应过程，以使出水的硝酸氮浓度在设定的限值范围内。

4.3 各处理工艺对比分析

4.3.1 对比分析方法

对一项工艺处理污染物的效果进行较为全面的定量分析可以有多种方法和途径。在现有数据的基础上，通过四项量化的指标进行分析。

1. 直接处理效果——出水浓度

污染物经污水处理工艺处理后的出水浓度值直接反映了该处理工艺的处理效果，国家的相关标准也是通过污染物的出水浓度来直接控制污水处理工艺的设计与运行。

2. 处理能力——去除率

污染物的出水浓度反映了处理工艺的直接处理效果，但处理工艺的处理能力还与污染物的进水浓度有关。本书用去除率反映工艺的处理能力。

污染物去除率计算：

去除率=(进水浓度–出水浓度)/进水浓度

3. 稳定性——出水浓度变化标准差

在污染物出水浓度值全年月平均数据的基础上，本书认为出水浓度值的变化是随机的并符合高斯正态分布这一假设是合理的。基于此，本书以污染物出水浓度月平均数据变化的标准差 σ 作为处理工艺针对该项污染物的处理稳定性评价指标。

出水浓度变化标准差的计算：

$$\sigma=\sqrt{\frac{\sum(c-\bar{c})^2}{n}}$$

式中，n 为月平均值的个数，各工艺 n=7；c 为污染物出水浓度值；$\bar{c}$ 为污染物出水平均浓度值。

4. 抗冲击负荷能力——污染物相对处理负荷

处理负荷既与污染物的进水浓度有关，又与出水浓度有关。若其他条件不变，进水浓度越高、出水浓度越低则对该污染物的处理负荷越大。

1）污染物绝对处理负荷（或称处理负荷）

绝对处理负荷=进水浓度/出水浓度

2）污染物标准处理负荷

标准处理负荷=标准进水浓度/标准出水浓度

标准处理负荷指的是处理工艺在进出水浓度都为标准状态时，工艺对污染物的（绝对）处理负荷。将污水处理工艺的设计进出水浓度作为标准进出水浓度的取值是自然的想法。但在工程实践中，许多污水处理工艺因为污染物的进水浓度偏离设计值或其他诸多原因，处理工艺的标准运转状态并没有依循设计值。

假设污水处理工艺的进出水浓度是一个随机变量并符合高斯正态分布，则污染物的进出水浓度均值是对标准进出水浓度的一个无偏估计。因此在对标准处理负荷的计算中，使用如下公式：

标准处理负荷=平均进水浓度/平均出水浓度

3）污染物相对处理负荷

相对处理负荷=绝对处理负荷/标准处理负荷

引入相对处理负荷可以消除不同处理工艺因其进出水浓度数值大小对其绝对处理负荷数值上的影响。比较不同工艺的处理负荷宜用相对处理负荷。

在月平均数据的基础上，污水处理工艺对污染物的最大相对处理负荷是该工艺对该污染物冲击负荷耐受能力的一个有效指征。

4.3.2　SS 的去除分析比较

1. 直接处理效果

由表 4.3、表 4.5 和表 4.7 计算得出各月不同工艺处理 SS 的平均出水浓度，并与《城镇污水处理厂污染物排放标准》（GB 18918－2002）一级 A 标准中 SS≤

10 mg/L 的要求进行比较，可以看出，2 号站、3 号站、4 号站 7 个月的平均出水浓度分别为 9.8mg/L、7.4mg/L、8.2mg/L，四个站的平均出水浓度均低于一级 A 标准，而 3 号站对 SS 的直接处理效果最优。

2. 处理能力、稳定性和抗冲击负荷能力

根据监测的原始数据，计算各处理工艺对 SS 的平均去除率、出水浓度变化标准差和最大相对处理负荷等，结果列于表 4.9。

表 4.9 各工艺处理 SS 效果分析

中水站	平均去除率	出水浓度变化标准差	平均绝对处理负荷	最大绝对处理负荷	最大相对处理负荷
2 号站	**96.4%**	1.49	**27.8**	**39.02**	**1.40**
3 号站	95.6%	**1.53**	22.8	30.92	1.36
4 号站	95.9%	1.42	25.1	34.00	1.35

注：表中黑体数据项为该列数据中的最大值。

由表 4.9 中的计算结果可知：

(1) 比较各工艺处理能力：各处理工艺对 SS 都有很高的去除率。

(2) 比较各工艺处理稳定性：4 号站的 SS 出水浓度变化标准差最小，处理效果最稳定。

(3) 比较各工艺耐冲击负荷能力：2 号站的 SS 最大相对处理负荷值较高，耐冲击负荷能力高于其他工艺。4 号站的相对较低。

4.3.3 COD 的去除分析比较

1. 直接处理效果

由表 4.3、表 4.5 和表 4.7 计算各月不同工艺处理 COD 的平均出水浓度，并与《城镇污水处理厂污染物排放标准》(GB 18918－2002)一级 A 标准中 COD≤

表 4.10 各工艺处理 COD 效果分析

中水站	平均去除率	出水浓度变化标准差	平均绝对处理负荷	最大绝对处理负荷	最大相对处理负荷
2 号站	**89.9%**	15.20	**9.97**	12.68	1.27
3 号站	88.4%	**24.27**	9.17	**14.25**	**1.55**
4 号站	88.4%	9.45	9.52	13.01	1.37

注：表中黑体数据项为该列数据中的最大值。

50 mg/L 的要求进行比较，可以看出，2 号站、3 号站、4 号站 7 个月的平均出水浓度分别为 79.9mg/L、59.8mg/L、41.5mg/L，只有 4 号站的平均出水浓度低于一级 A 标准，而 2 号站的直接处理效果相对较差。

2. 处理能力、稳定性和抗冲击负荷能力

根据监测的原始数据，计算各处理工艺对 COD 的平均去除率、出水浓度变化标准差和最大相对处理负荷等，结果列于表 4.10。

由表 4.10 中的计算结果可知：

(1) 比较各工艺处理能力：2 号站对 COD 的去除率较高。其余两站的处理能力稍差。

(2) 比较各工艺处理稳定性：4 号站的 COD 出水浓度变化标准差最小，处理效果最稳定，其他两站的出水稳定性有一定差距，其中 3 号站明显较低。

(3) 比较各工艺耐冲击负荷能力：3 号站的 COD 最大相对处理负荷值较高，耐冲击负荷能力高于其他工艺。2 号站的相对较低。

4.3.4　BOD_5 的去除分析比较

1. 直接处理效果

由表 4.3、表 4.5 和表 4.7 计算各月不同工艺处理 BOD_5 的平均出水浓度，并与《城镇污水处理厂污染物排放标准》(GB 18918—2002) 一级 A 标准中 $BOD_5 \leq$ 10 mg/L 的要求进行比较，可以看出，2 号站、3 号站、4 号站 7 个月的平均出水浓度分别为 20.8mg/L、23.9mg/L、9.1mg/L，只有 4 号站的平均出水浓度低于一级 A 标准，而 3 号站的直接处理效果相对较差。

2. 处理能力、稳定性和抗冲击负荷能力

根据监测的原始数据，计算各处理工艺对 BOD_5 的平均去除率、出水浓度变化标准差和最大相对处理负荷等，结果列于表 4.11。

表 4.11　各工艺处理 BOD_5 效果分析

中水站	平均去除率	出水浓度变化标准差	平均绝对处理负荷	最大绝对处理负荷	最大相对处理负荷
2 号站	94.3%	3.94	17.70	20.41	1.15
3 号站	90.9%	**7.18**	10.95	11.43	1.04
4 号站	**95.5%**	1.32	**22.98**	**26.72**	**1.16**

注：表中黑体数据项为该列数据中的最大值。

由表 4.11 中的计算结果可知：

(1) 比较各工艺处理能力：4 号站对 BOD_5 的去除率较高。3 号站的处理能力较差。

(2) 比较各工艺处理稳定性：4 号站的 BOD_5 出水浓度变化标准差最小，处理效果最稳定，其他两站的出水稳定性有一定差距，其中 3 号站明显较低。

(3) 比较各工艺耐冲击负荷能力：4 号站的 BOD_5 最大相对处理负荷值较高，耐冲击负荷能力高于其他工艺。3 号站的相对较低。

4.3.5 NH_3-N 的去除分析比较

1. 直接处理效果

由表 4.3、表 4.5 和表 4.7 计算各月不同工艺处理 NH_3-N 的平均出水浓度，并与《城镇污水处理厂污染物排放标准》(GB 18918—2002) 一级 A 标准中 NH_3-N ≤5 mg/L 的要求进行比较，可以看出，2 号站、3 号站、4 号站 7 个月的平均出水浓度分别为 3.76mg/L、2.23mg/L、2.08mg/L，三个站的平均出水浓度全部低于一级 A 标准，而 2 号站的直接处理效果相对较差。

2. 处理能力、稳定性和抗冲击负荷能力

根据监测的原始数据，计算各处理工艺对 NH_3-N 的平均去除率、出水浓度变化标准差和最大相对处理负荷等，结果列于表 4.12。

表 4.12 各工艺处理 NH_3-N 效果分析

中水站	平均去除率(%)	出水浓度变化标准差	平均绝对处理负荷	最大绝对处理负荷	最大相对处理负荷
2 号站	62.6	**1.76**	2.61	4.88	**1.87**
3 号站	**79.4**	0.77	**5.01**	7.28	1.45
4 号站	78.9	0.71	4.86	**9.04**	1.86

注：表中黑体数据项为该列数据中的最大值。

由表 4.12 中的计算结果可知：

(1) 比较各工艺处理能力：3 号站对 NH_3-N 的去除率较高。其余两站的处理能力稍差，其中 2 号站处理能力差距明显。

(2) 比较各工艺处理稳定性：4 号站的 NH_3-N 出水浓度变化标准差最小，处理效果最稳定，其他两站的出水稳定性有一定差距，其中 2 号站明显较低。

(3) 比较各工艺耐冲击负荷能力：2 号站的 NH_3-N 最大相对处理负荷值较高，耐冲击负荷能力高于其他工艺。

4.3.6　TN 的去除分析比较

1. 直接处理效果

由表 4.3、表 4.5 和表 4.7 计算各月不同工艺处理 TN 的平均出水浓度，并与《城镇污水处理厂污染物排放标准》(GB 18918－2002) 一级 A 标准中 TN≤15 mg/L 的要求进行比较，可以看出，2 号站、3 号站、4 号站 7 个月的平均出水浓度分别为 15.87mg/L、14.23mg/L、15.84mg/L，只有 3 号站的平均出水浓度低于一级 A 标准，而 2 号站的直接处理效果相对较差。

2. 处理能力、稳定性和抗冲击负荷能力

根据监测的原始数据，计算各处理工艺对 TN 的平均去除率、出水浓度变化标准差和最大相对处理负荷，结果列于表 4.13。

表 4.13　各工艺处理 TN 效果分析

中水站	平均去除率(%)	出水浓度变化标准差	平均绝对处理负荷	最大绝对处理负荷	最大相对处理负荷
2 号站	47.6	2.49	1.92	2.25	1.17
3 号站	**62.7**	2.15	**2.71**	**3.16**	1.17
4 号站	55.0	**2.58**	2.28	2.92	**1.28**

注：表中黑体数据项为该列数据中的最大值。

由表 4.13 中的计算结果可知：

(1) 比较各工艺处理能力：3 号站对 TN 的去除率较高。其余两站的处理能力稍差，其中 2 号站处理能力差距明显。

(2) 比较各工艺处理稳定性：3 号站的 TN 出水浓度变化标准差最小，处理效果最稳定，其他两站的出水稳定性有一定差距，其中 4 号站明显较低。

(3) 比较各工艺耐冲击负荷能力：4 号站的最大 TN 相对处理负荷值较高，耐冲击负荷能力高于其他工艺。

4.3.7　TP 的去除分析比较

1. 直接处理效果

由表 4.3、表 4.5 和表 4.7 计算各月不同工艺处理 TN 的平均出水浓度，并与《城镇污水处理厂污染物排放标准》(GB 18918—2002) 一级 A 标准中 TP≤1.0mg/L 的要求进行比较，可以看出，2 号站、3 号站、4 号站 7 个月的平均出水浓度分别为 0.88mg/L、2.08mg/L、1.65mg/L，只有 2 号站的平均出水浓度低于一级 A 标准，而三号站的直接处理效果相对较差。

2. 处理能力、稳定性和抗冲击负荷能力

根据监测的原始数据，计算各处理工艺对 TP 的平均去除率、出水浓度变化标准差和最大相对处理负荷，结果列于表 4.14。

表 4.14　各工艺处理 TP 效果分析

中水站	平均去除率(%)	出水浓度变化标准差	平均绝对处理负荷	最大绝对处理负荷	最大相对处理负荷
2 号站	**83.9**	0.20	**6.35**	**12.37**	1.95
3 号站	69.6	**0.67**	3.23	4.63	1.43
4 号站	62.9	0.52	2.80	6.76	**2.41**

注：表中黑体数据项为该列数据中的最大值。

由表 4.14 中的计算结果可知：

(1) 比较各工艺处理能力：2 号站对 TP 的去除率较高。其余两站的处理能力稍差，其中 4 号站处理能力最差。

(2) 比较各工艺处理稳定性：2 号站的 TP 出水浓度变化标准差最小，处理效果最稳定。其他两站的出水稳定性有一定差距，其中 3 号站明显较低。

(3) 比较各工艺耐冲击负荷能力：4 号站的最大 TP 相对处理负荷值较高，耐冲击负荷能力高于其他工艺。

4.3.8　各工艺处理效果的总体评价

采用层次分析法(analytic hierarchy process，AHP)对各处理工艺进行总体评价。层次分析法，在 20 世纪 70 年代中期由美国运筹学家托马斯 •塞蒂(T.L.Saaty)正式提出。它是一种定性和定量相结合的系统化、层次分析法。其主要特征是，合理地将定性与定量的决策结合起来，按照思维、心理的规律把决策过程层次化、数量化。首先构建污水处理工艺处理效果的分级评价模型。

一级评价：对一套工艺的总体污水处理效果进行评价。

二级评价：对一套工艺分成普通污染物去除和脱氮除磷处理两个子层次进行评价。

三级评价：在普通污染物的去除层次下引入项目层，分别对 SS、COD、BOD_5 三个项目的处理效果进行评价；在脱氮除磷处理层次下分别对 NH_3-N、TN、TP 三个项目的处理效果进行评价。

四级评价：针对每个项目具体分析该项目的直接处理效果、处理能力、处理稳定性和抗冲击负荷能力。依据的指标分别是出水浓度、去除率、出水浓度变化标准差、最大相对处理负荷。

污水处理工艺处理效果的分级评价模型见表 4.15。

表 4.15　污水处理工艺处理效果的分级评价模型

一级评价	二级评价	三级评价	四级评价	四级评价对应指标
总体评价	普通污染物去除	SS	直接处理效果	出水浓度
			处理能力	去除率
			处理稳定性	出水浓度变化标准差
			耐冲击负荷能力	最大相对处理负荷
		COD	（略）	
		BOD_5	（略）	
	脱氮除磷处理	NH_3-N	（略）	
		TN	（略）	
		TP	（略）	

在污水处理工艺原始水质数据的基础上分析和计算各水质检测项目的出水浓度、去除率、出水浓度变化标准差、最大相对处理负荷四个分析指标，实现对各处理上艺处理效果的四级评价，四级评价的结论也是进行其上各级评价的基础。目的是对一、二、三级层次的评价进行计算和分析。

1) 评价指标的归一化

进行一、二、三级评价的基础是四级评价的结果，即各污水处理工艺各项水质监测项目的出水浓度、去除率、出水浓度变化标准差、最大相对处理负荷四个指标。为了使各指标相互之间具有可比性，首先应该将各指标统一量纲(或无量纲化)，并且归一化。

收益性指标值=[计算指标值–min(指标值)]/[max(指标值)–min(指标值)]

损害性指标值=[max(指标值)–计算指标值]/[max(指标值)–min(指标值)]

式中，max(指标值)为该指标数据中的最大值；min(指标值)为该指标数据中的最小值。

2) 评价因素的权重

通常情况下一个层次的分级评价过程中，其分层次级别中的各影响因素对评价结果的重要性可能不一样；在不同的评价目标下需要调整各因素对评价结果的影响重要性。可以通过为每一级别的评价因素设定权重系数 w_i 进行调整。每一级别的权重系数必须满足 $\sum w_i=1$。

权重系数的选择可以有不同方案，本书的选择见表 4.16。

表 4.16　分级评价的权重系数

一级评价	二级评价	三级评价	四级评价
总体评价	普通污染物去除 (w=0.5)	SS (w=0.3)	直接处理效果(w=0.3) 处理能力(w=0.3) 处理稳定性(w=0.2) 耐冲击负荷能力(w=0.2)
		COD (w=0.3)	(略)
		BOD_5 (w=0.4)	(略)
	脱氮除磷处理 (w=0.5)	NH_3-N (w=0.4)	(略)
		TN (w=0.3)	(略)
		TP (w=0.3)	(略)

3) 综合评价

各级评价定量值取其分层次级别评价因素定量值的加权平均值，评价结果如表 4.17、表 4.18 和表 4.19 所示。

表 4.17　各处理工艺处理效果三级评价(分项项目处理效果评价)

评价项目	中水站	归一化的指标值				评价结果
		出水效果	处理能力	稳定性	冲击负荷	
SS	2 号站	0	1	0.36	1	**0.57**
	3 号站	1	0	0	0.2	0.34
	4 号站	0.67	0.38	1	0	0.52
COD	2 号站	0	1	0.61	0	0.42
	3 号站	0.52	0	0	1	0.36
	4 号站	1	0	1	0.36	**0.57**
BOD_5	2 号站	0.21	0.74	0.55	0.92	0.58
	3 号站	0	0	0	0	0
	4 号站	1	1	1	1	**1**
NH_3-H	2 号站	0	0	0	1	0.20
	3 号站	0.91	1	0.94	0	0.76
	4 号站	1	0.97	1	0.97	**0.99**

续表

评价项目	中水站	归一化的指标值				评价结果
		出水效果	处理能力	稳定性	冲击负荷	
TN	2 号站	0	0	0.21	0	0.04
	3 号站	1	1	1	0	**0.80**
	4 号站	0.02	0.49	0	1	0.35
TP	2 号站	1	1	1	0.53	**0.91**
	3 号站	0	0.32	0	0	0.10
	4 号站	0.36	0	0.32	1	0.37

注：表中黑体数据项为该列数据中的最大值。

表 4.18　各处理工艺处理效果二级评价

项目		2 号站	3 号站	4 号站
普通污染物去除	SS	0.17	0.10	0.16
	COD	0.13	0.11	0.17
	BOD_5	0.23	0	0.4
	评价结果	0.53	0.21	**0.73**
脱氮除磷处理	NH_3-N	0.20	0.76	0.99
	TN	0.04	0.8	0.35
	TP	0.91	0.1	0.37
	评价结果	0.37	0.57	**0.61**

注：表中黑体数据项为该列数据中的最大值。

表 4.19　各处理工艺处理效果总体评价

项目	处理工艺	有机污染物去除	脱氮除磷处理	评价结果
总体评价	2 号站	0.53	0.37	0.45
	3 号站	0.21	0.57	0.39
	4 号站	0.73	0.61	**0.67**

注：表中黑体数据项为该列数据中的最大值。

从表 4.19 的总体评价结果可得出以下结论:

(1)4 号中水站的曝气生物滤池在污水处理的总体效果上是显著强于其他两个处理工艺的。

(2)3 号中水站的 ETS 工艺的污水处理总体效果相对于其他处理工艺是最低的。

4.3.9 不同处理模式的投资比较

1. 各污水处理单元投资分析

将四个现有中水站的占地面积和工程投资情况汇总，如表4.20所示。

表4.20 各中水站占地面积与工程总投资

中水站	服务面积 (km^2)	服务人口 (万人)	处理规模 (m^3/d)	占地面积 (m^2)	工程总投资 (万元)	吨水总投资 [元/($m^3 \cdot d$)]
1号站	0.2	0.33	500	72	80	1600
2号站	0.8	1.2	2000	360	300	1500
3号站	2	2	3000	900	450	1500
4号站	1	1.05	2000	420	297	1485
合计	4	4.58	7500	1752	1127	1521.3

工程合计总投资1127万元，其中玉绣河广场西沟上的1号、2号、3号站总投资为830万元。

2. 污水收集管网建设投资分析

这四个站配套污水收集管线铺设情况如表4.21～表4.24所示。

表4.21 1号站配套污水干管建设造价表

管段	管道长度(m)	设计流量(L/s)	管径(mm)	建设造价(万元)
1	500	13.2	300	32.5

表4.22 2号站配套污水干管建设造价表

管段	管道长度(m)	设计流量(L/s)	管径(mm)	建设造价(万元)
1	470	24.3	300	30.6
2	330	41.7	350	22.4

表4.23 3号站配套污水干管建设造价表

管段	管道长度(m)	设计流量(L/s)	管径(mm)	建设造价(万元)
1	800	27.8	300	52
2	400	41.7	350	27.2
3	800	64.2	400	57.6

表 4.24　4 号站配套污水干管建设造价表

管段	管道长度(m)	设计流量(L/s)	管径(mm)	建设造价(万元)
1	600	27.8	300	39
2	200	35.5	350	13.6

四个中水站的配套污水收集管线建设投资总计 274.9 万元。其中玉绣河广场西沟上的 1 号、2 号、3 号站管线建设投资总计 222.3 万元。

3. 玉绣河广场西沟不同处理模式下的总投资比较

假设玉绣河广场西沟不通过建设三个分散处理单元，利用距离此处最近的位于济南市北部的水质净化一厂进行集中处理(日处理能力 20 万 t，未满负荷运行，故忽略新增污水处理投资)，并将处理后的中水送至广场西沟上游回补河道生态用水，集中处理污水收集管线建设投资如表 4.25 所示(市政主干管已经铺设到泉城公园附近，仅考虑泉城公园以南 3300m 区域)。

表 4.25　集中处理配套污水管线建设造价表

管段	管道长度(m)	设计流量(L/s)	管径(mm)	建设造价(万元)
1	800	28.4	300	52
2	200	37.1	350	13.6
3	600	60.4	400	43.2
4	800	82.2	450	61.6
5	900	107.2	500	72.9

除了建设污水收集管线的费用，还将产生一定的中水输送费用，包括输水管线基建费用和中途泵站基建费用。根据玉绣河污染物稀释需水量，需要建设一座规模为 5500t/d 的提升泵站，由高程为 16.2m 的下游小清河岸边的净化一厂提升至高程为 87.04m 的舜玉路，扬程 92m，采用国产 IS150-125-400 离心泵按 2 用 1 备考虑，不包括征地费，泵站基建费用约为 150 万元；输水管线长约 12.4km，选用 DN200 球墨铸铁管，综合造价为 600 元/m，则输水管线费用为 744 万元；中水输送总投资约需 894 万元。两种处理模式投资比较见表 4.26。

在不新增集中污水处理费用的前提下，分散处理点源污染就近补充玉绣河的投资成本较低。如果由于新增流量，对现有集中污水处理厂进行扩容，则分散处理的优势就更加凸显。

表 4.26 两种处理模式投资比较

项目	集中处理	分散处理
污水收集(万元)	243.3	222.3
处理投资(万元)	—	830
中水输送(万元)	894	—
合计(万元)	1137.3	1052.3

4.4 污水分散处理对河道生态补水后评估

4.4.1 表征水体生态状况指标的选择

通常由于行洪和河道管理的需要，城市河流中水生维管植物极度贫乏，浮游藻类等光能自养浮游生物是水体食物网结构的基础环节，在河流生态系统的物质循环和能量转化过程中起着重要作用，是水体最主要的初级生产者，因此浮游藻类等光能自养浮游生物是水体水质营养状况最直接的反映者[14,15]。叶绿素是藻类重要的组成成分之一，根据光学特征，叶绿素可分为 a、b、c、d 四类，其中叶绿素 a 包括所有的藻类浮游植物。其他三类的光合作用所吸收的光能，最终都要传送给叶绿素 a，因此叶绿素 a 是 a、b、c、d 四类中最重要的一类[16]，其含量大约占藻干重的 1%～2%[17]，因此叶绿素 a 常被用来表征水体中浮游植物的现存量，是用来描述浮游植物利用光能进行光合作用将无机物质转变为有机物质时，有机物生产力的一个重要指标[18]。所有的藻类都含有叶绿素 a，水体叶绿素 a 起着中心传递体的作用，其浓度的多寡是表征光能自养生物量的重要指标。叶绿素 a 浓度的高低与该水体藻类的种类、数量等密切相关，如深圳某给水厂原水中藻密度与叶绿素 a 浓度呈良好的线性关系[17]。因此表征水体生态状况指标的最合适选择是叶绿素 a，水体中叶绿素 a 浓度过高，则表明水体呈富营养化状态，叶绿素 a 浓度过低，则表明水体呈贫营养化状态。根据国内学者刘培桐对湖泊等水体营养状况的划分标准，水体叶绿素 a 含量在 0.1～0.6mg/m^3 为贫营养状态；0.6～1.6mg/m^3 贫～中营养状态；1.6～4.1mg/m^3 为中～营养状态；4.1～10mg/m^3 为富营养状态[18]。

Welch 等[19]的研究表明溶解性无机形式营养物浓度在水生植物生长活跃期间比较低，因此不是表征与富营养条件相联系的自养生物量的合适指标。然而防治河流水质污染的生态需水量法需要一个恰当的水质理化指标来模拟和计算，对特定河流其影响水质生态指标的理化控制因子不同，需要采取的水质约束指标就会不同，因此需要确定能够约束叶绿素 a 浓度的理化指标，即水体中叶绿素 a 的限制性营养因子。

1. 叶绿素 a 与其他理化指标的关联性

叶绿素 a 是反映水体营养水平和水体初级生产力的重要指标[20]，水体中叶绿素 a 含量与环境理化因子有关，是水体理化性质动态变化的综合反映指标，为水生生态系统测定中必选项目之一[21]。对水体中营养水平的限制性环境因子至今仍有分歧，普遍认为不同的水体抑制叶绿素 a 浓度的营养盐类别或环境因子不同。杨东方等[22]认为由于藻类可利用的氮远比磷多，因此磷常被作为富营养化的限制因子。Vrede[23]认为氮或磷营养盐的限制性是有空间变化的，甚至在同一地区，还有季节性氮、磷营养盐限制的交替变化。Smith[24]认为在大多数水体生态系统中限制浮游植物生长的主要营养元素是 N 或 P，Pedersen 等[25]认为，对氮、磷营养盐的竞争是决定浮游植物优势种群和浮游植物群落演替的主要机制之一。有关水体叶绿素 a 与理化因子的相关性研究也有人做了大量工作。葛大兵等[26]分析了岳阳南湖叶绿素 a 及其水质关系，南湖 N、P 满足藻类生长需要，春季总 P 对数值与夏季叶绿素 a 对数值呈线性关系；周宏[27]分析了杭州西湖水体中叶绿素 a 含量与水质的关系，由于水体中 N、P 浓度较高，北里湖、岳湖、西里湖和外湖中藻类的生长主要受水温的影响，而不受 N、P 的限制；张志杰等[28]分析了闹德海水库叶绿素 a 与生态因子关系，闹德海水库藻类含量高低主要由总氮、总磷、水温及有机物决定；刘冬燕等[29]分析了苏州河叶绿素 a 动态特征及其与环境因子的关联关系，结果表明叶绿素 a 含量与水温呈密切正相关，氮和磷不是该水体浮游植物生长的限制因子，氨氮的相对含量与叶绿素 a 呈明显的负相关关系，而亚硝酸盐、硝酸盐氮含量与叶绿素 a 呈明显的正相关关系。因此不同的水体抑制叶绿素 a 浓度的营养盐类别不同。Davis 等[30]监测分析了美国堪萨斯州 Gypsum Creek 河修复前的水质，结果表明所有取样点水样的年平均浓度都略微超过美国环保局指定的 NO_3^--N 和 TP 标准，然而所有取样点叶绿素 a 的浓度却是标准推荐值的 4 倍多。因此政府管理部门规定的水体营养盐浓度标准限值不一定能够恰当地反映水生态系统的初级生产者数量和营养水平。

浮游植物的生长不只是受到一种营养盐的限制，而可能处于一种非平衡的动态过程，其他物理和化学因素共同控制着该过程的进行，但根据有机体的生长由最缺乏的营养因子决定，采用限制性营养因子的方法能够控制水体浮游植物的生长和繁殖。因此对于具体城市河流，确定对水体叶绿素 a 浓度起限制性作用的水质理化指标，并以该指标为水质约束目标对城市河流污染进行工程治理，能够较好地达到并维持适宜的水生态系统生产者数量和营养水平。

2. 灰色关联分析法确定约束水体叶绿素 a 的理化指标

灰色系统是部分信息已知又含有部分信息未知的信息系统，其理论适用于信息不完全、不太明朗的体系。灰色关联分析是一种多因素统计分析方法，它是以各因素的样本数据为依据用灰色关联度来描述因素间关系的强弱、大小和次序。如果样本数据反映出两个因素变化的发展态势基本一致，则它们之间的关联度较大；反之，关联度较小。灰色关联分析法不像数理统计学中的相关分析法那样需要大样本数据、必须具有良好的分布规律等条件，它要求的样本数据相对较少，可对有限的、表面无规律的数据进行处理，找到系统本身具有的特征，且主要研究动态过程，所以更具有应用优势[31-33]，适合用来分析河水中各水质指标间的相互关系[34]。流域下垫面的异质性决定河流水体是一个各具特色的复杂的系统[35]，系统的物理、化学、生物组分间相互影响、相互作用，随时空变化，形成一个动态的综合体[36]，各因子之间没有确定性关系，因此适合通过灰色关联分析寻找在综合影响态势下各因子间的关联关系。本书中，以叶绿素 a 为母因素，以其他可能的限制性营养因子为子因素，进行关联分析。灰色系统关联分析的具体计算步骤如下：

(1) 确定反映系统行为特征的参考数列和影响系统行为的比较数列。反映系统行为特征的数据序列，称为参考数列。影响系统行为的因素组成的数据序列，称为比较数列。

(2) 对参考数列和比较数列进行无量纲化处理。系统中各因素的物理意义不同，导致数据的量纲也不一定相同，不便于比较，或在比较时难以得到正确的结论。因此在进行灰色关联分析时，一般都要进行无量纲化的数据处理。

(1) 母因素的均值化序列。

计算公式为

$$Y_0=\frac{X_0(k)}{\frac{1}{m}\sum_{k=1}^{m}X_0(k)} \tag{4-1}$$

式中，Y_0 为母因素的均值化序列；$X_0(k)$ 为母因素序列；k 为序列的长度，$k=1,2,3,\cdots,m$，本章中 $m=6$。

(2) 子因素的均值化序列。

计算公式为

$$Y_i=\frac{X_i(k)}{\frac{1}{m}\sum_{k=1}^{m}X_i(k)} \tag{4-2}$$

式中，Y_i 为各子因素的均值化序列；$X_i(k)$ 为子因素序列，$i=1,2,3,\cdots,n$，$n=9$；k 为序列的长度，$k=1,2,3,\cdots,m$，$m=6$。

(3) 灰色关联系数计算。

经数据均值化转化的母因素数列为 $\{Y_0(k)\}$，子因素数列为 $\{Y_i(k)\}$。在 k 时刻，$\{Y_0(k)\}$ 和 $\{Y_i(k)\}$ 的灰色关联系数 $\varepsilon_i(k)$ 为

$$\varepsilon_i(k)=\frac{\varDelta_{\min}+\rho\varDelta_{\max}}{\left|Y_0(k)-Y_i(k)\right|+\rho\varDelta_{\max}} \tag{4-3}$$

式中，$\varDelta_{\min}$ 和 $\varDelta_{\max}$ 分别为各个时刻的绝对差中的最小值和最大值；ρ 为分辨系数，其作用在于提高灰色关联系数之间的差异显著性，一般在 0～1 之间，大多数情况下取 0.5，本章取 0.5。

(4) 灰色关联度计算。

灰色关联度为

$$\gamma_i=\frac{1}{m}\sum_{k=1}^{m}\varepsilon_i(k) \tag{4-4}$$

式中，γ_i 为子序列与母序列的灰色关联度；m 为序列的长度，$m=6$。灰色关联度 γ_i 构成的序列，描述了子因素对母因素的影响情况，γ 越大，影响越大。

(5) 关联度排序。

因素间的关联程度，主要是用关联度的大小次序描述，而不仅是关联度的大小。将 m 个子序列对同一母序列的关联度按大小顺序排列起来，便组成了关联序，记为 $\{x\}$，它反映了对于母序列来说各子序列的“优劣”关系。若 $r_{0i}>r_{0j}$，则称 $\{x_i\}$ 对于同一母序列 $\{x_0\}$ 优于 $\{x_j\}$，记为 $\{x_i\}>\{x_j\}$ ；若 r_{0i} 表 1 代表参考数列、比较数列特征值。

4.4.2　水样的采集与沿程数据

根据济南市玉绣河的环境特点和研究的目的，调查污水处理构筑物的分布，处理的程度，对河流的水质、生态状况的影响。2006 年 5～11 月沿河设置了 10 个采样点(St1～St10)，其中采样点 St1～St6 沿支流广场西沟设置，采样点 St7～St10 沿支流广场东沟设置(图 4.12)。监测期间，每月连续 7 天，每天上午和下午两次采样，每个水样采三个平行水样，混合后作为测定样。取样现场测定水温、浊度、溶解氧，同步取样测定的项目有总氮(TN)、总磷(TP)、化学需氧量(COD_{Cr})、生化需氧量(BOD_5)、氨盐(NH_4^+-N)、硝酸盐浓度(NO_3^--N)、亚硝酸盐浓度(NO_2^--N)、磷酸盐浓度(PO_4^-)和叶绿素 a（Chl-a）等。测试方法主要参照《水和废水监测分析方法》(第四版)，见表 4.27。

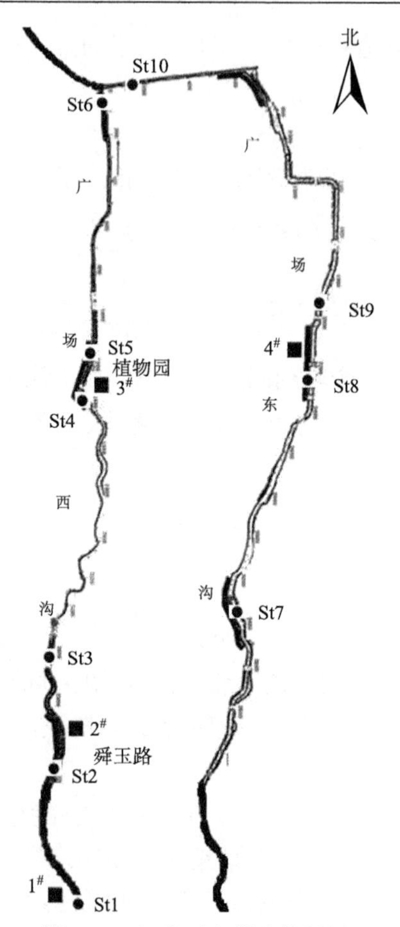

图 4.12　河段及取样点位置图

表 4.27　分析项目测试方法

序号	项目	分析方法	标准
1	水温	电化学探头法	GB 13195—1991
2	溶解氧		
3	叶绿素 a	丙酮提取法	—
4	化学需氧量	封闭回流，分光光度法	GB 11914—1989
5	总氮	碱性过硫酸钾消解紫外分光光度法	GB 11914—1989
6	氨氮	纳氏试剂比色法	GB 7481—1987
7	硝酸氮	紫外分光光度法	GB/T 7480—1987
8	亚硝酸氮	分子吸收分光光度法	GB/T 7493—1987
9	总磷	钼酸铵分光光度法	GB 1193—1989
10	磷酸根	钼酸铵分光光度法	

沿玉绣河各观测点的理化指标随水流变化如表 4.28 所示。

表 4.28　玉绣河水体理化指标沿程变化情况

项目	Chl-a	COD	TN	NH_4^+-N	NO_3^--N	NO_2^--N	TP	PO_4^{3-}	DO	浊度	温度
St 1	0	353.60	23.56	15.3	0.15	0.04	3.58	2.05	0	134.0	24.3
St 2	5.32	243.70	20.42	12.6	0.13	0.29	2.27	1.73	3.5	39.2	24.5
St 3	6.34	122.25	19.45	9.47	0.24	0.33	1.96	1.02	4.3	28.5	23.9
St 4	13.57	99.32	17.90	8.35	0.28	0.20	1.37	0.84	4.9	25.5	24.6
St 5	19.14	91.22	13.74	6.20	0.40	0.60	1.04	0.79	6.5	14.2	24.2
St 6	15.68	55.06	10.61	2.96	1.04	0.50	0.82	0.58	6.3	12.7	24.5
St 7	—	—	—	—	—	—	—	—	—	—	—
St 8	4.78	65.43	19.25	12.07	0.14	0.20	2.97	1.71	3.2	43.2	23.6
St 9	6.87	58.65	16.26	9.96	0.15	0.25	2.34	1.77	4.1	37.6	23.4
St10	8.40	73.85	17.08	5.15	0.19	0.03	2.58	2.07	3.7	41.2	24.3

注：位于广场东沟的 St7 观测点无河水，Chl-a 的单位为 mg/m^3，温度的单位为℃，其他单位均为 mg/L。

将广场西沟的 St1、St2、St3、St4、St5 和 St6 观测点的监测数值与位于广场东沟的 St7、St8、St9 和 St10 四个观测点的监测数值进行对比，并参照《地面水环境质量标准》(GB 3838—2002)，详见表 4.29。

表 4.29　地表水环境质量标准项目标准限值（mg/L）

序号	标准值/项目	分类 I	II	III	IV	V
1	水温	人为造成的环境水温变化应限制在： 周平均最大温升≤1℃ 周平均最大温降≤2℃				
2	pH	6～9				
3	溶解氧，≤	饱和率 90%(或 7.5)	6	5	3	2
4	高锰酸盐指数，≤	2	4	6	10	15
5	COD，≤	15	15	20	30	40
6	BOD_5，≤	3	3	4	6	10
7	NH_3-N，≤	0.15	0.5	1.0	1.5	2.0
8	TP，≤	0.02	0.1	0.2	0.3	0.4
9	TN，≤	0.2	0.5	1.0	1.5	2.0

(1)位于广场东沟中游的观测点 St8 处的流量非常小，只有 500 m^3/d，上游的观测点 St7 以上河段的污染口已被截污，没有任何水源补给，常年干涸，在同一

纬度附近的广场西沟 St3 处上游的 1#、2#两个中水站的补给，流量超过 3000m^3/d，为修复河道生态提供了生态用水的基础和保障。分散式污水处理单元增加河流水量，提高了河水的流速，为修复河道生态提供了基础。

(2)广场西沟源头 St1 处水质污染最为严重。下游河段随着 1#、2#、3#三个处理能力分别为 500m^3/d、2000m^3/d、3000m^3/d 的污水处理单元不断地将经过深度处理的中水回补河道，稀释了污染物，提高了水体的自净能力，使广场西沟的 St2、St3、St4、St5 和 St6 观测点的 COD、TN、TP 和浊度等指标沿水流方向呈现下降趋势。由于广场东沟仅建有一个 4#污水处理单元，虽然满负荷运行，但处理水量只有 2000m^3/d，对缓解河流的水质问题起到的作用十分有限。在两支流汇合前的各污染指标有较大差距：St10 处比 St6 处的 COD 超出 0.34 倍，TN 超出 0.61 倍，NH_3-N 超出 0.74 倍，TP 超出 2.15 倍。由此可见，分散式污水处理单元对提高河流水质的作用巨大。

(3)广场西沟汇合前的 St6 观测点处水质虽然好于 St10 处，但与地表水Ⅴ类水的标准限值仍有一定差距：COD 超标 0.38 倍，TN 超标 4.31 倍，NH_3-N 超标 0.48 倍，TP 超标 1.05 倍。经调查，发现原因如下：一是源头来水主要为城乡接合部未经处理的生活污水；二是在 1#污水处理单元与 St2 观测点之间有一个间歇出水的排污口没有被截污。如能将沿河的排污口彻底截污，并在源头新建一座污水处理单元收集并处理周边污水，河道的水质将得到进一步改善。

4.4.3　玉绣河发生富营养化的主要影响因子

针对玉绣河存在富营养化问题，研究富营养化的主要影响因子，为防治水华提供依据。2006 年 5～11 月 7 个月玉绣河植物园景观塘处的 St5 观测点水质监测结果见表 4.30。

表 4.30　2006 年 5～11 月玉绣河水体理化指标汇总表

时间	Chl-a	COD	TN	NH_4^+-N	NO_3^--N	NO_2^--N	TP	PO_4^{3-}	DO	浊度	温度
2006.05	15.30	58.43	16.56	7.32	0.41	0.52	1.02	0.72	5.5	13.8	20.8
2006.06	19.14	91.22	13.74	6.20	0.40	0.60	1.04	0.79	6.5	14.2	24.2
2006.07	43.94	83.90	9.44	3.85	1.41	0.60	0.87	0.60	5.5	25.1	27.8
2006.08	40.68	123.27	9.39	3.03	1.08	0.39	0.81	0.60	5.2	24.5	27.4
2006.09	49.36	82.27	10.49	7.06	1.79	0.44	1.01	0.75	6.0	28.4	22.3
2006.10	35.70	73.49	13.59	7.18	2.24	0.43	1.23	0.83	6.3	22.7	20.6
2006.11	28.09	65.36	14.86	2.34	1.84	0.34	1.05	0.62	7.1	19.5	8.8

注：Chl-a 的单位为 mg/m^3，温度的单位为℃，其他单位均为 mg/L。

1. 光照和温度对济南玉绣河富营养化的影响

光是最重要的环境因素之一。光是水生态系统的主要能源，通过光合作用直接影响和控制水体的生产力和它的代谢作用，因此光在水生植物的生活中具有特别重要的生态意义。水生植物光合作用的强度因光照强度的不同而变化，据日本环境水利专家对微囊藻增长率与光照的关系的研究，此藻在光照度 500～1000lx 时的增长率显示其即能进入旺盛生长阶段。

温度是水环境中极为重要的因素。水温按照太阳辐射的变化而有日变化和季节变化。济南属于温带大陆性季风气候，温度有明显的周期变化，春夏随着温度的升高蓝藻和绿藻逐渐成为优势种并大量繁殖，发展为蓝藻水华，秋冬季温度下降，金藻、硅藻又成为优势种群。浮游藻类的各种生理活动及生化反应都必须在一定的温度条件下进行。温度变化也能引起湖泊环境中其他因子的变化(如 pH 等)，而这些环境诸多因子(综合体)的变化又能影响浮游藻类的生长发育，所以温度对浮游藻类的生长有重要意义。

对 2006 年 5～11 月的数据处理分析的结果表明，水温与水体中叶绿素含量有相关性，如图 4.13 所示，说明随着水温的升高，藻类生长加快，温度对藻类生长有显著促进作用。研究表明，水温在 26～28℃最适宜微囊藻的细胞增殖和上浮聚集。近年来济南全年平均气温和夏季平均气温持续偏高，使得温度更加接近微囊藻生活的适宜温度，温度因素已经成为蓝藻水华爆发的重要因素之一。在水温较高、浮游藻类生长旺盛的 7～ 9 月浊度相对较高，而 4 月、5 月、11 月水温较低，浮游藻类生长速度缓慢，浊度较低，因此光在一定时间范围有可能成为济南玉绣河富营养化的限制性因子。

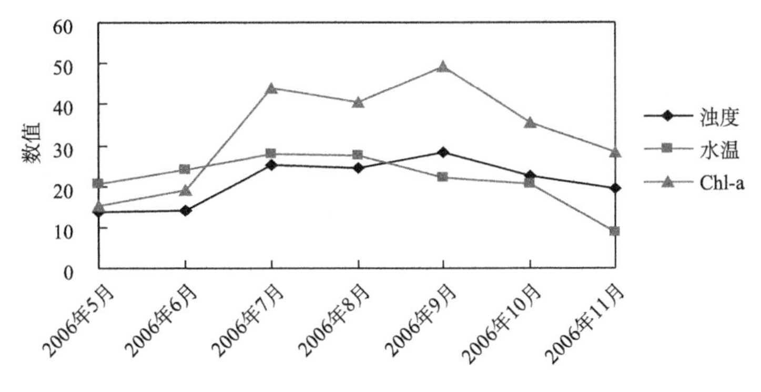

图 4.13　2006 年 5～11 月玉绣河浊度、水温、叶绿素 a 变化曲线

光照和温度对玉绣河中浮游藻类生长、繁殖都有限制性作用。光、温度对藻类生长的促进作用是建立在有充足营养物的基础上，所以它们不能单独成为河湖

水体富营养化的控制因素。

2. 生态环境需水量对玉绣河富营养化的影响

城市水生态系统中河湖的基本生态需水量指维持河湖系统大部分水生生物的正常发育及河湖系统的基本动态平衡，河道范围内持续流动的水资源总量。水体流动的过程，相当于不断曝气的过程，大气中氧气不断向水体中扩散，增加水体对污染物的净化能力。在城市河流中由于受人为影响和地形的限制，水深和水流速度一般都不大。而改造前的玉绣河主要起防洪沟作用，因而非雨季水量很小。

污水分散处理单元的建成投产，可补充河水水源，每日有 8500m^3 经过深度处理的中水进入河道，保证河道内常年有水且流量稳定，但水量仍显不足，济南玉绣河各观测点平均流量仅 0.033m^3/s，如表 4.31 所示。

表 4.31　各观测点的流量

观测点	St1	St2	St3	St4	St5	St6	St7	St8	St9	St10	平均值
流量	0.006	0.009	0.032	0.032	0.069	0.069	0	0.008	0.043	0.058	0.033

环境生态用水量的不足是发生水华的另一个重要原因。另外，沿河建坝蓄水造成水体流动性较差，部分处于半死水状态，溶解氧补充能力差，对污染物的降解作用减弱，自净能力差，这也是发生严重水华的原因之一。这一问题要通过新建分散处理单元增加回补水量来解决。

3. 氮、磷对济南玉绣河富营养化的影响

1）水体中氮、磷质量浓度之间的关系

对绝大多数水体而言，限制初级生产力的营养元素主要是氮和磷。初级生产力在水体的分布与 N、P 密切相关。在同一地区，光照与水温基本相同，各水体生产力的高低主要取决于营养盐。日本湖泊学家坂本研究指出，浮游藻类生长、繁殖的氮磷比适宜范围是 10∶1～25∶1。夏季水温较高，N/P 比较大时，蓝藻、绿藻易占优势；春秋 N、P 均丰富，水温较低时，硅藻、金藻、甲藻易占优势。

2006 年济南玉绣河总氮与总磷质量浓度比变化规律见图 4.14，其 TN/TP 均值为 12.50∶1，氮磷质量浓度比适合藻类生长、繁殖，具备发生蓝藻水华的营养条件。

2）济南玉绣河水体叶绿素 a 和氮、磷的相关分析

叶绿素 a 是浮游藻类现存量的重要指标，氮、磷则是浮游藻类生长所必需的营养元素。三者之间的相互关系对确定湖泊水体的限制因素具有重要意义。

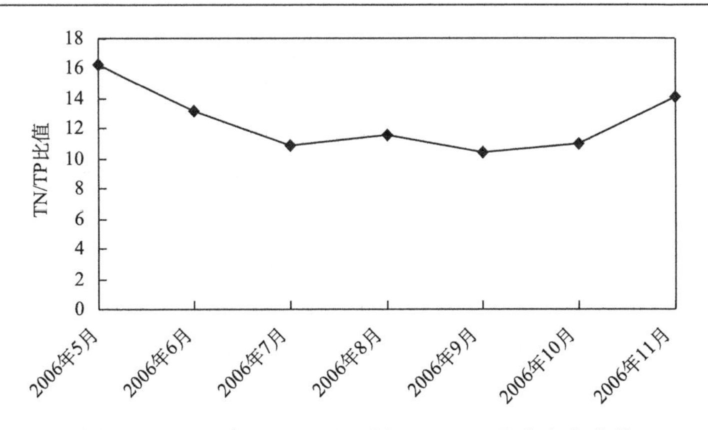

图 4.14　2006 年 5～11 月玉绣河 TN/TP 比值变化曲线

图 4.15 显示，2006 年 TP 在浮游藻类生长季节变化趋势平缓，可能是由于藻类大量生长繁殖吸收；同时 Chl-a 与 TN 也有一定的正关性，说明玉绣河浮游藻类的生长同时受到氮、磷营养盐的共同限制。

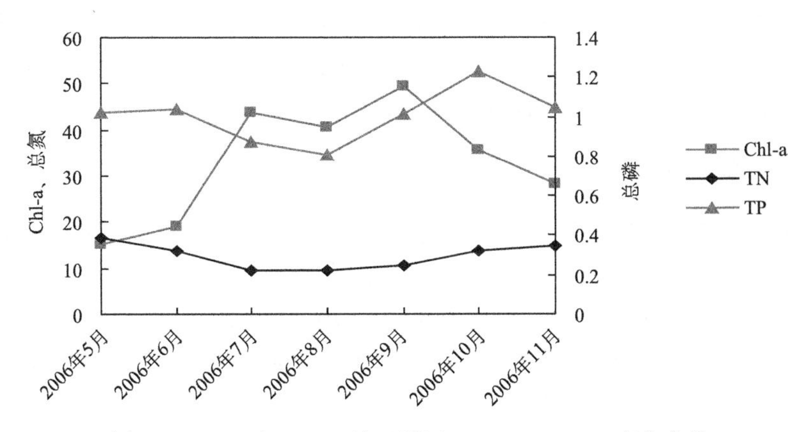

图 4.15　2006 年 5～11 月玉绣河 TN、TP、Chl-a 变化曲线

4. 水生维管植物与浮游藻类的关系

水生维管植物通过增加水生态系统的空间生态位，提高了系统的多样性。水生维管植物的消失可使系统中食物链变短、食物网简化、各主要生物群落的物种多样性下降[37]。

水生维管植物和浮游藻类是湖泊生态系统的两大初级生产者，在光和营养方面的相同需要必然导致二者存在竞争。水生维管植物和浮游植物竞争氮磷等营养物质和光能，前者个体大，生长周期长，吸收和储存营养物质的能力强，它的存在可以抑制浮游植物的生长。而且水生维管植物通过促进河水含磷物质的沉降和抑制表层沉积物的再悬浮而促进磷沉淀，从而降低水体磷含量；将河水中的氮传输到底泥中，促其进入地球化学循环，这对降低河水中氮含量，防治河流富营养化有积极的作用。而且水生维管植物能够分泌某些他感物质直接干扰藻类，抑制浮游藻类的生长和水华的产生。水生维管植物增加了系统生物多样性，提高了系统对外界干扰的缓冲能力，使生态系统结构更加稳定。

然而，水生维管植物必须从光照强度弱的底质表面开始生长，初期生长速度较慢，在光能利用效率上也低于浮游藻类。由于水体富营养化的发生普遍，水生维管植物对藻类生长的营养限制得到缓解或解除，藻类数量显著增加，也使其对水生维管植物的竞争机制产生明显效应。浮游植物在光照和无机碳源的利用上对水生维管植物具有竞争优势，藻类的大量生长减少了底生植物生存必需光，原来被水生维管植物固定的底质在这种情况下发生再悬浮，进一步增加水层悬浮颗粒有机物的浓度。在富营养化情况下，水体营养物浓度充足，刺激附着藻类特别是蓝藻、绿藻和丝状藻的繁殖。附着藻类的大量生长会对沉水植物产生遮光和毒害作用。随着浮游藻类占据优势，沉水植物逐渐减少以至消失。

在玉绣河修复工程中，通过在玉绣河植物园附近景观塘内架设漂流浮岛，种植芦苇、美人蕉等植物，改变了水生维管植物与藻类竞争的不利地位，增加了系统生物多样性，在抑制水华的发生方面发挥了一定的作用。

5. 藻类增长潜力研究

本节将通过藻类增长潜力试验确定何种营养物是限制玉绣河水样中藻类细胞增长最大的限制因子，为玉绣河富营养化的综合治理提供科学依据。

藻类增长潜力(algal growth potential，AGP)试验，又称藻类测试(algal procedure，AP)，还有的称为生物刺激(biostimulation)试验。它是专门为研究富营养化问题制订的一种生物测试方法。

水样的采集：济南玉绣河9月水华达到高峰，本研究在9月进行，并充分考虑到水样的代表性，于2007年9月3日上午在玉绣河St5观测点取样。测得河水原水样总氮浓度10.03mg/L，总磷浓度0.92 mg/L。在当日12:00开始正式试验。

试验内容：藻类只能吸收利用溶解性营养盐，正磷酸盐是藻类吸收磷的唯一方式，而硝酸盐也较易被藻类吸收。本试验选用 KH_2PO_4、$NaNO_3$。将河水水样放入150mL三角烧瓶，每瓶加入80mL河水水样及表4.32所示浓度和剂量的营养物质，调节初始pH值为7.9，锥形瓶用透气膜封盖，以防污染。

试验条件：将各实验组锥形瓶放在室内向阳通风处。为减小光照不均匀造成的影响，每隔3 h更换各试验组三角烧瓶的位置一次。试验水温18.3～27.5℃，基本与玉绣河水体条件相似。

表 4.32　添加营养盐组别

	添加物质	添加量		水样最终浓度(mg/L)		重复瓶数
		体积(mL)	浓度(mg/L)	氮	磷	
河水对照组	蒸馏水	20	—	8.02	0.75	3 瓶
添加磷营养组	KH_2PO_4	10	0.20	8.02	0.77	3 瓶
	蒸馏水	10	—			
添加氮营养组	$NaNO_3$	10	2.00	8.22	0.75	3 瓶
	蒸馏水	10	—			

1) 试验结果与分析

从 2007 年 9 月 4 日 14：00 开始，测定并记录每瓶水样中的叶绿素 a 的含量，以后每天测定一次，直到试验结束(14 天左右)，每天测定的时间基本相同。测定时对每个水样取样、记数 3 次，取均值，绘制叶绿素 a 的含量随时间增长曲线，见图 4.16。

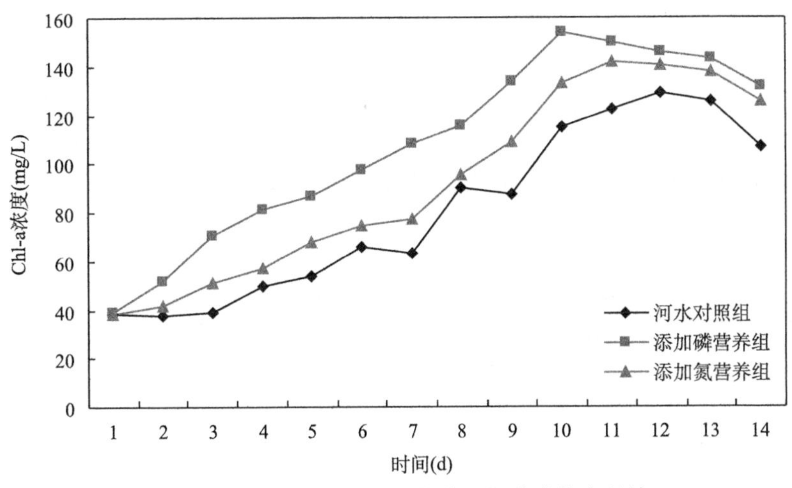

图 4.16　河水对照组与添加营养盐组藻类的生长情况

通过 AGP 试验可以确定水体主要限制营养物质。从玉绣河藻类增长潜力测试结果可知，不同营养盐条件对河水中藻类生长促进作用各不相同，添加营养盐后藻类最大现存量与原河水样的现存量均有一定变化，单独添加磷比单独添加氮对藻类生长促进作用明显。以河水对照组试验结果为基准，把其他两种情况下河水达到的叶绿素 a 最大含量与河水对照组相比可知，添加 KH_2PO_4 的水样中藻类最大生长量较大，而添加 $NaNO_3$ 的水样中藻类最大生长量较小。这说明在实际河流中，含磷化合物的增加对生物量增加的影响很大。另外，从与河水对照组叶绿素 a 的含量的对比可以看出，虽然氮和磷对水体富营养化的影响有主次之分，但是二者对于水体水华的发生都有促进作用。

2) 灰色关联分析

根据 4.4 节中的步骤对 5～11 月的数据进行灰色关联分析，得到各子因素与母因素间的关联度 γ，见表 4.33。

表 4.33　5～11 月各子因素与母因素的关联度

因素	TN	NO_3^--N	NH_4^+-N	COD	NO_2^--N	TP	PO_4^{3-}	DO	温度
γ	0.54	0.71	0.60	0.64	0.60	0.61	0.64	0.57	0.64
排序	6	1	4	2	4	3	2	5	2

根据 4.4 节的步骤对 5～10 月的数据进行灰色关联分析，得到各子因素与母因素间的关联度 γ，见表 4.34。

表 4.34　5～10 月各子因素与母因素的关联度

因素	TN	NO_3^--N	NH_4^+-N	COD	NO_2^--N	TP	PO_4^{3-}	DO	温度
γ	0.52	0.74	0.52	0.59	0.53	0.55	0.57	0.57	0.59
排序	6	1	6	2	5	4	3	3	2

根据 4.3 的步骤对 5～9 月的数据进行灰色关联分析，得到各子因素与母因素间的关联度 γ，见表 4.35。

表 4.35　5～9 月期间各子因素与母因素的关联度

因素	TN	NO_3^--N	NH_4^+-N	COD	NO_2^--N	TP	PO_4^{3-}	DO	温度
γ	0.46	0.88	0.48	0.63	0.52	0.52	0.51	0.53	0.60
排序	8	1	7	2	5	5	6	4	3

灰色关联分析结果表明，5～11 月各指标与 Chl-a 的关联度相似(表 4.33)，与 Chl-a 浓度关联度较大的指标依次是 NO_3^--N、温度；但 5～10 月(表 4.34)，NO_3^--N 与 Chl-a 的关联度(γ＝0.74)明显高于其他，5～9 月(表 4.35)，这种现象更为明显(γ＝0.88)，这与刘冬燕等[38]分析苏州河水质后得出 NO_3^--N 含量与 Chl-a 呈明显的正相关关系的结论相一致。但在 11 月 NO_3^--N 与 Chl-a 的关联度降低，从表 4.30 可以看出，11 月的水体温度明显低于其他月份，温度过低会导致生物活性降低，表现为 Chl-a 浓度下降，此时温度对浮游藻类的抑制性作用增加。Chl-a 与各影响因素以及温度之间的变化关系如图 4.17 所示。因此，通过控制限制性营养

因子的方法对春夏季节的浮游藻类进行有效抑制后，秋冬季节的浮游藻类也同样会得到有效抑制。

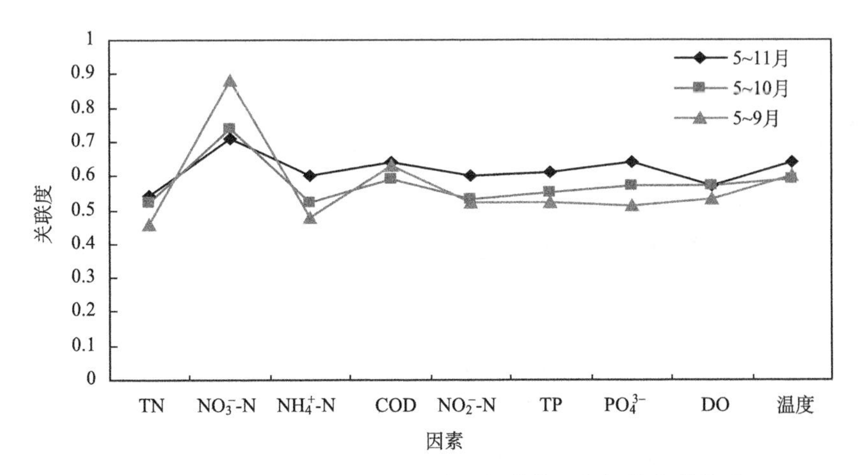

图 4.17　不同时间尺度下叶绿素 a 与其他因素间的关联关系

从表 4.33～表 4.35 还可以看出，NH_4^+-N 与 Chl-a 有着较差的关联关系，在 5～9 月、5～10 月的数据分析中，其关联度均表现为最差，但监测结果(表 4.28)表明水体中 NH_4^+-N 的平均浓度约为 NO_3^--N 浓度的 2.8~30 倍之间，这与普遍认为的“藻类优先利用 NH_4^+-N，而且 NH_4^+-N 的存在还会抑制对 NO_3^--N 的吸收[39]矛盾，因此分析认为藻类对 NH_4^+-N 的吸收存在较为特殊的内在特征。本节拟通过下列静态实验探索藻类对 NH_4^+-N 和 NO_3^--N 吸收的机理特征。

6. 静态条件下藻类对限制性营养物质的吸收

通过该静态试验分析浮游藻类对玉绣河水体中 NH_4^+-N、NO_3^--N 等营养物质吸收的机理特征，以进一步确定玉绣河水体中浮游藻类的限制性营养因子。

取 15L 玉绣河景观塘河水置于水族缸中，放置在室内向阳处，采用 90r/min 的搅拌器进行慢速搅拌以促进水体复氧和防止藻类下沉，消除器壁效应。试验期间，试验水体温度在 8.3～17.3℃间波动，溶解氧为 4.3～8.7mg/L，基本与玉绣河水体条件相似。每天上午 10：00 取样，测试试验水体中 NO_3^--N、NO_2^--N、NH_4^+-N、PO_4^- 和叶绿素 a(Chl-a)的浓度，以及溶解氧和温度值，连续监测 20 天，结果如下。

1) NH_4^+-N 对藻类的影响

静态条件下，玉绣河景观塘河水中 Chl-a 的浓度变化见图 4.18。从图中可以看出，从第 7～8 天起，Chl-a 浓度明显升高，同时 NH_4^+-N 的浓度呈明显的下降趋势(图 4.19)。这表明藻类的增殖充分利用了 NH_4^+-N，Chl-a 浓度和 NH_4^+-N 浓度呈明显的负相关，这也证明了在长时间尺度动态条件下 Chl-a 浓度和 NH_4^+-N 浓度的关联性最低。此时，NO_3^--N 浓度没有随之下降，说明藻类在 NH_4^+-N 存在的情况下优先利用了 NH_4^+-N。

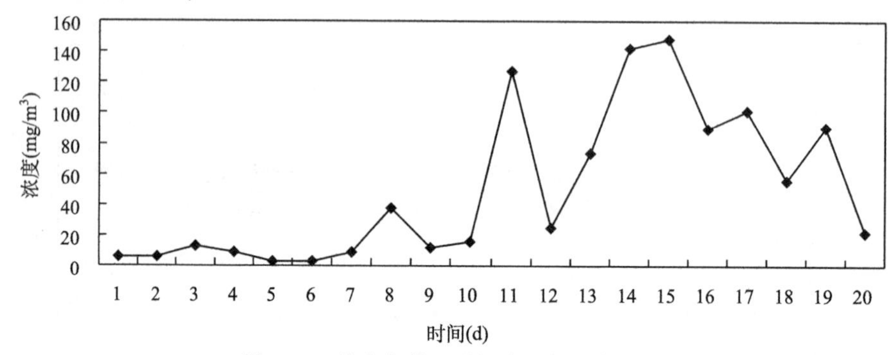

图 4.18　静态条件下叶绿素 a 的浓度变化

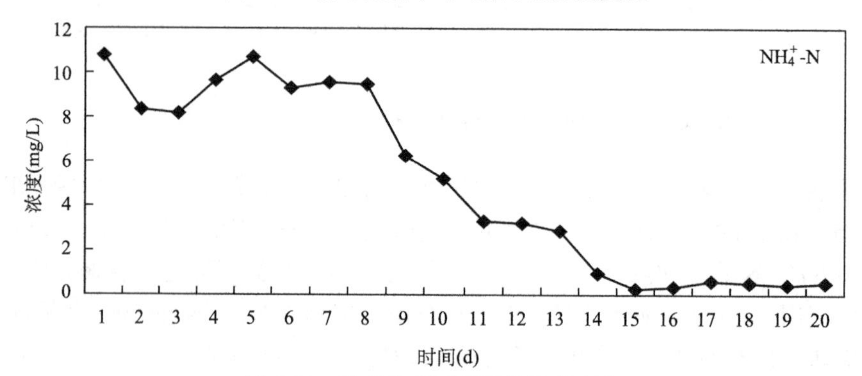

图 4.19　静态条件下氨氮的浓度变化

2) TP 和 PO_4^- 对藻类的影响

从图 4.18 与图 4.20 中 Chl-a 与 TP、PO_4^- 的浓度变化趋势可以看出，TP 和 PO_4^- 浓度总体呈下降趋势，与 Chl-a 的浓度变化趋同性不明显，表明 TP 和 PO_4^- 对 Chl-a 的约束性较弱，因此不是玉绣河水体中浮游藻类的限制性营养因子。

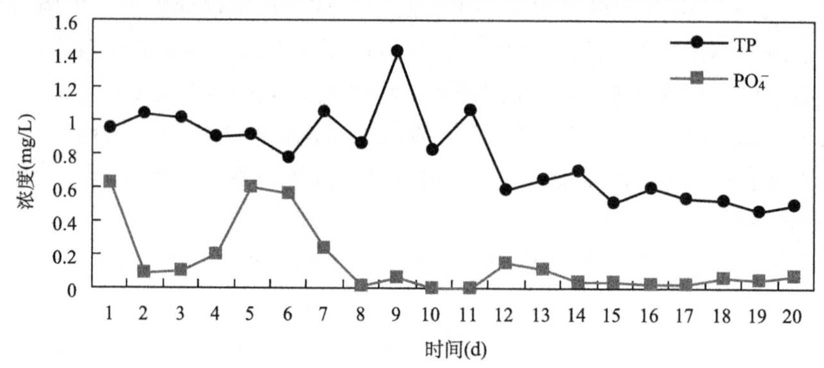

图 4.20　静态条件下总磷和正磷酸盐的浓度变化

3) NO_3^--N、NO_2^--N 对藻类的影响

通过观察图 4.21 和图 4.22 中 NO_3^--N 和 NO_2^--N 的浓度变化可以发现，在试验的第 14～15 天以前，NO_3^--N 和 NO_2^--N 浓度呈缓慢上升趋势，表明在试验水族缸内发生亚硝化和硝化反应，一部分 NH_4^+-N 被藻类吸收，一部分转化 NO_3^--N 和 NO_2^--N，在第 14～15 天以后，NO_3^--N 浓度下降，此时 Chl-a 浓度也随之下降，表明水体中藻类将 NH_4^+-N 吸收利用完毕后开始了对 NO_3^--N 的吸收利用，导致后期 NO_3^--N 浓度下降，在少量 NO_3^--N 被消耗后，藻类由于失去氮素的营养支持而开始消亡，整个试验期间 Chl-a 浓度和 NO_3^--N 浓度呈明显的正相关关系，这也证明了在长时间尺度动态条件下 Chl-a 浓度和 NO_3^--N 浓度的关联性最高。

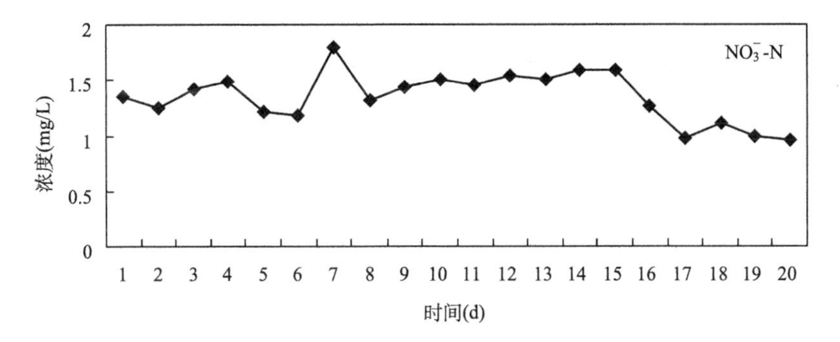

图 4.21　静态条件下硝酸盐的浓度变化

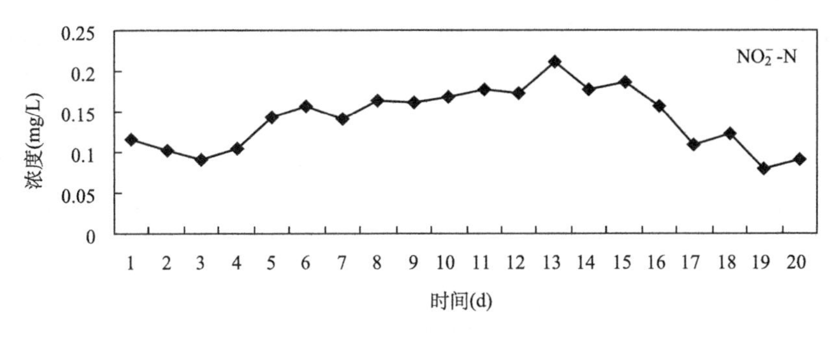

图 4.22　静态条件下亚硝酸盐的浓度变化

4) 静态实验结论

通过以上分析发现，氮素构成了玉绣河水体中藻类的限制性营养因子，在 NH_4^+-N 和 NO_3^--N 的浓度比达到 8∶1 的情况下，藻类优先吸收利用 NH_4^+-N；发生亚硝化和硝化反应导致 NO_3^--N 与藻类生长呈现正相关关系。因此可以确定，对于玉绣河水体，NH_4^+-N 是浮游藻类的限制性营养因子，如果通过某种措施降低水体中 NH_4^+-N 的浓度，则将会减弱亚硝化和硝化反应的发生，水体中藻类将会过早地因失去氮素的营养支持而开始消亡，以此达到控制水体中藻类的目的。

综上所述，在玉绣河改造治理工程中采用中水站出水补充河道生态需水时，应严格控制分散处理单元出水的 NH_4^+-N 浓度，并以 NH_4^+-N 为水质控制目标计算河道的生态环境需水量，将会有效地控制水体中的藻类。

4.5　分散处理单元规模

4.5.1　一维水质模型

绝大多数城市河流的水质计算常常可以简化为一维水质问题，即假定污染浓度在河流横断面上均匀一致，只沿纵向流程方向发生变化，则河流水质迁移转化的基本方程可简化为一维方程；假定河段流量和排污稳定，各断面的污染物浓度不随时间变化，忽略河流纵向弥散作用，则可得稳态条件下的一维水质迁移转化方程：

$$c = c_0 \exp\left(-\frac{kl}{u_x}\right) \tag{4-5}$$

式中，c 为河流景观水体拟控制的限制性营养因子浓度，mg/L；c_0 为上游分散处理单元所在河流断面的水质要求，mg/L；k 为河流的污染物迁移转化系数；u_x 为引水后河流流速，m/s；l 为出水断面与控制断面间的距离，m。

玉绣河包括广场东沟和广场西沟，本章以广场西沟为主，其水流自南向北流动(图 4.23)。玉绣河一期工程治理，输入河流的点源污染大部分已被堵截，在点源污染较集中的地方建立了中水站。目前，玉绣河的污染主要来自源头处未改造村庄的生活污水排放，图 4.23 中，舜玉路和植物园间的河段没有点源污染输入，河流特征相似，可将其视为运用一维水质模型的理想河段，该河段长约 2000m，流速为 0.09m/s，流量为 0.14m^3/s。选取该河段作为玉绣河的代表河段，研究确定

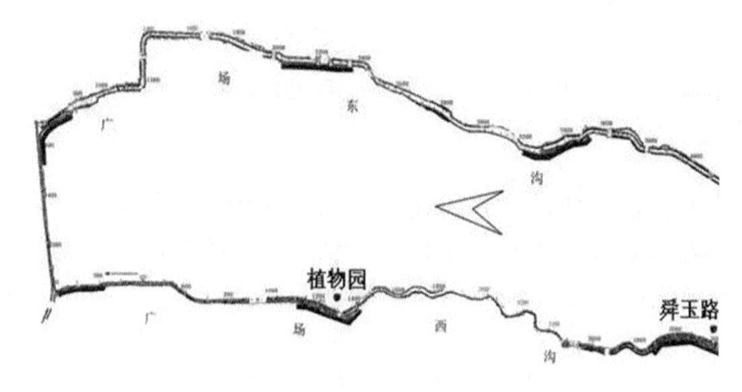

图 4.23　玉绣河示意图

玉绣河污染物的迁移转化系数。选取广场西沟上舜玉路断面和植物园景观塘入口断面为监测取样点，根据 2006 年 11 月下旬和 2007 年 1 月下旬监测的数据(表 4.36)，利用 Excel 的数据分析功能进行回归分析，建立回归模型：$c = 0.7688c_0$（$n = 8$，$r = 0.9788$，$p < 0.01$）。这表明玉绣河 c 和 c_0 在 1%的置信水平下是显著相关的，回归模型成立，计算数据与实测数据拟合情况见图 4.24。

表 4.36　舜玉路断面和植物园断面氨氮浓度(mg/L)

NH_4^+-N	1	2	3	4	5	6	7	8
舜玉路 c_0	5.38	9.65	7.38	9.5	9.14	10.03	9.21	6.02
植物园 c	4.35	7.07	6.11	7.37	6.82	7.88	6.89	4.68

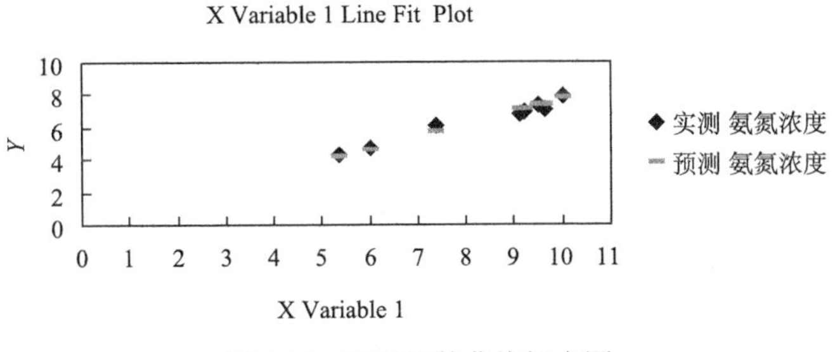

图 4.24　回归函数曲线拟合图

联立式(4-5)和回归函数，代入距离 l 与流速 u_x 等数据，解得 $k = 1.183\text{e}^{-5}$，则玉绣河的一维水质迁移转化模型为

$$c = c_0 \exp\left(-\frac{1.183\text{e}^{-5} l}{u_x}\right) \tag{4-6}$$

4.5.2　河流稀释净化需水量计算

本小节以污染物稀释净化需水量作为改善城市河流生态环境所需的水量。

采用河段特定功能区控制法计算稀释净化需水量，见图 4.25。在河流流量和污染物浓度相对稳定的前提下，在分散处理单元出水口(k 断面)输出水量 Q_k、污染物浓度 C_k，经过河段 l 的迁移转化降解，到达功能水体入口断面 m 时，污染物的浓度达到该处水质约束指标的目标值 C_m。依此反推，求得河道稀释污染物所需的补水量。

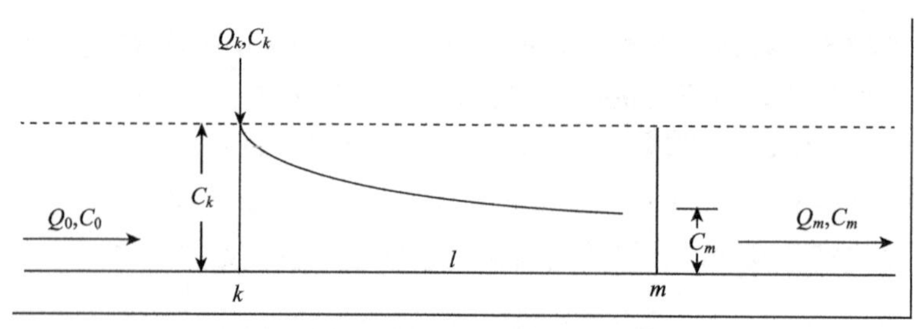

图 4.25　功能区水质控制示意图

根据流量连续性原理：

$$Q_0 + Q_k = Q_m \tag{4-7}$$

式中，Q_0为引水断面本底流量；Q_k为分散处理单元出水总流量；Q_m为功能区入口断面流量。

断面k处，可视为河道本底流量与分散处理单元出水充分混合，则

$$Q_0 \cdot C_0 \ + \ Q_k \cdot C_k \ = \ (Q_0 + Q_k) \cdot C_{0k} \tag{4-8}$$

式中，C_0为k出水断面本底污染物浓度；C_k为出水污染物浓度，由功能区污染物的目标控制浓度和污染物迁移转化模型计算确定；C_{0k}为k断面出水污染物浓度。

断面m处，根据一维稳态水质模型，污染物浓度由C_{0k}将降解为C'_{0k}，则

$$C'_{0k} = C_{0k} \exp\left(\frac{-kl}{u}\right) \tag{4-9}$$

式中，u为引水后水流速度。

断面m处，根据质量守恒定律，建立方程式(4-10)。

$$(Q_0 + Q_k) \cdot C_{0k} \exp\left(\frac{-kl}{u}\right) = Q_m \cdot C_m \tag{4-10}$$

式中，C_m为功能区入口断面污染物控制浓度。

解式(4-7)、式(4-8)和式(4-10)组成的方程组，得

$$(Q_0 \cdot C_0 + Q_k \cdot C_k) \exp\left(\frac{-kl}{u}\right) = (Q_0 + Q_k) \cdot C_m \tag{4-11}$$

设(1)　$\exp\left(\frac{-kl}{u}\right) = a$；

(2) m断面的污染物浓度控制目标根据地表水环境质量标准Ⅴ类确定，本节氨氮的目标控制浓度C_m取2.0mg/L；

(3) 以l作为分散处理单元与功能区水质控制断面间的平均距离；

(4) 研究河段$Q_0 = 0.14\text{m}^3/\text{s}$, C_0取叶绿素 a 最高月份的氨氮浓度平均值

8.29mg/L，l =2000m，则 $a=\exp(\frac{-0.02366}{u})$，根据杨百成等[①]对河流流速流量经验公式拟合的探索，建立玉绣河的流速流量经验公式：

$$v = 0.18Q^{0.36}$$

则

$$a = \exp\left[\frac{-0.131}{\left(0.14 + Q_k\right)^{0.36}}\right] \tag{4-12}$$

简化式(4-11)，则得到满足玉绣河稀释污染物浓度达到功能区水质目标的引水流量 Q_k 与出水污染物浓度 C_k 之间的函数关系：

$$\left(1.16 + Q_k \cdot C_k\right)\exp\left[\frac{-0.131}{\left(0.14 + Q_k\right)^{0.36}}\right] = 0.28 + 2Q_k \tag{4-13}$$

绘制出水水质与引水流量关系曲线，见图 4.26。

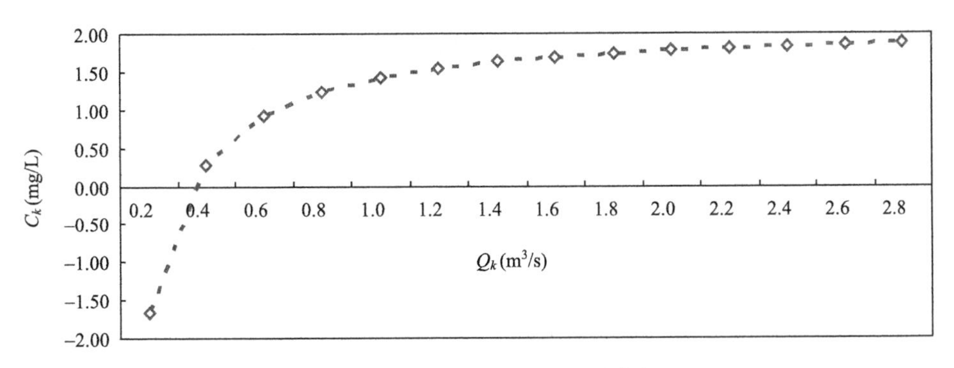

图 4.26　出水水质与流量关系曲线

同样可得到其他各种情况下出水水质与引水流量的关系曲线。

(1) l =3000m 和 l =4000m 时出水水质与引水流量的关系曲线如图 4.28 所示。

图 4.26、图 4.27 曲线显示，河流稀释净化需水量随出水氨氮浓度的升高而增大，在点(0.6，0.92)左边曲线斜率明显较大，意味着增加较少的引水量，可允许出水氨氮浓度限值有较大幅度的提高，从而降低污水处理成本；点(0.6，0.92)向右曲线较缓，这意味着出水氨氮浓度稍微增大，需要大幅度增加稀释净化需水量来满足功能区的水质要求，从而导致污水处理投资成本急剧上升。因此可在点(0.6，0.92)附近选择确定分散处理单元出水水质和总规模。在相同出水量的情况下，随着分散处理单元选址与功能区水质控制断面间平均距离的增加，所要求的

① 杨百成，李增强. 水文断面枯季平均流速、流量经验公式拟合的初探. 海河水利，2002，(6)：18-19.

氨氮出水浓度限值增大。

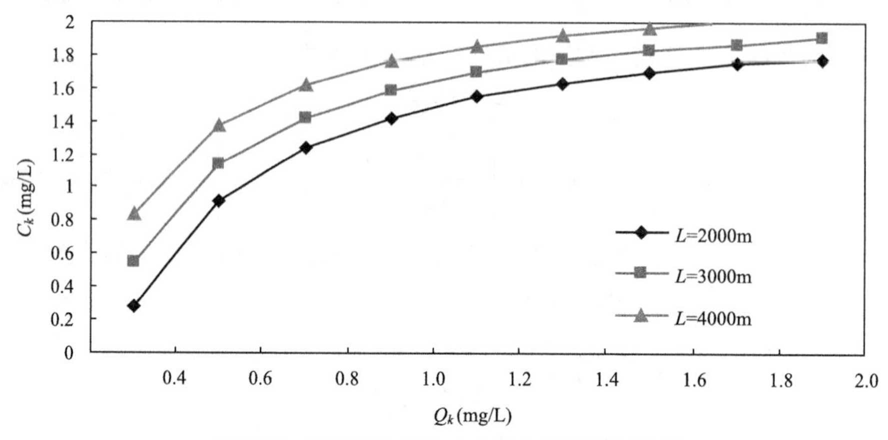

图 4.27　不同距离下出水水质与流量关系曲线

(2) 以 C_0 为自变量考虑，同样可得到 $C_0=4.29\text{mg/L}$ 和 $C_0=6.29\text{mg/L}$ 时，分散处理单元出水水质与引水流量的关系曲线(图 4.28)。

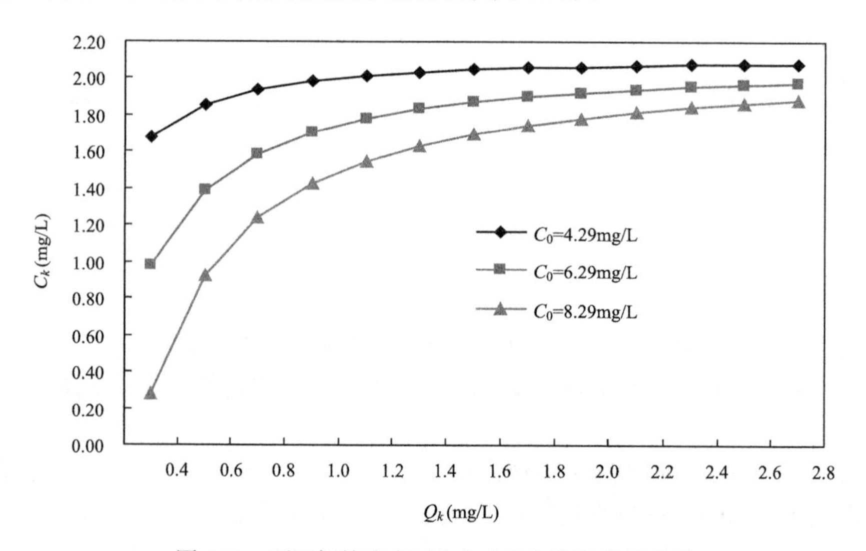

图 4.28　不同初始浓度下出水水质与流量关系曲线

从图 4.28 可以看出，在相同出水量的情况下，随着玉绣河改造河段首污染物本底浓度的减小，所要求的氨氮出水浓度限值增大。在出水污染物浓度相同的情况下，随着玉绣河改造河段段首污染物本底浓度的减小，所要求的处理水量减小，将直接降低工程造价。因此进行玉绣河改造前，截流上游未改造村庄的点源污染，将会降低分散处理单元的投资。

4.5.3　玉绣河流域可用污水量估算

分散处理单元处理的污水包括排入玉绣河的点源污染和来自市政管网的城市污水。由于城市区划与河流流域划分不具有一致性，因此根据河流所在行政区的单位面积人口计算玉绣河流域的城市生活污水排放量。

玉绣河流域面积约为 73.58km^2，其中大部分位于济南市历下区，2004 年该区的人口密度为 0.59 万人/ km^2，人均日生活用水量为 $E_m = 191.3\text{L/d}$，生活产生的污水量按自来水量的 85%转化率计，玉绣河流域产生的生活污水量为：$Q = 7.03$ 万 m^3/d，约为 0.81 m^3/s。玉绣河广场西沟的流域面积仅为 14.56 km^2，产生的生活污水量为：$Q = 1.39$ 万 m^3/d，约为 0.16 m^3/s，远远小于玉绣河污染物稀释需水量，因此不能满足玉绣河点源污染分散处理的水量需求(经现场调查,流域内主要为居住区，工业用水较少，此处未计算玉绣河流域工业排水量)。因此必须降低玉绣河改造河段上游来水污染物本底浓度值，以减小需水量。

4.5.4　分散处理单元个数及规模

截流上游未改造村庄的点源污染，建设分散处理单元，以降低玉绣河改造河段上游来水污染物本底浓度值，规模为河流的本底流量 $Q_0 = 0.14\text{m}^3/\text{s}$，与功能区水质控制断面间的距离约为 3500m；在点源污染较集中的舜玉路和植物园附近分别建设分散处理单元，流量为 Q_1 和 Q_2，与功能区水质控制断面间的距离分别为 2000m 和 0m(图 4.29)。

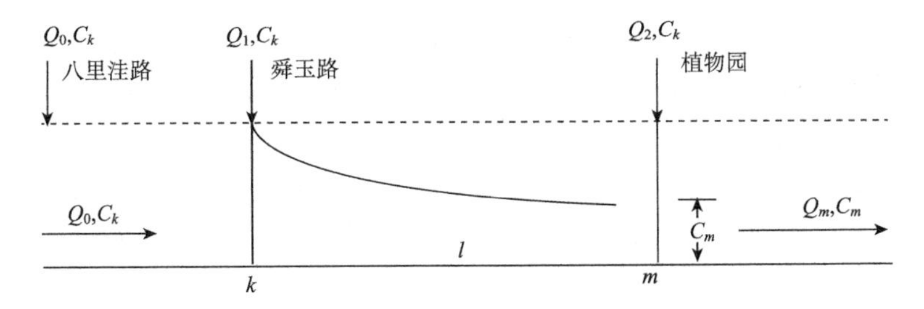

图 4.29　分散处理单元与功能区水质控制示意图

根据式(4-8)和式(4-10)的污染物完全混合及迁移转化模式，得到式(4-14)。

$$\left(0.115C_k + Q_1C_k\right)\exp\left[\frac{-0.131}{\left(0.14+Q_1\right)^{0.36}}\right] + Q_2C_k = 0.28 + 2(Q_1 + Q_2) \qquad (4\text{-}14)$$

理论上存在约束条件：$Q_1 + Q_2 \leqslant 0.16\text{m}^3/\text{s}$，即分散处理单元的规模小于等于所在流域能够提供的生活污水量。当 Q_1 较大时，由于存在一定的输移距离，污染物可得到有效削减，因此分析在 Q_1 分别取 0.06m³/s、0.08m³/s、0.10m³/s、0.12m³/s、0.14m³/s 的情况下，Q_2 与 C_k 的关系曲线(图 4.30)。

从图 4.31 可以看出，随着植物园处分散处理单元出水量 Q_2 的增加，出水氨氮浓度限值逐渐降低，因此 Q_2 的取值应尽可能地降低，根据该处实际点源污染量取 0.035m³/s，即 3000m³/d；随着舜玉路处分散处理单元出水量 Q_1 的增加，出水氨氮浓度限值也逐渐降低，因此 Q_1 的取值应尽可能地降低，根据该处实际点源污染量取 0.023m³/s，即 2000m³/d；如图 4.31 得到分散处理单元出水氨氮浓度的限值约为 2.8mg/L。

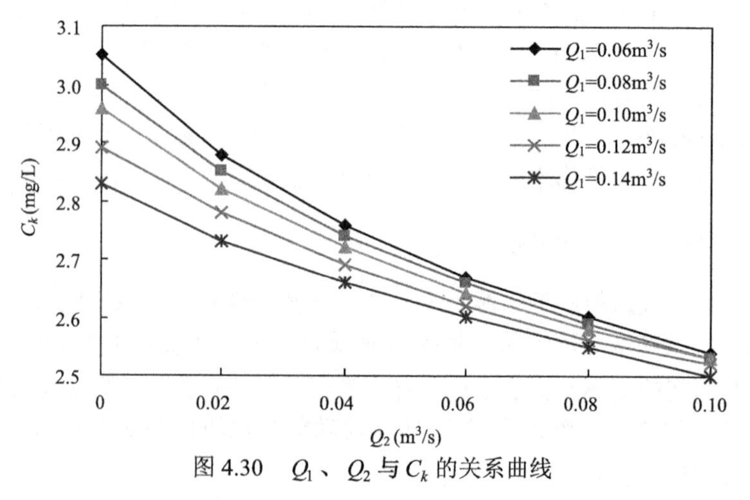

图 4.30　Q_1、Q_2 与 C_k 的关系曲线

因此玉绣河一期治理工程需在八里洼路处建设规模为 1.2 万 m³/d 的分散处理单元，在舜玉路处建设规模为 0.2 万 m³/d 的分散处理单元，在植物园处建设规模为 0.3 万 m³/d 的分散处理单元，各分散处理单元的出水重点控制指标为氨氮，出水浓度限值为 2.8mg/L(图 4.31)。该工程实施后，植物园景观塘的水体氨氮浓度值将被限制在 2.0mg/L，同时能够有效地抑制水体中浮游藻类的繁殖，保护水体的景观功能。

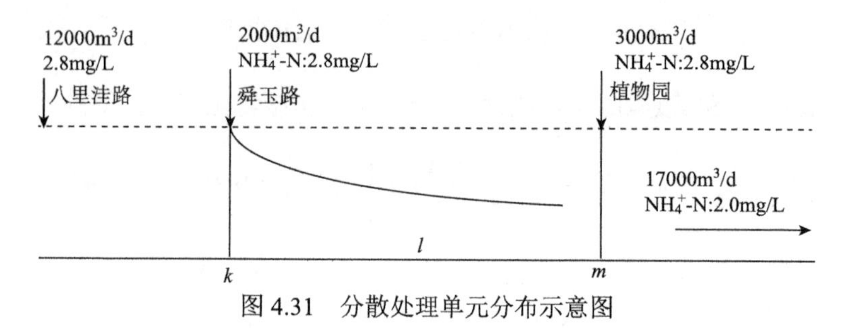

图 4.31　分散处理单元分布示意图

4.6 本章小结

济南市玉绣河是典型的城市河道，早期的治理措施过于简单，致使生态系统功能已遭到严重破坏，河流自身的生态功能完全丧失，严重影响着周围居民的正常生活。玉绣河生态改造综合治理工程，采取了截流污水、底泥疏浚、水体复氧、河滨带景观生态建设、水质净化等措施，取得良好效果。

分散式污水处理单元可提高河流水量、水质，达到了生态补水的作用。但为了使玉绣河水质达到Ⅴ类地表水标准还需要新增污水处理单元。

对于城市景观河道，要维持必要水质和透明度，要着重考虑以下几个方面的因素：①光照和温度对河中浮游藻类生长、繁殖都有限制性作用，但不能单独成为河湖水体富营养化的控制因素。②环境生态用水量的不足也是发生严重水华的原因之一。通过新建分散处理单元增加回补水量可以得到有效解决。③浮游藻类的生长同时受到氮、磷营养盐的共同限制。④通过在河中架设漂流浮岛、种植水生植物，可改变水生维管植物与藻类竞争的不利地位，对抑制水华的发生起到了一定作用。

通过藻类增长潜力试验可知含磷化合物的增加对藻类生物量增加的影响很大，氮和磷对水体富营养化的影响有主次之分，但是二者对于水体水华的发生都有促进作用。

参考文献

[1] Smakthin V U. Low flow hydrology: A review. Journal of Hydrology, 2001, (240): 147-186.

[2] Tennant D L. Instream flow regimens for fish, wildlife recreation and related environmental resources. Fisheries, 1976, 1(4): 6-10.

[3] Hill M T, Beschta R L. Ecological and geomorphological concepts for instream and out-of-channel flow requirements. Rivers, 1991, 2(3): 198-210.

[4] Gleick P H. Water in crisis: Paths to sustainable water use. Ecological Applications, 1998, 8(3): 571-579.

[5] 张帆，徐建新，郭文献. 河流生态环境需水量计算及优化分析模型应用. 人民黄河，2011, 5(2): 72-73.

[6] 魏开湄，侯杰. 水生态保护与修复. 中国水利, 2011, 23(3): 79-86.

[7] 曾维华，宋其龙，陈荣昌. 城市河道生态环境需水研究——以湖南省常德市穿紫河为例，生态环, 2004, 13(4): 528-531.

[8] 王沛芳，王超. 山区城市河流生态环境需水量计算模式及其应用. 河海大学学报(自然科学版), 2004, 32(5): 500-503.

[9] 逄勇，范丽丽，汤瑞梁，等. 晋江流域河道水库最小生态需水量计算研究. 河海大学学报(自然科学版), 2004, 31(6): 612-615.

[10] FemAndez-Turiel J L, Gimeno D, Rodriguez J J, et a1. Spatial and seasonal variations of water quality in a mediterranean catchment: The liobregat river（Ne Spain）. Environmental Geochemistry and Health, 2003, 25: 453-474.
[11] Shil’Krot G S, Yasinskii S V. Spatial and temporal variability of biogenic elements flow and water quality in a small river. Water Resources, 2002, 29(3): 312-318.
[12] 济南市年鉴 2004 城乡建设. 204.
[13] 济南市年鉴 2006 城乡建设. 244.
[14] 刘冬燕, 赵建夫. 绥宁河生物修复中浮游植物的生态特征研究. 应用生态学报, 2005, 16(4): 703-707.
[15] 胡辉, 谢静. 叶绿素 a 在监视赤潮和评价水环境中的应用. 环境监测管理与技术, 2001, 13(5): 43-44.
[16] 吕洪刚, 张锡辉. 原水藻与叶绿素 a 定量关系的研究. 给水排水, 2005, 31(2): 26-30.
[17] 黄祥飞. 湖泊生态调查观测与分析. 北京: 中国标准出版社, 1999: 72-79.
[18] 金相灿, 屠清瑛. 湖泊富营养化调查规范. 2 版. 北京: 中国环境科学出版社, 1995.
[19] Welch E B, Jacoby J M, May C W. Stream quality. Ecology and Management: Lessons from the Pacific Coastal Ecoregion. New York: Springer-Verlag, 1998: 69-93.
[20] 闫喜武, 郭海军. 用叶绿素法测定虾池浮游植物初级生产力. 大连水产学院学报, 1998, 13(2): 9-16.
[21]刘冬燕, 达良俊. 绥宁河生态修复对粒径分级叶绿素 a 的影响. 应用生态学报, 2003, 14(6)：963-968.
[22] 杨东方, 张经, 陈豫. 营养盐限制的唯一性因子探究. 海洋科学, 2001, 25(12): 49-51.
[23] Vrede K. Effects of nutrient（phosphorus nitrogen and carbon）and zooplankton on bacterioplankton and phytoplanktona seasonal study. Limnology and Oceangrophy, 1999, 44(7): 1616-1624.
[24] Smith D W. Biological control of excessive phytoplankton growth and enhancement of agricultural production. Can J Fish Aquat Sci, 1985, 42: 1940-1945.
[25] Pedersen F M, Borum J. Nutrient control of algal growth in estuarine waters. Nutrient limitation and the importance of nitrogen requirements and nitrogen storage among phytoplankton and species of macro algae. Mar Ecol Prog Ser, 1996, 142: 261-272.
[26]葛大兵, 吴小玲. 岳阳南湖叶绿素 a 及其水质关系分析. 中国环境监测, 2005, 21(4): 69-71.
[27] 周宏. 杭州西湖水体中叶绿素 a 含量与水质的关系. 浙江大学学报(理学版), 2001, 28(4): 439-442.
[28] 张志杰, 庄晶. 闹德海水库叶绿素 a 与生态因子的灰关联分析. 东北水利水电, 2006, 24(258): 48-50.
[29] 刘冬燕, 宋永昌. 苏州河叶绿素 a 动态特征及其与环境因子的关联分析. 上海环境科学, 2003, 2(3): 261-264.
[30] Davis N M. Weaver V, et al. An assessment of water quality, physical habitat, and biological integrity of an urban stream in wichita, kansas, prior to restoration improvements(phase I). Archives of Environmental Contamination and Toxicology, 2003, 44: 351-359.
[31] Yeh Y L, Chen T C. Application of grey correlation analysis for evaluating the artificial lake site

in Pingtung Plain, Taiwan. Canadian Journal of Civil Engineering, 2004, 31(1): 56-59.
[32] 王国平．灰色系统理论在城市交通噪声预测和绝对关联分析中的应用．中国环境科学, 1996, 16(1): 56-59.
[33] Weiqin T, Xinping X. Application of grey relation analysis to multi-level evaluation in complex systems. Journal of Wuhan University of Technology (Transportation Science & Engineering), 2004, 28(2): 288-291.
[34] 严登华, 何岩, 邓伟. 流域生态水文格局与水环境安全调控. 科技导报, 2001, (9): 55-57.
[35] Håkanson L, Malmaeus J M, Bodemer U, et al. Coefficients of variation for chlorophyll, green algae, diatoms, cryptophytes and blue-greens in rivers as a basis for reductive modeling and aquatic management. Ecol Model, 2003, 169: 179-196.
[36] 黄祥飞．武汉东湖富营养化的综合评价：东湖生态研究(一)．北京：科学出版社，1990: 404-407.
[37] 刘冬燕, 宋永昌．苏州河叶绿素 a 动态特征及其与环境因子的关联分析．上海环境科学, 2003, 2(3): 261-264.
[38] 乐元, 谢可军．人工湿地新型污水处理技术．西南林学院学报, 2002, 22(2): 76-79.
[39] 胡康萍, 刘少宁．一种经济、有效、简便、可靠的污水处理技术人造湿地系统．环境工程, 1991, 9(2): 6-10.

第5章　河道景观生态修复

生态河道是指具有良好的整体景观效果、合理的生态系统组织结构和良好的运转功能，对长期或突发的扰动能保持弹性、稳定性以及一定的自我恢复能力；河道整体功能表现出多样性、复杂性，能够满足所有受益者的合理目标要求。

河流的生态系统包括生命体(植物、动物和微生物)，也包括非生命体(物理和化学的相互作用)[1,2]。河流生态系统的一个典型的特征是流动的生态系统，流动是指流动的河水，流动的河水从几分米宽的小溪到几千米宽的大江大河[3]，与流动的生态系统相反的是静止的生态系统。流动性赋予河流独有的特性[4]：流动是单向的，具有连续物理变化，具有高度的时间和空间的异质性和易变性，在这种流动的生态系统中的生境是独特的。

影响河流生态系统的非生物因素有：水流速度，这是流动生态系统的关键因素，因为流动影响生态，流动的强度从湍急到缓慢[3]；水量直接影响流速，进而影响侵蚀和沉积，形成各种生境[5]。光对于流动的生态系统十分重要，通过光合作用提供能量，形成初级生产力，为捕食者提供庇护所。获得光的数量是内部与外部系统综合作用的结果，周围的环境，是否有森林或者峡谷的遮挡等，大的河流比较宽，受外部的影响小，光线直射河水表面，大河流通常更加湍急，水中的颗粒物减弱了光线入射的深度[5]。温度，大多数流动的物种都是变温动物，体内温度随周围环境温度变化，因此温度也是关键因素。辐射影响水温并且水温昼夜波动、季节波动。化学物质，河水的化学性质也变化剧烈，受汇水区的地质条件影响，也受降雨和人类的污染影响[3,5],溶解氧是流动系统的最关键的化学物质，是好氧有机物生存的条件，溶解氧通过水面扩散进入水体，并随着水的 pH 和温度的增加而减少，湍急的河水有更多与空气接触的表面，含氧量更高。溶解氧是光合成的副产物，系统中含有大量的水生藻类和植物，白天就会有高浓度的溶解氧。底物、汇水区侵蚀、转送沉积，形成了流动系统的基质，底物也可以是有机物，如秋天的落叶、淹没的木头、苔藓等植被。底物不一定是永久不变的，洪水过后就是一次大的变化。河流的地理形态、空间结构形成的物理生境影响水利条件[6-11]，堤岸植被影响水流的速度，同时也为水生生物提供庇护所，植被是物理生境的重要组成成分[12]。

影响河流生态系统的生物因素有：细菌，流动的水体中细菌数量众多，浮游生物分解有机物，附着在岩石和植物表面的生物膜，悬浮在水中构成底物，对于能量循环起重要作用。初级生产者藻类，是浮游植物和固着生物，是初级生产力的主要来源。浮游植物在水体中自由浮动，在快速流动的河流中很难维持足够的数量。在缓慢流动的河流中或者回水中有相当大的数量。固着生物主要有丝状菌和丛生藻类，它们附着在物体表面，防止被水冲走。植物，受河流速度的限制，一旦附着成功，可以减低流速。主要的植物有苔藓和苔类附着在固体表面。其他的浮游植物如浮萍和水风信子。再就是淹没或者挺水的根茎植物，在缓慢流动的软泥中。昆虫和其他无脊椎动物，在流动的系统中 90%的无脊椎动物都是昆虫。这些昆虫具有丰富的生物多样性，能够适应各种环境。鱼类和脊椎动物，鱼类是众所周知的流动系统中的动物。

近半个世纪以来，经济发展推动我国国土面貌和生活方式发生了巨大的变化。为了适应这种变化，河流建设的重点是防洪抗旱，致使河流的自然面貌遭到了严重破坏，河流的自然景观和个性特征逐渐丧失，为此在河流生态系统修复中，首先提出自然型河道，随着认识水平的提高，又提出了生态型河道。

(1) 自然型河道阶段(20 世纪 30 年代末至 80 年代末期)。1938 年德国的 Seifeit 首先提出近自然河溪治理的概念，指出治理工程应在实现传统河流治理的各种功能(如防洪、供水、水土保持等)的基础上，达到接近自然的目的[13]。20 世纪 50 年代德国正式创立了近自然河道治理工程，提出了河道的整治要符合植物化和生命化的原理，要在工程设计中吸收生态学的原理和知识，改变传统的工程设计理念和技术方法，近自然河道治理工程理论成为河流生态修复技术的主要理论基础[14]。Schlueter 认为近自然治理(near nature control)的目标，首先要满足人类对河流利用的要求，同时要维护或创造河流的生态多样性[15]。Binder 认为：近自然治理的实质是人为活动对自然景观或其一部分的干预，河道整治首先要考虑河道的水力学特性和地貌学特点。河溪的自然状况或原始状态应该作为衡量河道整治与人为活动干预程度的标准。这一概念指出了近自然治理和工程治理出发点的差异及其衡量近自然治理的客观标准[16]。Hohmann 对近自然治理提出了一个相对准确的目标，即通过生态治理(应该)创造出一个具有各种各样水流断面、不同水深及不同流速的河溪，河岸植被应该是具有多种小生境的多级结构[17]。在这一思想中，他提出了生境多样性在近自然治理中的地位，注重工程治理与自然景观的和谐性。许多学者从景观生态学理论与荒溪治理目标相结合的观点出发阐述了近自然治理的思想，认为现代荒溪治理的理论基础是景观生态学，荒溪治理的目标就是减轻或避免自然灾害对人类生命财产及其生产活动所造成的损失。近自然治理的实质就是景观生态学与荒溪治理学的完美结合，就是既有防护作用又能维护荒溪自然景观的管理工程[18,19]。1965 年德国 Ernst Bittmann 用芦苇和柳树对莱茵河进行了生物护岸实验，实现了对河流结构的修复[20]，被认为是最早的河流生态修复实践[21]。20 世纪 70 年代末，瑞士在河道治理中也开始运用生态工程技术，结合并发展了 Bittmann 的生物护岸法，称为多自然型河道生态修复技术[22]，主要利用柳树和自然石块取代已建的混凝土护岸，还原河道深渊和浅滩的蛇形弯曲自然形态，保持河流的自然状态[23]，这种方法在瑞士被称为 Naturanhe Wasserbau[24]。1978 年，Simonds 出版了专著 *Earthscape: a Mannual of Environmental Planning*[25]，指出应通过通过恢复乡土植被，保存现有河流的自然形态，增加可利用的岸线长度等措施恢复水景观，并提出将绿道（Greenways）和蓝道（Blueways）相结合，形成开放空间与水道相互联系的状态。1983 年 Bidner 提出河道整治首先要考虑河道的水力学特性、地貌学特点与河流的自然状况，以权衡河道整治与对生态系统胁迫之间的尺度。1985 年 Holzmann 把河岸植被视为具有多种小生态环境的多层结构，强调生态多样性在生态治理中的重要性，注重工程治理与自然景观的和谐性。同年，Rossoll 指出，近自然治理的思想应该以维护河流中尽可能高的生物生产力为基础。1989 年 Pabst 则强调溪流的自然特性要依靠自然力去恢复。1992 年 Hohmann 从维护河溪生态系平衡的观点出发，认为近自然河流治理要减轻人为活动对河流的压力，维持河流环境多样性、物种多样性及其河流生态系统平衡，并逐渐恢复自然状况。受德国的影响，20 世纪 90 年代末，日本开始倡导多自然型河道建设，日本政府 1997 年对旧《河川法》进行了大幅度的修改，在原来河川管理 2 大目标“治水、利水”的基础上增加了新的管理目标“环境”。日本河流研究者将河流水域、河滨空间及河畔居民社区当作一个有机的整体，认为河流管理对象应该包括河流水量、水质、河流生态系统、河流水循环、河流水滨空间、河流与河畔居民社区的关系。在河道工程方面，对多自然型河流治理法进行了大量的研究，强调用生态工程方法治理河流环境、恢复水质、维护景观多样性和生物多样性。20 世纪 90 年代初日本实施了《创造多自然型河川计划》，仅 1991 年日本就有 600 多处实验工程，日本第九次治水五年计划中，对 5700km 河流采用多自然型河流治理法，其中 2300km 采用植物堤岸，1400km 采用石头及木材营造的自然堤岸。日本在河道多自然型修复过程中提出的具体要求是：多自然型河道的建设并不是简单地保护河流的自然环境，而是在采取必要的防洪抗旱措施的同时，将人类对河流环境的干扰降低到最小，与自然共存[26]。

(2) 生态型河道阶段（20 世纪 90 年代初期起）。河道治理中开始关注生物多样性恢复问题，注重发挥河流生态系统的整体功能，逐渐实现人与自然和谐共处。河道治理要减轻人为活动对河流的压力，维持河流环境多样性、物种多样性及河流生态系统平衡，并逐渐恢复自然状况[15,27]。董哲仁提出了生态水工学（Eco. Hydraulic Engineering）的概念，他认为水工学应吸收、融合生态学的理论，建立和发展生态水工学，在满足人们对水的各种不同需求的同时，还应满足水生态系统的完整性、依存性的要求，恢复与建设洁净的水环境，实现人与自然的和谐。2003 年他在对河流形态多样性的研究中指出：河流形态多样性是流域生物群落多样性的基础，水利工程建设应注意保护和恢复河流多样性，以满足生态系统健康的要求[28]。

5.1　生 态 护 坡

以往国内外在河岸防护工程中多采用浆砌或干砌块石、现浇混凝土、预制混凝土块体等结构形式,在城市河道护岸工程中采用较多的是直立式混凝土挡土墙。这些结构形式在保持岸坡的稳定性、防止水土流失以及保证防洪安全等方面起到了一定的作用，但也在不同程度上对景观环境和生态产生了不良的影响，造成水体与陆地环境恶化和生态破坏。为了有效保护河道岸坡和生态环境，瑞士、德国和日本等国的技术人员均提出了生态护岸，生态护岸是指利用植被在河道坡面进行修复与保护，当作为护坡的植被与被保护的坡面以及周边的相关要素形成了一个有机的系统，这个系统本身保持良好的动态平衡，并与周围的系统保持着顺畅的物质交换，这时生态护岸就形成了[29]。

生态护坡概念的内涵包括两个要素：河道护坡要满足防洪抗冲标准要求，构建能透水、透气、生长植物的生态防护设施。河道护岸要满足边坡生态平衡要求，要建立良性的河坡生态系统，由高大乔木、低矮灌木、花草、鱼巢、水草、动物沿滩地、迎水边坡、坡脚及近岸水体组成河坡立体生态体系。

5.1.1　生态护坡的原则

1. 水力稳定性原则

护坡的设计首先应满足岸坡稳定的要求。岸坡的不稳定性因素主要有：①岸坡面逐步冲刷引起不稳定；②表层土滑动破坏引起不稳定；③深层滑动引起不稳定。因此，应对影响岸坡稳定性的水力参数和土工技术参数进行研究，从而实现对护坡的水力稳定性设计。

2. 生态原则

生态护坡设计应与生态过程相协调，尽量使其对环境的破坏影响达到最小。设计应以尊重物种多样性，减少对资源的消耗，保持营养和水循环，维持植物生境和动物栖息地的质量，有助于改善人居环境及生态系统的健康为总体原则。

5.1.2　生态护坡形式

生态护坡分为硬的生态护坡和软的生态护坡，主要是材料不同。

1. 硬护坡

硬护坡所用的材料有：卵石、树桩、碎石护坡、A-jack(一种水泥护面层，由T形的水泥护面单元组成)消浪护坡、生物篱笆墙护坡。卵石护坡是由卵石组成，沿着堤岸采用不同的结构形式进行堤岸保护，卵石形状不均匀，在水下形成空间用于强化生境，图 5.1 所示为卵石护坡示意图，可以防治坡脚侵蚀。

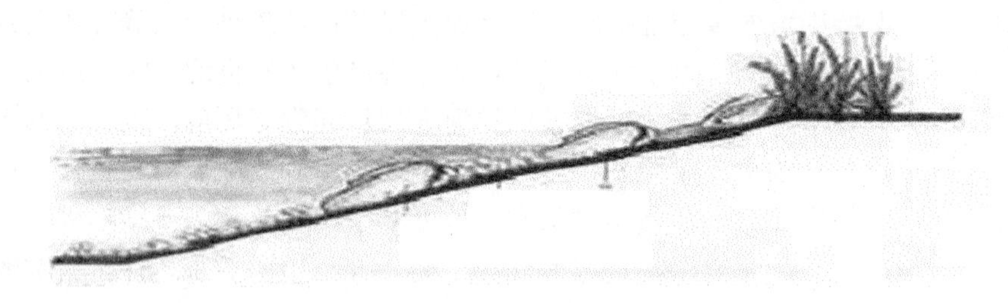

图 5.1　卵石护坡

2. 软护坡

软护坡的材料主要是草坪等植被、椰壳纤维原木、织物、活的树桩、活的柴笼和灌木丛垫，图 5.2 所示为植被护坡示意图。

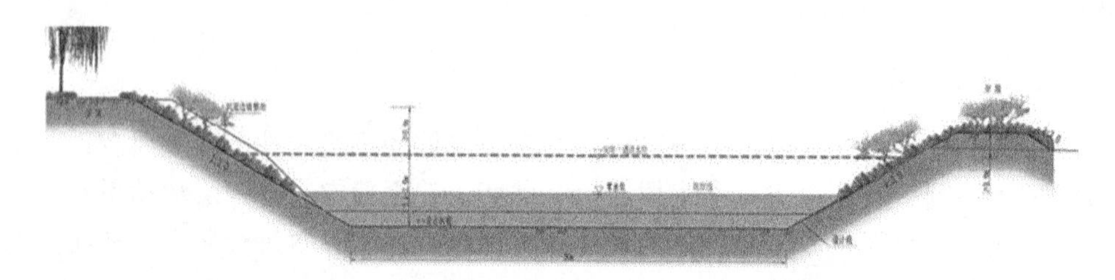

图 5.2　草坪植被软护坡

5.1.3　我国台湾的筏子溪生态护坡案例

进行筏子溪生态护坡修复时，提出的指导原则是：恢复筏子溪生态环境，重建生境以利于多种物种的繁衍；减少河岸的侵蚀；用最小的维护措施，如清淤或者额外的防治设施，实现河道系统的自平衡。在生态本地调查和获取足够的基础信息的基础上进行护坡的再设计与改造。

河道的护坡采用的斜坡结构，采用了填石铁笼、大的块石、阶梯结构、乱石护基以及引进的 Ryushikou 护坡等组合措施，尽最大可能保持自然的剖面线、河道形态和浅滩。在河滨带进行了绿化。根据水文计算科学选择护坡的厚度，以利于河流的水利过程和生态的修复，具体位置如图 5.3 所示，采用的生态护坡的工程措施和传统措施的对比如图 5.4 所示，采用填石铁笼护坡段的结构如图 5.5 所示，采用阶梯护坡如图 5.6 所示，采用 Ryushikou 护坡和运行 4 年后的效果分别如图 5.7 和图 5.8 所示。

图 5.3　我国台湾筏子溪的位置

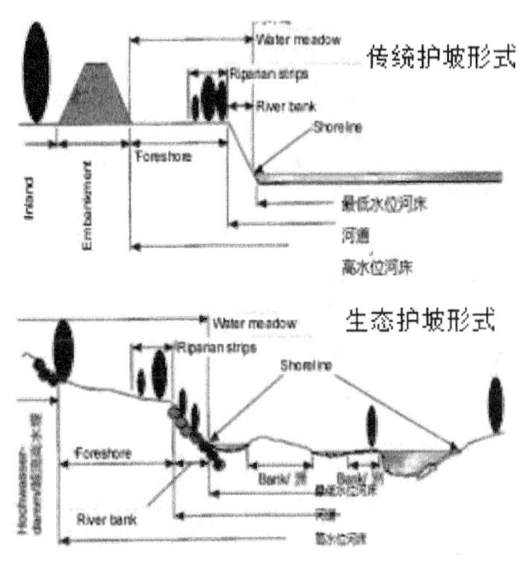

图 5.4　筏子溪采用生态护坡改造前后对比

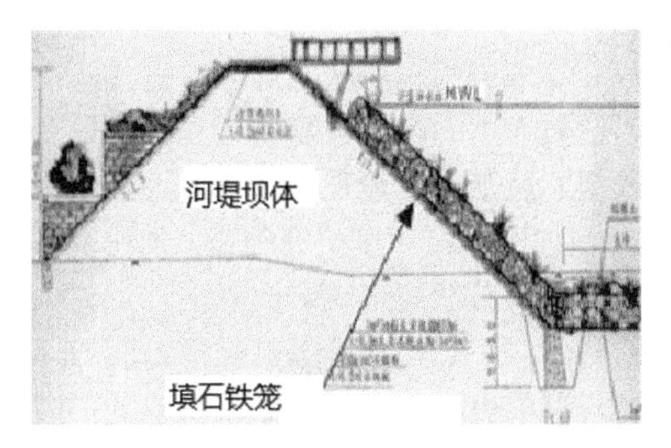

图 5.5　填石铁笼护坡

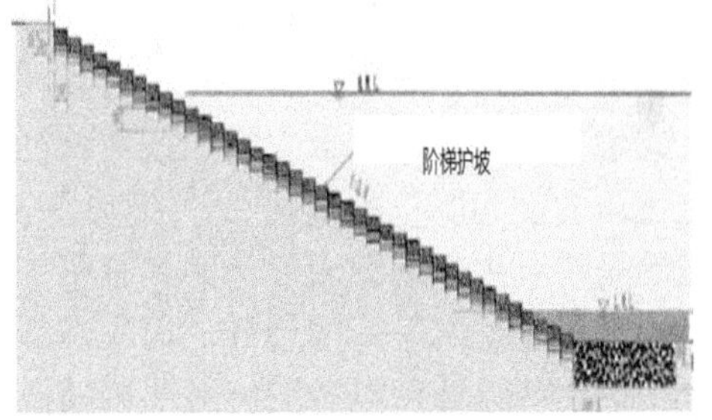

图 5.6　阶梯护坡

Ryushikou 护坡是先用柳树做成框架，再在框架中填装石块，柳树的根和周围的木框结构强化了护坡，柳树形成的植被还为野生动物提供了生境，在洪水期间为鱼类提供了庇护所。该工程 2003 年 10 月开工，2004 年 12 月竣工。图 5.8 是运行 4 年后的效果图，从图中可见，Ryushikou 护坡上的柳树已经十分茂盛，阶梯护坡上的草坪也已经形成。该工程经受了 2005 年的洪水的考验，体现了生态、低影响和经济好用的目的[30]。

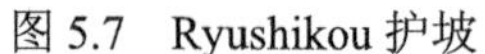
图 5.7　Ryushikou 护坡

图 5.8　采用生态护坡修复后的效果图

5.2　河道景观生态

景观通常是土地表面及其相关特征或者某一视点多件的自然景观[31]。理查德在《景观生态》一书中提出了景观的严密定义：“在千米范围内，以类似方式重复出现的、相互作用的生态系统的元素的聚合所组成的异质性地域。”[32]生态系统是相互作用的物理化学元素及其生物特征组成的多层系统的一部分。景观生态学定义为特定景观尺度下的生态系统功能研究[33]。

景观生态在林学、景观生态学、城市规划等领域的理解和标准各有侧重。在林学研究中，景观生态常作为植被景观或以植被为主的绿色景观的代称；在景观生态学研究中，指包含生物和人文特征的景观，区别于一般视觉景观的、具有特定生态功能和服务的景观[34,35],在城市或区域规划及资源环境研究领域，景观生态指的是经过生态规划或设计的具有可持续性、人与自然和谐统一的景观[36-39]。

河道是岸线景观的边界，而生态系统的边界对生态系统的影响是多方面的，有效的岸线设计可以影响河道周围的微环境，形成更为丰富的生态系统。

5.2.1　河道景观生态修复原则

景观生态修复是寻求生态方面最优的景观利用方式。最优的景观利用方式，增加生态系统的复杂性，生态系统的复杂性同生态系统的稳定性存在正相关。要实现生态系统的稳定性就要构建景观使之成为在空间和时间上都表现出高度复杂性的动态缀块镶嵌体，复杂性景观嵌体通过时间、空间异质性和大量组分间的非线性相互作用，实现生态系统的强化与修复。为了实现景观嵌体的复杂性与空间异质性，要遵循一定的原则。

1. 植被配置的原则

要构建出健康稳定的生态群落，提升生态环境，最大限度发挥植物的作用，使各河段植物配置相互联系、相互影响，形成统一的河道植被景观。必须遵循一定的配置原则。

(1) 乔灌草相结合原则：乔灌草相结合而形成复层结构群落，不仅可以增加降水截留量，还可以增加空间三维绿量，使其更好地形成生态带，构成生态网络。

(2) 物种共生相融原则：合理选择植物种类，避免种间竞争，保持群落稳定。

(3) 常绿树种与落叶树种混交原则；常绿树种与落叶树种混交不仅可以形成季相变化，提高河道植被景观质量，也可提高生物多样性。

(4) 深根系植物与浅根系植物相结合原则：深根系植物与浅根系植物相结合，不仅可以固土护坡，防治水土流失，还可以提升土层营养利用率。

(5) 阳性植物与阴性植物合理搭配原则：阳性植物与阴性植物的合理搭配可以提高群落的光能利用效率，减少植物间的不利竞争。

2. 景观格局统一的原则

规划的河段区间均以改善当地生态环境为基准，结合用地类型、地形地势、社会环境等，形成各具特色的景观群落。中心城区河段规划在提升河道环境的基础上，以服务居民为主，底层河岸植物群落搭配丰富且稳定。市郊河段以打造河流生态廊道为依托，使其形成景观生态涵养功能的自然植被群落带，其特点也是临近河岸植物群落搭配稳定。这样以河道为基准的两岸植物搭配形成稳定的河流廊道，河流廊道将中心城区植被群落带与自然涵养绿地群落带衔接起来，使区域生态系统形成一个整体，促使河道植被景观构成生态网络，对改善水质、空气及周围环境具有重要贡献。

5.2.2 河岸植被缓冲带技术

河岸植被缓带一般由水域区、河岸区和相邻土地区等 3 部分组成[40]。研究表明，河岸缓冲带能够通过沉积、吸收、截留、分解等方式有效过滤地表营养元素和污染物流入水体[41,42]，是用来提高水质的常用方法[43]。此外，河岸植被缓冲带还具有截留地表径流泥沙、控制河岸侵蚀、调节河溪微气候及水温、维护河溪生物多样性和生态系统的完整性以及提高河岸景观质量等多方面的生态水文功能。

Smith 对新西兰 Tauwhare 上游源头的研究中发现，10～13 m 宽的牧场河岸缓冲带能够截获地表径流中的悬浮沉淀物和颗粒物高达 80%以上，溶解态氮的去除率达 67%[44]。美国亚利桑那州的研究人员发现[45]：3m 宽的草带可以在非常短的距离内拦截沙砾，而移除细沙颗粒物的草带宽度需要达到 15m，拦截黏粒颗粒物则需要达到 90～120m。在美国东部森林流域的实验研究认为，移除临近河溪的森林林冠会增加到达河溪表面的太阳辐射量，导致夏季河水水温增加 1.1～6.1℃[46]。Rundle 等[47]和 Ormerod 等[48]的研究发现，5～20m 宽的植被带能有效保护河流栖息地结构及大范围无脊椎动物的种群。赵霏等[49]对城市河岸带的研究表明：内河流域生态廊道功能主要体现在沿河道 200 m 的河岸缓冲带范围内。澳大利亚维克多利亚州的土壤保护专家通常利用以下公式确定缓冲带的宽度，这个公式来自 Trimble 和 Sartz 创立的导则[50]。

$$W=8+0.6S$$

式中，W 为缓冲带的宽度，m；S 为坡度，%。

在河滨带设计时要重点考虑以下两点：①河滨带宽度。设计的河滨带宽度是植物种类、土地坡度和径流速度的函数。目前推荐的设计宽度是 10～30m。如果宽度小于 10m，无法去除大的沉积物和改善生态环境。②植被。在宽度大于 10m 的河滨带中混合种植的树木和草地可以提高缓冲带去除营养物的效能。

人工设计的河岸带采用树木、灌木和草地进行有效组合，形成的河岸带比自然系统河岸带在减少营养物、杀虫剂和沉积物进入河道方面更有效。可以采用地上和地下组合系统，充分考虑不同的物种对径流的年最大截留率的差别；利用灌木强大的根系系统固土，截留潜流中的营养物，为土壤提供有机质，灌木的根系还可以改善河滨带的土质。

典型的河岸带的人工设计模式为：树木+灌木+草地缓冲带模式，如图 5.9 所示。

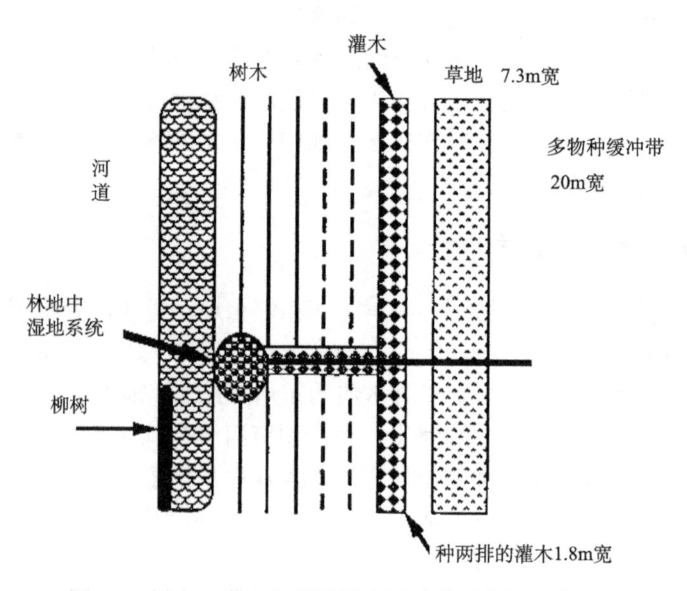

图 5.9　树木、灌木和草地组合缓冲带系统设计模式图

这种组合式的缓冲带在 Iowa 中北部和 Bear 河道进行了示范建设，Bear 河道长 34.8km，宽 3～6m 汇水区面积为 7661hm^2，该组合系统中在河道岸线坝脚处种植了大量的柳树，填装了块石，有效地防治河水的冲刷，减低了河道水流的速度，河道中的淤泥在柳树的根部沉积，又进一步稳定了河堤。生态护坡和生态缓冲带是组合系统[51]。该示范工程于 1990 年建成，缓冲带 20m 宽，河岸线处为 5 排速生树木、2 排灌木和 7m 宽的草地，示范工程长 1.0km，在 Bear 河两侧都进行了改造建设。四个生长季节后，速生树木已经高达 2.4～5.5m，四年平均生物量为 8.4kg/hm^2，灌木和草坪生长茂盛，有效地减低地表径流，稳定了土层，防止了水土流失，该系统出水中硝酸氮的浓度从未超过 2mg/L，而未采用该措施的河段的进水的硝酸氮的浓度超过 12mg/L，该缓冲带有效地降低了营养盐对河道水质的影响。

5.3　济南市玉绣河景观生态恢复

5.3.1　河岸带景观生态设计

玉绣河改造过程中，对两岸的荒芜空地进行景观植被恢复也是对玉绣河周边生态环境改善的很重要的一方面。广场西沟原有的植被基本处于荒芜状态，只有火炬树、刺槐等少量的耐贫瘠的先锋树种。在玉绣河景观生态修复过程中，对其进行的植被进行重新设计，按照景观生态恢复的原则增加物种的多样性，采用树木和灌木组合的形式，选择本地优势物种，根据可利用的空间配置植物，形成了人工强化河岸景观生态带。玉绣河是城市中心河道，受城市建筑的限制和可用土地的限制，设计中普遍采用的典型河道的断面形式见图 5.10，典型河道景观生态设计见图 5.11。

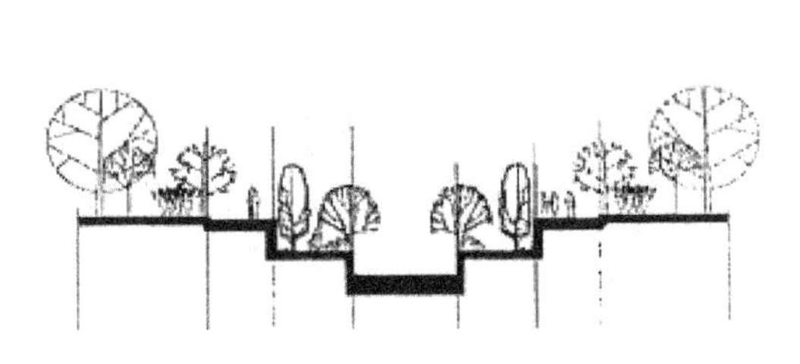

图 5.10　典型河道的断面形式

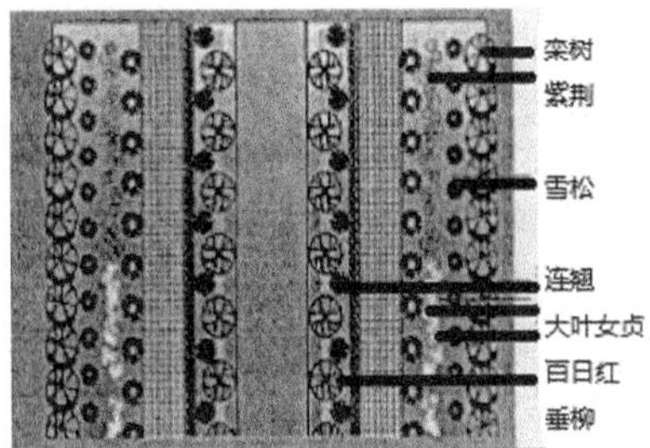

图 5.11　典型河道景观生态设计

5.3.2　生态护坡的设计

生态驳岸是指恢复后的自然河岸或具有自然河岸“可渗透性”的人工驳岸，

它可以充分保证河岸与河流水体之间的水分交换和调节功能，具有一定抗洪强度，在低水位时，两岸景观和河道的生态能够保持连续性，对河流水文过程、生物过程也有促进功能。玉绣河规划设计中，要形成结合景观功能和生态功能的城市水系，在河道断面处理上，采用生态驳岸的形式。玉绣河流经城市中心区，周围环境复杂，通过周围用地情况、河道自身建设条件和水环境的系统分析，根据各段地貌状况的不同，采用了多样化的驳岸方案，尽可能增加水道的生态性和亲水性，能够形成常年基流，也能适应不同的水位、水量的河床。这些灵活的设计方式，注重工程治理和自然生态的和谐性，“创造出一个具有形式多样水流断面、不同水深及不同流速的河溪，河岸植被多样化，形成了丰富小生境的多级结构”[52]。

1. 自然驳岸软护坡

在玉绣河沿岸地势较开阔，有一定地势高差的地方，采用能够自行繁衍的植物来改善河岸的生态环境，形成自然状态下的河道。主要采用植被保护河堤，种植柳树、水杨、白杨、榛树以及芦苇、菖蒲等具有喜水特性的植物，利用这些植物生长舒展的发达根系来固稳堤岸，加之柳枝柔韧，顺应水流，增加其抗洪、保护河堤的能力。玉绣河采用的自然型驳岸共有七种形式，如图 5.12 所示，为种植了水杨树、白杨树和菖蒲的自然堤岸，利用植被进行软护坡。

图 5.12　软护坡的植被形式

利用自然界的枯枝在岸边固定(图 5.13)为河流整流，减少河流对岸边的侵蚀，同时为水生生物提供避难场所和食物来源。图 5.14 所示为形成岸边的悬岸，可降低水温，给水生生物提供生育环境；图 5.15 所示为模仿自然界中的天然浅潭，可栽植水生植物，缓解水流速度并为水生生物提供避难场所。

图 5.13　利用枯树枝进行护坡

图 5.14　岸线悬出水面的护岸形式

图 5.15　种植的水生植物的浅潭

2. 多种人工强化自然型驳岸

种植植被，并用天然石材、木材护底，以增强堤岸抗洪能力，如在坡脚采用石笼、木桩或浆砌石块(设有鱼巢)等护底，其上筑有一定坡度的土堤，斜坡种植植被，实行乔灌草相结合，固堤护岸。图 5.16 和图 5.17 所示为在坝脚加设块石，防止冲刷，在斜坡上种植柳树和草坡进行护坡。

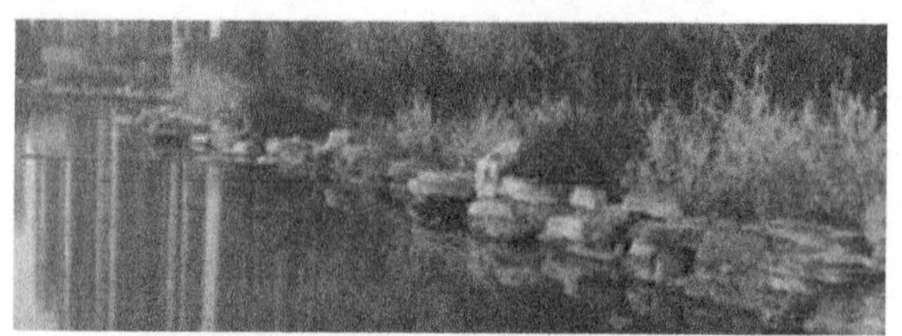

图 5.16　自然驳岸硬护坡

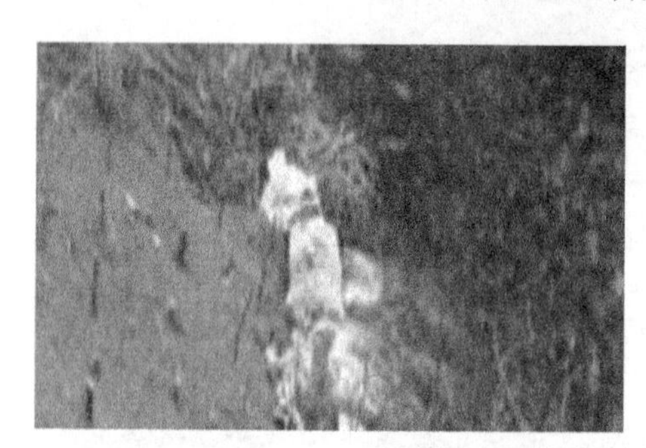

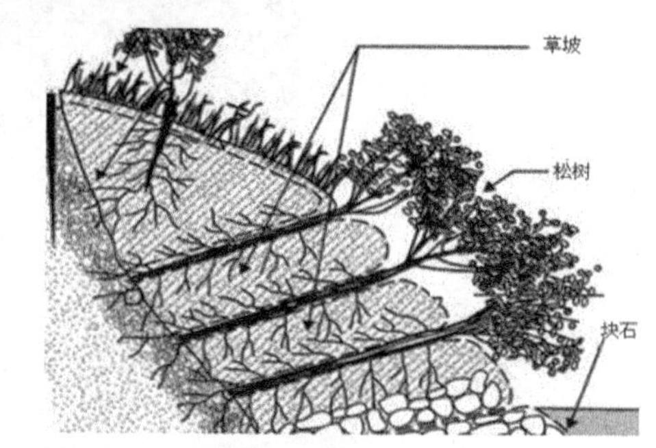

图 5.17　软护坡与硬护坡组合形式

图 5.17 采用松树护岸，并结合水生植物的种植，形成水生生物的栖息场所；图 5.17 将原有的硬性河道改造成结合自然的驳岸，并结合水生植物和乡土植物的种植，形成自然生态河岸。在自然型护堤的基础上，用大的石块、钢筋混凝土等材料护坡，确保大的抗洪能力，如图 5.18 所示。或插入不同直径的混凝土管或者木桩，图 5.19 所示为插入木桩的护坡。将钢筋混凝土柱或耐水圆木制成梯形箱状框架，并向其中投入大的石块，在箱状框架内埋入大柳枝、水杨枝等；邻水侧种植芦苇、菖蒲等水生植物，使其在缝中生长出繁茂、葱绿的草木。

也可以采用鱼巢和水生植物结合的形式；图 5.20 所示分别是规则式鱼巢式和异型鱼巢与草皮护坡相结合的鱼巢式护岸，充分发挥了河流的生态功能，确保水生生物的生存场所，如为鱼类等水生生物和两栖动物提供了一个安全的繁衍生息空间，保护了生物多样性，护岸墙身空腔可消除部分波浪，降低了护岸运营期的维修率。

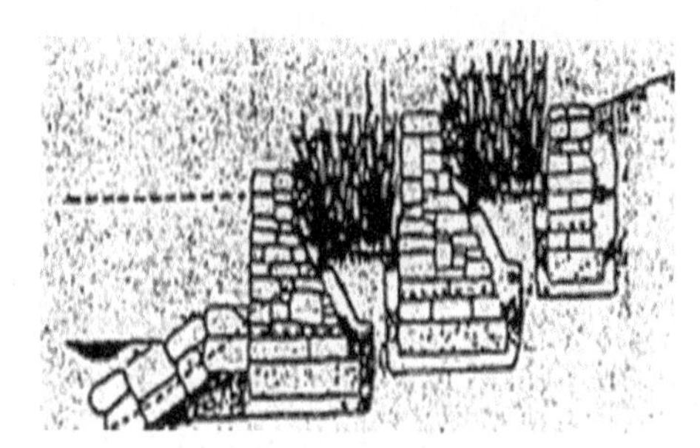

图 5.18　济南市玉绣河水环境治理人工强化自然型驳岸

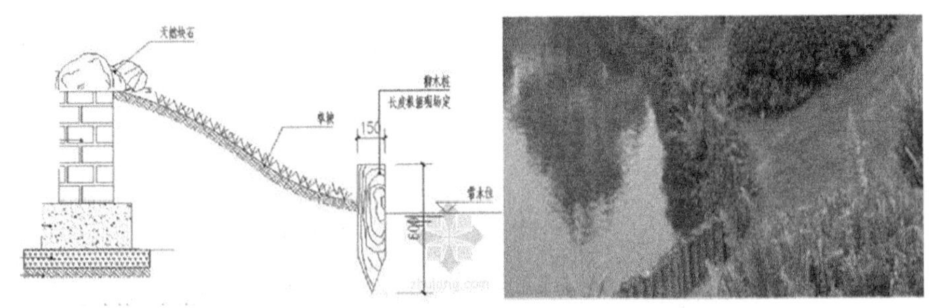

图 5.19　在坝脚处插入木桩进行护坡

图 5.20　规则式鱼巢式和异型鱼巢与草皮护坡

在静水时，鱼类喜欢利用孔隙作为栖身空间，特别是在遇到危险时，孔隙就成为鱼类十分重要的藏身场所。幼鱼常常利用孔隙结构躲避鸟类和陆地上的掠食者，当冬天和秋天水温下降的时候，鱼类都会寻找有遮蔽的栖息地，有长期遮蔽物的深潭会使过冬的鲑鱼数量增加[53]。

洪水时，河流流速加大，由于自身适应流速能力的限制，鱼类等水生生物不得不寻找流速较低的地点。连续硬质护岸会造成河岸的平滑，降低了河岸糙率，使流速增大。孔隙结构可以拦截碎屑，形成滞水区，有效提高糙率，提供幼鱼生长和成鱼栖息的场所。在干燥季节水位降低的时候，当河流流速减慢，细小碎屑就残留下来，为鱼类提供了日后的营养。

鱼巢中孔隙为植物的根茎生长提供空间，也使水和空气能够自由流通。孔隙内植物(包括草类及水生植物等)生长会形成绿色覆盖，为生物提供安全通道，植物的根茎可深深地伸到孔隙中，起到保护河岸稳定的作用。

河流中很多藻类、贝壳类、鱼类和昆虫喜欢栖息在河底或岸边的孔隙中，鱼巢孔隙结构有利于食物链的形成,为各种水生生物保持食物链的动态平衡和稳定、为生物多样性提供基础条件。

3. 人工驳岸

玉绣河原有河道为完全人工的复式河道，在市中心地段，受地段的局限性，设计保留原有的河岸，通过河岸边内侧扩展生态用地来改善生态环境，如图 5.21 所示。在河道内侧，修建人工生境。

图 5.21　在河道内扩展生态环境

按照 MeCain 方法，将河流生境类型划分为 22 种，其中比较重要的有 4 种，即湍流区、缓流区、回水区和跌水区[54]。湍流区流速很快，表层水流会有紊流现象。水流可以运输昆虫，为鱼类提供食物源；表面的破碎石块可以提供孔隙，方便鱼类躲避掠食者。缓流区是河流中流速很慢的区域，表层水流平缓，通常情况下，缓流河流生境种类丰富。木桩、树根、大石块或河岸等会引起回水区，在障碍物附近形成旋涡水流。跌水区是由河流出现集中落差而形成的，跌水下游常常有水深较大的冲刷坑，常常是幼鱼和成鱼躲藏的地方。利用大的石块和植被形成回水区，构建小的人工生境。

4. 双层河道

这种河道形式非常适合城区内的河流。下层暗河主要有泄洪、排涝的功能，上层明河有休闲、亲水、生态等功能，控制 20cm 左右水深，河道周边可以建设绿地和休闲设施，建立人与环境和谐统一的环境(图 5.22)。

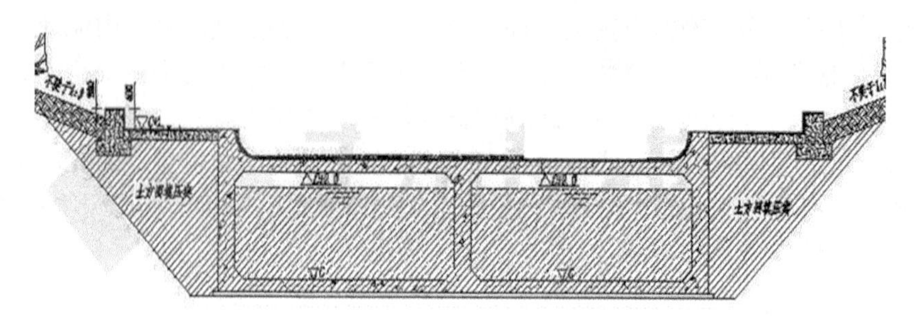

图 5.22　济南市玉绣河水环境治理双层河道

5.3.3　生态河道纵断面设计

根据生态河道的要求，应该通过多变的河道纵断面，改变水体状态和增减水岸遮蔽物等方式，降低流水速度，为河流水生生物提供可栖息的隐蔽场所，达到提高河水自净化功能的要求。对于河流系统来讲，增加生境多样性和物种多样性，对于提高河流的抗逆性和稳定性有着重要意义。所以，对于玉绣河这种处于外界环境多种干扰下的河流系统，发展多种河道横断面和纵断面，更有利于形成稳定的河流系统。以下是有利于玉绣河形成健康河道生态系统的纵断面，见图5.23。

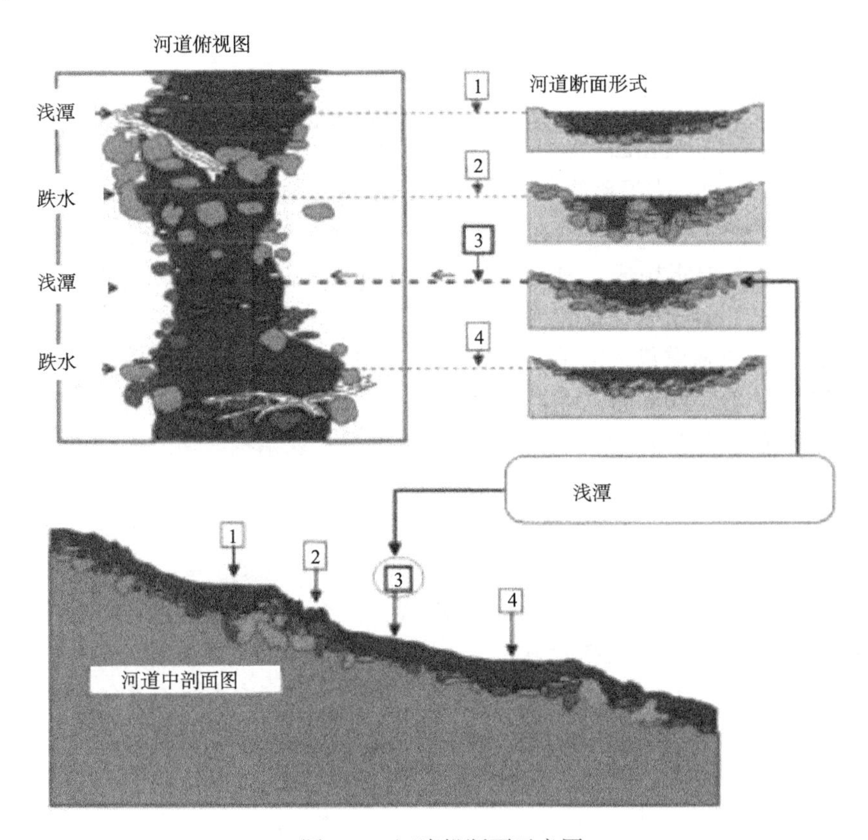

图5.23　河流纵断面示意图

自然的河道由一系列的回水、浅潭和跌水组成，如图5.23中1所示，在河的上游形成回水，回水是河床的特征，河床上有大型石块，有利于形成鱼类的躲避空间和水生生物的食物来源，也利于减少流水对河道弯曲处的侵蚀。图中2是跌水，此处河水较浅，河底坡度较河道坡度大，这种断面可以改变水流方向，形成湍流，具有曝气功能，为河流充氧，减少藻量，为水生生物的成长提供长期生长的水环境。在跌水的下游，水流速较快，可以携带小的石子，给河水充氧，在下游回水之前，此跌水之后是浅潭，如图中 3 所示，浅潭的河床较平坦，水深一般较河道的平均深度深。在玉绣河的纵断面上利用石块人工形成浅潭、回水和跌水，充分模拟自然过程，这种近自然的河道纵断面的设计有利于生态系统增强。

5.3.4　玉绣河绿色廊道设计

玉绣河源于锦绣川水库，流经济南市市区，河道两侧至少留有 15m 的绿化带作为绿色廊道。对玉绣河绿色廊道的规划设计，从总体和细部进行多方面考虑，找出一条能保持河流生物流和能量流合理流通的设计方案。

1. 河流绿色廊道规划

廊道的概念由 Forman 提出，它是指景观中与相邻两侧环境不同的线状或带状结构，它一方面作为障碍物隔开景观的不同部分，另一方面作为通道将景观不同部分连接起来，有利于物种在“源”间及基质间流动[55]。生态廊道一般由林地、水体等生态要素构成，具有维持物种多样性、保持水土、防风固沙和涵养水源等功能。生态廊道是相邻两“源”之间的阻力低谷和最容易联系的低阻力通道[56]。常见的廊道包括河流、道路、防风林带、峡谷等[57,58]。运用景观生态学方法研究廊道景观格局及连通性是现代景观生态学的一个重要方面，该方法提供了一种描述生态学系统的空间语言，使得对景观结构、功能和动态的表述更为具体、形象[59,60]。

玉绣河绿色廊道通过提升现有生态廊道的连通性、增加廊道数量、强化廊道建设规模，最终实现优化生态廊道，提升玉绣河生态廊道的完整性和闭合性，增加其生态服务功能。为此进行了玉绣河水滨生物资源的调查、评价和分级。玉绣河南部山区部分、玉绣河植物园节点及大明湖部分等处水滨的野生动植物栖息地，对稀有物种的生境应该给以保护，这些稀有物种能为济南市生态系统提供多样的生物种类和丰富的生境，并为市民提供多样化的、丰富多彩的社会和教育体验。根据水滨自然群落对人为干扰的敏感度进行生物学上的分级，并做出玉绣河水滨现有自然群落干扰级别图，据此确定控制人为干扰的程度，为玉绣河的治理提供控制性指导；另外，建立完整的河流绿色廊道，即沿河流两岸控制足够宽度的绿带，在此控制带内严禁任何永久性的大体量建筑修建，并与郊野基质连通，从而保证河流作为生物过程的廊道功能。

研究者指出，当生态廊道宽度为 60～100m 时，草本植物和鸟类具有较大的多样性和内部种，该宽度满足动植物迁移和传播以及生物多样性保护的要求；当道路绿化带达到这一宽度时，可满足鸟类及小型生物迁移和生物保护的要求；该宽度还是许多乔木种群存活的最小廊道宽度。当生态廊道宽度为 30～60m 时，廊道内有较多草本植物和鸟类边缘种，但多样性较低；基本满足动植物迁移和传播及生物多样性保护的要求；能起到保护鱼类、小型哺乳、爬行和两栖类动物的作用，可以截获从周围土地流向河流的 50%以上沉积物，控制氮、磷和养分的流失；为鱼类提供有机碎屑，为鱼类繁殖创造多样化的生境[61]。根据以上研究成果确定生态廊道宽度，其中一级生态廊道宽度大于 60m，二级生态廊道宽度大于 30m。各河流、道路生态廊道可根据条件再确定，但不低于最小值。

2. 水滨植被设计

绿化植物的选择：以培育地方性的耐水性植物或水生植物为主；对河岸水际带和堤内地带生态交错绿化是形成生态多样性的重点区域。玉绣河植物的配置以济南乡土树种为主，适当引用外来物种，采用乔灌草相结合所形成的复层结构群落，此复层结构不仅丰富了物种多样性，还可以最大限度减少地表冲刷和地表径流，保持水土，改善河道生态环境[62]。具体植物如下。乔木：国槐、栾树、玉兰、女贞、紫叶李、垂柳、木槿；灌木：连翘、金银木、扶芳藤；地被：狗牙根、苜蓿。

栾树和女贞、国槐和紫叶李、白蜡树和木槿均采用成行规则种植，行间混交，株行距为 3m×3m。女贞和棣棠、紫叶李和连翘、木槿和扶芳藤采用行间混交，株行距为 2m×2m，垂柳均种植于坡面最下部，紧邻河流蓝线，株距设为 3m；植物的搭配与株行间距均参照于园林植物造景的理论基础[63]。根据园林绿化苗木冠幅统计，成熟期大型乔木平均冠幅约为 2.5m，小乔木约为 1.5m；计算出乔木所占的绿地面积比例介于 23%～50.3%，平均比例为 34.3%。

植物的选择需要景观的季节色相变化，同时兼顾固土护坡。发达的根系也可显著提高堤岸的稳定性和抗冲性[64]。在三处河段的岸边全部选用垂柳。垂柳成群落栽植时对岸滩 20～50cm 厚的土层具有最佳的保护能力，土壤的抗蚀性最强[65]。草本植物，如狗牙根能提高地表覆盖率，提高土壤的渗透性，增强蓄水保土的效益[66]。

采用自然化设计。植物的搭配：地被、花草、低矮灌丛与高大树木的层次和组合，应尽量符合水滨自然植被群落的结构，避免采用几何式的造园绿化方式；在水滨生态敏感区引入天然植被要素，如在郊区或开阔处等合适地段植树造林恢复自然林地，在河口和河流分合处创建湿地，转变养护方式培育自然草地形成，以及建立多种野生生物栖息地。这些自然群落具有较高生产力，能够自我维护，只需适当的人工管理即可，具有较高的环境、社会和美学效益，尤其是在远离市中心又不需要太多人工管理的地方可以采用。

5.3.5　湖泊、生态塘的生态恢复设计

对玉绣河整个水系的生态恢复通过面、线、点三方面的生态设计，形成具有自我维持能力的生态体系。其中，对河道的节点增加生态池塘、生态湖泊的设计，成为玉绣河水系网络中的缓冲带，起到滞留、降解污染物的作用。

1. 浅水区水生植被的生态恢复

湖泊浅水区水生植被是指生长在浅水区的沉水、浮水、挺水植物，在对其进行恢复的过程中，技术核心是植被选择和水生群落的组建。植物群落划分为水域植物群落和沼生植物群落两大类[67]，其中水域植物群落又分为挺水植物、浮叶植物、沉水植物、漂浮植物四类，沼生植物多种植于湿地周围。根据济南市夏季炎热多雨，冬季寒冷干燥的气候特点[68]及近些年济南城市气候整体趋于变暖、降水增多的趋势，土壤养分降低，属于微碱性的类型并存在重金属污染等问题[69,70]，选定以下水域植物作为湖泊浅水区生态系统的物种。挺水植物：芦苇、千屈菜、菖蒲、水葱；浮叶植物：荇菜；沉水植物：金鱼藻；漂浮植物：浮萍、凤眼莲；沼生植物：垂柳、水杉、水生鸢尾。

对浅水区的植被设计原则：

(1) 先锋物种的选择。先锋物种的选择要分析水生植物生物学特性、耐污性、对氮磷去除能力及光补偿点等几个因素，筛选出几种具有一定耐受性的，能适应湖泊水质现状的物种作为恢复物种，并为水生植被群落恢复提供物种[71]。

(2) 植物配置。通过人为设计，将水生植被群落按照环境条件和景观要求，进行时空上的分布，满足生态、环境功能和视觉效果。根据水文条件来配置挺水、浮水和沉水植物群落，湖底种植沉水植物（如苦草、眼子菜、黑藻等）和浮叶植物（如莲花等），防止底泥的再悬浮而影响水体的透明度，保持湖水清澈，用以吸收、转化沉积的底泥及湖水中有机质和营养盐，降低水中营养盐浓度，抑制浮游藻类的生产，水面浮水植物以睡莲、凤眼莲、槐叶萍为主，岸边挺水植物以芦苇、香蒲、慈菇、唐菖蒲等为主，既有水景绿化的作用，也起到净化水质、保护鱼类生长环境的目的；从景观角度考虑，主要是考虑不同植被的层次搭配和时间搭配，覆盖于水面生长的植物同暴露水面的比例要保持适当，水生植物与在水面漂浮生长的植物也要保持一定的比例。如果不保持这种平衡，会产生水体面积缩小的不良视觉效果。同时，植被群落配置还需要考虑到一年四季中不同植物间的功能替代。

(3) 植被种植和养护。主要是植被栽培技术，对死亡腐烂的植物，要将其收割，防止二次污染和破坏水体景观。

2. 湖滨带生态恢复

湖滨带湖泊中水生与陆生生态系统间的过渡地带，具有重要功能。目前主要的湖滨带恢复技术有：湖滨湿地工程技术、水生植被恢复工程技术、人工浮岛工程技术、河道廊道水边生物恢复技术等。其中，人工湿地恢复技术是最常用的生态恢复技术[72]。

作为湖泊水体的缓冲区，湖滨湿地景观设计时要注意几方面：①提供合适的水源，水中不含对湿地生物有害的物质；②防止外来物种的入侵，注意对物种配置时单一物种不要过量，保护当地物种多样性；③按照水流方向，在紧邻湿地的上游提供缓冲区，保障在湿地边缘生存的物种(如水鸟)的栖息场所和食物来源，保持生态系统中物种的连续性[73]；④湿地、水道和周围地区与玉绣河河流绿化廊道相通，有供物种迁徙的廊道，保持亲水性和维护生态系统的完整性之间的矛盾；⑤在湿地中设计人行通道规范人类活动，防止对湿地系统的随意破坏，栈桥随水位呈现错落叠置的变化，水体在栈桥的底部保持相通；⑥在植物配置上，在岸坡区、过水断面等处可种植挺水植物香蒲、芦苇和湿生植物香根草及风车草等湿生植物在浅水湿地，当下部淹没水中或在陆地上全部暴露空气中时均可生长，其根系发达且深。岸坡上这些植物可形成环湖的净化带，对地表径流流入湖中的水起过滤作用，阻拦、吸收、转化可能进入水体的有机质及营养盐，有利于水体自净，防止水体的富营养化。根据湖滨带水位变化和景观要求，植物配置要有层次感，种植高、中、低不同高度的植物，如高层植物芦苇，中层香蒲、风车草，低层慈菇等。湿地臭味的产生也可以通过植物类型的搭配来解决，使植物和枯枝落叶层形成一个自然生物滤器来控制臭味，并阻止杂草生长，进而控制昆虫的过多繁殖，避免在感观上造成负面影响。

3. 护岸的生态恢复

在进行湖岸生态设计时，采取生态护坡、驳岸技术，使恢复后的自然护岸或具有自然护岸可渗透性的人工驳岸，它可以充分保证护岸与水体之间的水分交换和调节功能，同时具有景观美化的作用。湖泊生态驳岸同河流生态驳岸设计同样，有自然原型驳岸、自然型驳岸、多种人工自然型驳岸等。在进行城市湖泊岸堤生态恢复时，需要根据不同的情况采取不同的技术。对于景观湖泊，则主要采用自然原型驳岸、自然型驳岸，在岸边种植耐涝树木如杨、柳和其他一些喜水性植物。对于有些部分可以采取多种人工自然型驳岸，采用生态措施和工程措施相结合的方式。岸边岩石缝隙间可种植荆条、酸枣、蛇葡萄等藤、灌，形成一种朴素的自然山林的清凉环境。

对于护岸的生态恢复设计的原则：

(1)紧密结合陆地与湖滨的设计：首先，不同物种需要将护岸改造成或陡峭或平缓的护岸，丰富视觉效果；其次，在护岸外侧种植阔叶林或高大乔木，减少热辐射，为护岸内侧的湿地生物提供遮阴场所，但要避免成行成排的树木所带来的视觉单一以及树木密度太大影响水面阳光直射，应结合地形、道路、岸线栽植，有近有远，有疏有密，有断有续，曲曲弯弯，接近自然；另外，采用立体层次的设计思路，形成由湖泊景观向外过渡到周围景观的自然景观，从护岸向外，按一定的层次顺序排列植被的高度和类型，循序变化。最终将湖泊景观和城市景观相结合，形成富有层次的景观格局。

(2)植物群落配置的设计：植物种植设计，要选择植物种类与种植地点的环境和生态相适应的植物，而且所设计的栽培植物群落要符合自然植物群落的发展规律。在护岸的植物群落配置设计中，可采用经实践证明，在华北地区较为合理的人工群落配置，如侧柏—太平花—萱草、毛白杨—金银木—羊胡子草、槐—珍珠梅—紫花地丁、油松—丁香+白玉棠—剪股颖、榆—小花溲疏—二月兰、臭椿—胡枝子—玉簪、刺槐—棣棠—麦冬、泡桐—绣线菊属—垂盆草。这其中有些是济南市的乡土树种，有些已经成为济南市的归化植物，在生态上不会造成生物入侵和生态失衡等不利影响。

5.3.6　公园式生态池塘设计

对玉绣河污染显著的部位，采用局部改造工程——公园式生态池塘。玉绣河两岸有很多建筑靠河而建，河流两岸的土地面积被利用为住宅区或商业大厦，因此要将现有的混凝土河渠全部撤毁，恢复为自然弯曲、有滩、有槽、有半岛和岛屿的天然土渠的方案缺乏可行性，实施难度也很大。为了既能保证对人民生活不造成重大影响又能达到保护和修复城市河流的目的，本工程采用了公园式生态池塘的方法。公园式生态池塘是生态水力学原理的运用，其目的是以生态水力学原理为指导，将生态系统结构与功能应用于水质净化，充分利用自然净化与水生植物系统中各类水生生物间功能上相辅相成的协同作用来净化水质，利用生物间的相克作用修饰水质，利用食物链关系有效地回收和利用资源取得水质净化和资源化、景观效果等结合效果[74]。通过调整水域生态系统内部结构和功能，改善与加速生态系统中过剩物质的迁移、转化、循环、输出，来“疏经、活络、化淤”，以增加其输出。

公园式生态池塘设计主要内容包括以下几个方面：

(1)实施坡面生态工程。实现水土保持和涵养水源、净化水质的双重功效。采用具有环保功效的植物品种。

(2)采用废水资源化生物技术。在池塘内种植水生维管束植物，并定期清理，能够提高水体对有机污染物和氮、磷等无机营养物的去除效果。例如，芦苇可阻隔悬浮物 SS 30%，减少氨 70%，减少总硬度 33%；水葱可吸收 Fe、Mn、Mg、酚、苯、胺，可降低 BOD、COD；茨藻、黑藻可净化有机物、砷；席藻除烷烃率≥30%；另外，水生植物还能吸收空气中 CO_2，起净化空气作用，凤眼莲可作为砷污染水源的指示植物，芦苇、大米草等挺水植物极具观赏性外，还有较高经济价值。但需要控制水生植物的种植密度，以防过度繁殖，适得其反。污水培养藻类是一种具有很好的发展前景的措施。通过人工强化培养高浓度藻类的“活性藻”方法能有效地富集和降解，还有可能补偿水处理的费用。

(3) 设置生物栅与生物浮岛。生物栅是一种为参与污染物净化的微生物、原生动物、小型浮游动物等提供附着生长条件的设施。它是在固定支架上设置绳状生物接触材料，使大量参与污染物净化的生物在此生长，大大强化了水体的净化能力。另外水面上布置漂浮植物(如凤眼莲)或漂浮载体(水生生物浮岛)，并以水培法在载体内种植陆生花卉(如美人蕉)或空心菜、芹菜等陆生蔬菜，可减少入湖水体的光通量，抑制浮游藻类的生产，增加水的透明度，另外还有美化水面景观的作用，具有立体景观效果。

(4) 外观建成公园式，并增加栈道、游步道、沿岸绿化等设施，可供市民游玩观赏与科普教育。

5.4 景观生态健康评价

根据人为设计的绿化模式来分析玉绣河两岸的景观植被多样性，可以预测人为改造河岸两岸的生态环境的变化趋势，为城市河道改造中的绿化环境的进一步完善提供生态学方面的依据。

生态健康评价一词起源于 1941 年英国研究学者 Leopold 提出的关于土地健康的概念，并通过 land sickness 来评价土地的健康性，后来他将此概念推广到景观健康研究中[75]。80 年代，加拿大学者 Schaeffer 首次提出生态健康度量的观点，Rapport 通过研究生态系统健康的定义，认为如果没有一个统一的标准，便无法进行生态健康评价[76]。90 年代，国外对于生态系统健康分析愈加重视，分别召开了生态系统健康定义讨论大会、国际生态系统健康与医学研讨会、针对生态系统健康管理的国际生态系统健康大会，Rowe、Cairns 等纷纷加入分析生态系统健康性的研究中[77]。国外研究学者对于生态健康评价体系的研究经历了一个漫长的阶段。最初的研究多从生态环境所受胁迫因子方面开展，如 Harris 等[78]和 Bird 等[79]对水生生态系统和陆生生态系统健康性的研究，但是随着研究的深入，发现生态系统在最初受到胁迫时，反应为生产力增加，当胁迫性达到一定程度后才会出现恶化，出现系统活力降低的现象，在 Whitford 对美国西部沙漠地带研究时就出现这样的问题[80]，因此仅从胁迫角度研究所获得的结果是不全面、不准确的。面对来自外界的胁迫，生态系统均会做出反应，这便是抵抗力和恢复力研究的来源。从系统内部开展研究更有效反映其健康性，一个系统面对干扰的抵抗能力和受到干扰后的恢复能力越强，生态系统越健康。Rapport 也提出，如果一个系统稳定且可持续发展，能维持其中生态过程的进行，并能进行自我修复，那么这个生态系统就是健康的[81,82]。在玉绣河景观设计过程中研究者致力于能够形成一个稳定可持续的自我修复的系统，对该系统的评估有助于完善该系统。

5.4.1 评价参数及模型选择

1. 景观多样性指数 H(landscape diversity index)

景观物种多样性反映了景观结构、功能和时间等方面的复杂程度，其大小反映景观要素的多少和各景观要素所占比例的变化。当景观由单一要素构成时，景观是均质的，其多样性指数为 0；由两个以上的要素构成的景观，当各景观物种所占比例相等时，景观的多样性最高；各景观所占比例差异增大，则景观的多样性下降。景观多样性指数为

$$H = -\sum_{i=1}^{m} P_i \ln\left(P_i\right)$$

式中，H 为景观多样性指数；P_i 为景观类型 i 所占面积的比例，$P_i = IV_i / IV$；m 为景观类型的数量。

2. 景观优势度指数 D(landscape dominance index)

优势度表示景观多样性的偏离程度或描述景观由少数几个主要的景观类型控制的程度。优势度越大，表明偏离程度越大，即组成景观的各景观类型所占比例差异越大，或者说某一种或少数景观类型越占优势；优势度与多样性指数成反比，对于景观类型数目相同的不同景观，多样性指数越大，其优势度越小，其计算公式为

$$D = H_{\max} + \sum_{i=1}^{m} P_i \ln\left(P_i\right)$$

式中，$H_{\max}$ 为最大多样性指数，$H_{\max} = \ln m$，m 为景观类型数目；P_i 为景观类型 i 所占面积的比例。

3. 景观均匀度指数 E (landscape evenness index)

景观均匀度指数反映景观中各斑块在面积上分布的不均匀的程度，通常以多样性指数和其最大值的比表示，其表达式为

$$E=\frac{H}{H_{\max}}=\frac{-\sum_{i=1}^{m}P_i\ln(P_i)}{\ln m}$$

式中，参数含义同上。

5.4.2　调查方法和结果

在广场西沟济大路—舜玉路(0＋2800～3200)、舜玉路—八里洼路(0+3500～4000)和广场东沟的舜耕广场(0＋3200～3500)三段处设立 200m^2 的代表性群落样地，对群落的乔木层和灌木层进行群落学统计分析，结果见表 5.1～表 5.18。

表 5.1　舜耕广场样方 1

名称	d(株/m^2)	Rd(%)	C(m^2)	RC(%)	F	RF(%)	IV	P_i(%)
白皮松	0.005	4.17	11.40	19.00	0.111	18.14	41.31	13.77
西府海棠	0.04	33.33	33.75	56.26	0.167	27.29	116.88	38.96
蜡梅	0.005	4.17	4.91	8.18	0.056	9.15	21.50	7.17
贴梗海棠	0.04	33.33	4.02	6.7	0.167	27.29	67.32	22.44
龙柏球	0.03	25	5.91	9.85	0.111	18.14	52.99	17.66

注：d. 密度；Rd. 相对密度；C. 盖度；RC. 相对盖度；F. 频度；RF. 相对频度；IV. 重要值；P_i. 相对重要值。

表 5.2　舜耕广场样方 2

名称	d(株/m^2)	Rd(%)	C(m^2)	RC(%)	F	RF(%)	IV	P_i(%)
白皮松	0.01	5.18	21.96	26.69	0.111	18.14	50.01	16.67
西府海棠	0.045	23.32	40.69	49.45	0.167	27.29	100.06	33.35
淡竹	0.095	49.22	12.96	15.74	0.056	9.15	74.11	24.7
贴梗海棠	0.018	9.33	1.76	2.14	0.167	27.29	38.76	12.92
龙柏球	0.025	12.95	4.93	5.98	0.111	18.14	37.07	12.36

注：d. 密度；Rd. 相对密度；C. 盖度；RC. 相对盖度；F. 频度；RF. 相对频度；IV. 重要值；P_i. 相对重要值。

表 5.3　济大路—舜玉路广场样方 1

名称	d(株/m^2)	Rd(%)	C(m^2)	RC(%)	F	RF(%)	IV	P_i(%)
雪松	0.015	12	31.37	25.20	0.389	38.9	76.10	25.36
白蜡	0.015	12	58.88	47.29	0.111	11.1	70.39	23.46
紫叶李	0.035	28	28.22	22.67	0.333	33.3	83.97	27.99
贴梗海棠	0.06	48	6.03	4.84	0.167	16.7	69.54	23.18

注：d. 密度；Rd. 相对密度；C. 盖度；RC. 相对盖度；F. 频度；RF. 相对频度；IV. 重要值；P_i. 相对重要值。

表 5.4　济大路—舜玉路广场样方 2

名称	d(株/m^2)	Rd(%)	C(m^2)	RC(%)	F	RF(%)	IV	P_i(%)
栾树	0.01	5.06	39.25	32.00	0.111	9.08	46.14	15.38
紫叶李	0.015	7.59	8.77	7.15	0.333	27.25	41.99	13.998
榆叶梅	0.04	20.25	39.25	32.00	0.111	9.08	61.33	20.45
金银木	0.01	5.06	9.81	7.998	0.111	9.08	22.14	7.38
大叶黄杨球	0.04	20.25	14.13	11.52	0.333	27.25	59.02	19.68
小叶黄杨球	0.0425	21.52	2.40	1.96	0.056	4.58	28.06	9.35
迎春	0.04	20.25	9.04	7.37	0.167	13.67	41.29	13.77

注：d. 密度；Rd. 相对密度；C. 盖度；RC. 相对盖度；F. 频度；RF. 相对频度；IV. 重要值；P_i. 相对重要值。

表 5.5　济大路—舜玉路广场样方 3

名称	d(株/m^2)	Rd(%)	C(m^2)	RC(%)	F	RF(%)	IV	P_i(%)
雪松	0.02	22.22	36.6	32.03	0.389	38.9	93.15	31.05
银杏	0.02	22.22	41.83	36.60	0.167	16.7	75.52	25.17
紫叶李	0.035	38.89	28.22	24.69	0.333	33.3	96.88	32.29
红枫	0.015	16.67	7.63	6.68	0.111	11.1	34.45	11.48

注：d. 密度；Rd. 相对密度；C. 盖度；RC. 相对盖度；F. 频度；RF. 相对频度；IV. 重要值；P_i. 相对重要值。

表 5.6　济大路—舜玉路广场样方 4

名称	d(株/m^2)	Rd(%)	C(m^2)	RC(%)	F	RF(%)	IV	P_i(%)
雪松	0.03	16.67	54.9	38.49	0.389	36.87	92.03	31.79
紫叶李	0.015	8.33	8.64	6.06	0.333	31.56	45.95	15.87
榆叶梅	0.05	27.78	49.06	34.40	0.111	10.52	62.18	21.48
连翘	0.085	47.22	30.03	21.05	0.222	21.04	89.31	30.85

注：d. 密度；Rd. 相对密度；C. 盖度；RC. 相对盖度；F. 频度；RF. 相对频度；IV. 重要值；P_i. 相对重要值。

表 5.7　济大路—舜玉路广场样方 5

名称	d(株/m^2)	Rd(%)	C(m^2)	RC(%)	F	RF(%)	IV	P_i(%)
合欢	0.0275	16.92	38.86	25.09	0.056	11.16	53.17	17.72
黑松	0.015	9.23	11.19	7.22	0.056	11.16	27.61	9.20
广玉兰	0.06	36.92	82.38	53.18	0.056	11.16	101.26	33.75
红枫	0.015	9.23	1.997	1.29	0.111	22.11	32.63	10.88
紫藤	0.03	18.46	17.08	11.03	0.056	11.16	40.65	13.55
迎春	0.015	9.23	3.39	2.19	0.167	33.27	44.69	14.90

注：d. 密度；Rd. 相对密度；C. 盖度；RC. 相对盖度；F. 频度；RF. 相对频度；IV. 重要值；P_i. 相对重要值。

表 5.8　济大路—舜玉路广场样方 6

名称	d(株/m^2)	Rd(%)	C(m^2)	RC(%)	F	RF(%)	IV	P_i(%)
雪松	0.038	30.16	68.06	58.15	0.389	53.73	142.04	47.35
银杏	0.015	11.91	30.52	26.08	0.167	23.07	61.06	20.35
桧柏	0.01	7.94	1.57	1.34	0.056	7.73	17.01	5.67
紫荆	0.045	35.71	15.896	13.58	0.056	7.73	57.02	19.01
洒金柏	0.018	14.29	0.989	0.85	0.056	7.73	22.87	7.62

注：*d*. 密度；Rd. 相对密度；*C*. 盖度；RC. 相对盖度；*F*. 频度；RF. 相对频度；IV. 重要值；P_i. 相对重要值。

表 5.9　济大路—舜玉路广场样方 7

名称	d(株/m^2)	Rd(%)	C(m^2)	RC(%)	F	RF(%)	IV	P_i(%)
毛白杨	0.015	13.04	37.68	23.41	0.167	25.04	61.49	20.50
垂柳	0.02	17.39	78.5	48.77	0.111	16.64	82.80	27.60
迎春	0.03	26.09	6.78	4.21	0.167	25.04	55.34	18.45
蔷薇	0.05	43.48	37.99	23.60	0.222	33.28	100.36	33.45

注：*d*. 密度；Rd. 相对密度；*C*. 盖度；RC. 相对盖度；*F*. 频度；RF. 相对频度；IV. 重要值；P_i. 相对重要值。

表 5.10　济大路—舜玉路广场样方 8

名称	d(株/m^2)	Rd(%)	C(m^2)	RC(%)	F	RF(%)	IV	P_i(%)
大叶女贞	0.035	21.88	34.34	37.03	0.278	29.45	88.36	29.45
金银木	0.065	40.63	22.96	24.76	0.111	11.76	77.15	25.71
蔷薇	0.035	21.88	26.60	28.69	0.222	23.52	74.09	24.69
大叶黄杨球	0.025	15.63	8.83	9.52	0.333	35.28	60.43	20.14

注：*d*. 密度；Rd. 相对密度；*C*. 盖度；RC. 相对盖度；*F*. 频度；RF. 相对频度；IV. 重要值；P_i. 相对重要值。

表 5.11　舜玉路—八里洼路样方 1

名称	d(株/m^2)	Rd(%)	C(m^2)	RC(%)	F	RF(%)	IV	P_i(%)
栾树	0.015	10.71	37.68	22.71	0.111	15.37	48.79	16.26
白蜡	0.02	14.29	78.50	47.31	0.111	15.37	76.97	25.66
云杉	0.025	17.86	21.49	12.95	0.056	7.76	38.57	12.86
百日红	0.065	46.43	22.96	13.84	0.111	15.37	75.64	25.21
大叶黄杨球	0.015	10.71	5.30	3.19	0.333	46.12	60.02	20.01

注：*d*. 密度；Rd. 相对密度；*C*. 盖度；RC. 相对盖度；*F*. 频度；RF. 相对频度；IV. 重要值；P_i. 相对重要值。

表 5.12　舜玉路—八里洼路样方 2

名称	d(株/m^2)	Rd(%)	C(m^2)	RC(%)	F	RF(%)	IV	P_i(%)
毛白杨	0.025	20	62.80	38.44	0.167	20.02	78.46	26.15
垂柳	0.015	12	58.88	36.04	0.111	13.31	61.35	20.45
大叶女贞	0.02	16	19.63	12.01	0.278	33.33	61.34	20.45
连翘	0.02	16	7.07	4.33	0.222	26.62	46.95	15.65
五叶地锦	0.045	36	15	9.18	0.056	6.71	51.89	17.30

注：d. 密度；Rd. 相对密度；C. 盖度；RC. 相对盖度；F. 频度；RF. 相对频度；IV. 重要值；P_i. 相对重要值。

表 5.13　舜玉路—八里洼路样方 3

名称	d(株/m^2)	Rd(%)	C(m^2)	RC(%)	F	RF(%)	IV	P_i(%)
雪松	0.02	13.51	36.298	22.36	0.389	26.94	62.81	20.94
银杏	0.03	20.27	61.04	37.60	0.167	11.57	69.44	23.15
紫叶李	0.023	15.54	14.13	8.70	0.333	23.06	47.30	15.77
大叶黄杨球	0.015	10.14	5.30	3.26	0.333	23.06	36.46	12.15
蔷薇	0.06	40.54	45.59	28.08	0.222	15.37	83.99	27.997

注：d. 密度；Rd. 相对密度；C. 盖度；RC. 相对盖度；F. 频度；RF. 相对频度；IV. 重要值；P_i. 相对重要值。

表 5.14　舜玉路—八里洼路样方 4

名称	d(株/m^2)	Rd(%)	C(m^2)	RC(%)	F	RF(%)	IV	P_i(%)
西府海棠	0.07	20.00	53.19	53.25	0.167	20.02	93.27	30.49
大叶女贞	0.02	5.71	19.63	19.65	0.278	33.33	58.69	19.18
大叶黄杨球	0.02	5.71	7.07	7.08	0.333	39.93	58.69	19.18
常绿常春藤	0.024	68.57	20.00	20.02	0.056	6.71	95.30	31.15

注：d. 密度；Rd. 相对密度；C. 盖度；RC. 相对盖度；F. 频度；RF. 相对频度；IV. 重要值；P_i. 相对重要值。

表 5.15　舜玉路—八里洼路样方 5

名称	d(株/m^2)	Rd(%)	C(m^2)	RC(%)	F	RF(%)	IV	P_i(%)
雪松	0.0125	14.29	22.69	21.68	0.389	36.89	72.86	24.29
元宝槭	0.015	17.14	37.68	36.01	0.111	10.52	63.67	21.22
紫叶李	0.01	11.43	6.28	6.00	0.333	31.56	48.99	16.33
蔷薇	0.05	57.14	37.99	36.31	0.222	21.04	114.49	38.16

注：d. 密度；Rd. 相对密度；C. 盖度；RC. 相对盖度；F. 频度；RF. 相对频度；IV. 重要值；P_i. 相对重要值。

表 5.16　舜玉路—八里洼路样方 6

名称	d(株/m^2)	Rd(%)	C(m^2)	RC(%)	F	RF(%)	IV	P_i(%)
毛白杨	0.025	19.23	62.80	52.89	0.167	25.04	97.16	32.39
大叶女贞	0.03	23.08	29.44	24.80	0.278	41.68	89.56	29.85
连翘	0.075	57.69	26.49	22.31	0.222	33.28	113.28	37.76

注：*d*. 密度；Rd. 相对密度；*C*. 盖度；RC. 相对盖度；*F*. 频度；RF. 相对频度；IV. 重要值；P_i. 相对重要值。

表 5.17　舜玉路—八里洼路样方 7

名称	d(株/m^2)	Rd(%)	C(m^2)	RC(%)	F	RF(%)	IV	P_i(%)
雪松	0.035	23.33	63.52	51.66	0.389	50.00	124.99	41.66
白玉兰	0.015	10.00	24.12	19.62	0.056	7.20	36.82	12.27
百日红	0.065	43.33	22.96	18.67	0.111	14.27	76.27	25.42
连翘	0.035	23.33	12.36	10.05	0.222	28.53	61.91	20.64

注：*d*. 密度；Rd. 相对密度；*C*. 盖度；RC. 相对盖度；*F*. 频度；RF. 相对频度；IV. 重要值；P_i. 相对重要值。

表 5.18　舜玉路—八里洼路样方 8

名称	d(株/m^2)	Rd(%)	C(m^2)	RC(%)	F	RF(%)	IV	P_i(%)
元宝槭	0.015	10.00	37.68	34.59	0.111	14.27	58.86	19.62
大叶女贞	0.05	33.33	49.06	45.04	0.278	35.73	114.10	38.03
大叶黄杨球	0.045	30.00	15.896	14.59	0.333	42.80	87.39	29.13
红端木	0.04	26.67	6.28	5.77	0.056	7.20	39.64	13.21

注：*d*. 密度；Rd. 相对密度；*C*. 盖度；RC. 相对盖度；*F*. 频度；RF. 相对频度；IV. 重要值；P_i. 相对重要值。

在 18 个调查样地(共 3600 m^2)中，共有乔木层植物 18 种、灌木层植物 18 种。出现频率较高的种是雪松、银杏、大叶黄杨球、大叶女贞、蔷薇、连翘。不同路段的景观植物的选择也不同。舜耕广场样地中，以开花小乔木为主，西府海棠在两个样地中的重要值分别达到 116.88%、100.06%，而且根据造景的需要，增加了淡竹。另外，贴梗海棠、白皮松的比重也较大。济大路—舜玉路乔木层以雪松、紫叶李、垂柳为主，灌木层以开花灌木为主，其中重要值比较大的灌木有贴梗海棠、榆叶梅、蔷薇、迎春。舜玉路—八里洼路乔木层的重要值相对较大，主要是毛白杨、雪松、大叶女贞、元宝槭的比重较大，灌木层以较耐荫的灌木为主，如连翘、蔷薇、大叶黄杨球等，而且此段还有五叶地锦、常绿常春藤等攀缘性植物，增加了垂直绿化面积。

5.4.3 景观生态评价结果及分析

玉绣河景观生态评价的主要内容包括景观多样性指数 H、景观优势度指数 D 和景观均匀度指数 E，根据 5.4.1 小节中的计算模型和 5.4.2 小节的样方调查结果，可以计算得出以下指标值(表 5.19)。

表 5.19 景观植物生态评价结果

调查样方	景观物种多样性指数 H	景观优势度指数 D	景观均匀度指数 E
舜耕广场 1	1.471	0.424	0.776
舜耕广场 2	1.533	0.362	0.809
济大路—舜玉路 1	1.383	0.512	0.730
济大路—舜玉路 2	1.895	0.52	1
济大路—舜玉路 3	1.324	0.571	0.699
济大路—舜玉路 4	1.3496	0.545	0.712
济大路—舜玉路 5	1.689	0.206	0.891
济大路—舜玉路 6	1.352	0.543	0.713
济大路—舜玉路 7	1.358	0.537	0.717
济大路—舜玉路 8	1.377	0.518	0.727
舜玉路—八里洼路 1	1.577	0.318	0.832
舜玉路—八里洼路 2	1.594	0.301	0.841
舜玉路—八里洼路 3	1.5699	0.325	0.828
舜玉路—八里洼路 4	1.359	0.536	0.717
舜玉路—八里洼路 5	1.336	0.559	0.705
舜玉路—八里洼路 6	1.094	0.801	0.577
舜玉路—八里洼路 7	1.296	0.599	0.684
舜玉路—八里洼路 8	1.314	0.581	0.693

结果分析如下：

(1) 景观物种多样性指数方面，舜耕广场＞济大路—舜玉路＞舜玉路—八里洼路，其平均值分别为 1.502、1.466、1.392。从计算结果可以看出，舜耕广场的多样性指数最高，这与舜耕广场是在原有的已经成景绿地的基础上进行改造分不开，原有绿地的树种规模较大，有一定的绿地覆盖率，所以形成较广场西沟两路段丰富的群落结构，所以多样性指数较高。

(2) 景观优势度指数方面，三段的大小关系和多样性指数相反，舜玉路—八里洼路＞济大路—舜玉路＞舜耕广场，其平均值分别为 0.503、0.429、0.393。计算结果说明，舜玉路—八里洼路地段的优势度最大，表明其偏离程度最大，即本段内的各物种所占比例差异最大；统计表明，舜玉路—八里洼路地段调查范围内共有 19 个物种，其中连翘的密度最大，为 0.13；而密度最小的是白玉兰，只有 0.015。由此可见，此地段内不仅物种繁多复杂，而且差异较大；但从生态学考虑，差异越大，生态结构越稳定。

(3)在景观均匀度方面，舜耕广场＞舜玉路—八里洼路＞济大路—舜玉路，其平均值分别为 0.793、0.734、0.682。计算结果说明，三个调查地段的均匀度良好。如果以 1 作为最大值、0 作为最小值，将景观均匀度指数划分为四个级别(表 5.20)，18 个调查样方中有 6 个属于优良级、11 个属于良好级，只有 1 个属于差级。

表 5.20　景观均匀度等级划分

景观均匀度指数	等级
0.0～0.3	极差
0.3～0.6	差
0.6～0.8	良好
0.8～1.0	优秀

5.5　玉绣河修复后生态系统健康评价

通过以上治理措施，玉绣河的生态系统已经得到很大改善，而且通过底泥疏浚、污水处理等方式，有效地改善和保持了景观河流的水质，将玉绣河的河道进行近自然治理，实行工程治理和生物治理相结合的治理方式，大大增加了玉绣河的河道自净功能，更好地改善了济南市的生态环境，如图 5.24 所示。

图 5.24　修复后的玉绣河

5.5.1　河流生态系统健康内涵及评价方法

国内外对河流生态系统健康的定义尚未形成共识[83]。Simpson 等把河流受扰前的原始状态当作健康状态，认为河流健康是指河流生态系统支持与维持主要生态过程，以及具有一定种类组成、多样性和功能组织的生物群落尽可能接近受扰前状态的能力[84]；Costanza 认为健康的河流生态系统是一个可持续的、完整的、在外界胁迫情况下完全具有维持其结构和功能的生态系统[85]。Meyer 对此阐述最为全面，认为健康的河流生态系统不但要维持生态系统的结构与功能，且应包括其人类与社会价值(图 5.25)，在健康的概念中涵盖了生态完整性与人类价值[86]。

由于在概念上存在分歧，并且要评价的生态系统类型各异，因此也产生了多种评价指标体系。主要有：①指示物种法；②河流参考断面法[83]；③综合指标评价法。指示物种法评价河流生态系统健康主要是依据生态系统的关键物种、特有物种、指示物种、濒危物种、长寿命物种和环境敏感物种等的数量、生物量、生产力、结构指标、功能指标及一些生理生态指标来描述生态系统的健康状况[87]，该方法中指示物种的筛选标准不明确，不能全面反映生态系统的变化趋势，对于城市河流由于受胁迫的原因和程度差异性较强，使用指示物种法评价其健康状况存在很大的局限性。河流参考断面法是在河流中选择受人为影响因素较小的断面，

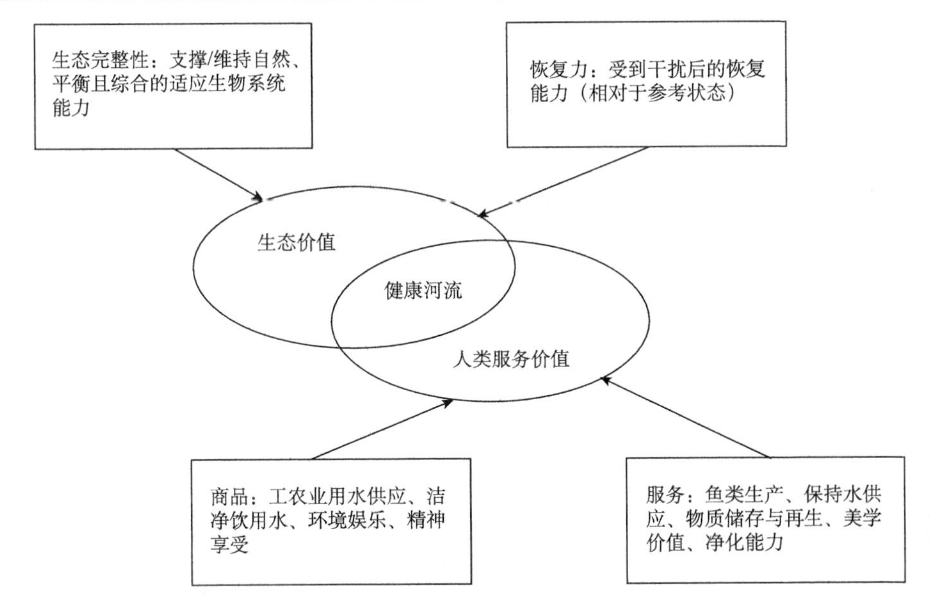

图 5.25　Meyer 关于河流生态系统健康的概念示意[86]

或者选择与研究河流的生物环境、非生物环境比较类似的河流，通过比较研究河流和参考河流的指示物种或指标体系来评价研究河流的健康状况，该法没有考虑城市河流的社会服务功能，也很难在城市中找到标准的参考河流，因此也不适宜用来评价城市河流的健康状态。综合指标评价法是根据河流生态系统的特征和其服务功能建立指标体系来综合评价河流的健康状况，这种方法既反映河流的总体健康水平和服务功能水平，又反映生态系统健康变化趋势[88]，适宜用来评价受干扰较深的城市河流的健康状况。

综合指标评价法首先要选用能够表征城市河流生态系统主要特征和功能的指标，并对这些指标进行归类区分，建立评价的指标体系；其次是对这些特征因子进行度量，确定每个特征因子在河流生态系统健康中的权重系数；最后通过加权平均得到研究河流的综合评价结果。该法在美国以及澳大利亚得到广泛应用，其中最具代表性的是澳大利亚的 ISC(index of stream condition，河流状态指数)[89]，ISC 法构建了基于河流水文学、形态特征、河岸带状况、水质及水生生物 5 方面，共计 18 项指标的评价指标体系，在维多利亚流域的 80 多条河流的实证研究表明，ISC 的结果有助于确定河流恢复的目标，评价河流恢复的有效性，从而引导可持续发展的河流管理，殷会娟等利用该五项指标评价了海河水系的健康状况[90]。但是上述两者以及许多国内学者都是针对农村与农业区较小河流建立的指标体系，侧重于水体环境价值的评价[91]，忽略了城市河流作为城市水环境主体，兼有泄洪、景观休闲、管理需求的社会服务功能，使其适用范围受到一定的限制。

尽管 Meyer 提出了涵盖人类社会价值的河流健康概念，但尚未见融入相关指标进行的城市河流生态系统健康评价。

本节在 ISC 法的基础上，增加了公众态度、河流管理措施、防洪安全等能够反映城市河流与人类和谐程度、保障人类财产安全以及人类对其关注程度的社会指标，建立了针对城市河道生态健康评价的涵盖环境、水文、水利、生态、物理结构和社会功能等的综合指标体系与层次综合评价模型，并以济南市玉绣河为例进行实证研究，为城市河流生态修复与建设活动的开展提供努力方向和科学决策依据。

5.5.2　评价方法与模型

1. 评价指标体系

河流生态系统健康是一个生态价值与人类价值相统一的整合性的概念，健康的城市河流生态系统服务于城市发展与生态保护的协调，应具备生态学意义上的完整性及保证服务社会功能的持续供应。因此，城市河流生态系统健康评价的指标体系应涵盖环境、水文、水利、生态、物理结构、水生生物和社会等多方面的具体指标。本节建立了针对城市河流生态系统健康评价的综合指标体系，包括河流水质理化特征、水生物指标、形态结构、水文特征、河滨带状况、服务社会功能等 6 项一级指标，以及 21 项二级指标，如表 5.21 所示。

表 5.21　城市河流生态系统健康评价综合指标体系

序号	一级指标	权重	二级指标	权重	总权重
1	河流水质理化特征	0.222	叶绿素 a	0.25	0.056
			总磷(TP)	0.15	0.033
			浊度(NTU)	0.15	0.033
			化学需氧量(COD)	0.25	0.056
			溶解氧(DO)	0.20	0.044
2	水生物指标	0.111	浮游藻类	0.60	0.067
			大型无脊椎动物	0.40	0.044
3	形态结构	0.111	河道改变	0.20	0.022
			河道弯曲程度	0.20	0.022
			河岸稳定性	0.20	0.022
			河床稳定性	0.20	0.022
			河道护岸形式	0.20	0.022
4	水文特征	0.111	河流水深	0.25	0.028
			水流速度	0.50	0.056
			河流流量	0.25	0.028

续表

序号	一级指标	权重	二级指标	权重	总权重
5	河滨带状况	0.222	河滨带宽度	0.50	0.111
			植被结构完整性	0.25	0.056
			纵向连续性	0.25	0.056
6	服务社会功能	0.223	公众态度	0.40	0.089
			河道管理	0.20	0.045
			防洪安全	0.40	0.089

以与河流自然状态的接近程度为标准，采用定量计算与定性描述结合的方法，确定指标的 5 级分值评价标准，分别为 0、1、2、3、4 分。现场调查的指标情况与表 5.21 说明栏中的参照系接近程度越高，则该指标的评分越高；反之，评分越低。

采用层次分析法确定各级指标权重。首先在同一级的指标中进行两两比较，构造判断矩阵 B，用数字表示指标间的相对重要程度，并进行一致性检验，矩阵 B 的最大特征根所对应的特征向量即为各指标的权重向量，对特征向量中各值进行归一化处理后即得各指标的权数。最后建立各一级指标的权重集 W_i 和二级指标的层次总排序权重集 $W_{总}$。

$$W_i=(\mathrm{w}_1,w_2,\cdots,w_m),\quad W_{总}=(\mathrm{w}_1,w_2,\cdots,w_n)$$

式中，n 为二级评价指标总数；i 为各一级指标的序号；m 为各一级指标中二级指标的数量。

2. 评价程序与模型

1) 标准解读

分值是一个便于量化和统计计算的理性概念，但是用分值表达的评价结果不易于被理解，有一定的应用局限性，因此需要一个对应的感性概念来使评价结果更易于理解，使之易读。本节将评价标准的 5 级分值阈 4～3，3～2，2～1，1～0，0 分别解读为很健康、健康、亚健康、不健康、病态五种河流健康状态。

2) 建立评判矩阵

根据玉绣河各指标的实际特征和建立的评价标准为各二级指标评分，建立各一级指标的评判矩阵 R_i 以及河流的总体评判矩阵 $R_{总}$。

$$R_i = \begin{pmatrix} R_1 \\ R_2 \\ \vdots \\ R_m \end{pmatrix}, \qquad R_{总} = \begin{pmatrix} R_1 \\ R_2 \\ \vdots \\ R_n \end{pmatrix}$$

3) 加权综合评判

采用加权线性变换完成合成，将 W_i、$W_{总}$ 分别和 R_i、$R_{总}$ 进行线性相乘，得到河流各一级指标的分值和河流综合分值，所得评价分值仍在 0～4 之间。在评价过程中以解读的标准为依据，确定河流所处的健康状态，同时根据各一级指标的分值分析河流健康的限制因素，为河流生态修复与建设活动的开展提供努力方向和决策依据。

5.5.3 玉绣河生态系统健康评价研究

对于目前已完成玉绣河治理一期工程，评价其生态改善情况，监测生态系统的动态发展，有利于维持和强化玉绣河的生态功能，明确二期治理工程的发展方向。

通过层次综合法确定各级指标权重与层次排序总权重，见表 5.21，将研究河流的评分结果代入模型，得到图 5.26～图 5.28 所示的评价结果。

从图 5.26 可以看出，广场东沟的综合评价值为 1.13，处于亚健康状态；广场西沟的综合评价值为 2.16，处于健康状态。对其进行等权处理，玉绣河整体的综合评价值为 1.65，处于亚健康状态。对比分析图 5.27 和图 5.28 中广场东沟与广场西沟的一级指标评价结果，能够明确玉绣河生态系统健康的限制因素，为改造玉绣河、修复济南城市水生态提供努力方向和决策依据。

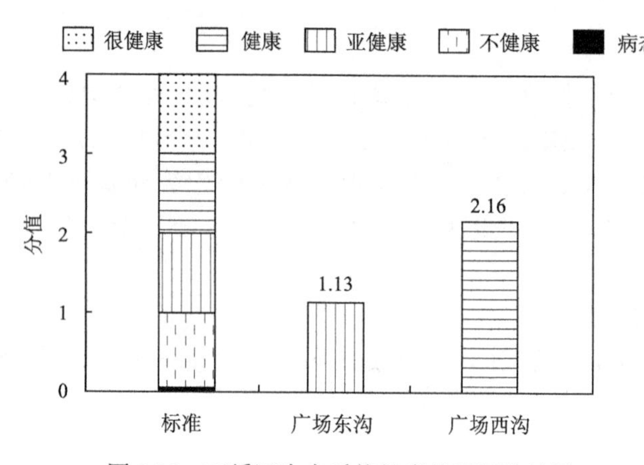

图 5.26　玉绣河生态系统健康状况评价结果

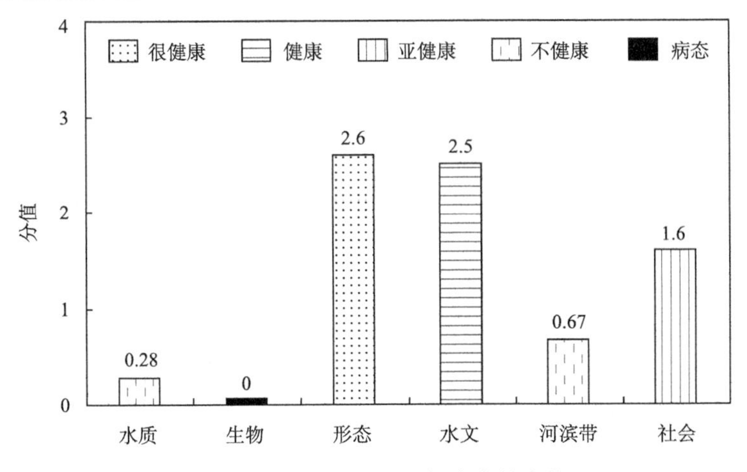

图 5.27　广场东沟一级指标生态健康状况

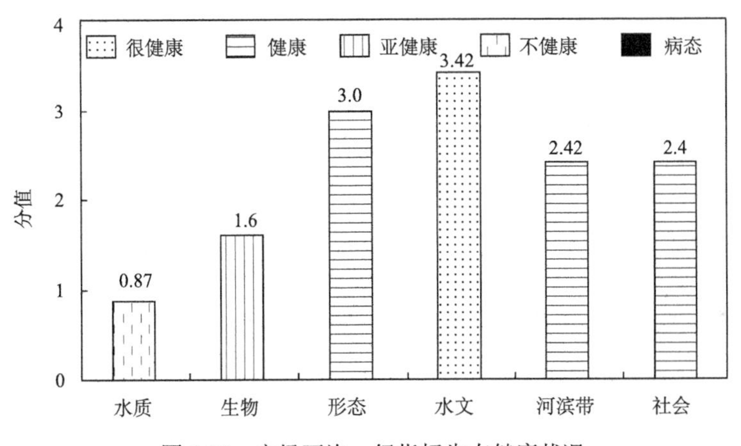

图 5.28　广场西沟一级指标生态健康状况

图 5.27 显示，广场东沟的单因子指标健康状况相对较差，水质恶化、水生物多样性的消失以及河岸带被挤占是影响广场东沟总体生态状况的主要限制因素，分别呈不健康、病态和不健康状态，使得广场东沟整体处于亚健康状态。因此，对广场东沟应重点从优化河流水质、修复水生物栖息环境以及恢复河滨带景观生态方面着手整治。

玉绣河治理一期工程的实施，使广场西沟在河道水文特征、形态结构、河滨带状况以及周边居民的满意度方面呈现出很健康或健康的态势；但是在河流的水质理化性质和生物指标方面仍处于不健康和亚健康状态，说明尽管有关部门对广场西沟采取了截污、清淤、回补中水等措施，但是仍然没有达到其作为城市河流的生态功能要求，在以后的河道整治与管理中，彻底消除点源污染、控制面源污染、修复水生物栖息环境等问题仍是治理重点。

5.5.4 玉绣河生态健康评价结果

城市河流生态系统是一个复杂的系统，受到多方面因素的影响和制约，适合用综合指标法评价其健康状态，研究建立一套健全的能够真实反映其健康状态的指标体系非常重要。城市河流保护人类财产的能力、满足人类的休闲需求等是其服务社会功能的体现。综合涵盖水质理化特征、水生物指标、形态结构、水文特征、河滨带状况、服务社会功能的 21 个具体指标对玉绣河生态系统健康评价的结果表明，广场东沟处于亚健康状态，后期应重点加强河流水质、修复水生物栖息环境以及恢复河滨带景观生态等方面的建设；广场西沟处于健康状态，但全面消除点源污染、控制面源污染、修复水生物栖息环境等问题仍是后期努力方向。

5.6 本 章 小 结

河道景观生态修复，强调的是生态修复，采用的技术措施也是以生态修复为导向，如生态护岸和河道形状，以形成不同生境多样性。以济南的玉绣河景观生态修复为案例，在采取了生态护岸、河道形态优化、河滨带植被多样性与整体性设计、沿河湖滨带规划、生态塘植被、景观和生境强化，综合了现阶段和现状边界条件下可以采取的技术措施，进行全方位的景观生态修复。

用景观多样性指数、优势度指数和均匀度指数评估了修复后的玉绣河河道景观生态，反映了修复后的玉绣河景观生态多样性总体呈增加趋势，物种繁多复杂、差异较大，生态结构趋于稳定。

广场西沟在河道水文特征、形态结构、河滨带状况以及周边居民的满意度方面呈现出很健康或健康的态势；但是在河流的水质理化性质和生物指标方面仍处于不健康和亚健康状态，说明尽管有关部门对广场西沟采取了截污、清淤、回补中水等措施，但是仍然没有达到其作为城市河流的生态功能要求，在以后的河道整治与管理中，彻底消除点源污染、控制面源污染、修复水生物栖息环境等问题仍是治理重点。

采用综合指数评价法，对修复后的河道生态健康进行了评价，选择涵盖环境、水文、水利、生态、物理结构和社会功能等的综合指标，建立评价模型，评价结果显示，河流的水质理化性质和生物指标方面仍处于不健康和亚健康状态，河道水文特征、形态结构、河滨带状况以及周边居民的满意度方面呈现出很健康或健康的态势。

参 考 文 献

[1] Angelier E. Ecology of Streams and Rivers. Enfield: Science Publishers, Inc., 2003, 215.

[2] Biology Concepts & Connections Sixth Edition. Campbell Neil A, 2009: 2, 3 and G-9. Retrieved 2010-06-14.
[3] Allan J D. Stream Ecology: Structure and function of running waters. London: Chapman and Hall, 1995, 388.
[4] Giller S, Malmqvist B. The Biology of Streams and Rivers. Oxford: Oxford University Press, 1998: 296.
[5] Cushing C E. Allan J D. Streams: Their ecology and life. San Diego: Academic Press, 2001: 366.
[6] Platts W S. Relationships among stream order, fish populations, and aquatic geomorphology in an Idaho river drainage, Fisheries, 1979, 4: 5-9.
[7] Frissell C A, Liss W J, Warren C E, et al. A hierarchical framework for stream habitat classification: Viewing streams in a watershed context. Environmental Management, 1986, 10: 199-214.
[8] Gregory S V, Swanson F J, McKee W A, et al. An ecosystem perspective of riparian zones. BioScience, 1991, 41: 540-551.
[9] Imhof J G, Fitzgibbon J, Annable W K. A hierarchical evaluation system for characterizing watershed ecosystems for fish habitat. Canadian Journal of Fisheries and Aquatic Sciences, 1996, 53: 312-326.
[10] Newson M D, Clark M J, Sear D A, et al. The geomorphological basis for classifying rivers. Ecosystems, 1998, 8: 415-430.
[11] Frothingham K M, Rhoads B L, Herricks E E. A multiscale conceptual framework for integrated ecogeomorphological research to support stream naturalization in the agricultural midwest. Environmental Management, 2002, 29: 16-33.
[12] Arend K K. Macrohabitat identification, in Aquatic Habitat Assessment: Common Methods. Bethesda: American Fisheries Society, 1999, 75-93.
[13] Seifen A. Natumaeherer wasserbau. Deutsche Wasserwirtschaft, 1983, 33(12): 361-366.
[14] 王文君，黄道明. 国内外河流生态修复研究进展. 水生态学杂志, 2012, 33(4): 142-146.
[15] Schlueter U. Ueberlegugen zum natumahen Ausbau von wasseerlaeufen. Landschaft und Stadt, 1971, 9(2): 72-83.
[16] Binder W, Jurging P, Karl J. Naturnaher wasserbau merkmale und grenze. Garten und Land Schaft, 1983, 93(2): 91-94.
[17] Hohmann J, Konold W. Flussbau massnah men an der Wutach und ihre bewertung aus oekologischer Sicht. Deutsche. Wasserwirschaft, 1992, 82(9): 434-440.
[18] 高甲荣，肖斌. 荒溪近自然管理的景观生态学基础: 欧洲阿尔卑斯山地荒溪管理研究述评 山地学报, 1999, 17(3): 244-249.
[19] 高甲荣. 近自然治理: 以景观生态学为基础的治理工程. 北京林业大学学报，1999, 21(1): 78-82.
[20] Gray D H, Sotir R B. Biotechnical stabilization of highway cut slope. Journal of Geotechnical Engineering, 1992, 118(9): 1395-1409.
[21] 陈兴茹. 国内外河流生态修复相关研究进展. 水生态学杂志, 2011, 32(5): 122-128.

[22] The Federal Interagency Stream Restoration Working Group(FISRWG). Stream corridor restoration: Principles, processes, and practices, 1998.
[23] 李永祥，杨海军. 河流生态修复的研究内容和方法. 人民珠江, 2006, 27(2): 16-19.
[24] Thomas G Franti. G96-1307 Bioengineering for Hillslope, Streambank and Lakeshore Erosion Control. Lincon: University of Nebraska, 1996.
[25] 西蒙兹. 大地景观: 环境规划指南. 北京: 中国建筑工业出版社, 1990.
[26] Kojitakaza K. Project for Creation of River Rich in Nature-Toward a rich natural Environment in Towns and on Watersides. Journal of Hydro-science and Hydraulic Engineering(Special issues), 1993, (SI-4): 86-87.
[27] 董哲仁. 河流治理生态工程学的发展沿革与趋势. 水利水电技术, 2004, 35(1): 39-41.
[28] 董哲仁. 河流形态多样性与生物群落多样性. 水利学报, 2003, 11: 1-6.
[29] 孙宁，河道植被护坡技术. 水科学与工程技术, 2005, (1): 34-36.
[30] Huat-Yoo CHUA, Hsiao-Chou CHAO, Chung-Tien CHIN. Sustainable Design Based on near Nature Construction Method-A Case Study. ISGE 2009, Hangzhou, 2009.
[31] Jackson, “Pair of Ideal Landscapes.”
[32] Forman and Godron, Landscape Ecology, II.
[33] Golley, Introducing Landscape Ecology.
[34] Forman R T T. Landmosaics—The Ecology of Landscapes and Regions. Cambridge: Cambridge University Press, 1995.
[35] 傅伯杰，陈利顶，马克明，等. 景观生态学原理及应用. 二版. IMI. 北京: 科学出版社, 2011.
[36] 高吉喜，田美荣. 城市社区可持续发展模式——“生态社区”探讨. 中国发展, 2007, 7(4): 6-10.
[37] 陈爽，王进，詹志勇. 生态景观与城市形态整合研究. 地理科学进展, 2004, 23(5): 67-77.
[38] 王如松，李锋. 论城市生态管理. 中国城市林业, 2006, 4(2): 8-13.
[39] 王如松，吴琼，包陆森. 北京景观生态建设的问题与模式. 城市规划汇刊, 2004, (5): 37-43.
[40] Verry E S, Hornbeck J W, Dolloff C A. Riparian management in forests of the continental Eastern United States. New York: Lewis Publishers, 2000.
[41] 吴永波. 河岸植被缓冲带减缓农业面源污染研究进展. 南京林业大学学报(自然科学版), 2015, (3): 143-148.
[42] 刘超，毕春娟，陈振楼，等. 河岸带土壤对不同 pH 雨水中截留磷的影响. 环境工程学报, 2017, 5.
[43] Liu Y, Engel B A, Flanagan D C, et al. A review on effectiveness of best management practices in improving hydrology and water quality: Needs and opportunities. Science of The Total Environment, 2017, 601: 580-593.
[44] Smith C M. Riparian pasture retirement effects on sediment, phosphorus, and nitrogen in channellized surface run-off from pastures. New Zealand Journal of Marine & Freshwater Research, 1989, 23(1): 139-146.
[45] Wilson L G. Sediment removal from flood water by grass filtration. Wilson L G, 1967, 1.
[46] Swift L W, Messer J B. Forest cuttings raise temperatures of small streams in the southern Appalachians. Journal of Soil & Water Conservation, 1971, 26: 111-116.

[47] Rundle S D, Clare Lloyd E, Ormerod S J. The effects of riparian management and physiochemistry on macroinvertebrate feeding guilds and community structure in upland British streams. Aquatic Conservation Marine & Freshwater Ecosystems, 2010, 2(4): 309-324.

[48] Ormerod S J, Rundle S D, Lloyd E C, et al. The influence of riparian management on the habitat structure and macroinvertebrate communities of upland streams draining plantation forests. Journal of Applied Ecology, 1993, 30(1): 13-24.

[49] 赵霏, 郭逍宇, 赵文吉, 等. 城市河岸带土地利用和景观格局变化的生态环境效应研究——以北京市典型再生水补水河流河岸带为例. 湿地科学, 2013, 11(1): 100-107.

[50] Trimble G R, Sartz R S. How far from a stream should a logging road be located?. Journal of Forestry, 1957, 55: 339-341.

[51] Schultz R C, Colletti J P, Isenhart T M, et al. Design and placement of a multi-species riparian buffer strip system. Agroforestry Systems, 1995, 29: 201-226.

[52] 高甲荣. 近自然治理——以景观生态学为基础的荒溪治理工程. 北京林业大学学报, 1999, (1): 80-85.

[53] Washington Department of Fish and Wildlife, Washington Department of Transportation. Washington Department of Ecology, Integrated stream-bank protection guidelines, 2003. K-14.

[54] McCain M, Fuller D. Decker L, et al. Stream habitat classification and inventory procedures for northern California. FHR Currents, Vol 1, USDA Forest Service, Pacific Sothwest Region, Berkeley, CA, 1990.

[55] 潘竟虎, 刘晓. 基于空间主成分和最小累积阻力模型的内陆河景观生态安全评价与格局优化——以张掖市甘州区为例. 应用生态学报, 2015, (10): 3126-3136.

[56] 赵筱青, 和春兰. 外来树种桉树引种的景观生态安全格局. 生态学报, 2013, (6): 1860-1871.

[57] 邬建国. 景观生态学——概念与理论. 生态学杂志, 2000, 19(1): 42-52.

[58] Forman R T T. Landscape Mosaics: The Ecology of Landscapes and Regions. Cambridge: Cambridge University Press, 1995: 246.

[59] 曹翊坤. 深圳市绿色景观连通性时空动态研究. 深圳: 深圳大学, 2013.

[60] 马爽爽. 基于河流健康的水系格局与连通性研究. 南京: 南京大学, 2013.

[61] 朱强, 俞孔坚, 李迪华. 景观规划中的生态廊道宽度. 生态学报, 2005, (9): 2406-2412.

[62] 管章楠. 中国乡村社区常用绿化树种组成和多样性初步研究. 济南: 山东大学, 2017.

[63] 臧德奎. 园林植物造景. 2 版. 北京: 中国林业出版社, 2014.

[64] 韩玉玲, 岳春雷, 叶碎高. 河道生态建设, 植物措施应用技术. 北京: 中国水利水电出版社, 2009.

[65] 杜钦. 崇明岛南岸不同植物配置模式护岸能力及优化策略研究. 上海: 华东师范大学, 2011.

[66] 夏晓平, 信忠保, 赵云杰, 等. 北京山区河岸植被的水土保持效益. 水土保持学报, 2018, 32(5): 71-77, 83.

[67] 孙倩, 王晓玉, 韩雪, 等. 安徽淠河湿地植物物种多样性. 湿地科学, 2018, 16(5): 664-670.

[68] 孙小丽. 济南市气候变化特征及城市化的影响研究. 兰州: 兰州大学, 2016.

[69] 赵凤莲, 刘毓, 韩冰. 济南主要道路绿地土壤养分特征研究. 园林科技, 2012, (2): 25-29.

[70] 温超. 济南周边地区主要土壤类型. 济南: 山东大学, 2010.

[71] 金相灿. 湖泊富营养化控制和管理技术. 北京: 化学工业出版社, 2001: 132-135.
[72] 刘永, 郭怀成. 城市湖泊生态恢复与景观设计. 城市环境与城市生态, 2003, (12): 51-53.
[73] Tilton D L. Integrating wetlands into planned landscapes. landscape and Urban Planning, 1995, 32: 205-209.
[74] 姜跃良, 王美敬, 李然, 等. 生态水力学原理在城市河流保护及修复中的应用. 水利学报, 2003, (8) : 75-78.
[75] Rapport D J. The stress response environmental statistical system and its applicability to the Laurentian Lower Great Lakes. Statistical Journal of the United Nations ECE, 1981, 1: 377-405.
[76] Rapport D J, Gaudet C L, Calow P. Evaluating and monitoring the health of large scale ecosystem. Global Environment Change Proceedings of the NATO Advanced Research Workshop, 1993, 28: 5-39.
[77] 张宏锋, 李卫红, 陈亚鹏. 生态系统健康评价研究方法与进展. 干旱区研究, 2003, 20(4): 330-335.
[78] Harris H J, Harris V A, Regier H A. Important of the near shore area for sustainable redevelopment in the Great Lakes with observations on the Baltic SEA. Ambio, 1988, 5: 163-261.
[79] Bird P M, Rapport D J. State of the environment Report for Canada. Ottawa: Canadian Government Publishing Center, 1986: 264-265.
[80] Whitford W Q. Desertification: Implications and limitations of the ecosystem health metaphor. Evaluating and Monitoring the health of Large-scale Ecosystem. New York: Springer Verlag, 1995, 273-294.
[81] Rapport D J, Regier H A, Hutchinson T C. Ecosystem behavior under stress. American Naturlist, 1985, 125: 617-640.
[82] Rapport D J. What constitutes ecosystem health. Perspective in Biology and Medicine, 1989, 33: 120-132.
[83] 罗跃初, 周忠轩, 孙轶, 等. 流域生态系统健康评价方法. 生态学报, 2003, 23(8): 1606-1614.
[84] Simpson J, Norris R , Barmuta L, et al. AusRivAS–National River Health Program: User Manual Website version , 1999.
[85] Costanza R, Mageau M. What is a healthy ecosystem? Aquatic Ecology, 1999, 33: 105-115.
[86] Meyer J L. Stream health: Incorporating the human dimension to advance stream ecology. Journal of the North American Benthological Society, 1997, 16: 439-447.
[87] 赵彦伟, 杨志峰. 城市河流生态系统健康评价初探. 水科学进展, 2005, 16(13): 349-355.
[88] 吴阿娜. 河流健康状况评价及其在河流管理中的应用. 上海: 华东师范大学, 2005.
[89] Ladson J, White L J, Doolan J, et al. Development and testing of an index of stream condition for waterway management in Australia. Freshwater Biology, 1999, 41(2): 453-468.
[90] 殷会娟, 冯耀龙. 河流生态环境健康评价方法研究. 中国农村水利水电, 2006, (4): 55-57.
[91] 杨百成, 李增强. 水文断面枯季平均流速流量经验公式拟合的初探. 海河水利, 2002, (6): 18-19.

第6章　小流域水文和水生态修复

流域是以河流为中心、被分水岭所包围的区域，具有完整的空间特征和封闭性的能量流动。小流域是集水面积在 100km^2 以下，相对独立与封闭的自然集水区域，是具有独立系统功能和性质的自然地理单元，是水系中的基本集水单元[1,2]。小流域单元内各自然要素联系密切，是一个完整的生态系统，是研究水文特征与生态特征的基础单元。以小流域为控制单元，重构符合自然水文过程和生态演替规律的可持续水生态系统，符合自然规律，能够更有效地实现水资源和生境的同步改善[3]。

城市化发展较早的美国及欧洲是最早以小流域为控制单元，开展城市化、不透水表面率变化、降雨径流水文特征变化和水生态系统恢复响应等因素之间相关性研究的国家和地区。May 等研究得出城市化扩展往往伴随着侵占其所在流域的河道水系、改变河槽形态、影响水质、破坏生态环境等现象[4]。Arnold 等提出在次小流域到小流域尺度范围内，不透水表面率一定程度上可反映所在流域的城市化水平和土地利用强度，是反映流域开发程度和健康状态的重要量化参数[5]。Niehoff 等以德国西南部一个小流域为研究对象，利用 WaSiM-ETH 模型模拟该小流域，随着土地利用变化对应的水文效应变化，得出土地利用变化与雨洪的形成有强相关性[6]。Schueler 基于 1978～1983 年美国环保局在全国范围开展的“城市径流计划”研究成果，利用 44 个小集水区的监测数据证明了径流量与流域不透水表面率呈正相关[7]。后来 Schueler 使用不透水表面模型(ICM)发现在流域尺度为 5～50km^2 时，不透水表面率与流域所在河流的健康状况具有显著相关性[8]。Dietz 等认为城市不透水面积的增大是造成雨水径流污染负荷持续增长的主要原因，并通过实验证明了在城市小流域内，低影响开发技术能够有效地把径流量与污染量控制到城市开发前的水平[9]。Tilley 等提出在小流域内构建较完整湿地体系是进行城市小流域水生态系统修复的有效技术措施，该湿地体系的空间结构为小型湿地散布在集水区的源头，中型湿地分布于集水区水系与次小流域主水系交汇处，大型湿地则分布在次小流域水系与小流域主水系交汇处[10]。Galle 等指出随着生态经济及生态网络的广泛传播，生态廊道深受广大生态学家及自然保护主义者欢迎，水系生态廊道作为生态廊道最有代表性的一种，不仅具有景观生态的作用，更具有保护生物多样性、过滤污染物、防止水土流失、调控洪水等生态服务功能[11]。美国流域保护中心在 2007 年颁布的《城市次流域修复指南系列——城市暴雨改进实践》中指出，在集水区面积介于 1～10km^2 的小流域进行一系列如滞留塘、湿塘、人工湿地、生物滞留塘、渗滤带、下凹绿地，以及生态屋项、透水铺面等低影响开发技术的使用，可以有效地平坦峰值，平均流量，减少径流污染，减少河道侵蚀和重现开发前的水文过程[12]。

我国以小流域为控制单元，水文变化和水生态系统恢复响应等之间相关性研究起步较晚。赵柯等为了体现城市自然水文生态系统的整体性和层次性，提出将小流域单元作为城市水空间研究与管理的最佳地域尺度[13]。万荣荣等通过对土地类型变化和不同覆被组合对降雨径流影响的研究得出，当集水区面积为介于 1～10km^2 的小流域时，土地利用变化对小流域平均流量、洪峰流量、基流等的水文的影响十分显著[14]。杨宏伟等应用 SWAT 模型模拟了东江流域土地利用变化对地表径流的影响，得出林地面积的增加会减少年径流总量[15]。马振邦等通过对深圳市石岩水库 6 条入库支流小流域的降雨径流污染特征研究发现，初始冲刷强度随着小流域不透水面积比例和雨强的增大而增强[16]。李彩丽通过研究 1988～2009 年秦淮河流域的不透水面积的变化与水文模拟结果的相关性得出，不透水面的增加导致年均径流深度增加[17]。郝敬锋等以南京市紫金山东郊湿地所在的小流域为研究对象，通过 GIS 技术和 SPSS 软件分析城市化小流域的土地利用特征变化与水质变化之间的相关性，得出林地对水质的改善要优于草地，林地面积比例与水质呈正相关[18]。傅维军等以东南沿海中小流域分布较为丰富的宁波市为研究对象，开展了城市化对河流水环境影响的研究，探讨了城市化发展对水生态环境及水安全、洪涝灾害的影响[19]。陈莹等以太湖上游的西苕溪流域为研究区，通过土地利用变化模型 CLUE-S 与水文影响模型 L-THIA 对在相同的降雨条件下的径流进行模拟预测，得出 2017 年土地利用情景下年均径流深度较 1985 年增加了 61.6mm[20]。朱雷针对我国城市化发展对河流和流域带来的生态破坏、峰值流量增加、泥沙和污染负荷冲刷量增加等问题，提出小流域生态治理理念与生态工程法治理建议[21]。吴芝瑛等通过对比长桥溪流域在引入人工湿地前后流域的生态环境状态发现，引入湿地后流域内入湖水质得到了明显改善，流域生物多样性得到提高，生态系统更加稳定[22]。杨柳等以东南沿海福建省晋江山美水库所在小流域为研究对象，利用 SWAT 水文模型对水文效应进行了研究，得出 2000～2010 年土地利用变化，林地和耕地分别向园地和建设用地转化，流域内的年径流总量呈增加趋势[23]。

6.1　小流域水生态修复技术

水生态修复技术是生态工程技术的一个分支，是对遭到破坏与退化的水生态系统的结构与功能进行修复，是一种促进水资源良性循环与恢复受损生态系统完整性的技术措施[24]。小流域水生态修复技术的理论结合了生态学、水文学、景观学等多种学科，以小流域河流的生态系统可持续发展为目标。

6.1.1　低影响开发技术

20 世纪 80 年代中期，美国马里兰州乔治王子县率先将植物滞留槽应用于当地的水环境保护项目中，这标志着 LID (low impact development) 技术的研究及应用的开始[25]。此后，LID 技术逐渐成为解决城市诸多环境及生态问题的研究热点。例如，Barrett 等的研究表明，植草沟对公路降雨径流中的 NO_3^--N (硝态氮) 和 TKN (凯氏氮) 的去除率分别达到 37%和 39%，对 Pb 和 Zn 的去除率范围分别为 17%～41%及 75%～91%[26]。Dreelin 等的研究表明，在降雨量和降雨强度均较小的条件下，透水铺装路面停车场降雨径流量相比沥青路面停车场降雨径流量不足 10%[27]。Davis 等以美国马里兰大学内的 2 个生物滞留池为研究对象，在 49 场降雨径流量事件的监测结果中，9 场小降雨事件的径流被 100%截留，40 场产生径流的事件中，峰值流量削减率范围为 44%～63%，峰现时间推迟达原时间的 2 倍以上[28]。David 等通过雨水花园氮磷的去除效果实验研究得出，雨水花园对总磷的去除率为 70%～85%，对凯氏氮的去除率为 55%～65%[29]。Berndtsson 等对绿色屋顶径流水质的污染浓度研究表明，绿色屋顶对 TSS、氮、磷和重金属均有较好的去除效果，且当坡度较小时对 TSS 的去除率可以达到 93%以上[30]。Backstrom 等以瑞典吕勒奥地区北部的植草沟为研究对象，通过对降雨和融雪期间植草沟出水的水质研究得出，植草沟对 TSS 及重金属有较好的去除效果[31]。至 2006 年，依次在美国马里兰州、西雅图、休斯敦召开与 LID 技术相关的国际性会议，这标志着 LID 措施已成为美国降雨径流管理的研究热点并在各州得以普及。经过 30 多年的发展，LID 技术在西方发达国家已经处于系统化、法规化的应用阶段。

与国外相比，我国对 LID 技术的研究起步较晚，目前尚处于探索与学习阶段，研究方向主要集中在 LID 技术对降雨径流效果的影响和 LID 技术应用设计的优化等方面。孙艳伟等的研究表明，生物滞留池对城市降雨径流具有显著的削减作用，甚至可将其恢复至开发前的水文状态[32]。王雯雯等对透水砖和下凹式绿地对城市降雨径流调控效果的模拟研究表明，下凹式绿地和透水砖均可缓解城市雨水管道排洪压力，减少降雨径流总量，降低径流系数，且二者中下凹式绿地对降雨径流的滞留效果更好[33]。李卓熹等对不同降雨量、降雨历时和雨峰位置条件下的下凹式绿地、渗透铺装和绿色屋顶等 LID 措施的降雨径流调控效应研究表明：在降雨量小于 100mm 时，渗透铺装和绿色屋顶对降雨径流的削减量与降雨量呈正相关趋势，但与下凹式绿地对降雨径流的削减量相比差异较小；在降雨历时方面，下凹式绿地随降雨历时的增加，降雨径流的削减量增加，渗透铺装和绿色屋顶的降雨径流削减量变化不大；在雨峰位置方面，3 种 LID 措施对峰值流量的削减效果随雨峰后移而降低[34]。晋存田等对下凹式绿地和透水铺装对降雨频率的响应结果研究表明，下凹式绿地在较大降雨频率条件下对降雨径流调控效果较好，透水砖在较小降雨频率条件下对降雨径流调控效果较好[35]。马姗姗等研究绿色屋顶、下凹式绿地和两者串联在不同的降雨频率下对降雨径流调控效果，结果表明，增大降雨频率和两者串联会增大其对降雨径流的调控量[36]。尽管与国外相比低影响开发技术目前在国内的研究与应用相对较少，但低影响开发技术及相关研究已列入国家“十二五”水专项重大课题[37]。

LID 是一种控制城市降雨径流量及其污染负荷的技术方法，采用源头控制，以实现削减径流峰值流量、延迟峰值出现时间、削减径流总量、削减径流污染负荷及缓解对自然生态环境的冲积等水文与生态目标[38]。LID 技术具有可持续性强、分散化、低能耗、低成本，能与建筑设计、景观规划和土地开发等相结合，对改善城市生态环境具有重要作用和积极意义[39]。LID 技术的规划和设计与规划区域的开发程度、土地利用类型、地质与地形、交通规划等特性有关，是一项复杂的系统工程[40]。

6.1.2　湿地体系

湿地研究起源于欧洲湖沼学。总结湿地研究历史，国外对湿地的研究主要可以分为对湿地基本理论知识的研究及对湿地应用的研究两方面[41]。20 世纪 70 年代，城市湿地在城市发展过程中独一无二的重要作用引起了越来越多国家的重视，一些欧美发达国家将城市湿地列为城市景观规划的重要内容之一[42]。由此全球范围内关于城市湿地的研究机构和研究课题相继涌现，并取得了一定的研究成果，尤其是在污水处理方面[43]。当前，国际上对城市湿地的研究多集中于影响城市湿地生态系统生态功能的因素、城市湿地规划与管理等方面。

我国对湿地研究始于 20 世纪 60 年代的沼泽研究，至 80 年代湿地的概念在国内引起了大范围的关注[44]。国内对湿地的研究主要针对湿地的概念、湿地的分类标准、湿地的发育过程、湿地对水文过程及生态功能的影响、湿地中的生物地球化学循环等[45]。我国于 1992 年加入《关于特别是水禽栖息地的国际重要湿地公约》，这标志着我国开启湿地保护建设，湿地保护的重要性在我国逐渐抬升[46]。2000 年后，城市湿地的概念与作用在国内被进一步了解与认识。2004 年，首届中国城市湿地保护学术研讨会在唐山召开，会中指出要充分发挥城市湿地的综合效益，处理好保护与利用的辩证关系，同年国家建设部正式批准山东省荣成市桑沟湾国家城市湿地公园为我国第一个国家级城市湿地公园[47]。2005 年，国家建设部和国家林业局相继出台了《城市湿地公园规划导则(试行)》和《城市湿地公园规划设计导则(试行)》[48]。2010 年，国家住房和城乡建设部在无锡市召开“城市湿地资源保护与可持续发展利用研讨会”,至此我国已批准 27 个国家城市湿地公园。

俞孔坚等是较早提出以城市湿地为技术措施的城市生态基础设施的建设与

恢复探索，提出湿地对维护河流自然形态具有非常重要的战略意义，应将城市湿地建设纳入城市生态建设十大战略之中[49]。潮洛蒙与俞孔坚共同探讨了湿地与城市的关系，指出一些不合理人类活动已经导致城市湿地的部分功能退化，未来城市规划必须对城市湿地进行切实有效的保护、恢复，要建立城市湿地恢复监控机制，出台相应的指导政策以促进湿地恢复[50]。孙广友等将城市湿地定义为分布于城市中的湿地，认为城市湿地分为天然湿地和各类人工湿地，通过分析我国城市湿地研究与国外的差距指出我国城市湿地研究存在的问题，并初步构建了城市湿地学的学科框架[51]。吴丰林通过对长春市城市湿地景观格局特征与演变研究提出，城市湿地是城市重要的生态基础设施，具有调节径流、提高城市环境容量等生态服务功能与保护文化遗产、建立生态文明等社会服务功能，对城市的可持续发展有重要意义[52]。王建华等认为我国城市湿地保护尚处于起步阶段，湿地建设的盲目跟从行为较为严重，当前迫切需要加强对城市湿地理论基础和应用研究[53]。李春晖等从城市湿地功能角度将城市湿地定义为在城市境内及其周边地区被水所覆盖，有周期性水生植物生长，且有稳定的动物种群的自然或人工生态系统[54]。周馨艳认为将城市湿地体系定义为在城市范围内，由不同类型的城市湿地依据一定的管理法则和生态系统秩序联系组合而成、发挥湿地生态功能和特殊人工作用的特定要素群体；还指出城市湿地体系的构建可对散布的点状城市湿地进行有效组合，为城市发展过程中湿地生态功能的退化提供休养恢复机会，是对城市湿地进行最佳保护与合理开发利用的有效方式，是发挥“地球之肾”健全功能的有效保障[55]。邬建国与范晓云等的研究表明，单一的湿地远远不及湿地体系对城市环境所发挥的作用，城市湿地体系的构建可使城市湿地在城市发展建设中更大限度地发挥生态、社会及经济作用[56,57]。由上可知，虽然在城市湿地规划设计方面国内还没有形成系统的理论研究，但城市湿地的研究、利用、保护和恢复在我国已形成良好发展趋势。

6.1.3　河流生态廊道

景观生态学中的廊道(corridor)是指不同于周围景观基质的线状或带状景观要素，根据其组成内容或者生态系统类型，廊道可分为森林廊道、河流廊道、道路廊道等，廊道的类型反映了其结构和功能的多样性。廊道的重要结构特征包括：宽度、组成内容、内部环境、形状、连续性以及与周围斑块或者基底的相互关系。廊道的主要功能归纳为以下 4 类：生境(如河边生态系统、植被条带)；传输通道(如植物传播体、动物以及其他物质随植被或者河流廊道在景观中运动)；过滤和阻抑作用如道路、防风林及其他植被廊道对能量、物质和生物(个体)流在穿越时的阻截作用；作为能量、物质和生物源汇(如农田中的森林廊道，具有较高的生物量和若干野生动物植物种群，为景观中其他组分起到源的作用，同时也可阻截和吸收来自周围农田水土流失的养分与其他物质，起到汇的作用)[58]。

河流生态廊道(ecological)是指水系及其两侧分布的与周围本底不同的植被带，包括河床边缘、漫滩、堤坝及部分岸上的高地。不同的水系大小和水文特性使得水系生态廊道具有不同的生境，但其生境的共性特点表现为水分丰富，空气湿度与土壤肥力较高，季节性洪水泛滥时易被淹没[1]。

河流生态廊道是一种对人类社会十分重要的生态系统，具有提供水源、控制水和矿质养分的流动、过滤污染物、为物种迁移提供通道、维持生境多样性和物种多样性等多种功能[59]。水系生态廊道的结构与功能具有一定的复杂性，合理设计水系生态廊道是解决当前人类剧烈活动造成的景观破碎化以及随之而来的众多生态环境问题的重要措施。例如，Pinay 等通过对河岸森林对调节地下含水层与地表水之间的氮通量研究发现，约 30m 宽的河岸森林带可去除来自地下含水层中绝大多数的硝酸盐[60]。Lena 等从草地与林地的景观结构与功能角度分析了河岸植被缓冲带对改善水质的重要作用，得出 10m 宽的草地廊道可以去除径流中 95%的磷，理想的滨河林地及湿地能够通过土壤微生物作用使 NO_3^--N 的去除率达到 100%[61]。

城市河道生态廊道的功能可分为自然廊道功能和社会廊道功能两类。城市水系生态廊道能够维持城市的自然属性，对于城市自然景观建设和人文景观保护具有重要意义[62]。近年来，我国对城市水系生态廊道日益重视，通过建立水系生态廊道实现生物多样性保护、径流与水系污染控制等多种生态功能，满足人类日益增长的亲近自然的需要，已成为现代景观及城市规划领域的共识。

6.2 韩仓河小流域概况

韩仓河又称石河，位于历城区东南，东临东绕城高速，属小清河支流，源于燕棚窝以南的诸山谷，经东纳鸡山峪、兰峪、黑龙峪，汇三峪之水入港沟水库。又向北流经田庄、章灵丘，从韩仓穿过铁路，经东、西梁王村之间至曲家庄东入小清河，全长 24.5km，流域面积 99.32km^2，如图 6.1 所示。韩仓河流域地势自东南向西北倾斜，南部较陡，坡度在 8%～20%之间；北部为冲积平原，坡度较缓，一般在 0.5%～2%之间，如图 6.2 所示。由于受地形影响，南部山区历经多年山洪冲刷，形成自然冲沟，河床最宽处达 1000m，河底由砾石组成；中部章灵丘至梁王庄的河床宽 35m 左右；北部冲积平原区地势变缓，淤积严重，河床断面呈矩形。流域内植被以农作物为主，主要有小麦、玉米，荒山多已植树造林，水土保持情况一般。

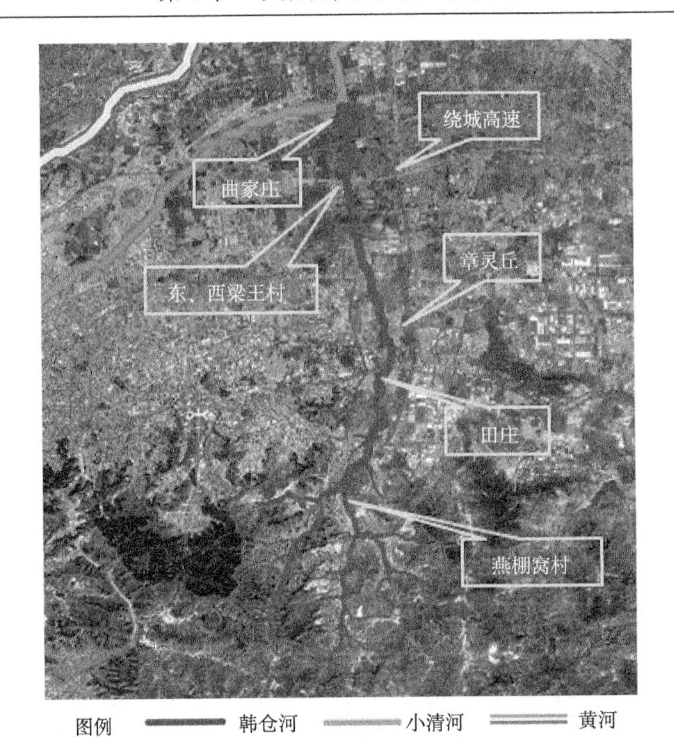

图 6.1　韩仓河地理位置图

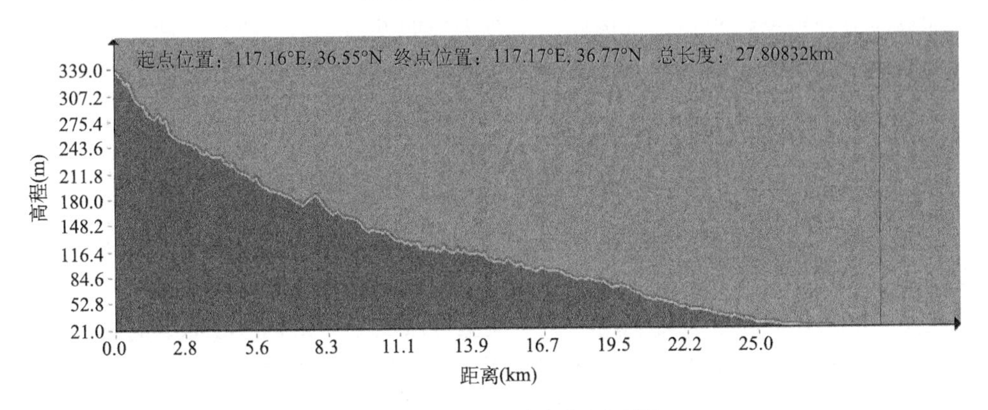

图 6.2　韩仓河干流高程剖面图

韩仓河是自然形成的南部山区雨源型排洪河流，坡陡流急，若遇暴雨将面临洪水暴涨暴落，破坏性较大。在夏秋季汛期，南部山区的洪水经韩仓河排入小清河。为缓流山洪和灌溉农田，在上游修建了燕棚、港沟水库，容量分别为 103.7 万 m^3 和 39.2 万 m^3。1949 年之前河内常年流水，目前河道多为断流状态。韩仓河流域具有独立、封闭的特性，流域面积＜$100km^2$，符合小流域的特点。

1. 水文气象

韩仓河流域处北半球中纬度地带，属暖温带大陆性半湿润季风气候，总的特点是：四季分明，春季干燥少雨，多西南风；夏季炎热多雨，雨量集中；秋季天高气爽，雨量骤减；冬季寒冷少雨雪，多东北风。流域内多年平均气温为 13.4℃，极端最高气温 42.5℃，极端最低气温–22.5℃，年平均无霜期 199 天，早霜始于 9 月下旬，晚霜止于 4 月上旬。

韩仓河流域的多年平均降水量为 651.8mm。降雨量年内分配不均，暴雨洪水主要发生在 7～8 月。流域多年汛期(6～9 月)的平均降水量为 504.5mm，占年平均降水量的 77.4%。汛期降水主要集中在 7～8 月，仅 7～8 月的年平均降水量就占全年平均降水量的 52.7%。在实测降雨量统计中，流域最大年降水量为 1964 年的 1226.4mm，最小年降水量为 1989 年的 354.0mm，丰枯比为 3.46。最大 24h 实测降雨量为 217.2mm，发生在 1997 年，远大于我国气象上规定的特大暴雨降雨量界值(200mm)。

2. 地形地貌

韩仓河流域地貌属山前倾斜平原地貌单元，受人类作用的影响，部分河道已被填埋耕植，呈浅盘型，只局部见有冲沟，呈深 U 形，除局部残存的冲沟外，绝大部分地段地形比较平坦。区内地层主要为第四系，具体岩性属一般黏性土，沙砾卵石层只在河床中局部露出，且呈固结状，绝大部分沙砾卵石均隐伏于河床中。

6.3　韩仓河流域水系与流域范围

流域单元划分过程借助于数字高程模型(digital elevation model，DEM)，该模型是降雨产汇流及积水淹没分析的关键[63]。随着城市化进程的不断加快，人类活动改变了城市化区域的土地利用与覆盖类型，改变了城市化区域原有的下垫面环境，使城市流域的产汇流模式和水文循环过程发生了巨大变化，降低了直接使用原始遥感 DEM 提取汇水区等集水单元边界与径流路线的精度[64,65]。随着遥感和测绘技术的发展，国内外学者利用新数据源、新方法及新技术，生成城市地貌高精度 DEM。Hutchinson 应用流域水系强化法构建了基于水系结构的 DEM，该方法生成的 DEM 能直接使用水文分析模型进行水系提取与分析[66]。Wehr 等在研究机载激光数据的基础上，结合地理信息技术与机载激光数据构建了城市地表 DEM[67]。Toutin 利用雷达立体测量法计算坡度和坡向等地形因子，用于 DEM 的校正与优化[68]。Choi 等针对城市雨水管网对径流的影响提出了自适应雨水基础设施算法(adaptive stormwater infrastructure algorithm)，利用排水管网信息对提取

DEM 形成的汇水区边界进行修正，使地表汇流过程更符合实际情形[69]。沈涛等针对在对原始 DEM 进行水文分析时存在水系破碎不连续、水系平直不自然等若干问题，提出了一种内插河流数据修正高程的算法[70]。丁琼以 IKONOS 卫星的高分辨率遥感影像为数据源，通过(立体像对)三维定位可以提取高精度的城市 DEM[71]。谭贲等利用车载激光扫描数据对地物进行分类，提取地面点构建城市高精度 DEM[72]。

随着应用需求的增加，对于复杂地 DEM 的获取需要借助于多种渠道和方法，于是产生了 DEM 融合技术。例如，左俊杰等考虑到建筑物、道路、管网等因素会对城市径流路径产生影响，因此将其融合入 DEM，得到高精度、满足水文分析的城市 DEM[73]。将不同方法和数据源获取的因素通过 GIS 与原始 DEM 进行融合的处理方法主要分为 DEM 融合、DEM 镶嵌和三角网表面填充三类[74]。

原始DEM数据为中国地理空间数据云提供的SRTM-90m分辨率的影像数据。SRTM(shuttle radar topography mission)影像数据由美国航天局(NASA)和国防部国家测绘局(NIMA)联合测量完成[75]。2000 年 2 月 11 日，美国发射的“奋进”号航天飞机上搭载 SRTM 系统，共计进行了 222 小时 23 分钟的数据采集工作，获取北纬 60° 至南纬 60° 之间总面积超过 1.19 亿 km² 的雷达影像数据，覆盖地球 80%以上的陆地表面。SRTM 系统获取的雷达影像的数据量约 9.8 万亿 B，经过两年多的数据处理，制成了数字高程模型，即现在的 SRTM 地形产品数据[76]。此数据产品于 2003 年开始公开发布，经历多次修订，目前的数据修订版本为 V4.1 版本。SRTM 地形数据按精度可以分为 SRTM1 和 SRTM3，分别对应的分辨率精度为 30m 和 90m 数据，目前公开数据为 90m 分辨率的数据[77]，本节以 SRTM-90m 分辨率的影像数据为源数据进行水系提取。

6.3.1　水系与流域范围提取

在水流路径划分汇水区的算法中，DEM 的坡面累积方法应用最广泛，即 D8 算法[78]。本节应用 ArcGIS10.3 的 Hydrology 模型进行水系与流域提取，具体操作步骤如下：首先利用 Spatial Analyst Tools 中的 Extraction 工具，裁剪出研究区的 DEM 影像；然后运行 Hydrology 中的 Fill 命令对裁剪的 DEM 图层进行洼地填充，生成的无洼地的韩仓河流域 DEM 图层；再依次打开 Hydrology 模型中的 Flow Direction 及 Flow Accumulation 窗口并导入相应图层，依次分别生成栅格流向图及栅格累积流量图。

按路径 Spatial Analyst Tools→Map Algebra→Single Output Map Algebra 打开栅格计算器，然后输入 SQL 语句‘con(Flow Accumulation>800，1)’，执行计算后得到河流水系栅格图。经过多次设定阈值，选择合适的阈值得到理想的水系栅格图[79,80]。将阈值设为 800。将提取得到的河流水系格栅图转化为矢量格式，见图 6.3。

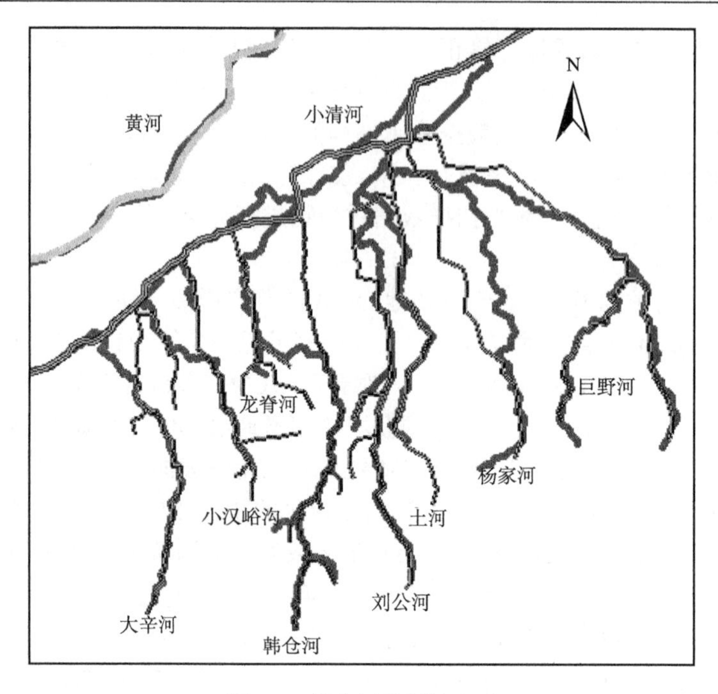

图 6.3　韩仓河及周边水系

为了获得汇水区、次小流域和韩仓河小流域，打开 Basin 窗口，输入对应的栅格图层后，获得汇水区次小流域及小流域。为了实现流域单元边界调整，将与韩仓河流域相邻的小汉峪沟流域、龙脊河流域及刘公河流域等 3 个流域也进行了流域提取。各流域位置见图 6.4。

6.3.2　对提取的水系和流域范围进行校正

通过研究提取结果发现，由 SRTM-90m 分辨率影像提取的韩仓河干流路径与实际水系路径有所出入，结果见表 6.1 与图 6.7。

表 6.1　韩仓河干流实际水系与提取水系对比统计表

水系	长度(km)	水系重合度(%)
实际水系	25.79	62.92
提取水系与实际水系重合长度	16.23	

注：水系重合度=提取水系与实际水系重合长度/实际水系长度×100%。

造成实际水系与提取水系重合度不高的原因是：城市中建筑物、道路、雨水管网与排水沟渠等人工开发与建设活动，对城市下垫面的影响，使得自然的水系结构与汇水路径发生改变，进而影响汇水区边界与流域边界。因此，直接由原始

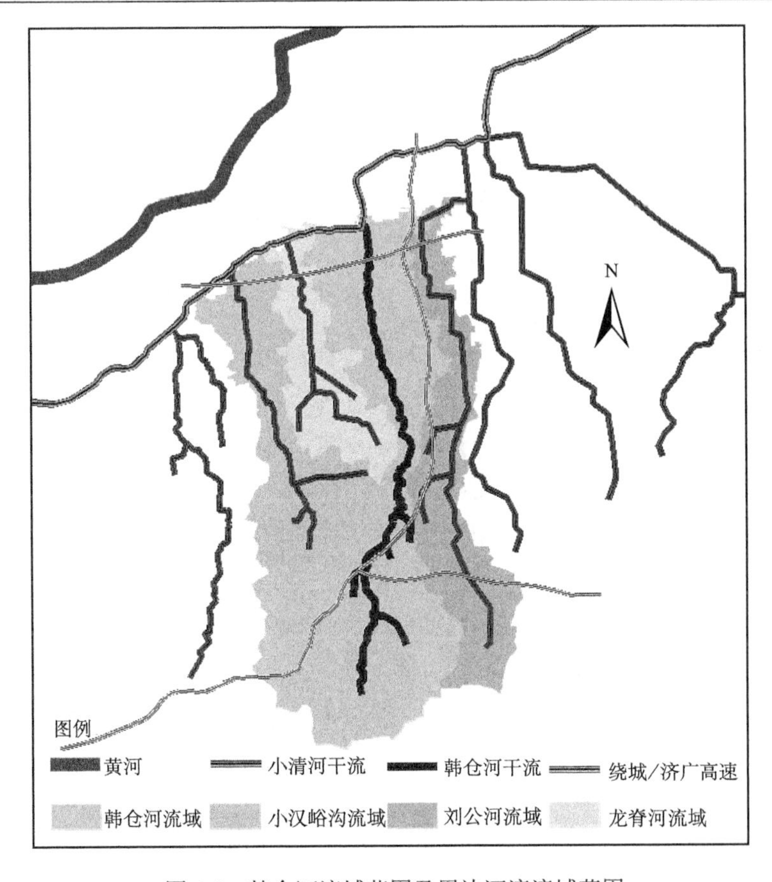

图 6.4　韩仓河流域范围及周边河流流域范围

DEM 提取得到的水系、汇水区边界、流域边界等结果与现实情况有一定的差异。为此，以城市地貌替代自然地貌，形成融合地下管网、道路、河流等信息得到的 DEM，生成与实际水系和汇水区边界高度一致的高精度 DEM。

1. 建立城市地貌 UIDEM 数据库

未经处理的原始 DEM 难以反映城市化后的地表径流等水文特征，出现“伪河道”与错误的汇水区边界[81]。因此建立基于城市道路、管网特征的城市 UIDEM 数据库，将能够影响径流的地物高程信息融入原始 DEM，达到正确提取河流水系要素与划分汇水区的目的[82]。

城市 UIDEM 数据库的数据种类主要可分为原始 DEM 数据、地物相关数据和排水相关数据等三大类，原始 DEM 数据为 SRTM-90m 分辨率的 DEM 数据，地物数据包括城市化区域、道路、坑塘、建筑物等空间数据图层，排水数据包括实际校正水系、排水沟渠、雨水管网与“伪河道”校正水系等空间数据图层。城市 UIDEM 数据库信息如表 6.2 所示。城市地貌下的各图层输出结果见图 6.5～图 6.8。

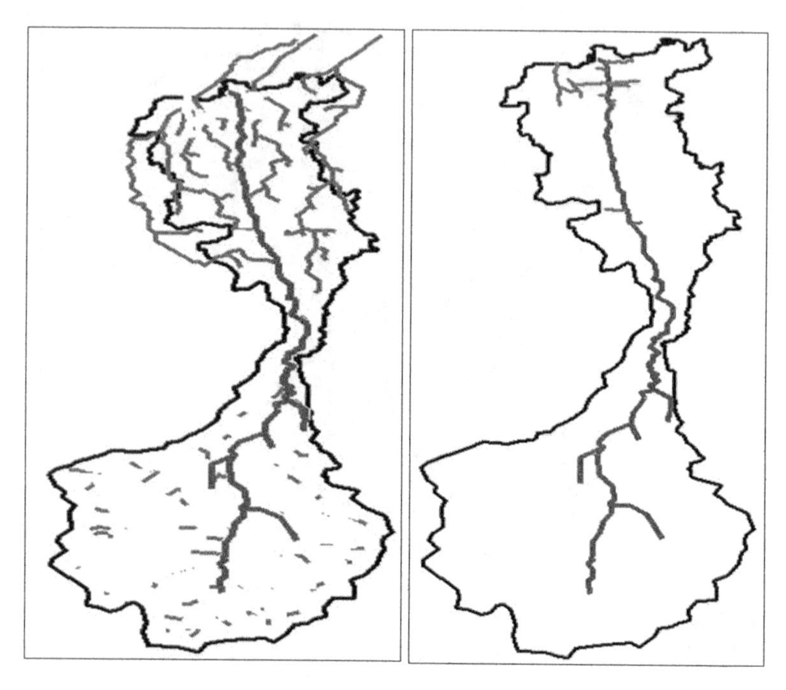

图 6.5　韩仓河流域“伪河道”校正栅格图与排水沟渠栅格图

表 6.2　城市 UIDEM 数据库信息

序号	图层类		数据时间	备注
1	原始 DEM 数据	DEM	2015 年	本研究为 SRTM-90m 分辨率的 DEM 数据
2	人类活动干扰因素	城市化区域	2015 年	城区和郊区 有完整排水体系区
3		道路	2015 年	高速(+Δh 为 4～10m[83])
4		洼地	2015 年	–Δh(湿地预选区)
5		建筑物	2015 年	单个建筑物不做处理，影响径流的连续建筑物(+Δh)或者与排水沟渠连接的建筑物
6	排水体系相关数据	实际水系	2015 年	–Δh：按照水系等级，逐级融入原始 DEM
7		排水沟渠	2015 年	–Δh
8		雨水管网	2015 年	含道路雨水管网，修正汇水区边界
9		“伪河道”校正水系	2015 年	–Δh：消除“伪河道”的高程

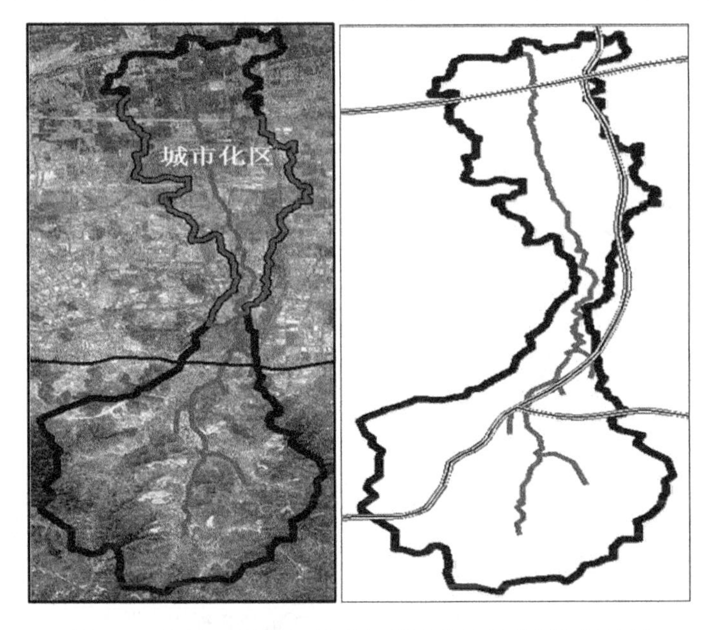

图 6.6　韩仓河流域城市化区域高速公路插值道路栅格图

图 6.7　韩仓河流域洼地(左)及影响径流建筑物(右)栅格图

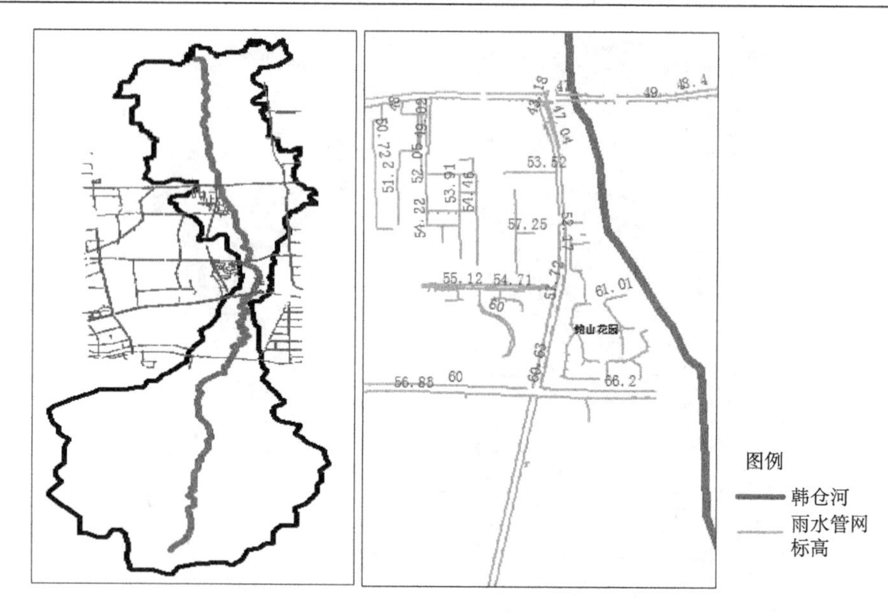

图 6.8　韩仓河流域雨水管网栅格与高程信息图

2. DEM 校正

以道路要素为例将影像因子融入 DEM 的步骤如下：

(1) 在 ArcGIS 的 ArcCatalog 中创建 UIDEM 数据库道路要素对应的矢量图层，然后用 polygon 要素勾勒出 DEM 修改的范围。

(2) 利用 ArcToolbox 工具箱下的 Conversion Tools，将生成的道路 polygon 图层由矢量数据格式转换成栅格数据格式。

(3) 在栅格计算器中输入表达式 ‘con (isnull ([raster]), [dem], fixelevation)’，将要修正的道路栅格数据融入到原始 DEM 中。表达式中 raster 是最终生成的校正栅格，dem 是原始高程数据格栅，fixelevation 是需要校正的高程值大小（根据实际情况确定的固定高度值，$\pm\Delta h$）。

(4) 用修正后的韩仓河流域 UIDEM 数据库，进行水系提取，将提取结果与实际水系做对比。当提取韩仓河干流的重合度满足大于 99%的条件后，对流域进行水系与流域层次单元边界的确定。若想查看 3D 结果，可借助于 ArcGIS 的 ArcScene 工具[84]。

3. 水系分级

河网水系分级方法众多，主要有格雷夫利厄斯 (Gravelius) 分级法、霍顿 (Horton) 分级法、斯特拉勒 (Strahler) 分级法、施里夫 (Shreve) 分级法、沙伊达格

(Scheidagger)分级法和波法弗斯特(Pfafstetter)分级法等方法。其中格雷夫利厄斯分级法难以区分水系中的主流和支流，同级河流差异性较大；霍顿分级法中 2 级以上的河流均可延伸到河源，但它们的上游只有 1 级河流的特征；斯特拉勒分级法、施里夫分级法、沙伊达格分级和波法弗斯特分级法对霍顿分级法的不足进行了优化。随着 GIS 技术的发展，河网水系自动分级技术逐渐成形，目前在水文研究领域应用较广泛的是斯特拉勒分级法和施里夫分级法[85]。在 ArcGIS 的 Hydrology Anysis 模型中即有斯特拉勒分级法和施里夫分级法。为反映水文性质上的形态特征差别，选择斯特拉勒分级法对提取的韩仓河小流域河网水系进行分级。

斯特拉勒分级法中河网水系分级原则是：属于源头水系，具有明显的河床特征，不再有分枝的水系，称为第一级水系；由两个及两个以上第一级水系合流后组成的水系称为第二级水系，依此类推为第三级水系、第四级水系等，直到把全部水系划分完毕，如图 6.9 所示。低级水系可以汇入高级水道，即第一级水系可以汇入第二级水系，甚至更高级水系，但不改变高级水系的级别。韩仓河小流域水系分级结果见图 6.10。

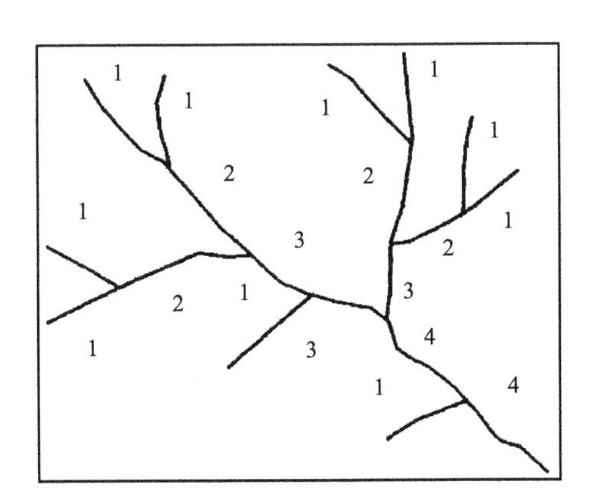

图 6.9　斯特拉勒分级法示意图

4. *流域层次单元划分*

以韩仓河小流域城市 UIDEM 数据库为数据源，借助 ArcGIS 平台的 Hydrology 模型，对流域层次单元划分的步骤如下：

(1) 基于 UIDEM 数据库，确定韩仓河小流域的边界，结果如图 6.11(a)所示。

(2) 在韩仓河流域内，基于韩仓河流域水系分级结果及各水系的水文功能确定次小流域边界，结果如图 6.11(b)所示。

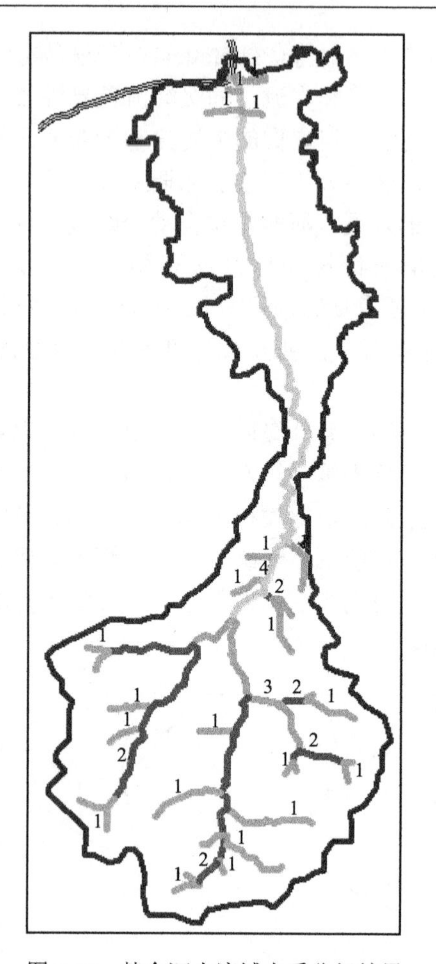

图 6.10　韩仓河小流域水系分级结果

(3)在韩仓河各次小流域内，基于道路、排水管网等信息，确定汇水区的边界，结果如图 6.11(c)所示。

以 90m 分辨率的 SRTM-DEM 数据为基础，结合道路、管网等影响径流路径与汇水区边界的相关因素，形成能反映城市地貌水文特征的高精度 DEM，创建城市地貌 UIDEM 数据库。借助于 ArcGIS 软件和 UIDEM 数据库，完成水系分级和流域层次单元划分。韩仓河流域采用斯特拉勒分级法，分成了 4 级，分别为：汇水区、次小流域和小流域三个层次级别。利用韩仓河小流域水系分级结果及各水系的水文功能确定次小流域边界、小流域和次小流域内各个汇水区的边界。

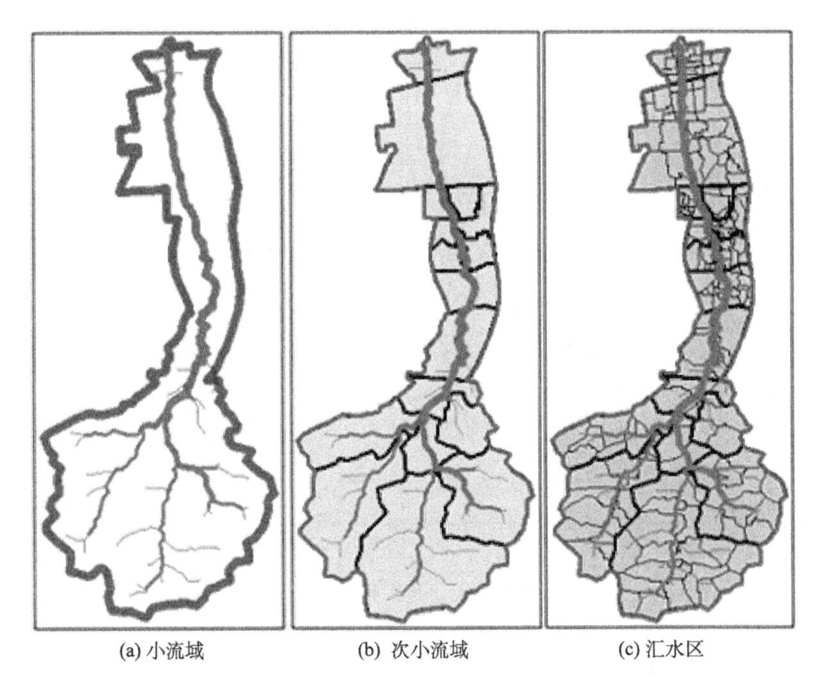

图 6.11　韩仓河流域层次单元划分结果

6.4　城市化对流域内水文效应影响

综合国内外研究与韩仓河流域的实际情况，考虑河网水系的结构特征，力求简洁而全面地反映本研究区城市化对河网水系结构特征的影响[86,87]。选用河网密度 R 和水系平均分枝比两个河流结构特征参数，分析水系结构的空间差异。

6.4.1　水系结构特征

对韩仓河流域的河网密度进行计算得到表 6.3 和图 6.12，从表 6.3 和图 6.12 可以看出，韩仓河小流域河流总长度和河网密度从 1985 年至 2015 年呈递减趋势。尤其是从 1995～2005 年和 2005～2015 年，河网密度分别减小了 0.13km/km^2 和

表 6.3　韩仓河小流域河网结构特征

时间	河流总长度(km)	流域面积(km^2)	河网密度(km/km^2)	水系分支比(个)
1985 年	95.33	99.32	0.96	63
1995 年	90.48	99.32	0.91	57
2005 年	77.17	99.32	0.78	42
2015 年	68.72	99.32	0.69	30

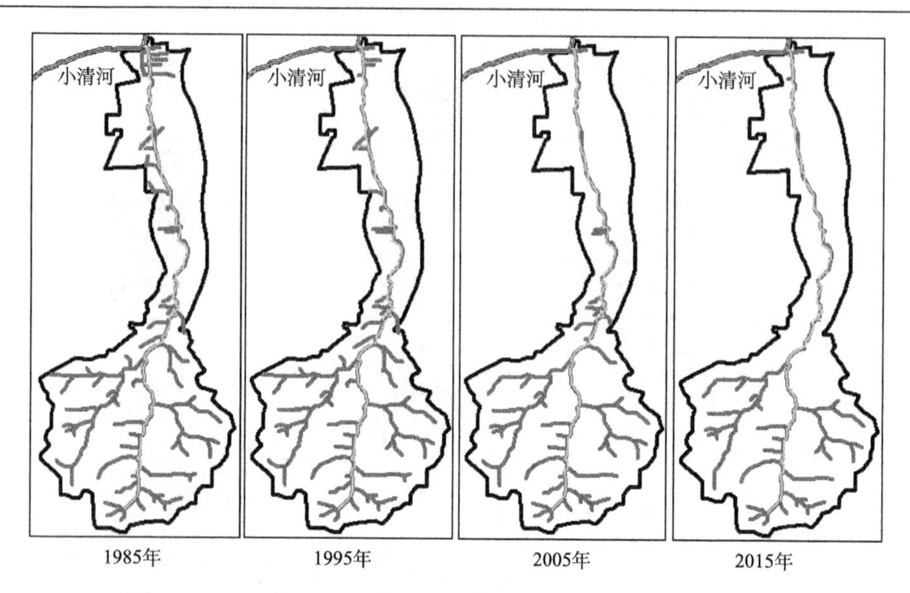

图 6.12　1985 年、1995 年、2005 年、2015 年韩仓河水系分布图

0.09 km/km^2，明显高于 1985～1995 年减小的程度。以上数据表明韩仓河流域受人类活动影响，河网退化，发育程度降低，结构趋于简单化、主干化，尤其是受城市影响显著的中游地区[88]。

水系分枝比是分析水系结构的一个重要参数，受自然条件的影响较小。结合实际情形，将水系分支比定义为整个韩仓河水系中所有 1 级支流的总数。

从表 6.3 中可以看出，韩仓河流域的水系分枝比在 1985～2015 年逐渐减小。受城市化的影响，河道被大量侵占，河网末端一些小支流消失，造成河流发育程度降低[89]。

随着城市化发展，水系结构及其生态系统遭受了一定程度的破坏，主要表现为以下几个方面：

1. 不透水面增加

不透水面增加是城市化发展的一个重要标志。不透水面增加降低了雨水的下渗能力，地面径流增加，峰现时间提前，河流面临的调蓄压力增大，易形成洪涝灾害。随着城市化进程的加快，河流渠道化现象日益明显，切断了河流与周边环境的联系，河流的横向连通性受阻，降低了水体的物质交换能力，河流的环境容量也随之降低。同时，生物的栖息通道被阻隔，栖息地环境单一化，导致生物多样性下降甚至某些物种灭绝。

2. 侵占蓝线

蓝线是指城市规划确定的地表水体保护和控制的地域界线[90]。城市化建设过程中大量侵占河道，破坏河岸植被带，导致水土流失，泥沙淤积，阻塞河道，造成河床抬高，河道窄化，降低了河流的疏浚能力，河道健康程度降低，甚至威胁到防洪安全[91]。同时，河道等蓝线被其他用地占用，造成生物栖息地破碎化，大量水工建筑物破坏了鱼类的洄游通道，影响生物多样性及生境稳定性。

3. 河道裁弯取直

为了提高河流的航运价值以及抵御洪涝灾害，人类对弯曲河道进行裁弯取直，减少了河流的长度，致使水系结构简单化、河流水环境单一化，栖息地多样性减弱，不利于生物多样性及河流生态系统的稳定发展[92]。

4. 污染排放增加

随着城市化的发展，大量工业废水、农业废水以及生活污水进入河道，导致水体污染负荷急剧增加，进而水质恶化，出现水体富营养化，甚至形成黑臭水体[93]。水环境质量下降，河流的生态服务功能及景观休闲功能随之减弱。

5. 河岸/驳岸开发

城市化过程中的人类活动破坏河岸及驳岸的自然植被，植被的减少导致污染物的阻隔作用被削弱，因此更多的污染排放物进入河道，引起水环境污染[94]。

6.4.2　城市化对韩仓河流域内径流影响

1. SWMM 水文模型

随着城市化进程的加快，城市化区域的下垫面条件发生了很大的变化，其中排水管网的铺设直接改变了当地汇流条件，使得传统的水文模型难以精确模拟城市降雨时的水文特征。为深入认识城市雨水径流过程，多种城市水文模型被开发出来，其中暴雨洪水管理模型(storm water management model，SWMM)被众多研究者广泛用于城市降雨径流过程中的水文、水力、水质和排水系统负荷的模拟研究。

SWMM 模型由美国环保局开发，主要用于单一降雨事件或长期降雨系列中径流量及污染负荷动态变化的模拟。SWMM 模型主要包括水文模块、水力模块和水质模块，在版本 SWMM5.0 的水文模块中增加了 LID 控制子模块，并在最新版本 SWMM5.1 中 LID 控制子模块的相应设施种类和参数设置得到了进一步补充与完善[95]。SWMM 模型不仅可以对降雨径流产生与输移过程进行连续模拟，还可以对分流制与合流制排水管网及自然河流水系的水量进行模拟[96]。SWMM 具有以下几个方面的优势[97]：①通用性强，对城市化区域和非城市化区域均能进行准确的模拟，在模型参数参考资料充分时对小流域及更大的尺度单元均能适用；②输入的降雨强度与输出结果的时间步长是任意的，灵活性强；③可以完整模拟降雨径流过程，包括铰点、排放口等节点的水深、进入量，洼地、汇水单元的入渗量与径流量，水流在管网中的运动过程等；④适用于同一汇水单元内多种土地利用类型的情况；⑤众多研究证明，SWMM 的模拟结果不仅与实测结果接近，且可以通过实证研究进行参数率定；⑥SWMM 模型具备较强的径流水质污染负荷模拟能力和后期的数据分析能力，目前已被广泛应用于实际规划、设计和管理过程中，结果可视化程度高，易于理解。

SWMM 模型在美国等发达国家的城市降雨径流模拟研究中已有较好的参考实例和应用经验。例如，Tsihrintzis 等通过 SWMM 对佛罗里达州南部几个小流域的降雨径流量和水质进行了模拟，并将模拟结果与实测结果进行对比，发现二者基本相近，表明模型模拟结果准确可靠[98]；Barco 等以加利福尼亚南部的贝罗纳流域为研究对象，结合 GIS 技术和已有的降雨及径流数据，对 SWMM 模型的参数进行了校正[99]；Khader 等以纽约市的两个汇水区为研究对象，通过比较模拟预测结果与实际监测结果对模型的参数进行了校准[100]。

SWMM 模型功能强大，适用性强，从 2005 年至今在国内已得到广泛应用和研究[101]。例如，王越兴等以深圳市福田河流域的排水系统为研究对象，利用 SWMM 模型分别对该排水系统在暴雨重现期为 P=1a 与 P=3a 时的降雨径流进行模拟，得出两种情景下检查井发生溢流的比率分别为 7.8%与 10.2%，管道出现满流的比率分别为 13.3%与 16.0%[102]；张倩等以营口市贵都花园居民区的降雨径流过程为研究对象，利用径流系数法对 SWMM 模型进行了验证，结果表明 SWMM 模型的模拟降雨径流过程与径流系数法推算的径流过程匹配度较好[103]；李卓熹等以深圳市光明新区低影响开发示范区为研究对象，运用 SWMM 模型对下凹式绿地、渗透铺装和绿色屋顶对降雨径流量的削减效果进行了模拟，得出当降雨量＜100 mm 时，3 种 LID 控制措施的降雨径流量控制效果较好[104]；杨海波等以开发前后的不透水面积率分别为 39%和 82%的郑州市某城区为研究对象，利用 SWMM 模型对降雨重现期为 P=2a、P=10a 和 P=100a 三种情景的径流总量分别进行模拟，得出开发后径流总量分别是开发前的 2.5、1.8 和 1.3 倍[105]；龙剑波以自贡釜溪河流域城市规划为研究对象，应用 SWMM 模型分析比较了 30%不透水率下垫面的城市规划情景与当前 74%不透水率下垫面的径流结果，得出相比当前状况，规划后的城市暴雨径流峰值流量可平均降低 58%，TSS 峰值浓度可平均降低 55%[106]；王蓉等以深圳西乡河流域为研究对象，利用 SWMM 模型分析了 LID 措施对降雨径流及其污染负荷的调控效果，结果表明 LID 措施可有效减小降雨径流系数、峰值流量和降雨径流污染负荷[107]。

2. 研究区 SWMM 模型与子流域概化

利用美国环保局开发的 SWMM 模型定量研究土地利用变化对径流影响。SWMM 模型具有模拟动态降水与径流水文特征之间关系的功能。该模型不仅可以对不同时间步长城市各子流域降水径流事件进行跟踪模拟，还可以模拟水质污染负荷的变化。在模拟过程中，模型通过雨量计对降雨情景进行设计，通过子汇水面积进行产流设置，通过铰点、排放口等设施进行汇流设计，通过泵、管网、分流器、调节闸等设施进行水量传输设计[108]。

在 SWMM 模型中，子汇水面积的地表汇流过程采用非线性水库模型来描述，该模型适于模拟城市多类型下垫面条件下的产流。非线性水库模型是将各个子汇水面的径流过程转化为子汇水面出流过程与下渗过程。机理是把各个子汇水面概化成透水子区、有洼地的不透水子区和无洼地的不透水子区三个部分，如图 6.13 所示。非线性水库模型通过联立曼宁公式和连续性方程来求解径流量和下渗量[109]。求解过程中涉及的水文参数主要有子汇水区面积、子汇水区特征宽度、坡度、地表的曼宁系数以及地表的滞蓄量等[110]。

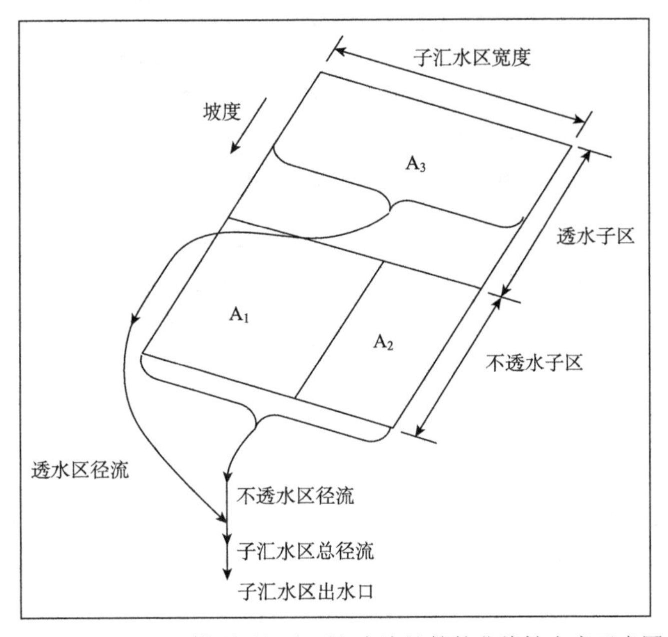

图 6.13　SWMM 模型子汇水面积产流计算的非线性水库示意图

根据韩仓河流域的用地情况，选择受城市化影响显著的鲍山花园次小流域为研究对象，将研究区下垫面与汇水条件的改变通过不透水率、径流系数等参数的变化显示，利用 SWMM 水文模型模拟不同城市化水平对应的径流总量、峰现时间等水文特征参数。

将不同时间的城市化水平情景分别记作城市化水平Ⅰ(1985 年)、Ⅱ(1995 年)、Ⅲ(2005 年)和Ⅳ(2015 年)。从鲍山花园次小流域城市化水平Ⅰ、Ⅱ、Ⅲ和Ⅳ情景的遥感影像图及对应的 DEM 可以得出不同时期的水文特征参数。研究区西北高东南低，总体地势平坦，高程仅在 75～81m 之间，最高高程为 80.12m，最低高程 75.90m。研究区在 1985 年时大部分是村庄和耕地，城市化程度较低，土地绝大部分为透水区。截至 2015 年，研究区城市化水平已显著提高，相应的不透水区面积大幅增长。

图 6.14 为鲍山花园次小流域城市化水平Ⅰ、Ⅱ、Ⅲ和Ⅳ情景的遥感影像图。图 6.15 为通过 SWMM 模型对该研究区不同城市化水平情景，子汇水区面概化后得到的结果。子汇水区面化概图反映了城市化对汇水区划分与径流路径的影响。

图 6.14　鲍山花园次小流域城市化水平Ⅰ、Ⅱ、Ⅲ和Ⅳ情景的遥感影像图

3. 城市化对不透水率的影响

由 SWMM 模型对该研究区不同城市化水平情景，子汇水区面概化后得到的结果如表 6.4 所示，鲍山花园次小流域的城市化率与不透水率从 1985 年至 2015 年呈显著递增趋势。递增趋势的具体变化为：鲍山花园次小流域在城市化水平Ⅰ情景时的城市化率与不透水率仅为 25.76%与 24.04%；城市化水平Ⅱ情景时，城

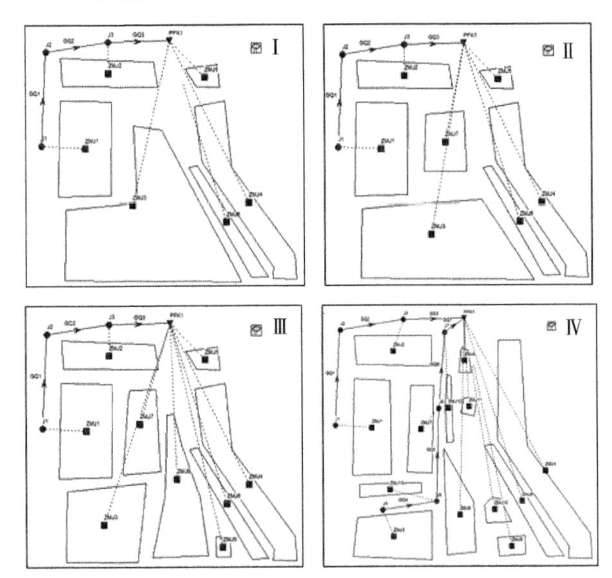

图 6.15　城市化水平Ⅰ、Ⅱ、Ⅲ和Ⅳ次小流域 SWMM 模型概化图

市化率与不透水率分别为 33.29%与 34.04%，相较城市化水平Ⅰ情景分别提高了 29.11%与 43.34%；城市化水平Ⅲ情景时，城市化率与不透水率分别为 39.48%与 36.45%，相较城市化水平Ⅰ情景分别提高了 53.26%与 51.75%；城市化水平Ⅳ情景时，城市化率与不透水率分别为 73.45%与 57.50%，相较城市化水平Ⅰ情景分别提高了 185.13%与 139.38%。这说明，鲍山花园次小流域的城市化率与不透水率在近 20 年增长迅速，尤其是 2005～2015 年。

表 6.4　次小流域不同城市化水平情景下不透水率结果

城市化水平	次小流域城市化率(%)	次小流域不透水率(%)
1985 年(Ⅰ)	25.76	24.02
1995 年(Ⅱ)	33.29	34.44
2005 年(Ⅲ)	39.48	36.45
2015 年(Ⅳ)	73.45	57.50

4. 城市化对流域内地表径流影响

1) 综合雨量径流系数

依据《海绵城市建设技术指南——低影响开发雨水系统构建(试行)》，研究区的综合雨量径流系数采用面积加权平均法进行计算[111]。各种土地利用类型的径流系数的选择参考《雨水控制与利用工程设计规范》(DB11/685—2013)，各汇水面对应的径流系数值见表 6.5。

表 6.5　汇水面种类与雨量径流系数

序号	汇水面种类	径流系数 ψ
1	绿化屋面、绿化屋顶(基质层≥300mm)	0.30～0.40
2	硬屋面、未铺石子的平屋面、沥青屋面	0.80～0.90
3	铺石子的平屋面	0.60～0.70
4	混凝土或沥青路面及广场	0.8～0.90
5	大块石等铺砌路面及广场	0.50～0.60
6	沥青表面处理的碎石路面及广场	0.45～0.55
7	级配碎石路面及广场	0.40
8	干砌碎石或碎石路面及广场	0.40
9	非铺砌的土路面	0.30
10	绿地	0.15
11	水面	1.00
12	地下建筑覆土绿地(覆土厚度≥500mm)	0.15
13	地下建筑覆土绿地(覆土厚度＜500mm)	0.30～0.40
14	透水铺装地面	0.08～0.45
15	下沉广场(50 年及以上一遇)	—

不同城市化水平情景下，次小流域地表径流模拟结果见表 6.6。从表 6.6 可知，鲍山花园次小流域的径流系数在 1985 年、1995 年、2005 年与 2015 年分别为 0.31、0.39、0.47 与 0.62，呈显著递增趋势。2015 年的径流系数为 1985 年径流系数的 2 倍。

表 6.6　不同城市化水平情景下径流系数结果

年份	序号	面积(hm^2)	径流系数	加权径流系数
1985	1	21.11	0.50	0.31
	2	10.2	0.50	
	3	68.8	0.15	
	4	24.1	0.15	
	5	4.89	0.50	
	6	11.4	1.00	
1995	1	21.11	0.60	0.39
	2	10.2	0.60	
	3	47.57	0.15	
	4	24.12	0.15	
	5	4.88	0.60	
	6	11.40	1.00	
	7	21.06	0.50	

续表

年份	序号	面积(hm^2)	径流系数	加权径流系数
2005	1	21.12	0.70	0.47
	2	11.49	0.70	
	3	26.65	0.15	
	4	24.12	0.15	
	5	4.89	0.70	
	6	11.44	1.00	
	7	15.74	0.5	
	8	22.90	0.50	
	9	2.30	0.70	
2015	1	21.11	0.70	0.62
	2	9.23	0.70	
	3	23.85	0.70	
	4	28.97	0.20	
	5	2.18	0.50	
	6	8.65	1.00	
	7	15.74	0.70	
	8	14.85	0.70	
	9	4.83	0.70	
	10	4.73	0.70	
	11	2.18	0.70	
	12	2.62	0.90	
	13	2.78	0.70	

2) 暴雨设计

已有研究表明，径流与降水量呈正相关，而不同年份的降雨量不同。在研究城市化对径流的影响过程中为控制单一变量，将 1985 年、1995 年、2005 年及 2015 年 4 个情景的降雨量设定为统一值，即研究同样降水条件下城市化与土地利用对径流的影响[112,113]。

降雨条件设计中雨型主要用于确定设计暴雨的时间变化过程，可以更加准确地反映地表径流的产生过程和径流流量。目前常用的短历时暴雨雨型确定方法有芝加哥雨型(CHM)法、Huff 法、Pilgrim 法和 Cordory 法等[114]。

CHM 法是一种能够较好地满足国内城市排水设计要求的设计雨型方法[115]。因此采用 CHM 法合成降雨情景，降雨条件设计参数分别为：重现期 P 为 10 年，雨峰系数 r 取 0.4，降雨采用的时间间隔为 1min，降雨历时 120min，模拟总时长取 12h，结果时间步长取 1min，鲍山花园次小流域的汇水面积为 1403894 m^2。

济南暴雨强度公式为

$$q = \frac{4700(1 + 0.753 \times \lg P)}{(t + 17.5)^{0.898}}$$

式中，q 为暴雨强度，L/(s·hm^2)；P 为重现期，a；t 为降雨历时，min。合成后 120min 的累计降雨量为 71.47mm，为 1 级暴雨强度。根据济南市暴雨强度计算公式与芝加哥雨型生成器生成济南市暴雨雨型，如表 6.7 与图 6.16 所示。

表 6.7　济南市芝加哥雨型暴雨统计表（P=10a，t=120min）

t(min)	暴雨公式降雨量(mm)	芝加哥雨型降雨量(mm)	t(min)	暴雨公式降雨量(mm)	芝加哥雨型降雨量(mm)	t(min)	暴雨公式降雨量(mm)	芝加哥雨型降雨量(mm)
1	3.59	0.13	26	1.67	0.34	51	1.11	2.41
2	3.43	0.14	27	1.63	0.35	52	1.09	2.13
3	3.27	0.14	28	1.60	0.38	53	1.08	1.89
4	3.14	0.14	29	1.57	0.40	54	1.07	1.69
5	3.01	0.15	30	1.54	0.43	55	1.05	1.53
6	2.90	0.15	31	1.51	0.45	56	1.04	1.39
7	2.79	0.16	32	1.48	0.49	57	1.03	1.27
8	2.69	0.16	33	1.46	0.52	58	1.02	1.16
9	2.60	0.17	34	1.43	0.56	59	1.00	1.07
10	2.52	0.17	35	1.41	0.61	60	0.99	0.99
11	2.44	0.18	36	1.38	0.67	61	0.98	0.92
12	2.36	0.18	37	1.36	0.79	62	0.97	0.86
13	2.29	0.19	38	1.34	0.80	63	0.96	0.80
14	2.23	0.20	39	1.32	0.89	64	0.95	0.75
15	2.17	0.20	40	1.30	0.99	65	0.94	0.71
16	2.11	0.21	41	1.28	1.12	66	0.93	0.67
17	2.05	0.22	42	1.26	1.27	67	0.92	0.63
18	2.00	0.23	43	1.24	1.46	68	0.91	0.60
19	1.95	0.24	44	1.22	1.69	69	0.90	0.56
20	1.90	0.25	45	1.20	2.00	70	0.89	0.54
21	1.86	0.26	46	1.19	2.41	71	0.88	0.51
22	1.82	0.27	47	1.17	2.97	72	0.87	0.49
23	1.78	0.29	48	1.15	3.78	73	0.86	0.46
24	1.74	0.30	49	1.14	3.21	74	0.85	0.44
25	1.70	0.32	50	1.12	2.76	75	0.85	0.43

续表

t(min)	暴雨公式降雨量(mm)	芝加哥雨型降雨量(mm)	t(min)	暴雨公式降雨量(mm)	芝加哥雨型降雨量(mm)	t(min)	暴雨公式降雨量(mm)	芝加哥雨型降雨量(mm)
76	0.84	0.41	91	0.73	0.24	106	0.65	0.17
77	0.83	0.39	92	0.73	0.24	107	0.65	0.16
78	0.82	0.38	93	0.72	0.23	108	0.64	0.16
79	0.81	0.36	94	0.72	0.22	109	0.64	0.16
80	0.81	0.35	95	0.71	0.22	110	0.63	0.15
81	0.80	0.34	96	0.70	0.21	111	0.63	0.15
82	0.79	0.32	97	0.70	0.21	112	0.63	0.15
83	0.79	0.31	98	0.69	0.20	113	0.62	0.15
84	0.78	0.30	99	0.69	0.20	114	0.62	0.14
85	0.77	0.29	100	0.68	0.19	115	0.61	0.14
86	0.77	0.28	101	0.68	0.19	116	0.61	0.14
87	0.76	0.27	102	0.67	0.18	117	0.60	0.14
88	0.75	0.27	103	0.67	0.18	118	0.60	0.13
89	0.75	0.26	104	0.66	0.18	119	0.60	0.13
90	0.74	0.25	105	0.66	0.17	120	0.59	0.13

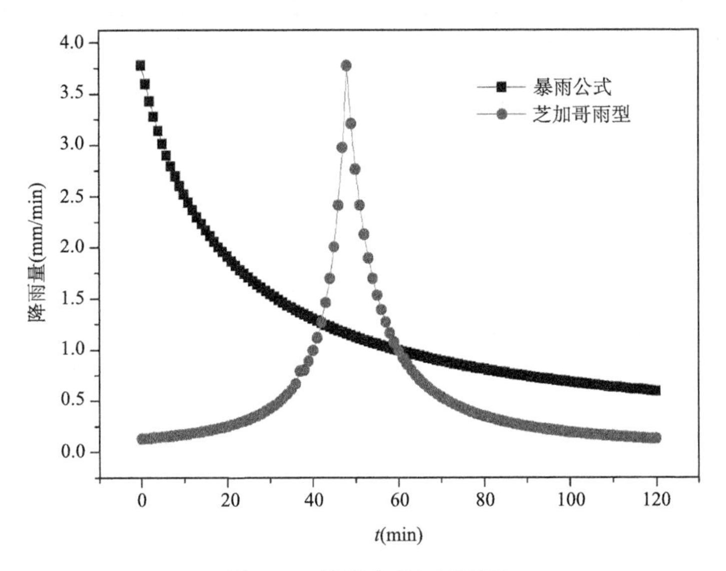

图 6.16　济南市芝加哥雨型

3）参数率定

常用的入渗模型较多，其中 Holton 入渗公式属于概念性模型, Kosjiakov A N. 和 Horton 模型属于经验性公式，没有明确物理基础。Green-Ampt 和 Philip 入渗模型具有明确物理意义。降雨渗透过程模拟采用 Green-Ampt 入渗模型，设置吸入水头、导水率与初始亏损等参数。汇流模拟采用非线性水库模型，排水系统流量演算的水力模型选用动力波模型，其中 SWMM 模型中下垫面(透水面、不透水面、管道)的曼宁系数，下垫面(透水地表和不透水地表)的洼蓄量，下垫面(透水地表)最大入渗率 f_{∞}、最小入渗率 f_0 等雨洪模拟计算产流汇流参数的设定参考国内相关研究采用典型值与《雨水管理模型 SWMM(5.0 版)用户手册》给出的参考值[116-120]。

4）校检[121]

由于适用于本节中 SWMM 模型城市径流参数设定的参考数据较少，为提高模拟结果的可靠性，进行模型校验。参考刘兴坡提出的基于径流系数的模型参数校准方法,以径流系数作为 SWMM 模型参数校验的目标函数,以 1985 年的 ZMJ1 汇水区为研究对象，对模型主要参数进行校验[122]。具体校验步骤如下：

(1) 第一步：确定校准参数集。根据研究区情况将汇水区面积、宽度、不渗透性比例、无洼蓄的不透水面积比例、管道曼宁粗糙系数、晴天时间作为非校准参数，将不透水区粗糙系数、透水区粗糙系数、不透水区洼蓄量、透水区洼蓄量、Horton 公式中的最大入渗率、最小入渗率和衰减常数作为待校准参数。

(2) 第二步：根据文献资料和模型手册设定待校准参数的初始值，然后对待校准参数进行多次迭代调整，进而寻找出模型参数校准的“理想解集”，如表 6.8 所示。模拟综合径流系数初始值为 0.638，理想解集范围为 0.50～0.70。

表 6.8　参数的灵敏度大小 (P=10a，t=120min，r=0.4)

待校准参数	初始值	调整值				
		第 1 次	第 2 次	第 3 次	第 4 次	第 5 次
不透水区粗糙参数	0.010	0.015	0.020	0.025	0.030	0.035
透水区粗糙参数	0.10	0.15	0.20	0.25	0.30	0.35
不透水区洼蓄量	0.050	0.055	0.060	0.065	0.070	0.075
透水区洼蓄量	0.050	0.055	0.060	0.065	0.070	0.075
吸入水头	80	81	82	83	84	85
导水率	12.0	12.5	13.0	13.5	14.0	14.5
初始亏损	0.260	0.265	0.270	0.275	0.280	0.285
模拟综合径流系数	0.638	0.609	0.588	0.572	0.559	0.549
参考综合径流系数	0.50～0.70					

(3) 第三步：对模型预校，对参数进行稳定性验证。用不同的降雨情境进行稳健型验证。采用重现期为 P=5a 和 P=20a 分别进行稳定性验证。模拟的相关参数采用第二步中的初始值，计算得 P=5a 和 P=20a 的综合径流系数分别为 0.609 与 0.663。这说明选定的参数集具有较强的稳定性，适用于地表径流、峰现时间和峰值流量等模拟。

5) 模拟总径流量和入渗量

由表 6.9 模拟统计结果中可以看出，相同重现期降雨情景下 (P=10a，r=0.4，t=120min)，从 1985 至 2015 年，随着研究区城市化率的提高，径流系数、总径流量不断增大，入渗量则逐渐减小。进一步分析模拟结果，在城市化水平 I 情景时，研究区径流系数为 0.31，总径流量 30.37mm，入渗量为 41.09mm；城市化水平 II 情景时，研究区径流系数为 0.39，总径流量增加至 35.84mm，入渗量减小至 35.82mm，径流系数与总径流量相对城市化水平 I 情景时分别提高了 25.84%与 18.11%，入渗量相对城市化水平 I 情景时减小了 12.83%；城市化水平 III 情景时，研究区径流系数为 0.47，总径流量增加至 37.42mm，入渗量减小至 34.01mm，径流系数与总径流量相对城市化水平 I 情景时分别提高了 51.62%与 23.21%，入渗量相对城市化水平 I 情景时减小了 17.23%；城市化水平 IV 情景时，研究区径流系数为 0.62，总径流量增加至 49.91mm，入渗量减小至 21.56mm，径流系数与总径流量相对城市化水平 I 情景时分别提高了 100.00%与 64.34%，入渗量相对城市化水平 I 情景时减小了 47.53%。

表 6.9　不同城市化水平情景下地表径流

城市化水平	降雨量 (mm)	城市化率 (%)	径流系数	总径流量 (mm)	入渗量 (mm)
I	71.47	25.76	0.31	30.37	41.09
II	71.47	33.29	0.39	35.84	35.82
III	71.47	39.48	0.47	37.42	34.01
IV	71.47	73.45	0.62	49.91	21.56

6) 模拟峰现时间和峰值流量

由图 6.17 与表 6.10 可以看出，城市化导致次小流域的降雨径流峰现时间提前，峰值流量增加。进一步分析模拟结果得出，在城市化水平 I 情景时，研究区的峰现时间最晚，出现在第 53min；峰值流量最小，为 12.56m^3/s。城市化水平 II 情景时，峰现时间出现在第 52 min，提前了 1min；峰值流量为 15.30 m^3/s，增加了 21.82%。城市化水平 III 情景时，峰现时间出现在第 49min，相对城市化水平 I 提前了 4min；峰值流量为 16.58m^3/s，相对城市化水平 I 增加了 32.00%。城市化水平 IV 情景时，峰现时间出现在第 42min，相对城市化水平 I 提前了 11min；峰值流量为 19.78 m³/s，城市化水平 I 增加了 57.48%。

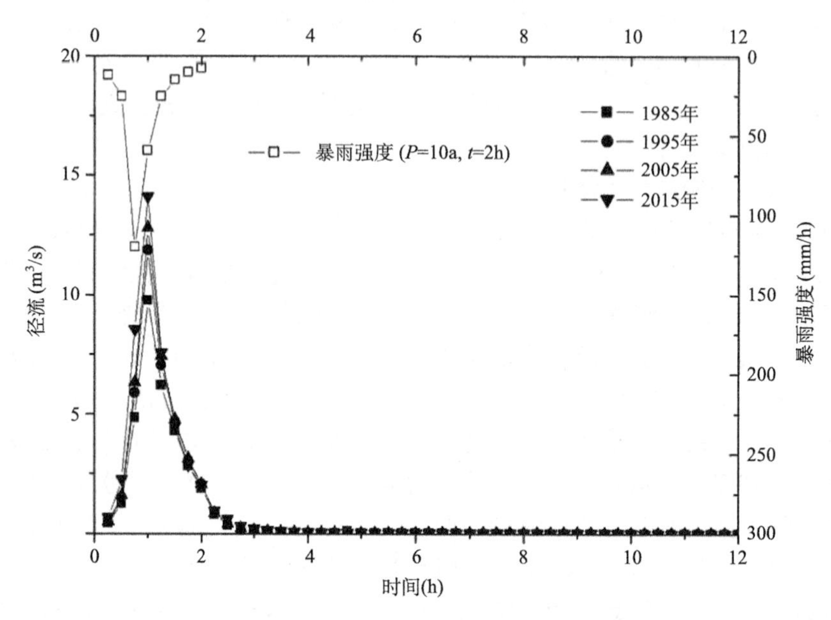

图 6.17　不同城市水平阶段峰现时间和峰值流量模拟结果

表 6.10　不同城市化水平情景下峰现时间和峰值流量模拟结果

城市化水平	降雨量(mm)	峰现时间(h：min)	峰值流量(m^3/s)
I	71.47	0：53	12.56
II	71.47	0：52	15.30
III	71.47	0：49	16.58
IV	71.47	0：42	19.78

综上所述，城市化的发展，导致城市化区域不透水率增大，雨水入渗量减少，径流系数增大，径流总量与峰值流量增大，峰现时间提前，进而导致排水体系压力增强，城市雨洪灾害发生的概率增加。

韩仓河流域受人类活动影响，河网退化，河网末端一些小支流消失，水系发育程度降低，结构趋于简单化、主干化，尤其是中游地区受城市影响显著。随着研究区城市化率的提高，不透水面积率、径流系数增大，径流总量与峰值流量随之不断增大，入渗量逐渐减小，峰现时间提前。

6.5　韩仓河小流域水生态可持续利用状态评价

6.5.1　评价模型

PSR 即压力、状态、响应，是环境质量评价学科中生态系统健康评价子学科中常用的一种评价模型，最初是由加拿大统计学家 David J.Rapport 和 Tony Friend 于 1979 年提出，后由经济合作与发展组织和联合国环境规划署于二十世纪八九十年代共同发展起来用于研究环境问题的框架体系。该模型区分了 3 类指标，即压力指标、状态指标和响应指标。压力指标表征人类的经济和社会活动对环境的作用；状态指标表征特定时间阶段的环境状态和环境变化情况，包括生态系统与自然环境现状，人类的生活质量和健康状况等；响应指标指社会和个人如何采取措施减轻、阻止、恢复和预防人类活动对环境的负面影响，以及对已经发生的不利于人类生存发展的生态环境变化进行补救的措施。PSR 广泛地应用于区域环境可持续发展指标体系研究，水资源、土地资源指标体系研究，农业可持续发展评价指标体系研究以及环境保护投资分析等领域。

PSIR 模型是由 PSR 发展转变而来，该模型是研究环境状态和环境问题因果关系的有效工具[123]。该模型的准则层指标分为 4 类，即压力指标、状态指标、影响指标和响应指标。其中，三个指标的内容与 PSR 相同，影响指标表征压力和状态对环境产生的各种影响，可为正影响，也可为负影响。PSIR 模型使用“压力—状态—影响—响应”这一思维逻辑，体现了人类与环境之间的相互作用关系。人类通过各种活动从自然环境中获取其生存与发展所必需的资源，同时又向环境排放废弃物，从而改变了自然资源储量与环境质量，而自然和环境状态的变化又反过来影响人类的社会经济活动和福利，进而社会通过环境政策、经济政策和部门政策，以及通过意识和行为的变化而对这些变化做出反应。如此循环往复，构成了人类与环境之间的“压力—状态—影响—响应”关系。

6.5.2　模型应用

PSIR 模型回答了“发生了什么、为什么发生、会产生什么影响、我们如何应对”4 个可持续发展的基本问题，特别是它提出的“所评价对象的压力—状态—影响—响应指标与参照标准相对比的模式”受到了很多国内外学者的推崇，广泛地应用于区域环境可持续发展指标体系研究、水资源与土地资源等资源可持续利用指标体系研究、农业可持续发展评价指标体系研究以及环境保护投资分析等领域[124,125]。该模型比较适合空间尺度较小的微观领域，对空间差异较大、因素较多的大尺度综合评价则困难较大。应用于环境类指标，可以很好地反映指标间的因果关系，而应用于经济与社会类的指标则作用不大[126]。利用 PSIR 模型对韩仓河流域水生态可持续利用状态评价是一种综合的评价，克服了单一指标法和主要指标法的缺点，可以较为全面、准确地反映被评价对象真实状况。

以韩仓河流域 1985 年、1995 年、2005 年、2015 年 4 个时间为时间要素节点，以城市化率、土地利用类型变化、不透水表面率、径流量、峰值流量等关键指标为指标因素，对韩仓河流域做出水生态可持续利用状态评价。

6.5.3 构建 PSIR 模型指标体系

1. 指标选取原则

为了客观、全面、科学地衡量城市化过程中土地利用、与水文效应和水生态的内在关系，同时考虑数据获取的可行性和归类计算等因素，在构建 PSIR 模型指标选取过程中遵循以下原则[127-131]：

(1) 目的性原则。指标体系的选取要紧紧围绕城市化土地利用、水文效应和水生态这一目标，并由代表城市化土地利用状态、水文效应和水生态的代表性指标构成，多角度地反映城市化发展趋势、土地利用状态变化、水文效应和水生态的响应。

(2) 科学性原则。指标体系框架的构建、指标的筛选、指标的计算方法与内在关系的分析等都要有科学依据，以确保分析结果的可靠性、客观性和可信性。

(3) 全面性和概括性相结合。选指标应尽量全面反映城市化土地利用变化、水文效应和水生态各项特征；要选取流域内的关键性指标。

(4) 系统性与层次性相结合。流域中城市化特征、土地利用变化、水文特征之间相互影响、相互作用，因此建立的指标体系应层次分明，条理清晰。

(5) 科学量化指标原则。为了能够科学准确揭示评价的本质，压力、状态、影响与响应的指标应当满足可以定量的原则。

(6) 可操作性原则。选取的指标要求概念明确、量化公式清晰，能方便地采集数据，并要考虑现行科技水平。在满足实际需要的前提下，精选指标。

(7) 时效性原则。指标体系不仅需要能反映一定时期的城市化特征、土地利用变化特征与水文效应特征，还要求反映出其变化趋势，以便及时发现问题，采取相应措施。

2. 指标体系的构建方法

1) 纵向结构构建方法——逻辑关系法

基于 PSIR 模型的逻辑关系，即“发生了什么—为什么发生—带来什么影响—如何应对”这一因果关系，构建城市化土地利用变化特征水文效应内在关系分析模型。

2）横向结构构建方法——层次分析法（AHP）

AHP 法是处理多目标、多准则、多因素、多层次复杂问题，进行决策分析、综合评价的一种实用而有效的方法，是一种定性和定量分析相结合的系统分析方法。指标体系的框架一般包含三个层次。

第一层是目标层，即韩仓河流域水生态可持续利用评价。

第二层是准则层，包含压力、状态、影响、响应 4 类影响因素。第一层评价目标综合评价值的大小由这 4 类因素决定的评价值与权重共同决定。

第三层是指标层，是描述城市化特征、土地利用变化特征、水文效应特征与人类响应特征的一组基础型指标，是针对 4 类准则因素分别选择的具体指标项。

通过比较，采用 AHP 建立韩仓河流域水生态可持续利用综合评价模型指标体系。

3. 各准则层影响因素分析

P 指人类社会活动与经济增长对韩仓河流域水生态可持续利用带来的压力，包括人口密度、经济发展水平、城市化率等指标。

S 指受压力作用所呈现的土地利用状态，包括不透水表面率、城镇建设用地面积、河网密度等指标。

I 指压力和状态对水文、水质等产生的影响，包括径流量、峰现时间、峰值流量等指标。

R 指人类为保护水环境与修复水生态所采取的措施，包括流域生态恢复工程量、环境法规完善度、管理水平等指标。

4. 指标体系建立

从压力、状态、影响、响应 4 个角度选取城市化率、不透水率、径流总量等 20 个因子，建立 PSIR 模型小流域尺度的水生态可持续利用评价指标体系，进而结合层次分析法对研究区的水生态可持续利用情况进行评价。具体指标体系及各指标因子的计算方法见表 6.11。

表 6.11　PSIR 模型建立

目标层 X	准则层 U	指标层 U_{ij}	单位	备注
韩仓河流域水生态可持续利用评价	P-压力 U_1	人类干扰强度 U_{11}	人/km^2	历城统计年鉴
		第一产业总产值 U_{12}	亿元	历城统计年鉴
		第二产业总产值 U_{13}	亿元	历城统计年鉴
		第三产业总产值 U_{14}	亿元	历城统计年鉴
		城市化率 U_{15}	%	ENVI 提取 Landsat 遥感影像（鲍山花园次小流域）

续表

目标层 X	准则层 U	指标层 U_{ij}	单位	备注
韩仓河流域水生态可持续利用评价	S-状态 U_2	不透水表面率 U_{21}	%	ENVI 提取 Landsat 遥感影像(鲍山花园次小流域)
		城镇建设用地面积 U_{22}	km^2	ENVI 提取 Landsat 遥感影像
		河网密度 U_{23}	km/km^2	ENVI 提取 Landsat 遥感影像
		绿地面积 U_{24}	km^2	ENVI 提取 Landsat 遥感影像
		水系分支比 U_{25}	/个	ENVI 提取 Landsat 遥感影像
	I-影响 U_3	降雨量 U_{31}	mm	韩仓监测点 1976～2015 年汛期降雨量均值 474.1mm
		径流系数 U_{32}	—	《室外排水设计规范(附条文说明)》(GB 50014—2006)中综合径流系数
		峰现时间 U_{33}	min	鲍山花园次小流域 SWMM 模拟值(P=10a)
		峰值流量 U_{34}	m^3/s	鲍山花园次小流域 SWMM 模拟值(P=10a)
		TSS 总负荷 U_{35}	kg	鲍山花园次小流域 SWMM 模拟值(P=10a)
	R-响应 U_4	流域生态恢复工程量 U_{41}	—	2015 年实施济南市韩仓河综合整治工程
		环境法规完善度 U_{42}	—	历城统计年鉴
		科研水平 U_{43}	—	历城统计年鉴
		管理水平 U_{44}	—	历城统计年鉴
		公众参与度 U_{45}	—	历城统计年鉴

6.5.4　水生态可持续利用评价

1. 评价方法及步骤

(1)计算各准则层和指标层中因子对应的权重。

(2)计算和量化指标层中各指标的值。

(3)计算准则层中压力、状态、影响、响应的值。

(4)计算目标层韩仓河流域水生态可持续利用评价的值。

2. 权重的计算与分析

1)指标权重计算

各评价指标对评价对象的影响程度是不一样的，因此需要对各指标作用的大小赋给一定的数值，即权重。当评价对象及评价指标都给定时，权重系数确定的合理与否直接关系到综合评价或评估的可信程度。因此，权重的确定是城市化小流域水生态可持续利用综合评价中较为重要的一步。

常用的权重计算方法可分为主观赋权法与客观赋权法[132]。主观赋权法一方面能充分考虑人的主观判断，通过对研究对象进行定性与定量的分析后确定各因子的相对重要程度；另一方面把研究对象看成一个系统，从系统的内部与外部的相互联系出发，将各种复杂因素两两比较逐层分析[133]。其中主观赋权法中的层次分析法是系统工程中对非定量事物作定量分析的常用方法。韩仓河流域水生态可持续利用评价系统是一个多层次、多因子的复杂大系统，因此适合采用层次分析法计算指标权重。

随着计算机技术的发展，MATLAB、Lingo 和云算子等软件都可以计算矩阵特征向量，进行归一化后得到各指标的权重[134,135]。利用云算子软件构建判断矩阵并得出各因子判断矩阵特征值对应的特征向量，检验判断矩阵一致性，结果满足小于 0.10 的一致性要求，归一化后得到各指标因子的权重。表 6.12 为各因子指标权重。

表 6.12　各因子指标权重

指标	权重	指标	权重	指标	权重	指标	权重
U_1	0.2608	U_2	0.2622	U_3	0.2372	U_4	0.2399
U_{11}	0.3371	U_{21}	0.2786	U_{31}	0.1488	U_{41}	0.3125
U_{12}	0.0749	U_{22}	0.2322	U_{32}	0.2708	U_{42}	0.3125
U_{13}	0.1985	U_{23}	0.2167	U_{33}	0.1845	U_{43}	0.1875
U_{14}	0.1648	U_{24}	0.1517	U_{34}	0.2381	U_{44}	0.1250
U_{15}	0.2247	U_{25}	0.1207	U_{35}	0.1577	U_{45}	0.0625

2) 指标权重分析

(1) 准则层权重分析：各准则层的权重组成见图 6.18。在韩仓河水生态可持续利用评价体系的准则层中，压力、状态、影响以及响应因子的权重，见表 6.12，分别为 0.2608、0.2622、0.2372 以及 0.2399，表明这 4 个影响因素对韩仓河小流域水生态可持续利用水平的影响程度从大到小依次为：状态因子＞压力因子＞响应因子＞影响因子。

压力因子是各种社会驱动力对水生态持续利用带来的主要压力，人类活动干扰及经济发展所带来径流量增加、污染加大和绿化面积减少是影响韩仓河小流域水生态可持续利用的直接原因，因此压力因子与状态因子对水生态可持续利用水平的影响较大。状态因子是水生态发生变化后的状态，这个状态是压力下自然变化后的结果，主要体现在：不透水表面率、河网密度等状态因子，其权重略高

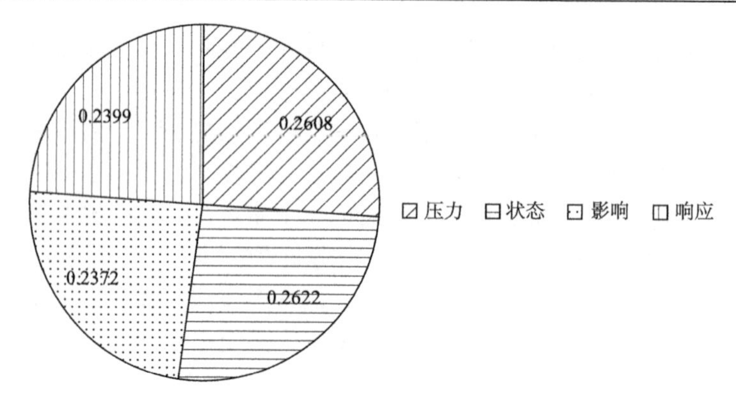

图 6.18　各准则层指标权重分布图

于压力因子。影响因子是研究压力、状态和响应的依据，响应因子是人类为实现水生态的可持续利用所做出的响应措施。随着水环境污染与水生态退化等现象的恶化，地方有关部门越来越意识到生态恢复与环境治理的重要性，因此响应因子的权重高于状态因子。综上所述，由层次分析法得到的准则层权重系数较为客观合理。

(2) 指标层权重分析：各项指标的权重组成见图 6.19。20 个水生态可持续利用评价指标中，按权重值大小排序，居前 10 位的指标分别为：人类干扰强度、流域生态恢复工程量、环境法规完善度、不透水表面率、河网密度、径流系数、峰值流量、城镇建设用地面积、城市化率与第二产业总产值，说明这 10 个指标对韩仓河流域水生态可持续利用的影响相对其他指标更加明显。其中，压力因子有 3 项（U_{11}、U_{13}、U_{15}），状态因子有 3 项（U_{21}、U_{22}、U_{23}），影响因子有 2 项（U_{32}、U_{34}），响应因子有 2 项（U_{41}、U_{42}）。

3) 评价标准与评价值

评价指标标准化即数据无量纲化，目的是消除各项评价指标量纲和数量级的差异，使数据具有可比性，便于不同单位或量级的指标进行比较和后续研究的加权处理。指标数值的无量纲化方法有极值处理法、标准化处理法、线性比例法、归一化处理法、功效系数法等，其中具有代表性和应用较广泛的方法是线性比例法和标准化处理法[136,137]。下面结合评价标准选择线性比例法进行各指标结果的无量纲化。各指标评价标准见表 6.13，各指标在各年份的计算结果与量化结果见表 6.14。

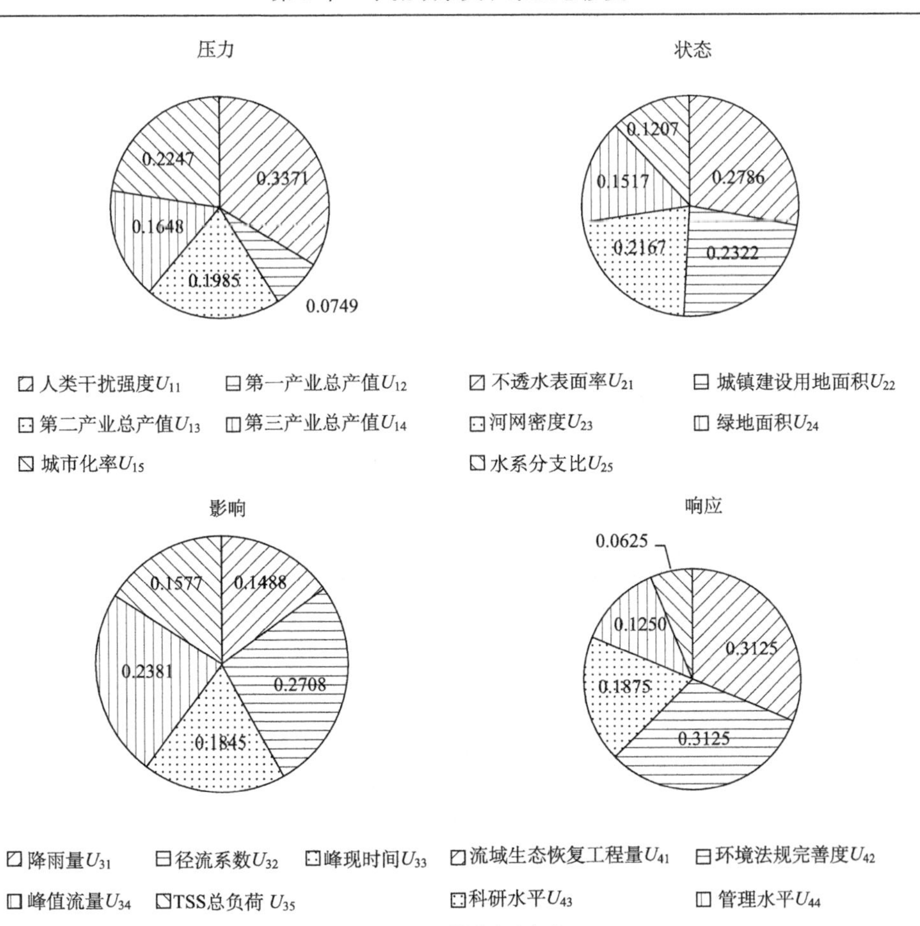

图 6.19 各项指标的权重

表 6.13 PSIR 模型中各指标的评价标准

准则层	指标层 U_{ij}	评价标准				
		好	良好	一般	差	极差
		0～20	20～40	40～60	60～80	80～100
P-U_1	人类干扰强度 U_{11}	≤300	500	800	3000	6000
	第一产业总产值 U_{12}	≤10	20	30	40	50
	第二产业总产值 U_{13}	≤50	100	200	300	400
	第三产业总产值 U_{14}	≤50	100	200	300	400
	城市化率 U_{15}	≤20	40	60	70	80
S-U_2	不透水表面率 U_{21}	≤20	30	40	50	60
	城镇建设用地面积 U_{22}	≤2	5	8	11	14
	河网密度 U_{23}	≥1	0.8	0.7	0.6	0.5
	绿地面积 U_{24}	≥74	72	70	68	66
	水系分支比 U_{25}	≥60	50	40	30	20

续表

准则层	指标层 U_{ij}	评价标准				
		好	良好	一般	差	极差
		0～20	20～40	40～60	60～80	80～100
I- U_3	降雨量 U_{31}	≤25%	10%	–10%	–25%	–50%
	径流系数 U_{32}	≤0.2	0.45	0.6	0.7	0.85
	峰现时间 U_{33}	≥60	55	50	45	40
	峰值流量 U_{34}	≤12	14	16	18	20
	TSS 总负荷 U_{35}	≤450	460	470	490	500
R- U_4	流域生态恢复工程量 U_{41}	≤1	2	3	4	5
	环境法规完善度 U_{42}	≤1	2	3	4	5
	科研水平 U_{43}	≤1	2	3	4	5
	管理水平 U_{44}	≤1	2	3	4	5
	公众参与度 U_{45}	≤1	2	3	4	5

注：超过极高值临界值的评价值计为 100，超过极低值临界值的评价值计为 20。

表 6.14　PSIR 模型中各指标的评价值

指标 U_{ij}	1985 年		1995 年		2005 年		2015 年	
	计算结果	量化结果	计算结果	量化结果	计算结果	量化结果	计算结果	量化结果
U_{11}	436.57	33.66	572.49	44.83	678.05	51.87	737.20	55.81
U_{12}	2.59	5.18	8.37	16.74	17.50	35.00	46.28	92.56
U_{13}	10.80	4.32	17.82	2.30	220.43	64.08	318.71	83.74
U_{14}	0.98	0.39	12.39	4.95	77.68	31.07	403.26	100
U_{15}	25.76	25.76	33.29	23.29	39.48	39.48	73.45	86.90
U_{21}	24.02	28.04	34.44	48.88	36.45	52.90	57.50	95.00
U_{22}	2.68	24.53	4.19	34.60	9.22	68.13	12.84	92.26
U_{23}	0.96	24.00	0.91	29.00	0.78	44.00	0.69	62.00
U_{24}	73.68	23.20	75.48	20.00	73.16	28.40	68.73	72.70
U_{25}	63	20.00	57	26.00	42	52.00	30	80.00
U_{31}	383.8	72.95	425.4	62.56	638.9	20.00	378.5	74.27
U_{32}	0.31	28.80	0.39	35.20	0.47	42.67	0.62	64.00
U_{33}	0.53	48.00	0.52	52.00	0.49	64.00	0.42	92.00
U_{34}	12.56	25.10	15.3	53.00	16.58	65.80	17.98	79.80
U_{35}	458.42	36.84	466.69	53.38	482.28	72.28	497.77	95.54
U_{41}	4	80.00	3	60.00	3	60.00	1	20.00
U_{42}	4	80.00	3	60.00	3	60.00	2	40.00
U_{43}	5	100.00	3	60.00	3	60.00	1	20.00
U_{44}	4	80.00	3	60.00	2	40.00	2	40.00
U_{45}	4	80.00	4	80.00	3	60.00	3	60.00

3. 水生态评价及影响因素分析

1) 1985～2015 年水生态可持续利用分析

以 1985 年、1995 年、2005 年和 2015 年 4 个时间节点为代表，研究韩仓河流域水生态可持续利用总体变化，结果见表 6.15 和图 6.20。由图 6.20 可知，1985～2015 年韩仓河流域水生态可持续利用综合评价值呈上升趋势，2015 年的评价值最大，为 68.28；2005 年的次之，为 51.96；1985 年和 1995 年的评价值相对较低，分别为 40.68 与 41.34。这表明 1985 年与 1995 年该流域的水生态可持续利用状态较好，随着经济社会发展，土地利用开发强度增加，2015 年该流域的水生态可持续利用状态持续下降。

表 6.15　韩仓河流域水资源可持续利用评价结果

准则层	压力评价值	状态评价值	影响评价值	响应评价值	总评价值
1985 年	4.81	6.46	9.32	20.09	40.68
1995 年	5.96	8.94	11.73	14.69	41.34
2005 年	12.21	13.29	12.67	13.79	51.96
2015 年	20.44	21.50	18.84	7.50	68.28

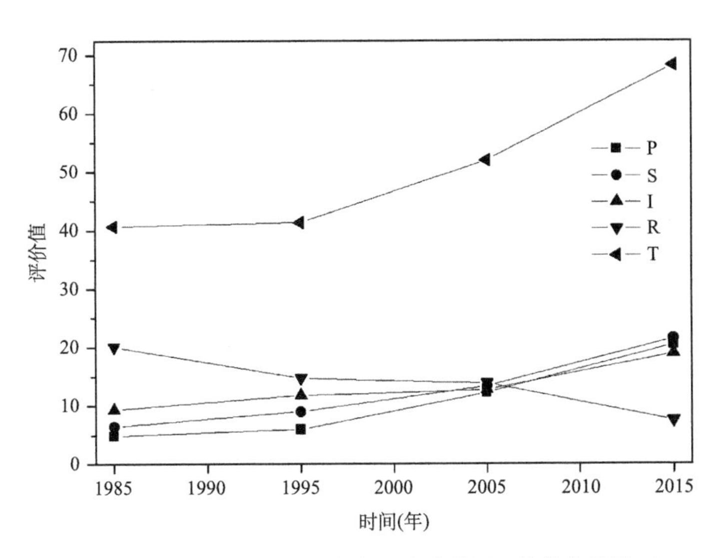

图 6.20　韩仓河小流域水生态可持续利用评价值变化情况

进一步分析发现，压力、状态与影响评价值的趋势均为上升趋势，通过拟合趋势线得出上升的趋势大小为：压力评价值＞状态评价值＞影响评价值，这说明在对韩仓河流域的水生态可持续利用状态的影响因素中，压力因子的贡献度相对状态因子和影响因子在逐渐增长。此外，响应因子的评价值呈递减趋势，这说明随着时间的推移，人们越来越意识到生态与环境的重要性，表明为了解决生态环境问题，在政策制度方面的工作还不能满足压力增加的速度要求。

2)2015 年水生态可持续利用状态分析

以水生态可持续利用水平最高的 2015 年为例进行进一步分析。结合表 6.16 的数据分析可见，2015 年状态因子和压力因子评价值最高，分别为 21.50 和 20.44；影响因子次之，为 18.44；响应因子最小，为 7.50。这说明在这一时期，影响韩仓河流域水生态可持续利用水平的主要因子是压力和状态因子，其次是影响因子，最后是响应因子。可见政策和措施还没有对该区域的生态可持续利用产生影响或者巨大影响，应进一步加大政策和措施的力度。

表 6.16　韩仓河流域水资源可持续利用综合评价结果(2015 年)

目标层 U 评价值		准则层 U_i 评价值		指标层 U_{ij}	评价值
韩仓河流域水生态可持续利用评价	68.28	P-压力 U_1	20.44	人类干扰强度 U_{11}	18.81
				第一产业总产值 U_{12}	6.93
				第二产业总产值 U_{13}	16.62
				第三产业总产值 U_{14}	16.48
				城市化率 U_{15}	19.53
		S-状态 U_2	21.50	不透水表面率 U_{21}	26.47
				城镇建设用地面积 U_{22}	21.42
				河网密度 U_{23}	13.44
				绿地面积 U_{24}	11.03
				水系分支比 U_{25}	9.66
		I-影响 U_3	18.84	降雨量 U_{31}	11.05
				径流系数 U_{32}	17.33
				峰现时间 U_{33}	16.97
				峰值流量 U_{34}	19.00
				TSS 总负荷 U_{35}	15.07
		R-响应 U_4	7.50	流域生态恢复工程量 U_{41}	6.25
				环境法规完善度 U_{42}	12.50
				科研水平 U_{43}	3.75
				管理水平 U_{44}	5.00
				公众参与度 U_{45}	3.75

在压力准则层中，城市化率、人类干扰强度与第二产业总产值的评价值较高，评价值分别为 19.53、18.81 与 16.62；然后是第三产业总产值与第一产业总产值，

评价值分别为 16.48 与 6.93。在状态准则层中，不透水表面与城镇建设用地面积的评价值较高，评价值分别为 26.47 与 21.42；然后是河网密度、绿地面积与水系分支比，评价值分别为 13.44、11.03 与 9.66。在影响准则层中，峰值流量、径流系数与峰现时间的评价值较高，评价值分别为 19.00、17.33 与 16.97；然后是 TSS 总负荷和降雨量，评价值分别为 15.07 与 11.05。在响应准则层中，环境法规完善度与流域生态恢复工程量的评价值较高，评价值分别为 12.50 与 6.25；然后是管理水平、科研水平和公众参与度，评价值分别为 5.00、3.75 与 3.75。

采用层次分析法计算指标权重，利用云算子软件构建判断矩阵，得到各指标因子的权重，利用 PSIR 模型进行韩仓河流域水生态可持续利用评价。评价结果显示：1985～2015 年韩仓河流域水生态可持续利用综合评价值呈上升趋势，2015 年的评价值最大，为 68.28；2005 年的次之，为 51.96；1985 年和 1995 年的评价值相对较低低，分别为 40.68 与 41.34。这说明 2015 年该流域的水生态可持续利用状态较差，1985 年与 1995 年该流域的水生态可持续利用状态较好。

对水生态可持续利用水平最低的 2015 年进行进一步分析，发现：2015 年状态因子和压力因子评价值最高，分别为 21.50 和 20.44；影响因子次之，为 18.44；响应因子最小，为 7.50。这说明 2015 年影响韩仓河流域水生态可持续利用水平的主要因子是压力和状态因子，其次是影响因子，最后是状态因子；在压力准则层中，城市化率、人类干扰强度与第二产业总产值的评价值较高，评价值分别为 19.53、18.81 与 16.62；在状态准则层中，不透水表面与城镇建设用地面积的评价值较高，评价值分别为 26.47 与 21.42；在影响准则层中，峰值流量、径流系数与峰现时间的评价值较高，评价值分别为 19.00、17.33 与 16.97；在响应准则层中，环境法规完善度与流域生态恢复工程量的评价值较高，评价值分别为 12.50 与 6.25。

6.6　韩仓河流域水生态修复

城市化、土地利用与水文效应的共同作用改变了城市化流域生态系统的物理、化学与生物特性，影响有机物质降解过程；城市化导致不透水面积增加，使景观破碎度增加，从而减小了流域生态系统营养物质的移动；城市化带来的 LUCC 变化，使水系沿岸土壤状况发生改变，进而影响生物种类多样性和分布，特别是本土物种；在城市化地区河流沿岸易形成单一生境，再加上较高的污染负荷，使鱼类和一些无脊椎动物种类大量减少，甚至绝迹。综上所述，城市化引起的下垫面变化改变了流域生态系统原有的结构，使其功能严重退化[138,139]。

韩仓河水环境质量下降，峰值流量、径流系数与峰现时间持续升高，水生态可持续利用状态下降，修复水环境、恢复水生态是改善韩仓河小流域的核心问题。

6.6.1 用低影响开发技术修复水文过程

1. 汇水区划分

汇水区是收集水资源的自然流域单元或人为的集水单元，在海绵城市专项规划、流域水污染防治规划、流域水安全评价、流域水生态修复等规划、评价与技术研究中，首先要完成汇水区的划分[140]。

随着地理信息技术的发展，汇水区提取大多借助于数字高程模型(DEM)与GIS 技术[141]。本节借助 ArcGIS 中的 Hydrology 模型，通过分析 UIDEM(经过校正的 2015 年 SRTM 卫星 DEM 数据)提取得到符合城市地貌的汇水，经过多次调试，选择提取汇水区的阈值为 100[142]。具体划分结果见图 6.21。

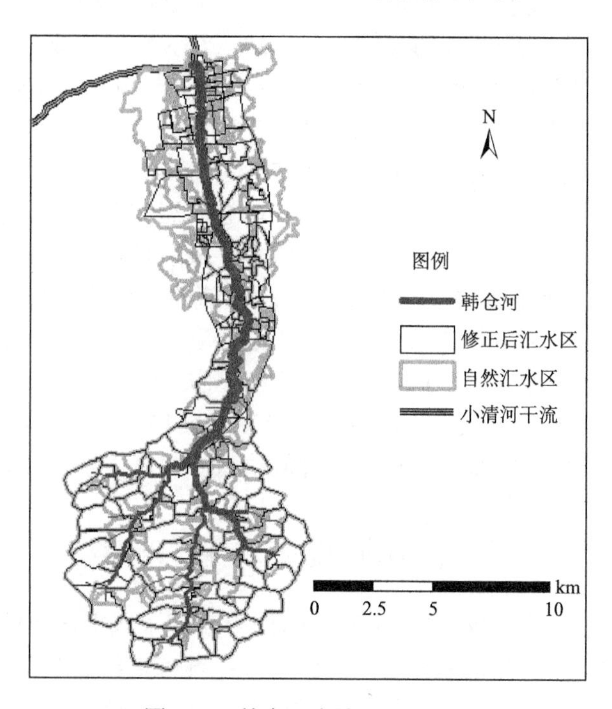

图 6.21　韩仓河流域汇水区划分

2. 地块用地类别提取

为计算径流总量、调蓄容积等指标对汇水区进行土地利用类型提取[143]。当提取的土地利用类型的范围较大时(>50km²)，应借助于 Landsat、Spot 等卫星的遥感影像数据与 ENVI、ERDAS 等遥感影像处理软件完成；当提取土地利用类型的范围相对较小时，可以直接辨识像素分辨率较高的栅格影像图，然后辅以现场调查后校正即可。本节以韩仓河流域鲍山花园次小流域为例，通过识别像素分辨率为 0.12m 的栅格卫图(图 6.14)，分别提取水系、道路、空地、厂房、绿地和建筑小区等 6 种土地利用类型，提取结果见图 6.22 与表 6.17。

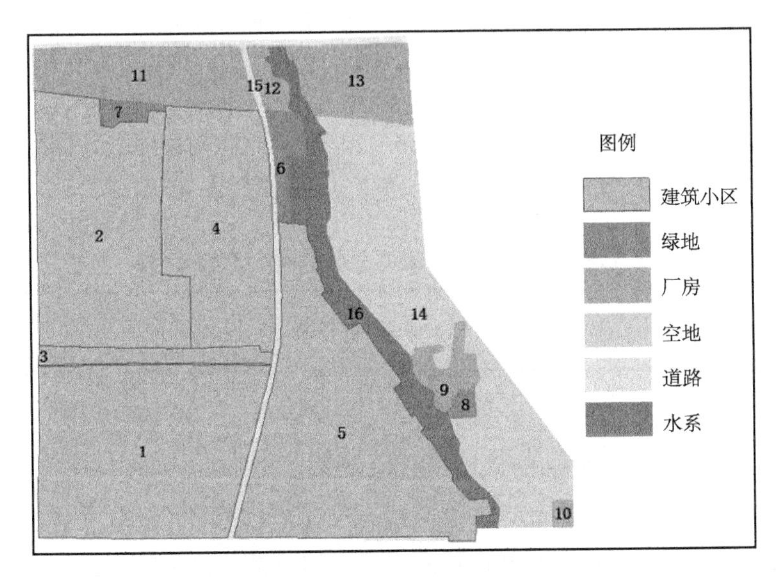

图 6.22　鲍山花园次小流域用地类型图

表 6.17　鲍山花园次小流域地形分类提取统计表

地块	面积 (m^2)	地貌	地块	面积 (m^2)	地貌
1	239640.99	建筑小区	9	17014.26	厂房
2	211303.63	建筑小区	10	2975.52	厂房
3	25160.49	建筑小区	11	77286.10	厂房
4	157087.19	建筑小区	12	9067.34	厂房
5	254323.77	建筑小区	13	50738.53	厂房
6	12794.43	绿地	14	209873.70	空地
7	7429.47	绿地	15	41483.39	道路
8	3624.84	绿地	16	87092.45	水系

注：总面积为 1406896.10m^2。

3. 设计降雨量

设计降雨量 H 指为实现一定的年径流总量控制目标(如年径流总量控制率)对应的降雨量，用于计算低影响开发设施的设计规模，通常用日降雨量(mm)表示。设计降雨量的大小是通过统计学方法获得的，不同城市、不同气候、不同的年径流总量控制率对应着不同的设计降雨量。

设计降雨量与年径流总量控制率之间的关系是：根据当地降雨的历史资料数据，选取至少近 30 年(反映长期的降雨规律和近年气候的变化)日降雨(不包括降雪)资料，扣除小于等于 2 mm 的降雨事件的降雨量，将降雨量日值按雨量由小到大进行排序，统计小于某一降雨量的降雨总量(小于该降雨量的按真实雨量计算出降雨总量，大于该降雨量的按该降雨量计算出降雨总量，两者累计总和)在总降雨量中的比例，此比例(即年径流总量控制率)对应的降雨量(日值)即为设计降雨量。

依据济南市气象局提供的济南市 1985～2014 年降雨资料与上述统计学计算方法，得到济南市年径流总量控制率对应设计降雨量(表 6.18)。

表 6.18　济南市年径流总量控制率对应设计降雨量

年径流总量控制率(%)	60	65	70	75	80	85	90
设计降雨量(mm)	16.7	19.7	23.2	27.7	33.5	41.4	52.5

4. 年径流总量控制率的设定

年径流总量控制率是指某一汇水区域内得到控制、不外排的雨量占全年总降雨量的比例。控制的雨量既包括自然方式截留的雨量，也包括通过人工渗透、储存等方式截留的雨量。

住房和城乡建设部和北京建筑大学对我国酒泉、拉萨、哈尔滨、长沙、重庆、北京、济南、广州、海口、上海等近 200 个城市 1983～2012 年的日降雨量进行统计分析，分别得到各城市年径流总量控制率及其对应的设计降雨量值关系，并于 2014 年 10 月编制出台了《海绵城市建设技术指南——低影响开发雨水系统构建(试行)》。在《海绵城市建设技术指南——低影响开发雨水系统构建(试行)》中，我国被分为五个等级区，并给出了各等级区年径流总量控制率 α 的最低和最高参考值，即 I 区($85\%\leqslant \alpha \leqslant 90\%$)、II 区($80\%\leqslant \alpha \leqslant 85\%$)、III区($75\%\leqslant \alpha \leqslant 85\%$)、IV区($70\%\leqslant \alpha \leqslant 85\%$)、V 区($60\%\leqslant \alpha \leqslant 85\%$)。参照《海绵城市建设技术指南——低影响开发雨水系统构建(试行)》，研究区韩仓河流域位于IV区，因此本研究的年径流总量控制率设定范围为 $70\%\leqslant \alpha \leqslant 85\%$。

参考《海绵城市建设技术指南——低影响开发雨水系统构建(试行)》，年径流总量控制率的确定仍需因地制宜地综合考虑多方面因素[144,145]，如当地开发前的地表类型、土壤性质、地形地貌、植被覆盖率等因素；当地水资源禀赋情况、降雨规律、开发强度、低影响开发设施的利用效率以及经济发展水平等因素。此外，为了保持区域水环境良性循环，径流总量控制目标也不是越高越好，雨水的过量收集、减排会导致原有水体的萎缩或影响水系统的良性循环；从经济性角度出发，当年径流总量控制率超过一定值时，投资效益会急剧下降，造成设施规模过大、投资浪费的问题。最终具体到某个地块或建设项目时，还要结合本区域建筑密度、绿地率及土地利用布局等因素，确定各个地块的年径流总量控制率。

5. 设计规模

径流总量是海绵城市建设的一个重要控制目标，径流总控制量对应的设计规模一般满足“单位面积控制容积”的要求[146,147]。设计规模对应设计调蓄容积的计算方法有容积法、流量法和水量平衡法，采用较多的为容积法。容积法计算公式如下：

$$V = H \times S \times \psi / 1000 \tag{6-1}$$

式中，V 为设计调蓄容积，m^3；H 为设计降雨量，mm；ψ 为综合雨量径流系数，参照《室外排水设计规范(附条文说明)》(GB 50014—2006)和《雨水控制与利用工程设计规范》(DB 11/685—2013)确定；S 为汇水面积，m^2。设计降雨量对应的年径流总量控制率为 75%(参考济南市人民政府办公厅颁布的《山东省人民政府办公厅关于贯彻国办发[2015]75 号(鲁政办发[2016]5 号)文件推进海绵城市建设的实施意见》)。本节以鲍山花园次小流域为例计算设计调蓄容积，具体结果见表 6.19。

表 6.19　鲍山花园次小流域设计调蓄控制容积计算表

地块	同种地块面积和(S)	径流系数(ψ)
水系	87092.45	1
道路	41483.39	0.9
空地	209873.70	0.2
厂房	157081.75	0.6
绿地	23848.74	0.15
建筑小区	887516.07	0.7
总面积(m^2)	1406896.10	
平均径流系数	0.62	
年径流总量控制率	75%	
设计降雨量(mm)	27.7	
调蓄控制容积(m^3)	24162.03	

6. 技术措施选择

调蓄控制容积是指结合汇水区的地形地貌、高程及历城区整体规划等实际情况，科学地选择低影响开发设施的种类、数量、组合与布局，将雨水径流就地吸纳、储存的总降雨径流量。设计调蓄容积是指所有选择的低影响开发措施能滞留的径流总量，应满足大于调蓄控制容积的设计要求。以鲍山花园次小流域为例，鲍山花园次小流域西部用地类型多为建筑小区，西北方向有少部分的厂房用地与绿地；东部用地类型自北向南依次为厂房、空地、绿地、厂房；韩仓河位于中部偏东位置。

通过图 6.23 可以看出，鲍山花园次小流域整体上东西高，中部低，南高北低。综上所述，本小流域拟采用的技术选择为：第 1 地块的中部与第 7 地块选择建设雨水花园，第 1、2、3、4、5 地块的部分边界区域选择建设下沉式绿地，第 6、8、14、16 地块选择建设雨水湿地，第 9、10、11、12、13 地块选择建设蓄水池/雨水罐，第 12、13 地块选择建设植被缓冲带，第 14 地块选择建设湿塘，第 15 地块选择建设渗管/渠。各低影响开发技术措施选择的主要参数与设计调蓄容积见表 6.20，技术措施分布图见图 6.24。

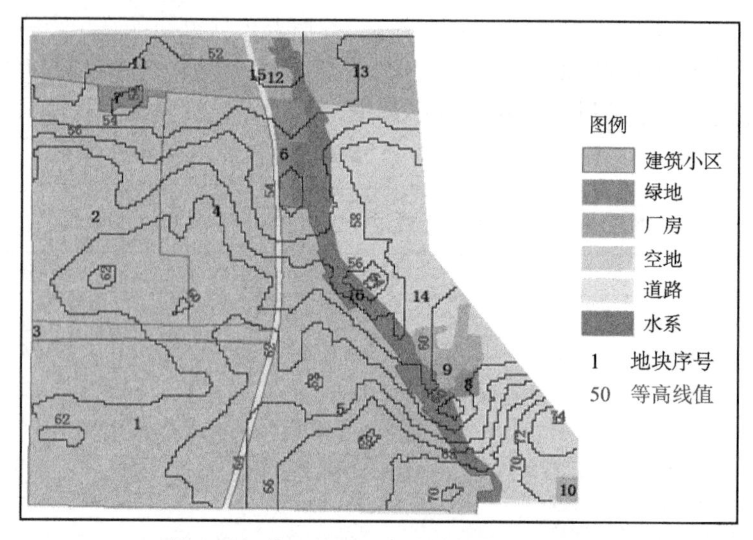

图 6.23　鲍山花园次小流域等高线分布图

表 6.20　鲍山花园次小流域低影响开发技术选择表

序号	地块地貌类型	面积 (m^2)	技术选择	有效面积 (m^2)	主要参数	设计调蓄容积 (m^3)
1	建筑小区	239640.99	雨水花园	7160.33	设计蓄水高度 0.2m	V_1=2146.73
			下沉式绿地	4764.41	下凹深度 0.15m	
2	建筑小区	211303.63	下沉式绿地	7847.06	下凹深度 0.15m	V_2=1177.06
3	建筑小区	25160.49	下沉式绿地	1196.38	下凹深度 0.15m	V_3=179.46
4	建筑小区	157087.19	下沉式绿地	14482.54	下凹深度 0.15m	V_4=2172.38
5	建筑小区	254323.77	下沉式绿地	11229.21	下凹深度 0.15m	V_5=1684.38

续表

序号	地块地貌类型	面积(m^2)	技术选择	有效面积(m^2)	主要参数	设计调蓄容积(m^3)
6	绿地	12794.43	雨水湿地	12893.58	设计水深 0.3m	V_6=3868.07
7	绿地	7429.47	雨水花园	7462.19	设计蓄水高度 0.2m	V_7=1492.44
8	绿地	3624.84	雨水湿地	3624.84	设计水深 0.3m	V_8=1087.45
9	厂房	17014.26	蓄水池/雨水罐	2 个	《雨水综合利用》(10SS705) 5m³/个	V_9=10.00
10	厂房	2975.52	蓄水池/雨水罐	1 个	5m³/个	V_{10}=5.00
11	厂房	77286.1	蓄水池/雨水罐 透水铺装	3 个 4201.33	5m³/个 《透水砖路面技术规程(附条文说明)》(CJJ/T 188—2012)	V_{11}=15.00
12	厂房	9067.34	蓄水池/雨水罐 植被缓冲带	2 个 1724.22	5m³/个 坡度＜6%，宽度＞2m	V_{12}=10.00
13	厂房	50738.53	蓄水池/雨水罐 植被缓冲带	5 个 2347.62	5m³/个 坡度＜6%，宽度＞2m	V_{13}=25.00
14	空地	209873.7	湿塘 雨水湿地	62280.24 34723.36	湿塘储存容积 h=1m 湿地设计水深 0.3m	V_{14}=62280.24
15	道路	41483.39	渗管/渠至湿地	—	—	V_{15}=0
16	水系	87092.45	雨水湿地	17645.64	设计水深 0.3m	V_{16}=5293.69
	总设计调蓄容积	81446.90m³（大于调蓄控制容积 24162.03m³）				

注：主要参数来自《海绵城市建设技术指南——低影响开发雨水系统构建(试行)》。

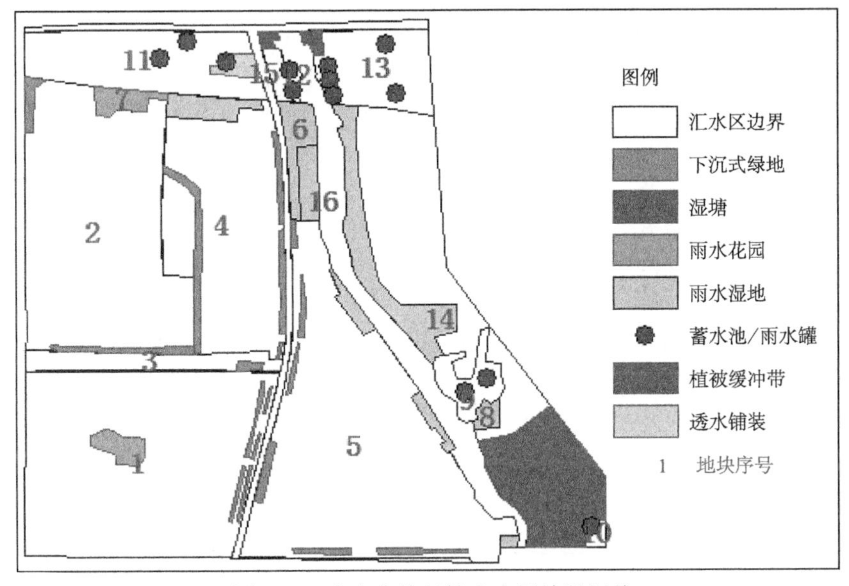

图 6.24　水生态修复技术应用结果汇总

7. 施工时序

低影响开发建设工程通常需要 3～5 年的施工周期。不同地块、不同类型的低影响开发建设对雨水径流控制带来的效果与影响也不同。通过引入水文敏感指数(λ)确定各地块建设低影响开发措施的施工时序[148]。水文敏感指数是指该汇水区易于产生径流的能力，其计算公式为

$$\lambda = \ln(\alpha \times L \times \tan\beta \times \varphi) - \ln(K_s \times D) \tag{6-2}$$

式中，α 为地块的面积与周长比；L 为地块的径流长度；β 为坡度角；φ 为径流系数；K_s 为土壤导水率；D 为土壤层厚度[149]。

通过式(6.2)可以看出，水文敏感指数 λ 越大就越容易产生径流，所在地块低影响开发建设的优先顺序就越有意义。换而言之，地块的面积周长比、坡度、地块不透水面积率、径流宽度与径流系数越大，土壤导水率与土壤层厚度越小，地块进行低影响开发建设后的效果就会越显著。根据表 6.21 的水文敏感指数计算结果，鲍山花园次小流域 16 个地块采用海绵城市技术建设的优先时序是：1＞5＞16＞4＞2＞13＞15＞14＞3＞11＞9＞10＞6＞8＞12＞7。

表 6.21　鲍山花园次小流域水文敏感指数计算表

地块	面积 (m^2)	周长 (m)	径流宽度 (m)	径流系数	坡度 ($\tan\beta$)	土壤导水率 (in/h)*	土壤层厚度 (m)	水文敏感指数	指数排序
1	239640.99	1957.91	724.47	0.70	0.011	0.17	2.1	7.56	1
2	211303.63	2224.26	639.73	0.70	0.0067	0.25	2.5	6.12	5
3	25160.49	1184.40	537.89	0.70	0.0052	0.20	2.3	4.50	9
4	157087.19	1856.47	700.30	0.70	0.013	0.25	2.5	6.76	4
5	254323.77	2702.34	905.15	0.70	0.0095	0.17	2.1	7.37	2
6	12794.43	764.56	308.85	0.15	0.016	0.26	2.6	2.91	13
7	7429.47	430.42	115.02	0.15	0.0087	0.27	2.7	1.27	16
8	3624.84	275.33	55.16	0.15	0.039	0.18	2.2	2.37	14
9	17014.26	888.73	136.63	0.60	0.012	0.19	2.3	3.76	11
10	2975.52	224.87	41.24	0.60	0.024	0.15	2.0	3.27	12
11	77286.10	1297.94	463.99	0.60	0.0031	0.30	3.0	4.04	10
12	9067.34	517.36	190.26	0.60	0.0042	0.29	2.9	2.30	15
13	50738.53	940.75	267.48	0.60	0.026	0.29	2.8	5.62	6
14	209873.70	3442.82	645.18	0.20	0.0076	0.21	2.4	4.78	8
15	41483.39	6644.24	1643.57	0.90	0.014	0.22	2.5	5.46	7
16	87092.45	3412.89	1711.04	1.00	0.011	0.22	2.5	6.77	3

*1in≈2.54cm。

6.6.2　利用雨水湿地体系调蓄水量、改善水质

湿地体系对雨洪的控制、雨水资源化利用及改善水环境具有重要意义，湿地体系对水生态环境所发挥的作用远大于单一河口湿地或者岸线湿地的作用。国内外大量研究表明散布在集水区源头的湿地，可以起到保障水质、减少洪涝灾害的作用；存在于集水区水系与次小流域主水系交汇处的湿地，有利于控制雨水径流污染、滞蓄峰值流量等。在城市小流域内因循城市水文过程，通过在水系的合适位置构建湿地来加强对小流域雨洪资源的生态调蓄，可以加强海绵城市的“自然积存和净化”功能。

1. 雨水湿地选址

选取集水区的源头构建湿地，以提高水安全防控能力和过滤初级径流；在汇水区水系与次小流域主水系交汇处构建湿地，以缓冲、滞蓄峰值流量，修复水生态与改善水环境；在次小流域水系与小流域主水系交汇处构建湿地，以预防极端状况下的雨洪灾害和提供栖息地。结合韩仓河流域水系土地利用规划实际情况、流域高程，洼地位置，综合考虑韩仓河流水不畅的低洼处与各级水系交汇处选取雨水湿地位置。

运用 ArcGIS 技术，结合洼地分析结果、等高线分析结果、各级水系节点位置布局以及最新韩仓河用地规划，最终于韩仓河小流域内规划出 37 个雨水湿地位置，如图 6.25 所示。17～37 号雨水湿地分布于韩仓河南部，所处位置土地利用现状为空地或绿地。济南市目前还没有 17～37 号雨水湿地所处南部地区的土地利用规划，建议进行土地利用规划时规划出相应湿地面积。1～16 号湿地位于济南已有土地规划范围内，其中 4、8、13 号湿地位置已被规划为建筑用地，需要进一步权衡后选择规划方案，1～16 号湿地中的其他湿地位置与土地利用规划不冲突，符合项目落地要求。

4 号湿地位于济南钢铁集团有限公司厂区，目前此处规划为特殊控制区，且此处无合适规划位置可用于湿地建设，所以建议适当调整规划，保证湿地构建需要的土地面积，如图 6.26 所示。

8 号湿地位于济南雪山片区内，其周边土地利用现状见图 6.27，其所处位置规划为居住二类用地。解决 8 号湿地占地问题的方案有两个：①可将雨水湿地建设融入居民小区的景观建设中，使景观湖或景观塘达到 8 号湿地调蓄容积；②在目前 8 号湿地规划位置的西北方向，如图 6.27 中标注“备选点”的位置被规划为教育科研用地，可将湿地选址于此处。位于此处的 8 号湿地，同时可满足湿地相关的教育科研的需要。

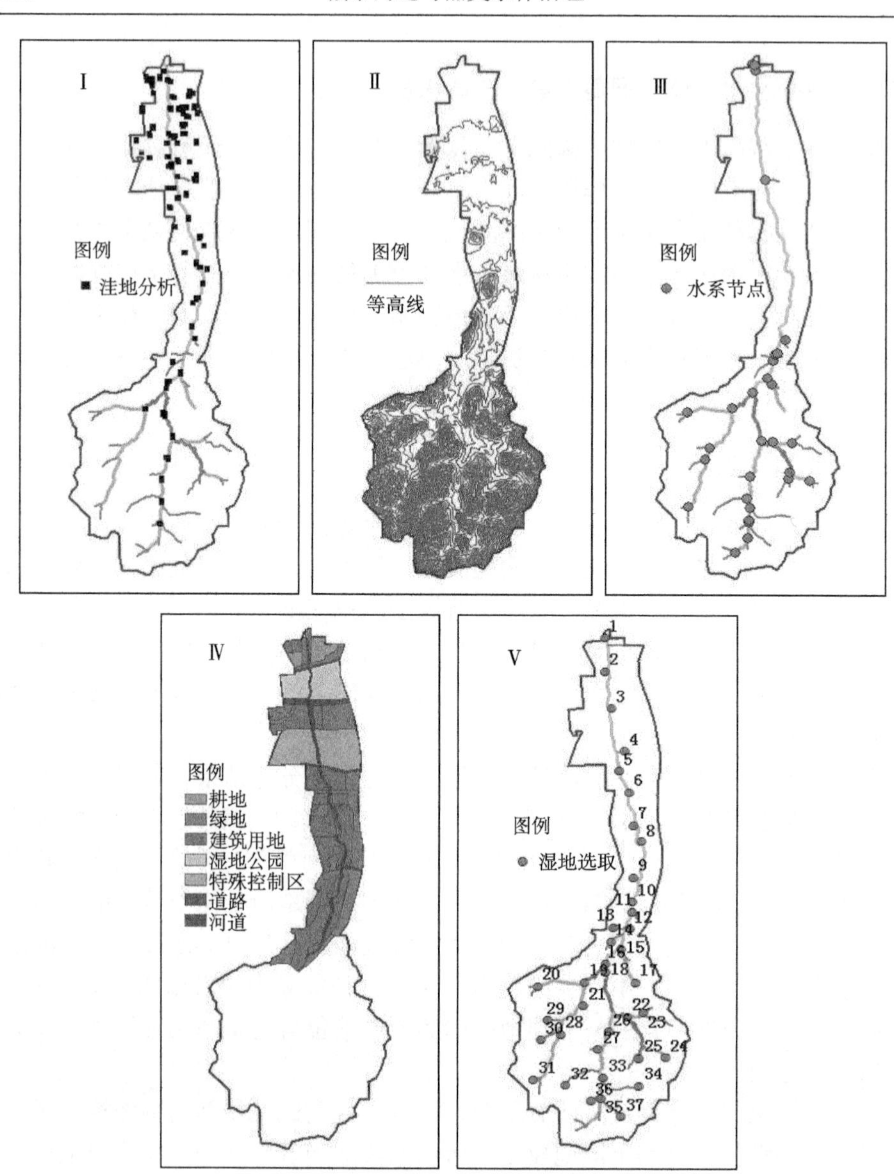

图 6.25　湿地位置的选取

13 号湿地位于济南莲花山片区内，其最优位置处于二类居住用地范围内，见图 6.28。

调整方案为在适当降低 13 号湿地的地面雨水径流的“自然积存”能力，以及放弃部分该湿地对河道水资源补充的便捷性情况下，将其位置调整到最佳位置，即西北方向的“非建筑用地”规划区内。

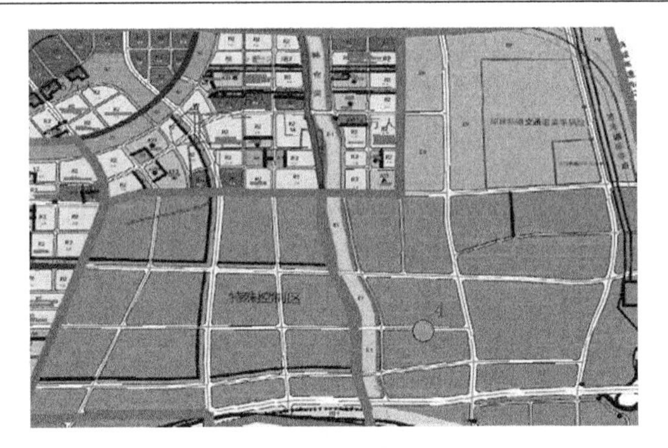

图 6.26　4 号湿地所处位置周边土地利用规划

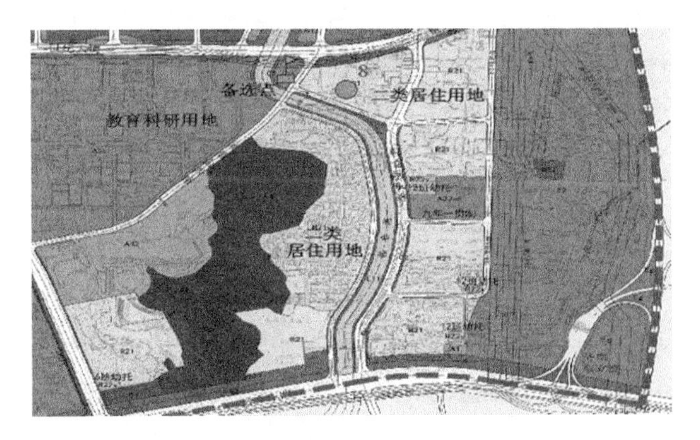

图 6.27　8 号湿地所处位置周边土地利用规划

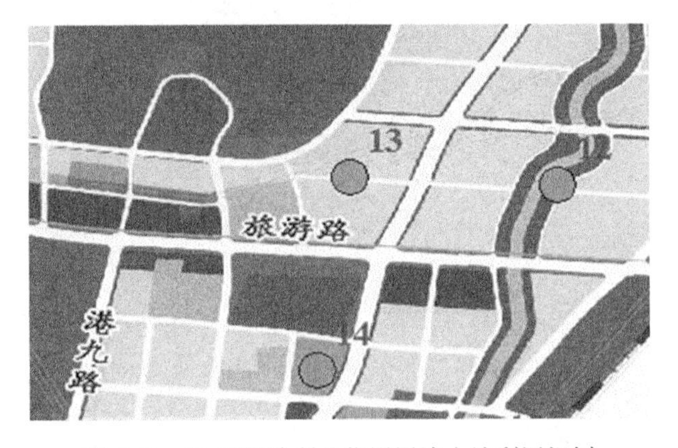

图 6.28　13 号湿地所处位置周边土地利用规划

2. 雨水湿地规模

径流总量、调蓄容积等指标决定了雨水湿地的规模，为了计算这些指标参数需要对汇水区进行土地利用类型提取。为了提高提取结果的准确性，采取直接辨识像素分辨率较高的栅格影像图，然后辅以现场调查的修正方法。依据《给水排水设计手册 第 5 册 城镇排水》以及《海绵城市建设技术指南——低影响开发雨水系统构建(试行)》中常用土地利用类型，通过直接识别像素分辨率为 2m 的栅格卫图，在韩仓河流域分别提取建筑与居住区、耕地、林地、厂房、绿地与草地和非铺砌路面等多种土地利用类型对应的地块(图 6.29)。

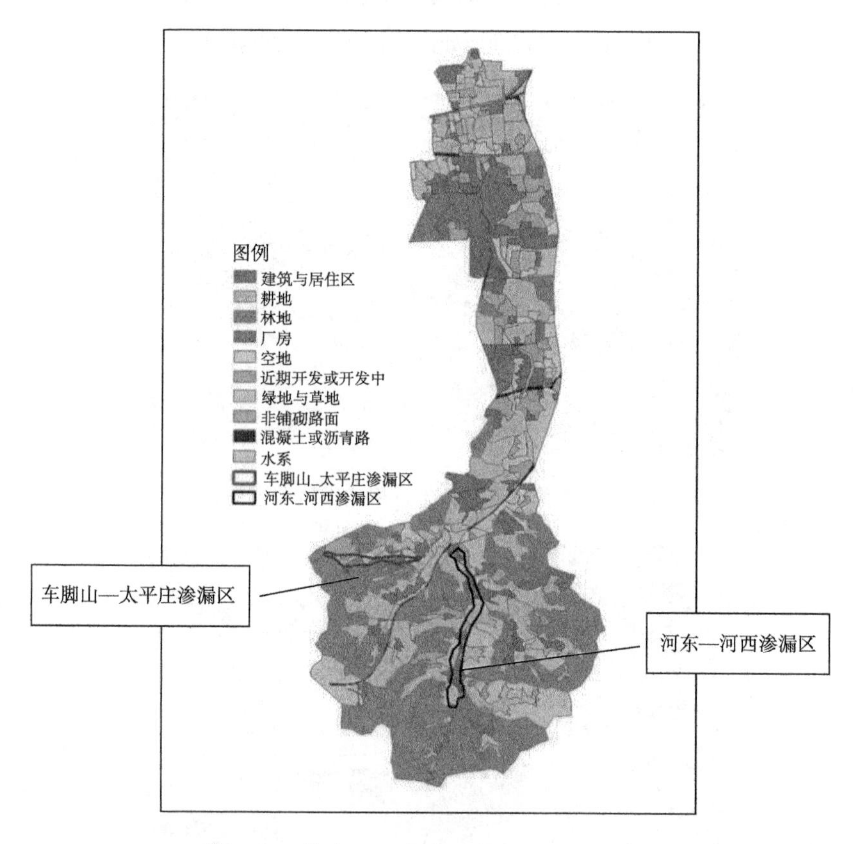

图 6.29　韩仓河小流域土地利用类型划分图

在韩仓河小流域内存在两个强渗漏区，分别为车脚山—太平庄渗漏区和河东—河西渗漏区，各占地约 0.66km^2 与 1.70km^2(图 6.29)。强渗漏区的降雨径流系数受到的地质结构影响远大于地表土地利用类型的影响，因此强渗漏区的径流系数不能根据土地利用类型确定。据调查河东—河西渗漏区随着城市化的发展已经成为居民区，其强渗漏性已经基本被破坏，故将该区域径流系数取 0.65。车脚山—太平庄渗漏区总体开发程度不大，局部被开发，植被覆盖率达到 80%，其渗漏性维持较好。该区域径流系数的确定采用山东省水利科学研究院多年观测试验研究成果——变径流系数经验公式计算。

$$aS=A_S\lg P_i-\lg P_B+D_S \tag{6-3}$$

式中，aS 为年径流系数；P_i 为年降水量，mm；A_S 为地表汇流指数；P_B 为年雨量损失值，mm；D_S 为土壤调节转化重复系数。

上述公式中需要的参数为统计经验值，各参数取值见表 6.22。

表 6.22　韩仓河径流系数计算模型采用参数值

地貌类型	A_S	P_B	D_S
山地	0.5	300	1.29
平原	0.15	340	2.165

注：参数值来源于《济南泉城重点强渗透区调查与保护规划》。

通过上述公式计算，车脚山—太平庄渗漏区径流系数取值为 0.22。各非强渗漏区用地类型径流系数参照《给水排水设计手册 第 5 册 城镇排水》与《海绵城市建设技术指南——低影响开发雨水系统构建(试行)》确定，其取值结果见表 6.23。

决定雨水湿地规模的设计降雨量依照 2.2.2 节中表 2-8 按照其与年径流总量控制率间的关系取值，各个汇水区调蓄容积计算方法仍为 2.2.2 节中的容积法。最终根据雨水湿地与汇水区的地理位置关系及高程信息确定雨水湿地调蓄服务的汇水区，进而确定雨水湿地的调蓄容积，结果见表 6.24。

表 6.23　各土地利用类型的径流系数

编号	土地利用类型	径流系数
1	建筑与居住区	0.7
2	耕地	0.2
3	林地	0.25
4	厂房	0.8
5	空地	0.3
6	近期开发或开发中	0.35
7	绿地与草地	0.15
8	非铺砌土路面	0.35
9	混凝土或沥青路面	0.9
10	水系	1

表 6.24　韩仓河流域各湿地设计调蓄容积表

湿地编号	集水区编号	年径流总量控制率(%)	面积(m^2)	设计调蓄容积(m^3)
1	1	80	3373571.85	37206.21
2	2	85	1708096.19	17521.46
2	3	85	2272354.73	26779.93
2	4	85	804095.46	7311.35
3	5	80	1064166.26	12725.74
3	6	70	1681474.15	21317.00
3	7	75	2655025.54	30125.66
3	8	70	2193275.30	36865.76
4	9	70	2215475.44	40981.87
4	10	70	2069708.50	27872.51
5	11	70	1016152.72	16590.83
5	12	75	1875920.15	15428.69
6	13	75	1888895.74	18048.08
6	14	75	1869733.61	11083.83
7	15	75	1032494.16	9725.99
8	16	70	1018357.66	15311.77
8	17	70	2235501.09	23236.07
9	18	75	1637176.25	14587.23
9、11	19	80	2236815.58	20684.02
10	20	75	798884.85	4679.80
13	21	70	1079042.87	11257.96
11	22	75	541379.66	4681.26
14	23	70	1183118.16	10722.95
12、15	24	80	1781919.06	18127.65
12	25	80	518343.63	5332.51
16	26	80	1520284.12	15646.48
15、17	27	75	2642287.50	21964.29
15	28	80	924102.34	7345.61
19	29	70	3327162.42	23506.23
16、30	30	75	3926340.12	34395.92
23	31	80	3280956.33	36924.32
20	32	85	2287915.78	26623.97
21	33	80	2256063.42	23218.60
26	34	75	1112818.24	6158.92
22	35	75	1441410.74	10555.59
29	36	80	2246287.12	19054.79

续表

湿地编号	集水区编号	年径流总量控制率(%)	面积(m^2)	设计调蓄容积(m^3)
26	37	80	1395052.38	12028.33
27	38	75	2749850.56	19542.26
25	39	75	1927695.14	15577.39
24、25	40	75	3147969.53	21895.18
30	41	75	2031721.48	14686.31
28	42	75	2779100.09	21112.33
32、33	43	75	2504312.57	17868.01
33	44	75	1658028.96	12607.30
34	45	75	3483504.45	16863.62
31	46	75	3053727.63	19907.97
36	47	75	2655448.20	18492.79
35	48	75	2504050.99	19317.59
37	49	75	3072506.30	24925.91
汇总		75.85	98679575.03	918425.87

3. 雨水湿地面积

图 6.30 所示雨水湿地一般由进水口、前置塘、沼泽区、出水池、溢流出水口、护坡及驳岸(堤岸)、维护通道等构成。初期雨水中含有大量悬浮固体污染物、水流势能较大，因此雨水湿地的进水口和溢流出水口应设置碎石、消能坎等消能设施，防止水流冲刷和侵蚀，以及设置前置塘对径流雨水进行预处理。沼泽区包括浅沼泽区和深沼泽区，是雨水湿地主要的净化区。出水池主要起防止沉淀物再悬浮和降低温度的作用，出水池容积约为总容积的 10%。

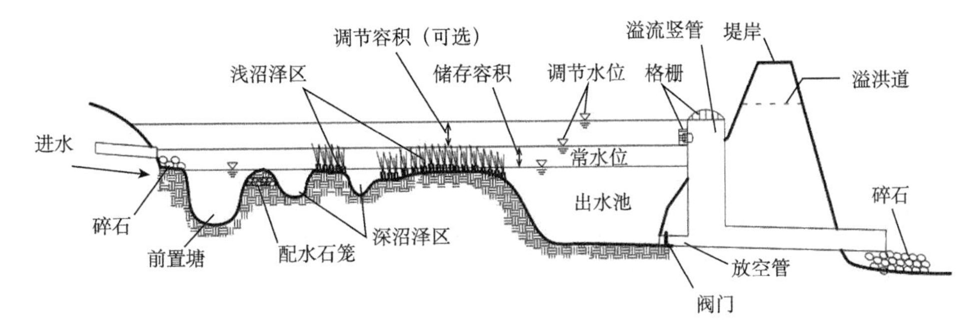

图 6.30　雨水湿地典型构造示意图

参照图 6.30 典型雨水湿地构造，对 1 号雨水湿地构造的相关参数进行估算。如表 6.24 所示，1 号雨水湿地在满足年径流总量控制率的目标下，在单次降雨事件中雨水湿地需要具备调蓄 3.72×10^4 m^3 雨洪水的能力。根据《海绵城市建设技术指南——低影响开发雨水系统构建(试行)》，沼泽区水深范围一般为 0～0.5m，其调蓄容积占总容积的 90%；出水池水深取 0.8～1.2m，调蓄容积占总容积的 10%。将沼泽区与出水池平均水深合理设置为 0.4m 与 1m 的条件下，沼泽区与出水池各需占地 $8.37\times10^4m^2$ 与 $3.72\times10^3m^2$，该湿地总计表面积约 $8.74\times10^4m^2$。37 个湿地的表面积计算结果见表 6.25。

表 6.25　湿地构造相关参数计算结果

湿地编号	调蓄容积(m^3)	湿地表面积(m^2)	湿地编号	调蓄容积(m^3)	湿地表面积(m^2)
1	37206.21	87434.59	20	26623.97	62566.33
2	51612.74	121289.94	21	23218.60	54563.71
3	101034.16	237430.27	22	10555.59	24805.63
4	68854.39	161807.81	23	36924.32	86772.14
5	32019.52	75245.87	24	10947.59	25726.84
6	29131.92	68460.00	25	26524.98	62333.71
7	9725.99	22856.09	26	18187.25	42740.04
8	38547.84	90587.43	27	19542.26	45924.31
9	24929.25	58583.73	28	21112.33	49613.99
10	4679.80	10997.53	29	19054.79	44778.76
11	15023.27	35304.69	30	14686.31	34512.82
12	14396.33	33831.38	31	19907.97	46783.72
13	11257.96	26456.22	32	8934.01	20994.91
14	10722.95	25198.94	33	21541.31	50622.08
15	27391.57	64370.20	34	16863.62	39629.50
16	32844.44	77184.44	35	19317.59	45396.34
17	10982.14	25808.04	36	18492.79	43458.06
18	17197.96	40415.20	37	24925.91	58575.89
19	23506.23	55239.64			

6.6.3　采用分散污水收集处理系统实现污水资源化

以防涝减灾、防污减灾为目的，形成的城市污水排水体系已有 100 多年的历史，该排水体系采用重力流收集系统，将污水集中于城市河流的下游处理和排放，处理规模为每天几万立方米到几百万立方米，污水处理厂远离城市。随着水资源短缺，水环境、水生态、水安全等方面的问题日趋严重，水资源可持续利用的需求十分迫切。现行的污水排水体制割裂了水资源与水环境、水生态和水安全之间的关系，是水资源和水生态不可持续利用的核心问题之一。

城市产生的污水被看作废水，经处理后被尽快排放到了城市下游。城市排水体系规划以行政管理区为系统单元，依据土地利用规划、道路建设规划，确定管网走向和污水处理厂选址缺乏科学的分析；局限于行政管理区的污水处理与排放体系，无法建立起与流域水生态之间的联系，往往导致局部地区环境被保护，却危害广大流域地区，并且导致了大量的水资源浪费。面向水资源持续利用的新型城市排水体系的构建，是与自然水文过程相耦合，在适度的尺度上对城市水资源进行管理，实现城市水资源的良性循环。

1. 污水处理厂选址

符合水循环的排水体系是以污水回收再用为目的，实现水资源的可持续利用，改善自然水文和水生态环境。在韩仓河流域内，进行了流域内污水分散处理与回用规划，分散的污水处理厂的选址要综合考虑再生水回用于城市用户或者补充城市段河道建设费用和运行成本，排水分区、污水处理厂的数量与规模，要契合水文循环过程和水生态。

以次小流域划分边界作为韩仓河小流域排水分区划分边界，综合考虑污水分布、收集受到市政管网现状工程等因素影响，排水分区划分中综合考虑现状排水分区，对次小流域划分边界进行调整。最终确定各排水分区范围及污水处理厂位置，见图 6.31。

2. 污水处理厂负荷

韩仓河小流域待处理的污水主要为生活污水，基本没有工业污水，污水处理厂负荷概算只需统计该流域的生活污水量。根据《给水排水设计手册 第 5 册 城镇排水》综合生活污水定额见表 6.26，各排水分区的生活污水流量计算公式如下：

$$Q=\frac{qNK_Z}{1000}K_ZqN \tag{6-4}$$

式中，Q 为居民生活污水流量，m^3/d；q 为每人每日平均污水量定额，L/(人·d)；N 为人口数量，人；K_Z 为生活污水量总变化系数。

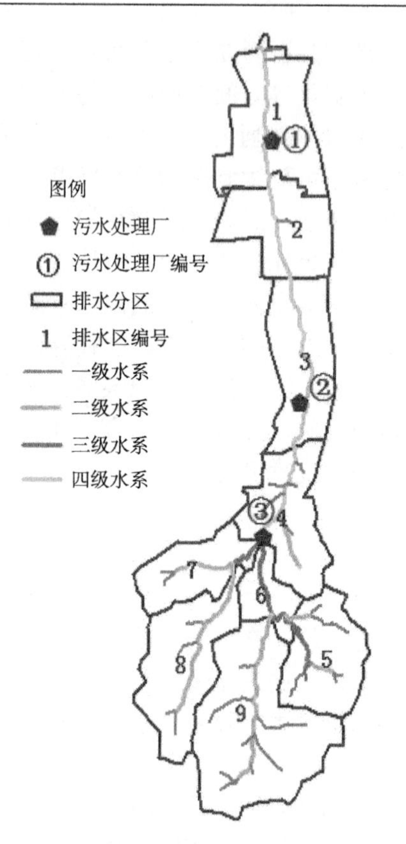

图 6.31　排水分区及污水处理厂位置分布

表 6.26　综合生活污水定额[L/(人·d)]

分区	特大城市	大城市	中、小城市
一	210～340	190～310	170～280
二	150～240	130～210	110～180
三	140～230	120～200	100～170

注：本表数据取自《给水排水设计手册 第 5 册 城镇排水》。表中特大城市指市区和近郊区非农业人口 100 万以上城市；大城市指市区和近郊区非农业人口 50 万以上不满 100 万的城市；中、小城市指市区和近郊区非农业人口不满 50 万的城市。给排水系统完善地区按照定额 90%计，一般地区按照定额 80%计。

全国居民综合生活污水定额分区结果显示韩仓河小流域所在济南市属于二分区(表 6.26)，其综合生活污水定额取 200 L/(人×d)，根据《给水排水设计手册 第 5 册 城镇排水》中一般地区按定额 80%计，韩仓河小流域的综合污水定额确定为 160L/(人×d)。韩仓河流域南北部地形的差异较大，韩仓河小流域人口密度分布不均，因此将韩仓河小流域分为北部、中部、南部三个区进行人口的估算，以提高人口估算的精度。韩仓河小流域与济南市历城区的鲍山街道、唐冶街道、港沟街道的地理位置关系见图 6.32，查阅《历城统计年鉴(2017)》可知鲍山街道、唐冶街道、港沟街道的人口密度分别为 1234 人/km^2、885 人/km^2、478 人/km^2，根据三个行政街道的人口密度并结合排水分区面积进行韩仓河小流域的人口估算。《给水排水设计手册 第 5 册 城镇排水》中规定总变化系数 $K_Z=\dfrac{2.72}{M^{0.108}}$，式中，$M$ 为生活污水定额流量，单位为 L/S。根据各次小流域的估算人口及综合生活污水定额量可估算出 M 值，进一步确定总变化系数 K_Z。依据人均污水定额及总变化系数，通过式(6.4)计算出各排水区生活污水流量，见表 6.27。

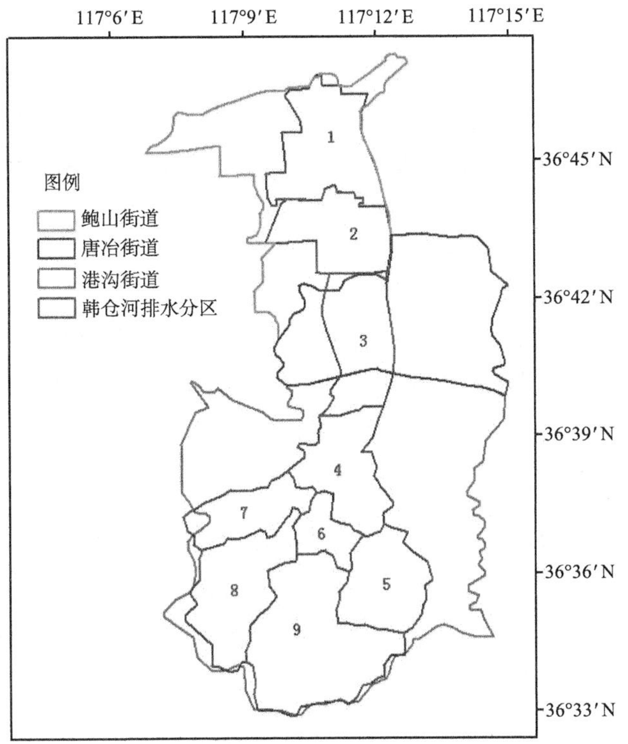

图 6.32　韩仓河小流域所处行政单元范围

表 6.27　韩仓河小流域各污水处理厂负荷

污水处理厂编号	各排水区编号	面积(km^2)	人口数量(人)	生活污水定额流量(m^3/d)	总变化系数	污水处理厂负荷(m^3/d)
①	1	13.56	16732	4527.36	1.8	8030.20
	2	9.37	11564			
②	3北	9.04	8005	2301.44	1.9	4391.53
	3南	3.87	1852			
	4	9.47	4527			

续表

污水处理厂编号	各排水区编号	面积(km^2)	人口数量(人)	生活污水定额流量(m^3/d)	总变化系数	污水处理厂负荷(m^3/d)
③	5	9.80	4684	4157.92	1.8	7443.03
	6	3.93	1877			
	7	7.14	3411			
	8	12.37	5912			
	9	21.14	10103			

3. 用人工湿地强化污水处理厂尾水的深度净化

按照《济南市地表水水功能区划》规定，韩仓河流域划分为一个水功能一级区和一个水功能二级区，其水质目标要求韩仓河达到《地表水环境质量标准》(GB 3838—2002)Ⅳ类水质标准。韩仓河流域内存在两个强渗漏区，韩仓河处于济南地下水补给区范围内，根据济南市《济南泉城重点强渗漏区调查与保护规划》，韩仓河流域生活污水需处理达地表水Ⅳ类水质标准才可排入环境，部分地带要求达到地表水Ⅲ类标准。然而，按照目前我国《城镇污水处理厂污染物排放标准》(GB 18918—2002)规定的最高排水标准一级 A 排放，污水处理厂尾水水质指标无法达到地表水Ⅳ类水质要求，构建人工湿地对污水处理厂尾水进行深度净化是十分必要的(两类水质标准对比见表 6.28)。

表 6.28　《地表水环境质量标准》与《城镇污水处理厂污染物排放标准》部分指标对比

标准	分类	COD (mg/L)	BOD_5 (mg/L)	TN (mg/L)	NH_3-N (mg/L)	TP (mg/L)
《城镇污水处理厂污染物排放标准》	一级 A	50	10	15	5(8)	0.5
	一级 B	60	20	20	8(15)	1
《地表水环境质量标准》	Ⅳ类	30	6	1.5	1.5	0.3

综合垂直流人工湿地和水平流人工湿地的特点，采用水平潜流模式人工湿地对污水处理厂尾水进行深度净化。污水处理厂的出水水质为水平潜流湿地进水水质，湿地排水水质需达到地表水环境质量Ⅳ类标准，各污染物的表面负荷是水平潜流湿地设计的关键参数。我国《人工湿地设计规范》中关于湿地中各污染物的表面负荷如表 6.29 所示。

表 6.29　水平潜流湿地主要设计参数

指标	设计参数[g/(m^2×d)]
COD 表面负荷	≤16
TN 表面负荷	2.5～8
NH_3-N 表面负荷	2～5
TP 表面负荷	0.3～0.5

依据《人工湿地污水处理工程技术规范》(HJ 2005—2010)中表面负荷计算公式确定污水处理厂配套水平潜流湿地的表面积，结果见表 6.30。

表 6.30　水平潜流湿地表面积计算表

水平潜流湿地编号	各项指标	进水浓度(mg/L)	出水浓度(mg/L)	设计参数	湿地表面积(m^2)
1 号水平潜流湿地	COD	50	30	10～16	10038～16060
	TN	15	1.5	2.5～8	13551～43363
	NH_3-N	8	1.5	2～5	10439～26098
	TP	1	0.3	0.3～0.5	11242～18737
2 号水平潜流湿地	COD	50	30	10～16	5489～8783
	TN	15	1.5	2.5～8	7411～23714
	NH_3-N	8	1.5	2～5	5709～14272
	TP	1	0.3	0.3～0.5	6148～10246
3 号水平潜流湿地	COD	50	30	10～16	9304～14886
	TN	15	1.5	2.5～8	12560～40192
	NH_3-N	8	1.5	2～5	9676～24189
	TP	1	0.3	0.3～0.5	10420～17367

表面负荷计算公式为

$$q=\frac{Q(C_0-C_1)\times 10^{-3}}{A} \tag{6-5}$$

式中，q 为表面负荷，kg/(m^2×d)；Q 为人工湿地设计水量，m^3×d；C_0 为人工湿地进水污染浓度，mg/L；C_1 为人工湿地出水污染浓度，mg/L；A 为人工湿地面积，m^2。

1 号水平潜流湿地与污水处理厂位于王舍人片区，按照济南市土地利用规划，该地块将用于建设白泉湿地公园，公园面积约 5.76×10^{6}m^2，如图 6.33 所示，因此占地面积将不是 1 号湿地设计主导制约因素。表 6.30 中湿地表面积计算结果显示不同指标负荷计算所得湿地的表面积相差较大，污水处理厂的污水主要为生活污水，因此以总磷为主要湿地面积控制因素。最终 1 号水平潜流湿地

的表面积确定为 $1.6\times10^4m^2$，参照《人工湿地污水处理工程技术规范》(HJ 2005—2010)，湿地深度设为 1.2m，则 1 号水平潜流湿地的水力停留时间约为 17.2h(孔隙度 30%)。

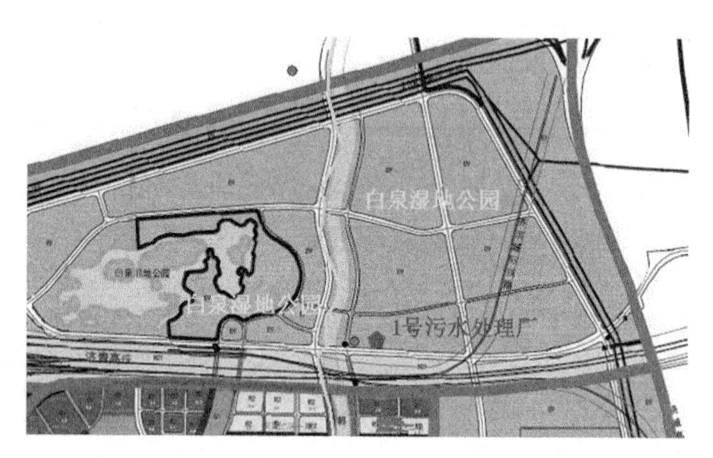

图 6.33　1 号污水处理厂及水平潜流湿地位置

2 号水平潜流湿地与污水处理厂位于莲花山片区，用地类型规划为建筑用地，沿韩仓河两岸留有一定面积的绿地，可用绿地面积相对较少(图 6.34)。2 号水平潜流湿地规划面积受到现有可用占地面积制约，综合考虑表 6.30 中湿地面积计算结果，2 号水平潜流湿地的表面积确定为 $7.5\times10^3m^2$，参照《人工湿地污水处理工程技术规范》(HJ 2005—2010)，湿地深度设为 1.2m，则 3 号水平潜流湿地的水力停留时间约为 14.8h(孔隙度 30%)。

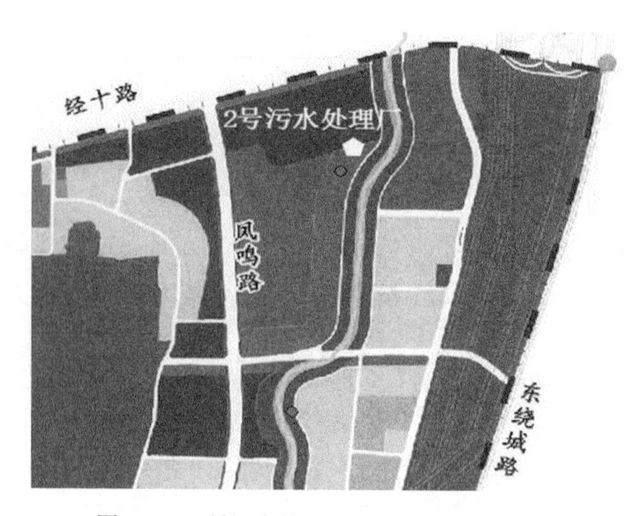

图 6.34　2 号污水处理厂及水平潜流湿地位置

3 号水平潜流湿地与污水处理厂位于莲花山片区，如图 6.35 所示。该地块东侧为济南东绕城路，南侧为港沟枢纽立交，西侧为韩仓河，所处位置相对偏远，湿地受到占地面积制约较小。综合考虑表 6.30 中湿地面积计算结果，3 号水平潜流湿地的表面积确定为 $1.3\times10^4m^2$，参照《人工湿地污水处理工程技术规范》(HJ 2005—2010)，湿地深度设为 1.2m，则 3 号水平潜流湿地的水力停留时间约为 15.1h(孔隙度 30%)。

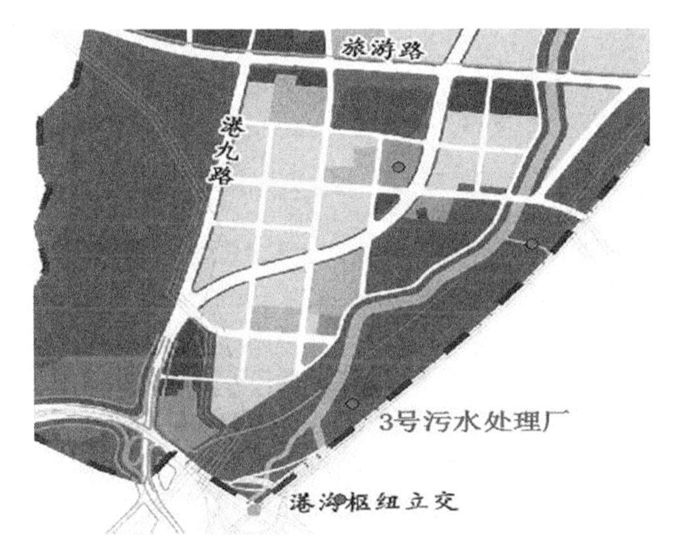

图 6.35　3 号污水处理厂及水平潜流湿地位置

综上所述，三座污水处理厂进行尾水深度净化的水平潜流湿地设计参数如表 6.31 所示。

表 6.31　韩仓河污水处理厂尾水深度净化湿地设计参数

湿地编号	设计水量(m^3/d)	湿地表面积(m^2)	湿地深度(m^2)	水力停留时间(h)
1 号水平潜流湿地	8030.20	$1.6\times10^4m^2$	1.2	17.2
2 号水平潜流湿地	4391.53	$7.5\times10^3m^2$	1.2	14.8
3 号水平潜流湿地	7443.03	$1.3\times10^4m^2$	1.2	15.1

6.6.4　深度净化人工湿地与雨水湿地组合系统

前面内容中的雨水湿地设计规模是根据流域年径流总量控制率为目标，确定的调蓄容积。韩仓河为季风区雨源型河流，源短流急，河道枯水期时间较长，进一步影响了河道生态效应。流域内湿地也受季节性影响，在旱季无雨时植物可能因为长时间按缺水死亡，影响雨水湿地净化效果。为保障雨水湿地在旱季运行时必要的生态用水量，将经人工湿地净化后的污水排入雨水湿地，进行生态补水。同时雨水湿地作为人工湿地出水的后续单元，提高了进入河道水质的保障率。组合工艺流程如图 6.36 所示。

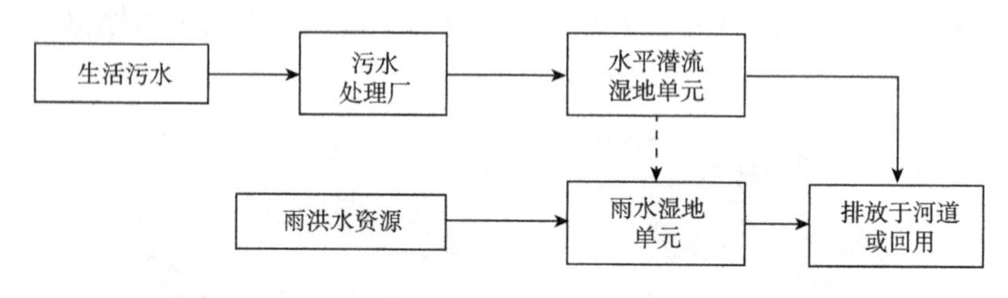

图 6.36　组合湿地工艺流程图

在组合湿地系统中，通过水平潜流湿地单元处理的污水处理厂尾水，在水质达标情况下既可以直接排放进入河道或进行市政回用，也可以排放进入邻近的雨水湿地单元中维持雨水湿地中植物的生长生态用水。当水平潜流湿地单元排水水质不达标时，可通过将出水排入雨水湿地单元进行二次净化，保证进入城市河道的排水水质达标。由于污水流量规模相比于雨水湿地单元的规模相差 5～10 倍，水平潜流湿地单元出水排入雨水湿地单元对雨水湿地单元的设计、运行不会产生明显的影响。组合湿地体系节省了雨水湿地运行维护过程中生态用水量与劳动力投入，也使人工湿地的出水水质得到保障。

6.6.5　韩仓河河道生态规划

河道生态规划措施：河堤由传统结构改造为水体和陆地、生物相互作用的结构，形成适合植物生长的区域，使生态受损的河道尽可能恢复至近自然状态，实现其生态服务功能。韩仓河流域现状是水质恶化，河岸侵蚀严重，河流水生态系统遭到严重破坏，如图 6.37 和图 6.38 所示；韩仓河作为东部城区南北向河道，生态治理对维护城市水安全、水环境、水资源、水生态具有重要意义。根据《济南市城市防洪规划》的基准，韩仓河防洪标准为 100 年一遇。小清河入河口位置处 100 年一遇设计峰值流量为 633 m^3/s。

韩仓河的旅游路以南段河道分布分散、河网结构复杂，河道主要位于济南南部山区，生态环境较好，人为破坏程度低。韩仓河的工业北路以北至小清河段河道两侧以农田为主，部分土地处于未开发状态，主要以防止水土流失为主。韩仓河河道生态规划的重点是旅游路和工业北路之间，总长度为 7.05km。通过景观规划和生态修复技术措施，将韩仓河修复成集防洪、生态、休闲游憩、海绵为一体的城市绿色廊道。主要功能定位如下：建设成东部城区的南北行洪河道，确保城

图 6.37　韩仓河上游

图 6.38　韩仓河下游鲍山街道片区

市水安全；营造优良的水体环境，改善城市水环境；践行海绵城市建设，补充地下水，缓解城市水资源短缺；形成“城市绿肺”走廊，修复城市生态。

1. 河道详细规划

河道规划主要分为三段：旅游路至经十路(万达文旅城段)、经十路至世纪大道、飞跃大道至工业北路。

1) 旅游路至经十路

旅游路至经十路的河道长 3.66km。规划河道线形偏离现状河道最大距离 350m。规划蓝线宽度 40m；两侧绿带宽度 45m，其中 15m 由万达集团建设(图 6.39)。绿化面积为 $0.23km^2$。

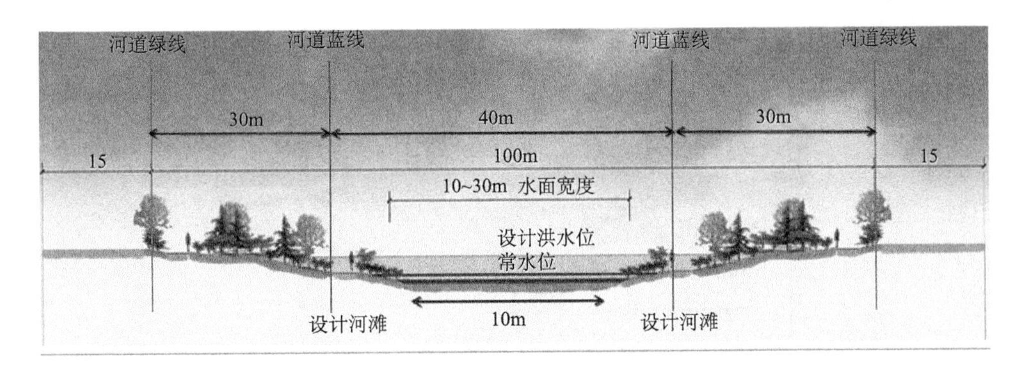

图 6.39　旅游路至经十路段河道规划断面图 1

增设一、二级游步道，一级游步道设置于河滩地上，作为枯水期的休闲观赏平台及雨水期的行洪通道，材质选用石质板，供防水所需；一级游步道濒临水边一侧可栽植菖蒲、美人蕉等较耐水湿、对水体有净化作用的草本。二级游步道设置于河道二步台上，作为丰水期的观景平台。两者自然过渡，合理衔接，植物搭配方面既要做到季节特色(花楸、黄栌、乌桕、鹅掌楸、水杉)，又要做到四季景观(红羽毛枫、金叶女贞)(图 6.40)。

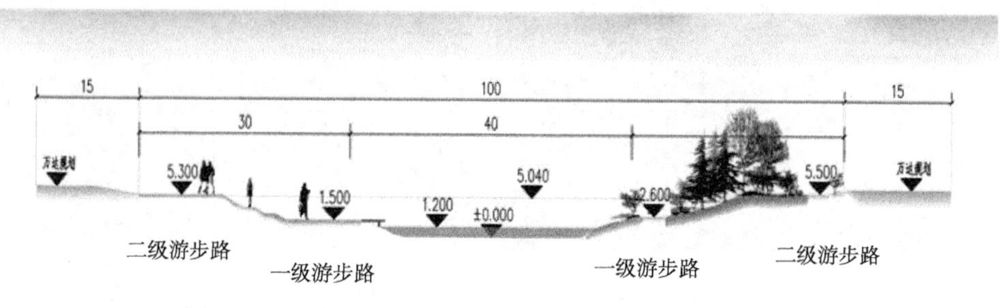

图 6.40　旅游路至经十路段河道规划断面图 2(单位：m)

在平面规划上，保证子河的线形婉转流畅，富有韵味，追求自然感。旅游路至经十路河段规划分成两个区，即自然生态休闲区和时尚城市活力区。自然生态休闲区定位于南段河道，作为居民区周围景观空间的延伸，主要体现植被景观和休闲健身作用。南段河道海拔相对较高，靠近河流上游，生态相对脆弱，植物的搭配以乔木(水杉、枫杨、银杏)和草地(萱草、美人蕉、芦苇)为主，群落栽植，适当点缀灌木(碧桃、连翘)，可起到涵养水源，保持水土，优化环境的作用。时尚城市活力区定位于北段河道，主要作为万达城市空间景观到河道景观的延伸，体现以人为本、为人服务的景观特色，并展现城市特点及魅力，在植物搭配上要求规整细致，乔灌草种类搭配丰富(国槐+丁香+大叶黄杨+萱草；栾树+珍珠梅+连翘+小叶扶芳藤；银杏+女贞+早熟禾)。

在河道护坡方面，由于该段地处河流中上游，生态环境相对脆弱，应涵养水源，维持生态环境。采用植物工程复合措施，对其进行加固，如图 6.41 所示的生态护坡。

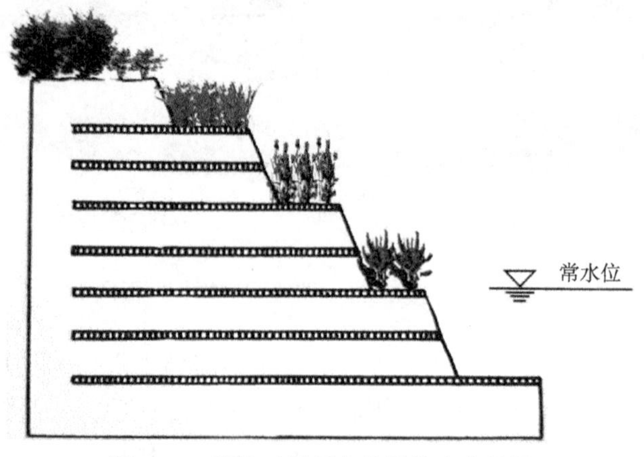

图 6.41　植物工程复合措施的生态护坡

2) 经十路至世纪大道

经十路至世纪大道的河道采用挡墙的形式，河底宽 35m，挡墙高 1.5～4m，在现状绿化的基础上，局部补植色叶树种以增加植物色彩层次(垂柳、五角枫、鸡爪槭、银杏、红枫、紫叶李)，植被的选择既包含春色叶树种，又包含秋色叶树种和常色叶树种，打造宜赏宜乐的观景效果。绿化面积 0.0177km^2。规划蓝线宽度 50m，两侧绿化带各 10m，如图 6.42 所示。

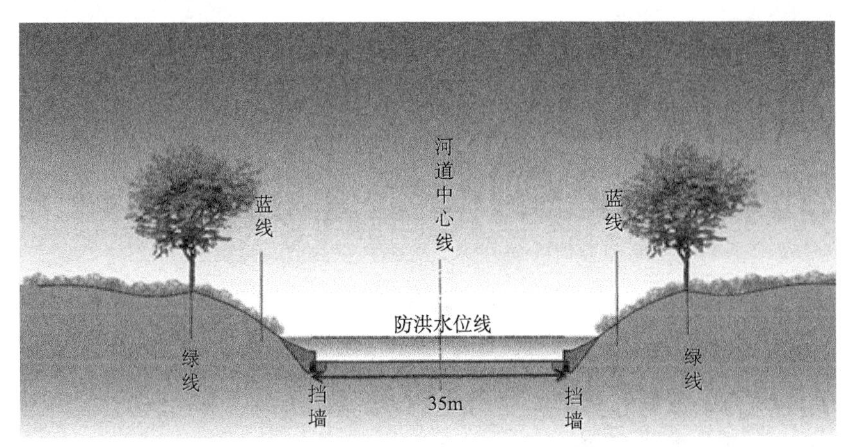

图 6.42　经十路至世纪大道段河道规划断面图

本段已有部分高 4m 的挡墙护坡，局部修复后可继续使用；将绿化带内枯死的植被剔除，对河道两侧局部挡墙护坡补植色叶树种，如银杏、红枫、黄栌等，增加植物色彩层次；为方便居民游憩，提高体验感受，在保利花园与永大颐和园之间设置一座景观桥，为周边居民提供休闲赏景的空间。

3) 飞跃大道至工业北路

飞跃大道至工业北路河段两侧绿化带宽约 30～40m，绿化面积为 0.1432km^2，如图 6.43 所示，沿河打造生态廊道，使其自然地融入到周边环境之中，与区域生态环境形成一个整体。沿河种植芦苇+凤眼莲、香蒲+美人蕉，使其在局部环境中形成稳定的净化系统，改善水质。长时间以来，可使此段河流景观生态整体趋于稳定。

护坡规划主要采用植物护坡，如图 6.44 所示，乔灌草相结合。从河道堤岸坡脚至坡顶依次种植沉水植物、浮叶植物、挺水植物、湿生和中生植物，形成多层次生态防护，兼顾生态功能和景观功能的护坡。

2. 河道景观生态

构建健康稳定的生态群落，提升河道生态环境，利用植物物种的多样性，各河段植物配置相互联系，相互影响，形成统一的河道植被景观。必须遵循一定的配置原则。植被配置的原则如下：

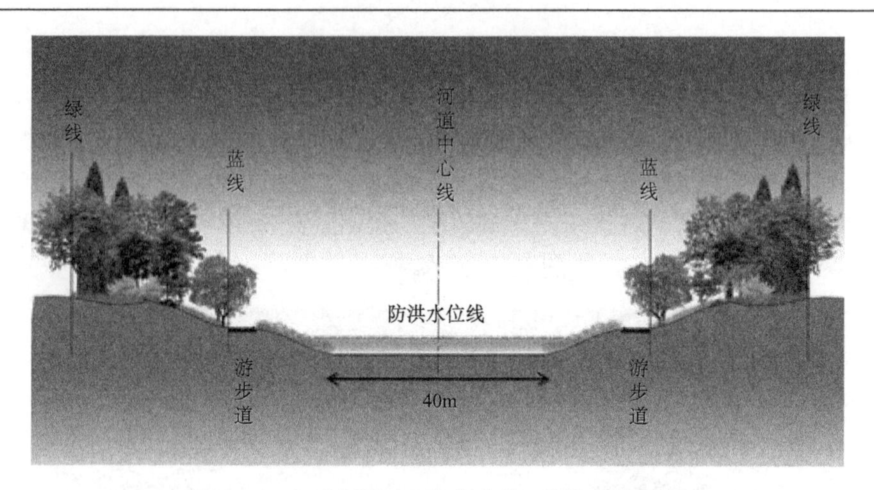

图 6.43　飞跃大道至工业北路段河道规划断面图

图 6.44　植物护坡

(1)乔灌草相结合原则；乔灌草相结合形成复层结构群落，不仅可以增加降水截留量，还可以增加空间三维绿量，使其更好地形成生态带，构成生态网络。

(2)物种共生相融原则；合理选择植物种类，避免种间竞争，保持群落稳定。

(3)常绿树种与落叶树种混交原则；常绿树种与落叶树种混交不仅可以形成季相变化，提高河道植被景观质量，也可提高生物多样性。

(4)深根系植物与浅根系植物相结合原则；深根系植物与浅根系植物相结合，不仅可以固土护坡，防治水土流失，而且还可以提升土层营养利用率。

(5)阳性植物与阴性植物合理搭配原则；阳性植物与阴性植物的合理搭配可以提高群落的光能利用效率，减少植物间的不利竞争。

3. 景观格局

规划的三个河段区间均以改善流域生态环境为基准，结合用地类型、地形地势、社会环境等，形成各具特色的景观群落。中心城区河段规划，以提升河道环境，服务居民为主，底层河岸植物群落搭配丰富稳定。市郊河段以河流生态廊道为主，形成景观生态涵养功能的自然植被群落带，临近河岸植物群落搭配稳定。以此形成以河道为基准的两岸植物搭配稳定的河流廊道，河流廊道将中心城区植被群落带与自然涵养绿地群落带衔接起来，使流域生态系统形成一个整体，湿地体系与河道植被景观廊道构成生态网络。

6.7　韩仓河流域水文水生态修复后评估

6.7.1　基于 SWMM 模型的次小流域 LID 水文评估

SWMM 5.1 版本增加了 LID 模块，该模块可通过设置滞留、蒸发、下渗等水文参数，结合水力模块，实现生物滞留池、雨水花园、绿色屋顶、下渗沟、透水铺装、雨水罐、屋面雨水断接与植被沟等 8 种常见的 LID 措施(图 6.45)在降雨过程中径流与水质的模拟。因此运用该模型对应用 LID 措施水生态修复后鲍山花园汇水区的情景进行反馈模拟，并与 2015 年和 1985 自然状态下的模拟结果进行比较分析。

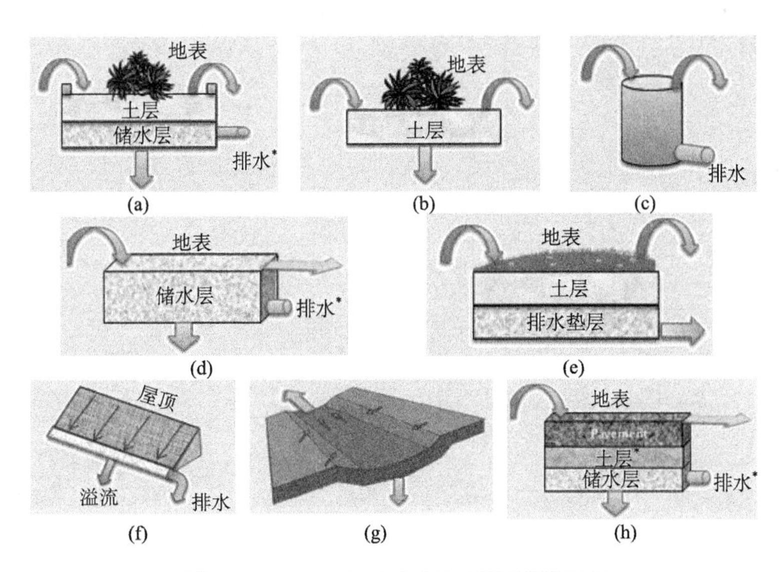

图 6.45　SWMM5.1 中 LID 控制措施示例

(a)生物滞留池；(b)雨水花园；(c)雨水罐；(d)下渗沟；(e)绿色屋顶；(f)屋面雨水断接；(g)植被沟；(h)透水铺装

1. 降雨参数设定

采用 CHM 法合成降雨情景，降雨条件设计重现期为 10 年，雨峰系数取 0.4，降雨采用的时间间隔为 1min，降雨历时 120min，模拟总时长 12h，结果时间步长取 1min，汇水面积 1406896.10 m^2。

2. 低影响开发系统参数的设定

考虑到实际需求，在鲍山花园汇水区采取的低影响技术措施有：雨水花园、下沉式绿地、雨水湿地、雨水罐、湿塘、下渗沟、植被缓冲带与透水铺装等 8 类，其中下沉式绿地、雨水湿地与湿塘是通过改变 SWMM 模型中生物滞留池的表层参数与土壤层参数形变得到的。

各种低影响技术措施在不同地块中的参数设置以雨水花园技术在第 1 地块中的设计参数为例进行展示。图 6.46 是低影响开发技术雨水花园参数设置界面，图 6.47 是第 1 地块中低影响开发技术种类选择设置界面，图 6.48 是雨水花园在第 1 地块中的参数设置界面。

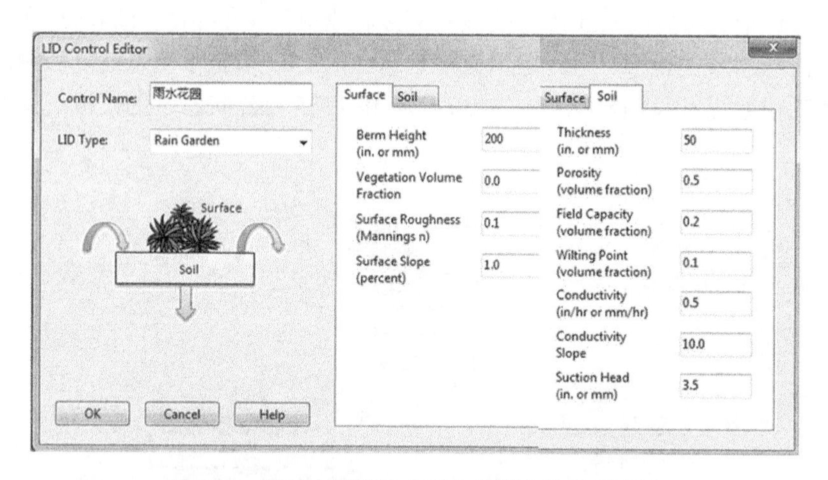

图 6.46　低影响开发技术雨水花园参数设置界面

LID Controls for Subcatchment ZMJ3

Control Name	LID Type	% of Area	% From Imperv	Report File
雨水花园	Rain Garden	3.002	40	
下沉式绿地	Bio-Retention	1.998	40	

Add

Edit

图 6.47　第 1 地块中低影响开发技术种类选择设置界面

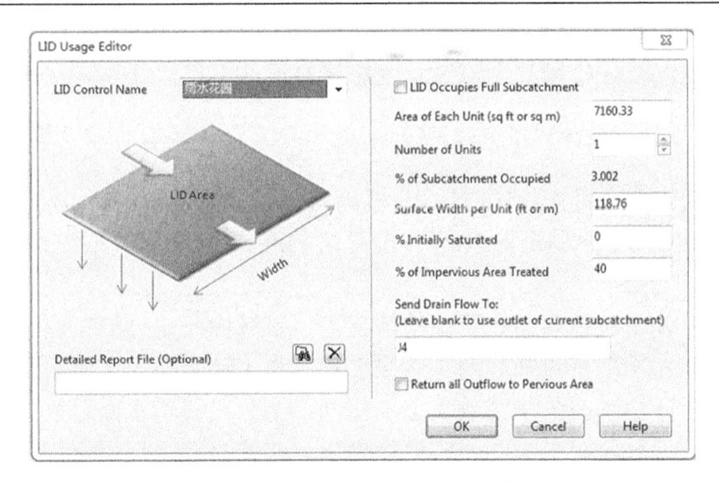

图 6.48　雨水花园在第 1 地块中的参数设置界面

3. 次小流域 LID 设施对水文效应影响

2015 年与 1985 年及使用 LID 措施情景对应平均径流系数、峰值流量、峰现时间、径流总量与 TSS 排放负荷等的模拟结果如表 6.32 所示。

表 6.32　不同模式下水文效应

情景	平均径流系数	鲍山花园次小流域出水节点水文特征			
		峰值流量 (m^3/s)	峰现时间 (min)	径流总量 (mm)	TSS 排放负荷 (kg)
1985 年	0.31	12.56	53	30.37	458.42
2015 年	0.62	19.78	42	49.91	497.77
城市化 LID	0.61	19.05	53	32.88	294.97

从模拟结果可以得出，在应用低影响开发技术进行水生态修复后，鲍山花园汇水区的平均径流系数相比 2015 年情景时减小了 0.01，峰值流量相比 2015 年情景时减小了 $0.73m^3/s$，峰现时间相比 2015 年情景时推迟了 11min，径流总量相比 2015 年情景时下降了 17.03mm，TSS 排放负荷相比 2015 年情景时减少了 202.80kg。将应用低影响开发的情景进一步对比分析 1985 年情景发现，峰现时间滞后到了与 1985 年情景时相同，径流总量相比 1985 年情景时只提高了 2.51mm，TSS 排放负荷相比 1985 年情景时减小了 163.45kg。从实施低影响开发技术情景的模拟结果可以看出，合理地利用低影响措施可以有效控制与减缓城市雨水管网系统的排水压力，削减峰值流量、径流总量与排放污染负荷，延后峰现时间。

6.7.2　基于 SWMM 模型的全流域水生态修复评估

1. 污水回用工程对河道基流的贡献

依据 6.3 节中运用 ArcGIS 技术分析确定的韩仓河各次小流域相关数据，基于 SWMM 模型对韩仓河进行概化，并设置次小流域及河道的模型参数(图 6.49、图 6.50、图 6.51)。

通过 SWMM 软件模拟在无雨的情况下，流域内所设计的三座污水处理厂尾水回用于河道对河道基流的影响。结果显示，由于韩仓河上下游河道宽度不一，污水回用水对河道基流的增强效果也不相同，部分段河道水面最大可上升 9cm，韩仓河的河口处水面可上升 2cm。模拟表明：在韩仓河流域内规划污水处理厂将污水资源化回用于河道的确能够起到减少韩仓河断流，增强韩仓河基流量，保护韩仓河水生态的作用。

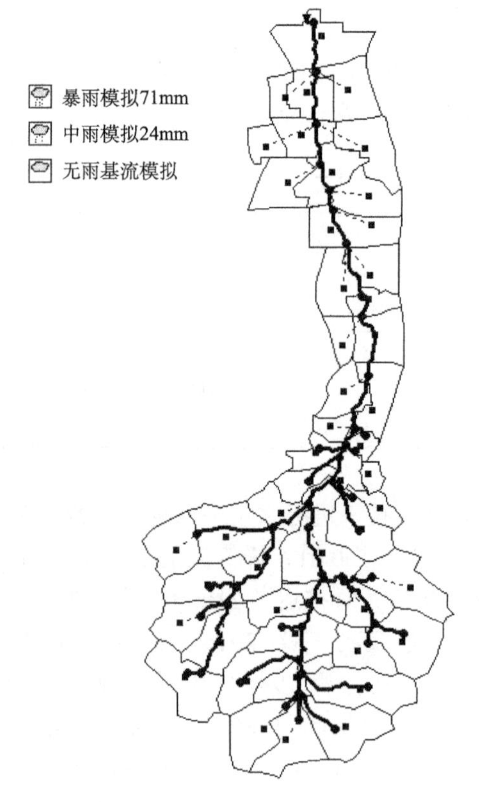

图 6.49　韩仓河 SWMM 模型概化图

Subcatchment S29

Property	Value
Name	S29
X-Coordinate	117.181
Y-Coordinate	36.773
Description	
Tag	
Rain Gage	无水
Outlet	J1
Area	329.133
Width	1450
% Slope	0.4
% Imperv	14
N-Imperv	0.015
N-Perv	0.24
Dstore-Imperv	1.5
Dstore-Perv	7.5
%Zero-Imperv	25
Subarea Routing	OUTLET
Percent Routed	100
Infiltration	HORTON

图 6.50　SWMM 中次小流域参数设置界面

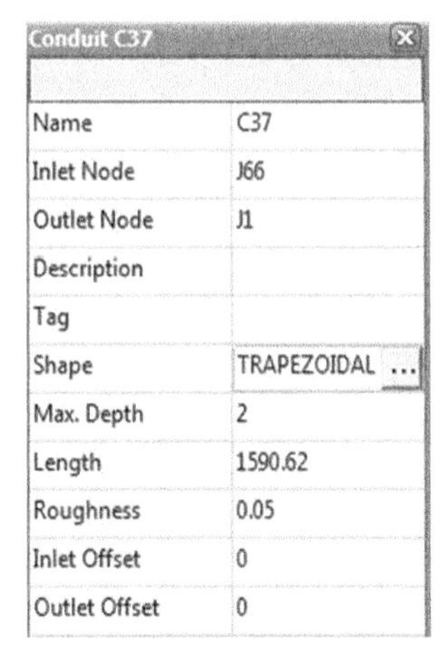

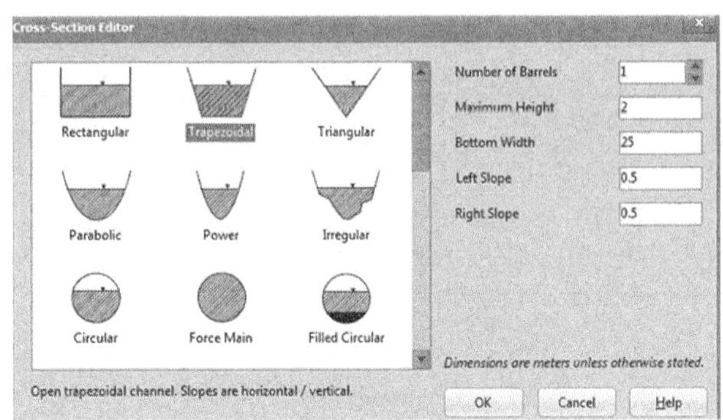

图 6.51　SWMM 中河道参数设置界面

2. 降雨事件中湿地的水文功能模拟

1）湿地对雨水的截留能力模拟

采用芝加哥雨型生成器合成降雨情景，降雨重现期分别设计为 10a、0.3a，雨峰系数取 0.4，分别得到累计降雨为 71.41mm 和 24.69mm 的两组降雨数据，用以暴雨和中雨情况下的韩仓河流域 SWMM 模拟（图 6.52）。

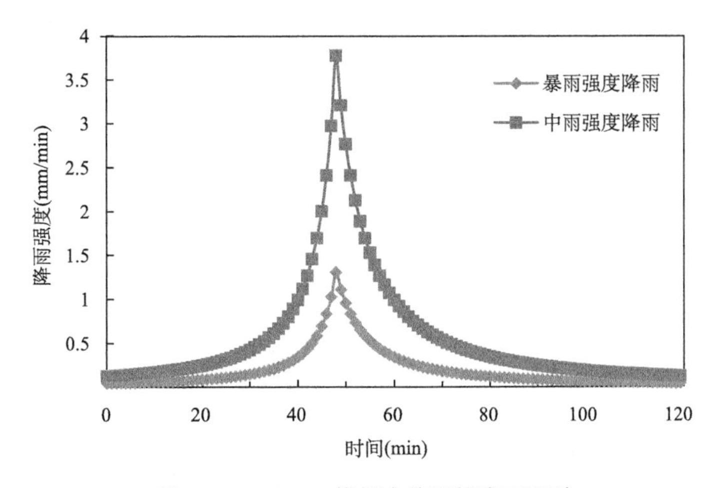

图 6.52　SWMM 模拟中使用的降雨雨型

利用 SWMM 构建的韩仓河概化模型模拟图 6.52 中累计降雨量 24.69mm 的中雨情况下韩仓河小流域范围内雨水湿地对雨水的截留效果见表 6.33，雨水湿地在此次降雨事件中总共截留雨水量为 540385.70m^3。通过雨水湿地截留的水资源将对韩仓河的生态需水进行补充，促使韩仓河小流域自然生态得到修复。

表 6.33 中雨情形(24.69mm)各雨水湿地截留雨水量

湿地编号	截留水量(m^3)	湿地编号	截留水量(m^3)
1	13224.48	20	9242.92
2	49582.11	21	7947.20
3	134390.28	22	3585.65
4	53448.35	23	12892.60
5	23281.07	24	1871.11
6	19068.16	25	13579.40
7	3426.81	26	11953.96
8	28199.87	27	6644.33
9	12794.98	28	7232.73
10	1449.25	29	6410.98
11	7660.94	30	5006.08
12	7308.93	31	6747.62
13	3901.76	32	1525.07
14	3690.13	33	11138.38
15	18607.82	34	5690.00
16	11215.67	35	9895.72
17	1892.12	36	3147.02
18	5957.20	37	8598.94
19	8176.02	总计	540385.70

2)河道水文状态模拟

在使用图 6.52 中暴雨降雨(重现期 10a)条件下，是否使用雨水湿地措施情景对应韩仓河河口平均径流系数、峰值流量、峰现时间、平均径流总量等的模拟结果见表 6.34。

表 6.34 雨水湿地对韩仓河河口水文状态的影响

情景	全流域平均径流系数	韩仓河流域出水节点水文特征		
		峰值流量(m^3/s)	峰现时间(h：min)	平均径流总量(mm)
未设置雨水湿地	0.736	58.59	4：17	26.30
设置雨水湿地	0.631	52.63	4：48	23.24

由模拟结果可以得出，与未设置雨水湿地情景相比，韩仓河小流域在设置雨水湿地情景下全流域的平均径流系数减小了 0.105，峰值流量减小了 5.96(m^3/s)，峰现时间推迟了 31min，全流域平均径流总量下降了 3.06mm。这反映了合理设置雨水湿地措施可以有效控制与减缓强降雨过程中韩仓河河道的排水压力，削减峰值流量、流域径流总量，延后河道峰现时间，反映了雨水湿地的设置对于管理流域水资源，修复河道水生态的效果。

3. 降雨事件中湿地的水质功能模拟

韩仓河流域的多年平均降水量为 651.8mm，近 70%的降雨量集中在夏秋两季，对 1985～2015 年降雨的分布统计表明，较高强度(＞0.1 mm/min)的降雨形式出现概率很小，不足 10%，因此模拟韩仓河小流域在图 6.52 中 24.69mm 中雨强度情况下的污染物浓度规律更具代表意义。是否使用湿地措施情景对应韩仓河河口 TSS、COD、TN、TP 污染物浓度的模拟结果见表 6.35。

表 6.35　韩仓河河口污染物浓度模拟结果

污染物	河口污染物峰值浓度(mg/L)		12h 后河口污染物浓度(mg/L)	
	未设置湿地	设置湿地	未设置湿地	设置湿地
TSS	360.03	320.18	158.29	145.04
COD	216.14	187.03	73.66	58.61
TN	2.83	1.72	0.85	0.76
TP	0.41	0.30	0.07	0.06

模拟结果显示在降雨初期由于雨水的冲刷作用韩仓河河口处各污染物的浓度快速上升并达到峰值，表 6.35 中具体对比了湿地的设置对韩仓河河口污染物浓度的影响，结果表明韩仓河小流域规划的湿地设施的确可以起到削减河道污染物浓度的效果。在未设置湿地的情景下河口 TP 指标峰值达到了 0.41mg/L(劣Ⅴ类)，但在设置湿地的情形下河口 TP 指标峰值降至 0.30 mg/L，这表明规划的湿地设施可以使韩仓河总磷含量在中强度降雨条件下达到我国地表水环境质量标准Ⅳ类。河口总氮浓度峰值经过湿地的削减作用由 2.83 mg/L(劣Ⅴ类)降至 1.72 mg/L(Ⅴ类)，在利用湿地对污染物的削减基础上，进一步加强河道本身对污染物的降解作用，韩仓河河道的总氮指标有望达到地表水环境质量标准Ⅳ类。韩仓河河口污染物浓度的模拟结果反映随着降雨事件的结束河口处污染物的浓度在降雨开始 3.5h 左右急剧下降，12h 后下降趋势逐渐平缓，水质基本稳定，降雨开始 12h 后各污染物的浓度见表 6.35，湿地的截污效果在此时的浓度数据中仍有体现。

6.8 本章小结

城市河道的修复应以流域为研究范围，从流域的角度研究水文过程与水生态修复。

韩仓河是流域范围在 100km^2 范围内的小流域，以韩仓河为例，利用现代地理信息技术，进行了流域的综合分析，根据流域的地形特点构建了流域雨洪水调蓄湿地；对流域内的生活污水进行综合分析，提出了利用分散污水收集和处理技术解决河道季节性干枯问题，保持河道基流和维持基本的生态需水；利用人工湿地对二级处理后的污水进行深度净化，保障出水水质达到景观用水标准；利用人工湿地与雨洪湿地连用，形成湿地体系，作为雨洪湿地生态补水和景观环境用水，进一步保障进入河道的水质达标。利用生态护岸和植被对河道堤岸和河道两侧进行了景观生态修复，修复后的河道具有景观生态多样性和可持续性，成为联系上下游的生态廊道；通过河道连接上下游的湿地体系和人工湿地，形成韩仓河流域的生态网络。

通过评估，构建的韩仓河生态网络能够调蓄雨洪水，平坦峰值，改善水质，保持河道有足够的生态用水和景观用水，是具有生态弹性的系统。

参考文献

[1] 王忠法. 对小流域规划的几点认识. 人民长江, 1994, 25(1): 54-58.

[2] 陆鼎言. 小流域综合治理开发技术初探. 水土保持通报, 1999, 19(1): 33-37.

[3] Brandes O M, Ferguson K, M'Gonigle M, et al. At a watershed: Ecological governance and sustainable water management in Canada. Polis Project on Ecological Governance, University of Victoria, 2005.

[4] May C W, Horner R R, Karr J R, et al. Effects of urbanization on small streams in the Puget Sound ecoregion. Watershed Protection Techniques, 1999, 2(4): 79.

[5] Arnold Jr C L, Gibbons C J. Impervious surface coverage: The emergence of a key environmental indicator. Journal of the American Planning Association, 1996, 62(2): 243-258.

[6] Niehoff D, Fritsch U, Bronstert A. Land-use impacts on storm-runoff generation: Scenarios of land-use change and simulation of hydrological response in a meso-scale catchment in SW-Germany. Journal of Hydrology, 2002, 267(1): 80-93.

[7] Schueler T R. Controlling urban runoff: A practical manual for planning and designing urban BMPs. Washington D C: Water Resources Publications, 1987.

[8] Schueler T, Fraley-McNeal L. The impervious cover model revisited: Review of recent ICM research. Symposium on Urbanization and Stream Ecology, 2008, 14: 309-315.

[9] Dietz M E, Clausen J C. Stormwater runoff and export changes with development in a traditional and low impact subdivision. Journal of Environmental Management, 2008, 87(4): 560-566.

[10] Tilley D R, Brown M T. Wetland networks for stormwater management in subtropical urban watersheds. Ecological Engineering, 1998, 10(2): 131-158.

[11] Gallé L, Margóczi K, Kovács É, et al. River valleys: Are they ecological corridors. Tiscia, 1995, 29: 53-58.

[12] Schueler T R, Zielinski J. Urban stormwater retrofit practices. Center for Watershed Protection, Ellicott city MD, 2007.

[13] 赵珂, 夏清清. 以小流域为单元的城市水空间体系生态规划方法——以州河小流域内的达州市经开区为例. 中国园林, 2015, (1): 41-45.

[14] Wan R, Yang G. Influence of land use/cover change on storm runoff—A case study of Xitiaoxi River Basin in upstream of Taihu Lake Watershed. Chinese Geographical Science, 2007, 17(4): 349-356.

[15] 杨宏伟, 许崇育. 东江流域典型子流域土地利用/覆被变化对地表径流影响. 湖泊科学, 2011, 23(6): 991-996.

[16] 马振邦, 李超骕, 曾辉. 快速城市化地区小流域降雨径流污染特征. 水土保持学报, 2011, 25(3): 1-6.

[17] 李彩丽. 秦淮河流域不透水面提取及其水文效应研究. 南京: 南京大学, 2011.

[18] 郝敬锋, 刘红玉, 胡俊纳, 等. 城市湿地小流域尺度景观空间分异及其对水体质量的影响——以南京市紫金山东郊典型湿地为例. 生态学报, 2010, 30(15): 4154-4161.

[19] 傅维军, 娄长江, 许有鹏. 东南沿海中小流域城市化发展与水资源可持续利用研究——以宁波市为例. 浙江水利科技, 2011, (1): 6-9.

[20] 陈莹, 许有鹏, 尹义星. 基于土地利用/覆被情景分析的长期水文效应研究——以西苕溪流域为例. 自然资源学报, 2009, 24(2): 351-359.

[21] 朱雷, 刘琴, 陈威. 城市化进程中小流域河流综合治理的研究. 市政技术, 2008, 26(6): 514-516.

[22] 吴芝瑛, 陈鋆. 小流域水污染治理示范工程——杭州长桥溪的生态修复. 湖泊科学, 2008, 20(1): 33-38.

[23] 杨柳, 陈兴伟, 许有鹏, 等. 东南沿海地区小流域土地利用/覆被变化的水文效应. 水土保持通报, 2015, 35(2): 70-75.

[24] 廖文根, 杜强, 谭红武, 等. 水生态修复技术应用现状及发展趋势. 中国水利, 2006, (17): 61-63.

[25] Dietz M E. Low impact development practices: A review of current research and recommendations for future directions. Water, Air, and Soil Pollution, 2007, 186(1-4): 351-363.

[26] Barrett M E, Walsh P M, Malina J J, et al. Performance of vegetative controls for treating highway runoff. Journal of Environmental Engineering, 1998, 124(11): 1121-1128.

[27] Dreelin E A, Fowler L, Carroll C R. A test of porous pavement effectiveness on clay soils during natural storm events. Water Research, 2006, 40(4): 799-805.

[28] Davis A P. Field performance of bioretention: Hydrology impacts. Journal of Hydrologic Engineering, 2008, 13(2): 90-95.

[29] David D, Szentagotai A. Cognitions in Cognitive-behavioral psychotherapies; Toward an integrative model. Clinical Psychology Review, 2006, 26(3): 284-298.

[30] Berndtsson J C. Green roof performance towards management of runoff water quantity and quality: A review. Ecological Engineering, 2010, 36(4): 351-360.
[31] Bäckström M. Grassed swales for stormwater pollution control during rain and snowmelt. Water Science and Technology, 2003, 48(9): 123-132.
[32] 孙艳伟, 魏晓妹, 薛雁. 基于 SWMM 的滞留池水文效应分析. 中国农村水利水电, 2010, (6): 5-8.
[33] 王雯雯, 赵智杰, 秦华鹏. 基于 SWMM 的低冲击开发模式水文效应模拟评估. 北京大学学报 (自然科学版), 2012, 48(2): 303-309.
[34] 李卓熹, 秦华鹏, 谢坤. 不同降雨条件下低冲击开发的水文效应分析. 中国给水排水, 2012, 28(21): 37-41.
[35] 晋存田, 赵树旗, 闫肖丽, 等. 透水砖和下凹式绿地对城市雨洪的影响. 中国给水排水, 2010, 26(1): 40-42.
[36] 马姗姗, 庄宝玉, 张新波, 等. 绿色屋顶与下凹式绿地串联对洪峰的削减效应分析. 中国给水排水, 2014, 30(3): 101-105.
[37] 仇保兴. 第六届水大会上作主题演讲——"十二五"水科技发展展望. 建设科技, 2011(19): 17-23.
[38] Ahiablame L M, Engel B A, Chaubey I. Effectiveness of low impact development practices: Literature review and suggestions for future research. Water, Air, & Soil Pollution, 2012, 223(7): 4253-4273.
[39] Birch G F, Fazeli M S, Matthai C. Efficiency of an infiltration basin in removing contaminants from urban stormwater. Environmental Monitoring and Assessment, 2005, 101(1-3): 23-38.
[40]王海玲, 刘旭军, 王浩正, 等. 基于城市高密度地区的低影响开发规划研究. 中国给水排水, 2013, 29(12): 11-13.
[41] 崔保山. 湿地学. 北京: 北京师范大学出版社, 2006.
[42] 陆小成, 李宝洋. 城市绿色基础设施建设研究综述. 城市观察, 2014 (2) : 186-192.
[43] Kivaisi A K. The potential for constructed wetlands for wastewater treatment and reuse in developing countries: A review. Ecological Engineering, 2001, 16(4): 545-560.
[44] 王建华, 吕宪国. 城市湿地概念和功能及中国城市湿地保护. 生态学杂志, 2007, 26(4): 555-560.
[45] 孙广友, 王海霞, 于少鹏. 城市湿地研究进展. 地理科学进展, 2004, 23(5): 94-100.
[46] 纪晓岚. 关于城市本质的理论探索. 城市发展研究, 2004, 11(1): 14-17.
[47] 郭新竹, 李国明, 侯孝明. 浅析城市生态湿地公园. 现代园艺, 2011, (11): 98-99.
[48] 范红蕾, 汪芳. 两类国家级湿地公园空间分布特征及其影响因素的异同研究. 北京大学学报 (自然科学版), 2016, 52(3): 535-544.
[49] 俞孔坚, 李迪华, 潮洛蒙. 城市生态基础设施建设的十大景观战略. 规划师, 2001, 17(6): 9-13.
[50] 潮洛蒙, 俞孔坚. 城市湿地的合理开发与利用对策. 规划师, 2003, 19(7): 75-77.
[51] 吴丰林. 长春市城市湿地景观格局特征与演变研究. 长春: 中国科学院东北地理与农业生态研究所, 2007.
[52] 王建华, 吕宪国. 城市湿地概念和功能及中国城市湿地保护. 生态学杂志, 2007, 26(4):

555-560.
[53] 李春晖, 郑小康, 牛少凤, 等. 城市湿地保护与修复研究进展. 地理科学进展, 2009, (2): 271-279.
[54] 周馨艳. 城市湿地体系构建探索研究. 济南: 山东建筑大学, 2016.
[55] 邬建国. 景观生态学——概念与理论. 生态学杂志, 2000, 19(1): 42-52.
[56] Fan X, Cui B, Zhang Z, et al. Research for wetland network used to improve river water quality. Procedia Environmental Sciences, 2012, 13: 2353-2361.
[57] 邬建国. 景观生态学——格局、过程、尺度与等级. 北京: 高等教育出版社, 2001.
[58] 张桂红. 基于廊道的结构特征论河流生态廊道设计. 生态经济, 2011, (8): 184-186.
[59] Pinay G, Decamps H. The role of riparian woods in regulating nitrogen fluxes between the alluvial aquifer and surface water: A conceptual model. River Research and Applications, 1988, 2(4): 507-516.
[60] Lena B M, Gilles P, Charles R. Structure and function of buffer strips from a water quality perspective in agriculture landscapes. Landscape and Urban Planning, 1995, 31(1): 323-331.
[61] 陈婷, 杨凯. 城市河岸土地利用对河流廊道功能影响初探——以上海苏州河为例. 世界地理研究, 2006, 15(3): 82-87.
[62] O'Callaghan J F, Mark D M. The extraction of drainage networks from digital elevation data. Computer vision, Graphics, and Image Processing, 1984, 28(3): 323-344.
[63] 左俊杰, 蔡永立. 平原河网地区集水区的划分方法. 水科学进展, 2011, 22(3): 337-343.
[64] 薛丰昌, 盛洁如, 钱洪亮. 面向城市平原地区暴雨积涝集水区集水区集水区分级划分的方法研究. 地球信息科学学报, 2015, 17(4): 462-468.
[65] Hutchinson M F. A new procedure for gridding elevation and stream line data with automatic removal of spurious pits. Journal of Hydrology, 1989, 106(3-4): 211-232.
[66] Wehr A, Lohr U. Airborne laser scanning—an introduction and overview. ISPRS Journal of Photogrammetry and Remote Sensing, 1999, 54(2): 68-82.
[67] Toutin T. Impact of terrain slope and aspect on radargrammetric DEM accuracy. ISPRS Journal of Photogrammetry and Remote Sensing, 2002, 57(3): 228-240.
[68] Choi Y, Yi H, Park H D. A new algorithm for grid-based hydrologic analysis by incorporating stormwater infrastructure. Computers & Geosciences, 2011, 37(8): 1035-1044.
[69] 沈涛, 李成名, 苏山舞. 基于水系改进的数字高程模型内插研究. 中国图象图形学报, 2006, 11(4): 535-539.
[70] 丁琼. IKONOS 卫星立体像对几何模型解算及三维定位精度分析. 成都: 西南交通大学, 2008.
[71] 谭赍, 钟若飞, 李芹. 车载激光扫描数据的地物分类方法. 遥感学报, 2012, 16(1): 50-66.
[72] 左俊杰, 蔡永立. 平原河网地区集水区的划分方法——以上海市为例. 水科学进展, 2011, (3): 337-343.
[73] Grohman G, Kroenung G, Strebeck J. Filling SRTM voids: The delta surface fill method. Photogrammetric Engineering and Remote Sensing, 2006, 72(3): 213-216.
[74] 肖燕, 解鹏. 基于 ArcGIS Model Builder 的地形指数提取方法及实践研究. 测绘科学与技术, 2013, (1): 11-17.

[75] Rodriguez E, Morris C S, Belz J E. A global assessment of the SRTM performance. Photogrammetric Engineering & Remote Sensing, 2006, 72(3): 249-260.

[76] Valeriano M M, Kuplich T M, Storino M, et al. Modeling small watersheds in Brazilian Amazonia with shuttle radar topographic mission-90m data. Computers & Geosciences, 2006, 32(8): 1169-1181.

[77] 崔青春, 吴孟泉, 孔祥生, 等. 一个基于 DEM 的数字河网体系提取算法的应用. 计算机技术与发展, 2011, 21(6): 204-207.

[78] 王晋, 王琳, 康慧敏. 基于流域单元的水质安全评价及综合管理研究——以即墨市为例. 城市环境与城市生态, 2016, 29(5): 32-36.

[79] 时慧洁. 基于 DEM 的青龙河流域数字河网提取. 科技资讯, 2015, (14): 24-25.

[80] 薛丰昌, 盛洁如, 钱洪亮. 面向城市平原地区暴雨积涝汇水区分级划分的方法研究. 地球信息科学学报, 2015, 17(4): 462-468.

[81] Callow J N, Van Niel K P, Boggs G S. How does modifying a DEM to reflect known hydrology affect subsequent terrain analysis?. Journal of Hydrology, 2007, 332(1): 30-39.

[82] 贾青萍, 张国俊. 太旧高速公路中央分隔带绿化树种选择研究. 环境与开发, 2001, (1): 32-33.

[83] 化平, 张程, 杨可明, 等. 基于 GIS 的矿山开采沉陷信息可视化应用. 测绘工程, 2010, 19(3): 51-54, 58.

[84] 孙崇亮, 王卷乐. 基于 DEM 的水系自动提取与分级研究进展. 地理科学进展, 2008, 27(1): 118-124.

[85] Cote D, Kehler D G, Bourne C, et al. A new measure of longitudinal connectivity for stream networks. Landscape Ecology, 2009, 24(1): 101-113.

[86] 马爽爽. 基于河流健康的杭嘉湖水系格局与连通性研究. 南京: 南京大学, 2013.

[87] 程江, 杨凯, 赵军, 等. 上海中心城区河流水系百年变化及影响因素分析. 地理科学, 2007, 27(1): 85-91.

[88] 杨凯, 袁雯, 赵军, 等. 感潮河网地区水系结构特征及城市化响应. 地理学报, 2004, 59(4): 557-564.

[89] 俞露, 丁年. 城市蓝线规划编制方法概析——以《深圳市蓝线规划》为例. 城市规划学刊, 2010, (S1): 88-92.

[90] 张碧钦. 城市蓝线规划与河道岸线管理保护的若干思考. 水利科技, 2012, (1): 65-68.

[91] 陈婷, 杨凯. 城市河岸土地利用对河流廊道功能影响初探——以上海苏州河为例. 世界地理研究, 2006, 15(3): 82-87.

[92] 洪昌红, 邱静, 刘达. 河流生态修复技术浅议. 广东水利水电, 2010, (10): 33-35.

[93] 张谊. 论城市水景的生态驳岸处理. 中国园林, 2003, (1): 53-55.

[94] Cipolla S S, Maglionico M, Stojkov I. A long-term hydrological modelling of an extensive green roof by means of SWMM. Ecological Engineering, 2016, 95(10): 876-887.

[95] Rai P K, Chahar B R, Dhanya C T. GIS-based SWMM model for simulating the catchment response to flood events. Hydrology Research, 2017, 48(2): 384-394.

[96] 许迪. SWMM 模型综述. 环境科学导刊, 2014, (6): 23-26.

[97] Tsihrintzis V A, Hamid R. Runoff quality prediction from small urban catchments using SWMM.

Hydrological Processes, 1998, 12(2): 311-329.

[98] Barco J, Wong K M, Stenstrom M K. Automatic calibration of the US EPA SWMM model for a large urban catchment. Journal of Hydraulic Engineering, 2008, 134(4): 466-474.

[99] Khader O, Montalto F A. Development and calibration of a high resolution SWMM model for simulating the effects of LID retrofits on the outflow hydrograph of a dense urban watershed International Low Impact Development Conference, 2009: 1-9.

[100] 祁继英. 城市非点源污染负荷定量化研究. 南京: 河海大学, 2005.

[101] 王越兴. SWMM 在城市排水管网分析中的应用. 给水排水, 2010, 36: 408-410.

[102] 张倩, 苏保林, 袁军营. 城市居民小区 SWMM 降雨径流过程模拟——以营口市贵都花园小区为例. 北京师范大学学报(自然科学版), 2012, (3): 276-281.

[103] 李卓熹, 秦华鹏, 谢坤. 不同降雨条件下低冲击开发的水文效应分析. 中国给水排水, 2012, 28(21): 37-41.

[104] 杨海波, 李云飞, 王宗敏. 不同暴雨与城市化程度情景下城区内涝 SWMM 模拟分析. 水利水电技术, 2014, (11): 15-17.

[105] 龙剑波, 司马卫平, 王书敏, 等. 城市规划与城市水环境响应研究. 南水北调与水利科技, 2014, 12(1): 73-77.

[106] 王蓉, 秦华鹏, 赵智杰. 基于 SWMM 模拟的快速城市化地区洪峰径流和非点源污染控制研究. 北京大学学报 (自然科学版), 2015, 51(1): 141-150.

[107] 徐海顺. 城市新区生态雨水基础设施规划理论、方法与应用研究. 上海: 华东师范大学, 2014.

[108] 陈鑫, 邓慧萍, 马细霞. 基于 SWMM 的城市排涝与排水体系重现期衔接关系研究. 给水排水, 2009, 35(9): 114-117.

[109] 黄国如, 黄维, 张灵敏, 等. 基于 GIS 和 SWMM 模型的城市暴雨积水模拟. 水资源与水工程学报, 2015, 26(4): 1-6.

[110] 卢辛宇, 詹健, 韩玉龙. 基于 SWMM 的南昌青山湖片区内涝积水模拟. 人民长江, 2017, 48(6): 8-10.

[111] 蒋明. 新暴雨形势下上海市设计暴雨雨型研究. 湖南理工学院学报(自然科学版), 2015, 28(2): 69-73, 80.

[112] 卢辛宇, 詹健, 韩玉龙. 基于 SWMM 的南昌青山湖片区内涝积水模拟. 人民长江, 2017, 48(6): 8-10.

[113] 朱玲, 龚强, 李杨, 等. 辽宁葫芦岛市新旧暴雨强度公式对比及暴雨雨型分析. 暴雨灾害, 2017, 36(3): 251-258.

[114] 岑国平, 沈晋, 范荣生. 城市设计暴雨雨型研究. 水科学进展, 1998, 9(1): 41-46.

[115] 王文亮, 李俊奇, 宫永伟, 等. 基于 SWMM 模型的低影响开发雨洪控制效果模拟. 中国给水排水, 2012, 28(21): 42-44.

[116] 王静. 基于 SWMM 模型的山地城市暴雨径流效应及生态化改造措施研究. 重庆: 重庆大学, 2012.

[117] 王永, 郝新宇, 季旭雄, 等. SWMM 在山区城市排水规划中的应用. 中国给水排水, 2012, 28(18): 80-83.

[118] 孙艳伟, 魏晓妹, 薛雁. 基于 SWMM 的滞留池水文效应分析. 中国农村水利水电, 2010,

(6): 5-8.
[119] 孙艳伟, 把多铎, 王文川, 等. SWMM 模型径流参数全局灵敏度分析. 农业机械学报, 2012, 43(7): 42-49.
[120] 傅新忠. SWMM 在城市雨洪模拟中的应用研究. 杭州: 浙江师范大学, 2012.
[121] 刘兴坡. 基于径流系数的城市降雨径流模型参数校准方法. 给水排水, 2009, 35(11): 213-217.
[122] 王国璞, 翟嫚嫚, 鲁丰先, 等. 基于 PSIR 模型的河南省低碳经济发展水平研究. 河南科学, 2015, 33(7): 1221-1225.
[123] 贾绍凤, 毛汉英. 国外可持续发展度量研究综述. 地球科学进展, 1999, 14(6): 596-601.
[124] Gilbert A. Criteria for sustainability in the development of indicators for sustainable development. Chemosphere, 1996, 33(9): 1739-1748.
[125] Bramley M. Future issues in environmental protection: A European perspective. Water and Environment Journal, 1997, 11(2): 79-86.
[126] Smeets E, Weterings R. Environmental indicators: Typlogy and overview European Environmental Agency. Technical Report No 25. Copenhagen, 1999.
[127] 程乖梅, 何士华. 水资源可持续利用评价方法研究进展. 水资源与水工程学报, 2006, 17(1): 52-56.
[128] 高波. 基于 DPSIR 模型的陕西水资源可持续利用评价研究. 西安: 西北工业大学, 2007.
[129] 张国丽, 李祚泳. 基于参数化组合算子评价河北坝上地区生态环境. 安徽农业科学, 2010, 38(5): 2529-2530.
[130] 杜焕. 基于 DPSIR 模型的东营市水资源可持续利用评价研究. 济南: 山东师范大学, 2012.
[131] 李因果, 李新春. 综合评价模型权重确定方法研究. 辽东学院学报(社会科学版), 2007, 9(2): 92-97.
[132] 李忠武, 曾光明, 张华, 等. GIS 支持下的红壤丘陵区脆弱生态环境综合评价——以长沙市为例. 生态环境, 2004, 13(3): 358-361.
[133] 蒋安松, 张强, 黎雪松, 等. 露天矿生产车辆调度的最优化模型. 四川理工学院学报: 自然科学版, 2004, 17(3): 104-108.
[134] 聂有亮, 翟有龙, 王佑汉. 基于 Yaahp 软件的 AHP 法区域农用地整理潜力评价研究——以四川省南充市嘉陵区为例. 西华师范大学学报(自然科学版), 2013, 34(2): 184-189.
[135] 王晖, 陈丽, 陈垦, 等. 多指标综合评价方法及权重系数的选择. 广东药学院学报, 2007, (5): 583-589.
[136] 王晋. 即墨市城镇饮用水水源地水安全与健康风险评价及保护对策的研究. 青岛: 中国海洋大学, 2014.
[137] Bolstad P V, Swank W T. Cumulative impacts of landuse on water quality in a southern Appalachian watershed. JAWRA Journal of the American Water Resources Association, 1997, 33(3): 519-533.
[138] Booth D B, Jackson C R. Urbanization of aquatic systems: Degradation thresholds, stormwater detection, and the limits of mitigation. JAWRA Journal of the American Water Resources Association, 1997, 33(5): 1077-1090.
[139] 张相忠, 王晋, 王琳. 海绵城市的规划建设探索——以青岛市西海岸新区核心区为例. 城

市发展研究, 2017, 24(6): 161-164.

[140] 左俊杰, 蔡永立. 平原河网地区汇水区的划分方法——以上海市为例. 水科学进展, 2011, (3): 337-343.

[141] 张国珍, 严恩萍, 洪奕丰, 等. 基于 DEM 的东江湖风景区水文分析研究. 中国农学通报, 2013, 29(2): 172-177.

[142] 胡潭高, 朱文泉, 阳小琼, 等. 高分辨率遥感图像耕地地块提取方法研究. 光谱学与光谱分析, 2009, 29(10): 2703-2707.

[143] 任心欣, 汤伟真. 海绵城市年径流总量控制率等指标应用初探. 中国给水排水, 2015, 31(13): 105-109.

[144]康丹, 叶青. 海绵城市年径流总量控制目标取值和分解研究. 中国给水排水, 2015, 31(19): 126-129.

[145] 张力. 城市合流制排水系统调蓄设施计算方法研究. 城市道桥与防洪, 2010, (2): 130-133.

[146] 张书函, 申红彬, 陈建刚. 城市雨水调控排放在海绵型小区中的应用. 北京水务, 2016, (2): 1-5.

[147] Martin-Mikle C J, de Beurs K M, Julian J P, et al. Identifying priority sites for low impact development (LID) in a mixed-use watershed. Landscape and Urban Planning, 2015, 140(4): 29-41.

[148] 田洪水, 陈启辉. 济南市区的地基土层及地基适宜性评价. 水文地质工程地质, 2009, 36(5): 49-52.

第7章 水生态韧性城市

在进行城市河道修复过程中，市政工程师过分地将注意力集中到河道自身的修复上，在河床、护岸、河堤岸的景观营造中投入大量工作，从第1～4章的研究内容可以看出成效甚微，经常是刚刚有效果，就又反弹。随后人们认识到加强城市管网建设，雨污分流，提高污水的收集处理率，以及河道景观的优化提升，生态护岸等措施，可以有成效，有改善。但是仍然是以市政工程为主题，从河道自身问题出发的解决问题方案，始终缺乏和城市的发展、城市规划、城市及景观的有效衔接或者多规融合。

陈泳在《城市空间》一书中提出目前的水体环境综合治理中，应注重以下几个方面："河道水质的提高；水网格局的再生；水道功能的转换；滨水用地的引导；沿河景观的整治；管理机制的更新。目前城市更新建设，如街坊改造、道路拓宽、公共空间和建筑的选址与设计、商业娱乐设施的设置和绿化生态的建设等，都把河道作为附属因素来考虑，没有以水为主体。这不仅是保护观念的误区，也与历史城市发展的战略问题相关[1]。这是第一次有建筑师提出城市更新，或者城市建设应以水为主体，并且上升为城市发展的战略上。

我国古代城市规划体现了以水为主体的规划理念。《管子·水地》中有对水的描述："水者何也，万物之本质也，诸生之宗室也"。"由于城市人口较为密集，每天消耗的生活、生产用水较多。如城市丝绸、 织布、造纸印刷等行业都需求消耗大量的生产用水。古城的水系建设与城池一起规划设计，考虑自然地形、坡降、流向、使城河有充分的流量和流速。通过环城壕池，沟通联系城外的水系，使活水能够源源不断地流遍全城。 如此一来，各行业都可以满足用水的需求[2]。在《管子·度地》管子与桓公的对话中，论城市堤防与沟渠的作用："地高则沟之，下则堤之。"其指出依据城池的地势，修建沟渠进行排水或筑造城堤用于防水，改善水系的调蓄能力。"故圣人之处国者，必于不倾之地，而择地形之肥饶者，乡山左右，经水若泽，内为落渠之泻，因大川而注焉。"选择都城城址应水脉贯通，便于取水，更应排水通畅，直注江河，把排水条件放在选择城址的重要位置。"内为落渠之泻，因大川而注焉"更强调了在老城区范围内城内必须修建排水沟渠，排水于大江之中。

生态城市(eco-city)最早出现在1971年联合国教育科学及文化组织(UNNSCO)"人与生物圈(MBA)"计划中，该计划明确提出要从生态学角度用综合生态方法研究城市，生态城市是基于生态学原理建立起来的社会、经济、自然协调发展的新型社会关系。《管子·水地》就已提出："地者，万物之本原，诸生之根菀也"，而"水者，地之血气，如筋脉之通流者也"。河流水网的韧性是实现生态韧性的重要技术手段。通过河流水网韧性提升，解决流域水资源问题、提升区域防洪与城市防洪水平、净化水质与整治污水、修复生态多样性、改善生活品质、促进城市发展，全面提升城市生态韧性水平。

7.1　水生态韧性

韧性一词由加拿大生态学家 Holling 在系统生态学研究中首先提出，原义指系统保持稳态的能力[3]。而后生态学对韧性的认识经历了工程韧性、生态韧性、演进韧性三个阶段，并最终将韧性定义为"不仅仅是系统恢复原状，同时是系统应对不确定扰动的改变和适应能力"。韧性概念被引入城市规划之后，主要指城市系统和区域应对不确定性扰动、维持正常运行的能力，物质空间上主要指城市基础设施对灾害的应对和恢复能力，包括水生态空间这一城市生命线的保障能力。2016 年，第三届联合国住房和城市可持续发展大会(人居III)将倡导"城市的生态与韧性"作为城市议程的核心内容之一[4]。政府间气候变化专门委员会 (IPCC) 将"韧性"定义为"系统能够吸收干扰，同时维持同样结构和功能的能力，也是自组织、适应压力和变化的能力"。

城市区域的水生态空间管控的根本目的是对承载生态过程的水生态空间进行识别、划定和功能保障。水生态空间指水形成、迁移、转化等过程发生的水生态载体空间(ecological store-room of water, ESW)，水生态空间为生态过程、水文过程提供场所，是保障水安全、水资源、水环境、水生境的核心空间，也是发挥城市韧性的重要功能体。在对水的水文过程、地貌过程和生境过程进行分析基础上，提取区域水生态空间结构，重塑水空间生态功能，从多尺度、多维度对水生态空间进行识别与修复，保障区域水生态安全、健康和功能的发挥。

7.1.1　水韧性城市

城市水系统是以城市水资源为主体，在给定设置条件下地域及空间内以水资源的开发利用和保护为过程，且随时空变化的动态系统[5]。雨洪韧性城市以韧性理论为基础，指城市能够避免、准备及响应城市雨洪灾害，在灾害中不受影响或者能够从中恢复，并将其对公共安全健康和经济的影响降至最低的能力。韧性对灾害的态度是"适应"和"利用"，它综合运用自然排水系统的生态弹性和人工排水系统的工程弹性，因而有着更强的包容能力，关注灾害与城市之间的相互适应，是一种积极的、前摄的、具有针对性的探索。我国古代城市普遍采用排水和蓄水的方式，以地表水系为核心组织城市空间，应对雨洪灾害，十分值得学习和借鉴。

济南市就是利用排水和蓄水，组织城市空间的典范，济南市河湖水系历史上曾在筑城、漕运、防洪、输水、军事等方面发挥了重要作用，记录了济南城市发展和变迁的历史。南山北水、泉出成河(泺河、小清河)和泉汇成湖(大明湖)，是泉城河湖水系的独特之处。

根据《水经注》记载，城内泉水的排泄渠道原来有两条，一条沿今老城水门一线入深水(即历水右支)，另一条经历水陂出西北郭入涯水(即历水左支)。改筑城墙后，城西北角的排泄渠道被阻断，城内泉水宣泄不及，遂于北半城地势低洼地带积水形成今日的大明湖，大明湖是在唐天宝十五年(公元 870 年)扩建济南城后形成。从成湖过程看，大明湖不属于天然湖，具有人工湖泊的性质，湖的西、北两岸就是西、北城墙根基。大明湖在唐、宋时期不断扩大，到金、元之际，“几占城三之一”，城内相当大的空间被湖水占据，形成了济南“四面荷花三面柳，一城山色半城湖”的城市风貌，如图 7.1 所示[6]。

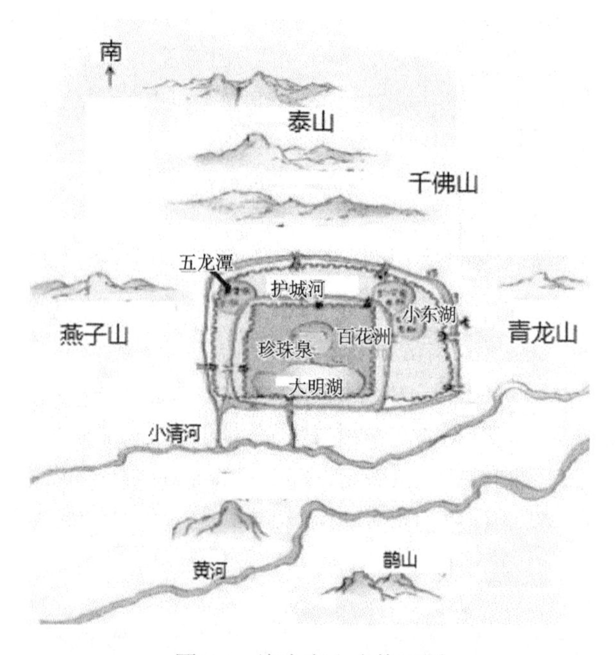

图 7.1　济南市山水格局图

古城厢之内聚落环境中的街巷布局是根据自然泉水出露的位置、溢出溪流的沟渠和集中水面共同构成的泉城综合水系环境，形成满足当时的城市社会功能的相应空结构。珍珠泉泉群踞于城厢之中心部位。珍珠泉群喷涌溢流不断，充盈了城厢之内北侧的开阔水面——大明湖。古代城中的珍珠泉水系结合城墙、城楼及岸边水际的寺观、楼台，流经大明湖后，“北注会波桥，远通华不注，冬泛冰天，夏挹荷浪，秋容芦雪，春色杨烟，鼓糯其中，如游香国。鸥鹭点乎清波，萧鼓助其远韵，固江北之独胜也”。“明湖泛舟”、“汇波晚照”、“鹊华烟雨”也自然成为古城济南著名的八景之中的三处独到景致[7]。

济南不仅有山水格局，古代城市给水排水规划充分利用了济南的泉水资源和城市南高北低的地形条件，在城市北部修建大明湖与护城河，用以泄南部山区洪水和城内泉水，成为城市的蓄水池和滞洪区。为调节城内水位，在大明湖北岸建有北水门，在水门上建汇波楼，水门可以控制水位，及时排洪，免受水灾之患。济南水门以北还有面积很大的低洼池塘广植荷花，既可在楼上观赏“十里荷香”，其又是城市的泄洪区，图 7.2 为泄洪区。这种规划设计融排水功能与景观为一体。

图 7.2　济南市北水门外的泄洪区

图 7.3　济南北水门上的汇波楼

大明湖北面城墙水门之上建有汇波楼，如图 7.3 所示。其作为城厢北部的制高点，也是旧时泉城聚落诸景一览的绝佳名所。

南观历山，“迤岚突翠，虎逐龙从，南健岱宗”，北眺“华、鹊两峰，屹然剑列，峭拔无附丽，众山皆若相率拱秀而君之。大明湖则汇碧城郭间，涵光倒景，物无遁形。自远而视则鹊、华又若据上游而都其胜者。至于四时之变，与夫阴霁早暮，水行陆走，随遇出奇”。“其基城北水门翘然而屋者，为会波楼。盖济南形胜，惟登兹楼可得其全焉。”这种古代泉城聚落景观格局的历史记述，依据现代城市设计的理论角度考察研究，也属城市宏观空间结构与自然山水，特别是与泉水环境的密切结合、统筹兼顾的经典杰作。

历史时期的济南城的排水系统，是以明沟为主、暗沟为辅。明代历史记载大部分南北向街道都设有明沟，而东西向街巷只有县西巷至府前东街、南门内大街等主要道路，才配备排水沟。济南城内的高差超 20m，排水距离(至大明湖)又非常短(无须出城)、密度高(暗渠总长度达 13km)，济南城内在历史上极少遭到暴雨袭击而产生城市内涝灾害；而一墙之隔的西门外、泺水周边的城厢区域，历史上却屡次被漂没。可见济南城内的排水系统是非常有效的，如图 7.4 所示。

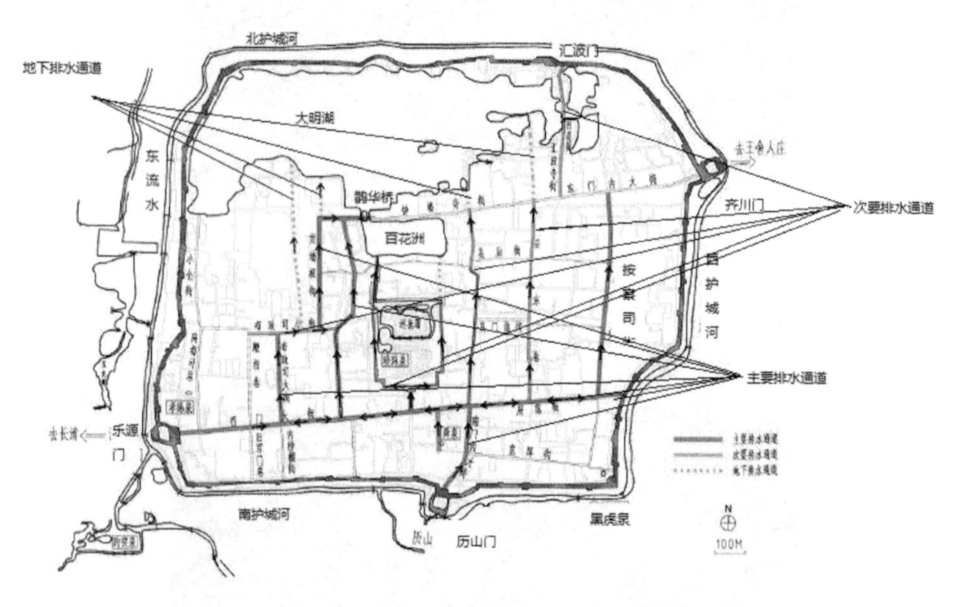

图 7.4　清代济南府的排水系统示意图[8]

护城河的开掘对古城水系景观有较大影响。济南护城河何年挖掘不见记载，但到明代初期已经形成完善的护城河体系。兴修护城河改变了传统的水道网络，城内泉水悉集于大明湖入护城河，城外泉水也直接或间接地汇入护城河以资城防[9]护城河，明代初期已经形成完善的护城河体系，全长7000m。济南护城河以西护城河、北护城河为泄洪通道。西护城河、锦缠沟主要用于宣泄绕千佛山西行、汇入趵突泉的洪水；北护城河主要用以宣泄羊头峪西沟的洪水。两股水在北护城河调蓄分流，从东、西泺河向北宣泄。作为蓄水目的，1911年济南城内有大明湖、小东湖、小南湖、百花洲、五龙潭北侧水面、白龙湾及苇闸两处，面积共636 000m^2，如图7.5所示。大明湖的面积是济南府城的1/6，为济南城提供了巨大的蓄水容量，有效地解决了古代济南城的城市内涝问题；护城河与五龙潭又为清末修建的郭城提供了合理的蓄水、排水空间。可以说，古代济南城的降水调蓄功能是十分完备且独具特色的。

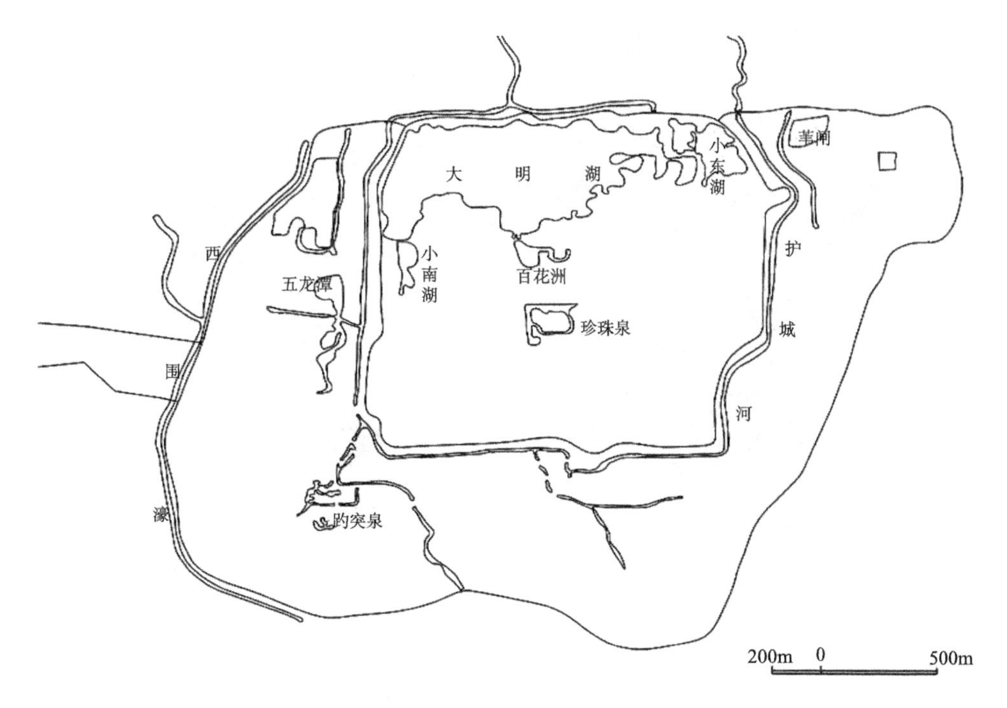

图7.5　1911年济南城区河流湖泊分布图

不仅是古济南城充分利用地理条件进行调蓄，古代许多城市都利用自然条件进行城市雨洪管理，“唐长安城面积达83km^2，其水系蓄水总容量为592.74万m^3，城内每平方米面积得到0.0714m^{3}的容量。宋东京城面积约50km^2，城河城壕的蓄水总容量为1852.23万m^3，城内每平方米有0.37m^{3}蓄水容量。明清北京城面积为60.2km^2，全城水系的蓄水总容量为1935.29万m^3，每平方米有蓄水容量0.3215m^3。明清紫禁城面积0.724km^3，筒子河蓄水容量为118.56万m^3，每平方米有1.637m^{3}容量”[10]。

7.1.2　北京团城的水生态韧性规划

北京的团城是中国古代人生态韧性城市设计的典范[11]。团城坐落在北海公园南门的西侧，无论下多么大的雨，在这个城池上，都会雨过地皮湿，很快就渗流得一干二净，地面只略显潮湿，而秘密就在地面铺设的青砖和地下的涵洞中。距今已近 600 年的一套明朝建成的古代集雨排水工程，目前仍在团城“服役”，如图 7.6 所示。

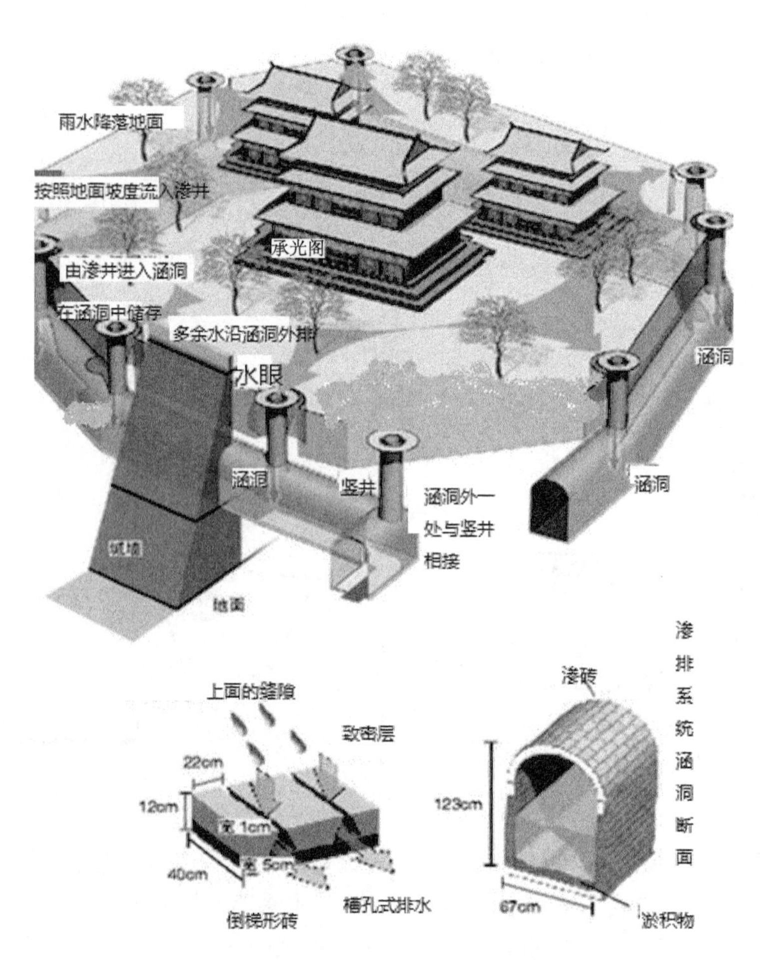

图 7.6　北京团城的水生态韧性规划设计

地面铺倒梯形青砖，青砖铺筑地面按形式和功能可分为两种：小部分为甬道，由方砖(尺寸约 40cm×40cm)和小条砖铺成，宽 1.35m 和 2.20m，不渗水，专供人行走；另一部分(占绝大部分)是倒梯形青砖地面，用于入渗雨水。梯形青砖按尺寸和质地(也包含烧制年代)分为：一种梯形青砖上表面尺寸为 44cm×22cm，底面为 40cm×18cm，厚约 12cm，上表面有一层 2.0～3.0cm 的致密层，现铺筑于城内西北区；另一种表面尺寸为 40cm×20cm，底面为 38cm×18cm，厚约 9.0cm，砖内多气孔，吸水性强，雨季表面长有绿苔，位于城内南半区。

城内地面布置有 9 个石板雨水口。每个雨水口均与地下涵洞相通。石板雨水口有两种形式：一种为在直径 43cm 的圆圈内均布 13 个圆孔型，另一种为古钱眼形(经专家推测，均布圆孔形年代较早，古钱眼形为清代加工的替换物)。这些石板雨水口距城墙 8.0～12.0m。

干铺倒梯形青砖地面，除青砖本身吸水性较强(经少量取样试验，青砖吸水率为 18.8%，质量比)外，通过砖与砖之间形成的缝隙，将雨水排入地下。由于缝隙较大，雨水不容易停留在砖的表面形成径流。砖与砖之间缝隙无灰浆，即使缝隙被尘土积满后，这种缝隙排水性能仍很强。干铺倒梯形青砖地面形成的三角形缝隙，还有增加裸露地面面积、对土壤表层起到通气和蒸发等作用。

由此形成的水系统有利于雨水收集与排放，还有利于为地表的植被形成适宜湿度和补充足够的氧气，维持根部的良好生境。距今 600 多年前就已经进行了水生态韧性城市的营造的实践。

7.1.3　河流水生态空间一致性

河流连续体理论由 Vannote 等在 1980 年提出，该理论将水生态空间看作一个连续的整体系统，强调河流生态系统的整体性[12],河流是物理标量纵向连续变化以及生物群落相适应的整体。Minshall 进一步完善 Vannote 理论，认为该理论是一般性的规律，结合具体地区特点，对河流连续体理论进行修正，修正的要素为：气候、地貌、支流汇入和人为干扰[13]。这也是第一次从流域的尺度上，考虑土地利用的背景条件下的河流结构与功能的研究，这为土地利用规划应遵从河流流域的整体功能提供了理论依据，也为一体化的城市水过程规划提供基础，同时也是水生态韧性规划的前提。

在空间范围上，河流通常包括泛洪区、过渡带和河道。了解河道的物理、化学和生物特性过程，是进行河道修复规划与设计的必要条件。河流不仅仅包括河道，通常拥有河道景观，具有时空的异质性，在汇水区范围及河道范围、支流的范围内，都进行着物质、能量和有机质的运动。景观和河道的空间结构如图 7.7 所示，包括基质、斑块、廊道和嵌块。基质是主要的土地覆盖，覆盖所有地表区域；斑块形状复杂，比基质小，不是主要地表覆盖；嵌块是众多斑块的集合，但还不足以联合成为主要的景观和基质[14]。河流的生态过程是河流自身从上游到下游的水流的物理变化过程，同时也是景观空间异质性过程的体现。

在河流廊道范围内的斑块有：湿地、草滩、河漫滩湖、河道中的河心岛中的灌木斑块。河道的生态功能，直接与斑块和基质相关。河道的生态功能的修复必然要关注与之相关的景观结构。Ward 于 1989 年提出河流的四维模型，即从河流的源头到河口的纵向变化，如图 7.8 所示，河流域河岸带间物质和能量横向交换，河流与地下水间的垂直联系，如果再考虑时间的因素，就构成了四维方向上河流与周围在时间和空间上的相互作用与联系，使河流生态系统表现出高度时空异质性[15]。

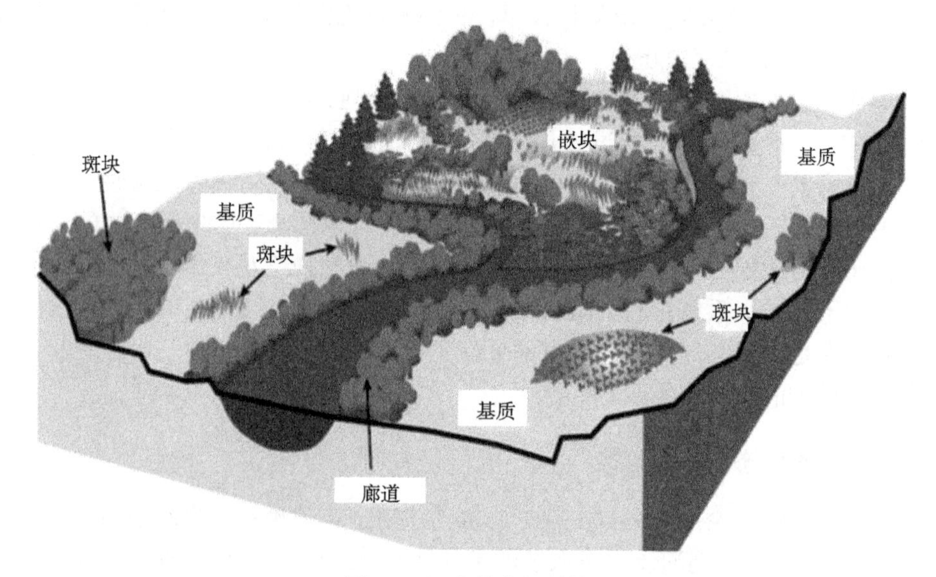

图 7.7　河流的空间结构

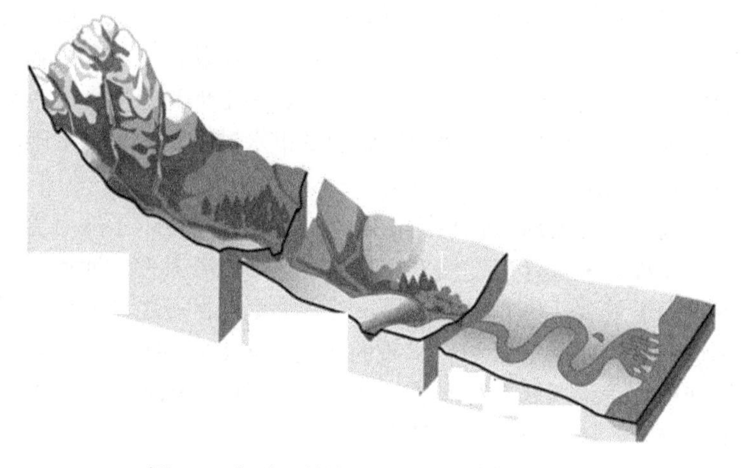

图 7.8　典型河道从源头到河口的纵向变化

Bryce 与 Clarkeg 于 1996 年提出了景观层次上的生态区概论，将生态区等级体系与河流等级分类体系进行了有机结合[16]，建立完善的河流景观生态学理论框架，也奠定了河流水生态一致性的理论和实践基础。

7.1.4 生态韧性提升措施——景观格局优化

生态韧性是指生态系统在受到外部干扰时，在维持本质生命过程和结构不发生根本性改变的前提下所能够承受并自我恢复的能力。1969 年伊恩·麦克哈格(Ian McHarg)的《设计结合自然》(*Design With Nature*)问世，将生态学思想运用到景观设计中，产生了“设计尊重自然”，把景观设计与生态学完美地融合起来，开辟了生态化景观设计的科学时代，也产生了更为广泛意义上的生态设计。景观格局与生态过程的相互关系是景观生态学研究的重点[17]，是对社会形态下的人类活动与经济发展状况的综合反映[18]，包括景观结构多样性和空间分布[19]。景观格局优化的概念是建立在景观生态规划、土地生态学和计算机技术的基础上提出的，通过调整、优化不同景观类型在空间和数量的分布，使优化产生的生态效益最大化，这是景观生态学研究中一直以来的核心问题[20,21]。土地利用规划的核心就是进行景观格局优化，如由原来相对片面的农业土地利用研究，演变成应用范围更广、实践性更强的城镇用地、农林复合与牧业用地、旅游和农村住宅用地等土地利用研究领域[22-25]。景观生态学研究虽取得部分成果，但景观格局优化研究仍处于初级阶段，其优化理论、方法、原则还不完善，对于其概念也还没有明确的定义[17]。进行景观格局优化在保证景观格局对景观中生态发展有决定性作用的同时，还应注意生态对景观格局的调整和维持作用[20]。在对景观格局、功能和生态过程综合理解的基础上，建立能够控制生态工程的、至关重要的景观组分或组合，对于提高区域生态功能和维持区域生态环境安全具有指导意义。

景观格局优化的常用方法包括概念模型法、数学模型法、计算机空间模拟等方面[23]，主要应用于土地利用结构布局[26,27]、资源配置与调控[28]、土壤养分平衡[29]以及物种空间活动的布局设计[30,31]等领域。Knaapen 等把最小耗费距离模型看作景观格局优化的依据[31]，以此揭示景观格局与生态过程和功能之间的关系[17,25,31]。最小耗费距离指的是由源头到目的地，经过不同阻力时景观所消耗的费用或耗费阻力做的功，也可用最小累积阻力或隔离距离表示[32,33]。景观格局优化原则主要包括整体生态功能优先原则、结构布局原则和植物选择原则。

7.1.5 河流水系统韧性改善

水生态是以河流水系的联网为物理基础，以生态环境修复和改善为最终目标的现代化水资源网络系统[34]。在城市建设过程中，为了追求土地的利用率和行洪排涝能力，自然河道被裁弯取直、填埋、硬化，使水系原有结果遭到破坏，水系结构单一[35]，水系连通性降低[36]。

传统的城市规划领域中水系空间布局大多偏重于形态，水系布局方案感性多于理性，往往忽视了水系特有的功能属性[37]。对水系功能属性的忽视，导致规划中关于水文化、水景观的内容较为丰富，重项目策划和空间管控，在系统解决城市水问题方面的能力较弱，造成水空间功能低效甚至对城市水生态安全有一定影响。为了有效应对当前水系规划的不足，研究者将新的理念和方法用到水系布局研究中。赵祥等运用数学模型，从水系功能的角度出发，整合水利、规划和环保等领域的技术理念，分别从宏观、中观和微观三个尺度验证了不同水系布局方案的效用[37]。霍艳虹运用低影响发展(LID)理念，从华北理工大学新校区营造安全、生态、宜人的水系景观规划需求出发，提出了水系总体布局，构建新校区“绿色基础设施”[38]。陈灵凤遵循海绵城市设计“渗、滞、蓄、净、用、排”的理念，提出了山地城市水系规划的系统框架[36]。

陈箐指出，新型城镇化水系布局应立足于水系与地形地貌特点，尽量利用、保持水系原有形态，最大限度保持水系的自然化、生态化和景观化[35]。陈灵凤指出，水系规划不是传统意义上的“规划”，而是在充分认识水系自然运动过程的基础上，对其进行“再组织”的过程[36]，并以眉山市岷东新区为例，说明了潜在地表通道提取与水系规划的关系。李婧提出了城市规划前水系识别的方法：通过 GIS 分析、地形图及现状图分析，识别汇水通道、坑塘洼地、分水岭等水生态敏感区，并结合海绵城市空间格局构建，预留水系、洼地等防涝用地空间[39]。

水系保持良好的连通性可以构成水网。水系连通性能保持水体的流动性和连续性，进而提高水资源调配能力、改善水生态环境状况[40]。赵祥通过模型分析，发现水系网状结构方案发挥的作用优于“川”形结构[37]。陆明借助 Archydro 水文分析模型，利用 DEM 数据识别了济南市水生态网络，为海绵城市建设提供支撑[41]。

7.2　白塔镇水生态韧性城市构建

白塔镇位于潍坊市昌乐县南段，地处昌乐、临朐和安丘三县市交界处，地理坐标介于东经 118° 42′ 58″ ～118° 48′ 22″，北纬 36° 16′ 55″ ～36° 23′ 52″，占地面积 57.6 km^2，是远近闻名的“中国芋头之乡”、“山东省旅游强乡镇”。白塔镇地理位置如图 7.9 所示。

辖区内的高崖水库，为山东省一级水源地、国家级重要饮用水源地，是昌乐县乃至潍坊市城区最重要的水源地，被称为全县的“生命库”、“经济库”。高崖水库当时是边设计边施工，开始叫白塔水库，后来坝轴线移到现在的位置，改名为高崖水库(又名仙月湖)。水库地理位置如图 7.10 所示。高崖水库大坝北接鼠岭，南连龟山，坝长 1250m，坝高 26.7m；南设溢洪闸，北有放水洞，总库容 1.5 亿

m³，兴利库容 0.5788 亿 m³，属国家大二型水库。据史料载，高崖水库，1959 年 11 月 3 日动工，1960 年 7 月 20 日大坝合龙，开始拦洪蓄水。1961～1963 年加深溢洪道，1966 年建闸并开发灌区，1973～1974 年建成水电站，1976 年开挖非常溢洪道，1977 年大坝加厚培高，开凿鄌郚隧洞，拉开了南水北调工程序幕，1988 年全线胜利通水，基本解决县域北部及县城生产、生活用水。灌区共修总干 1 条，干渠 6 条，总长 136.8km，自流有效灌溉面积达 17 乡镇 20 余万亩(1 亩≈666.7 平方米)。高崖水库干渠工程被称为“命脉工程”。

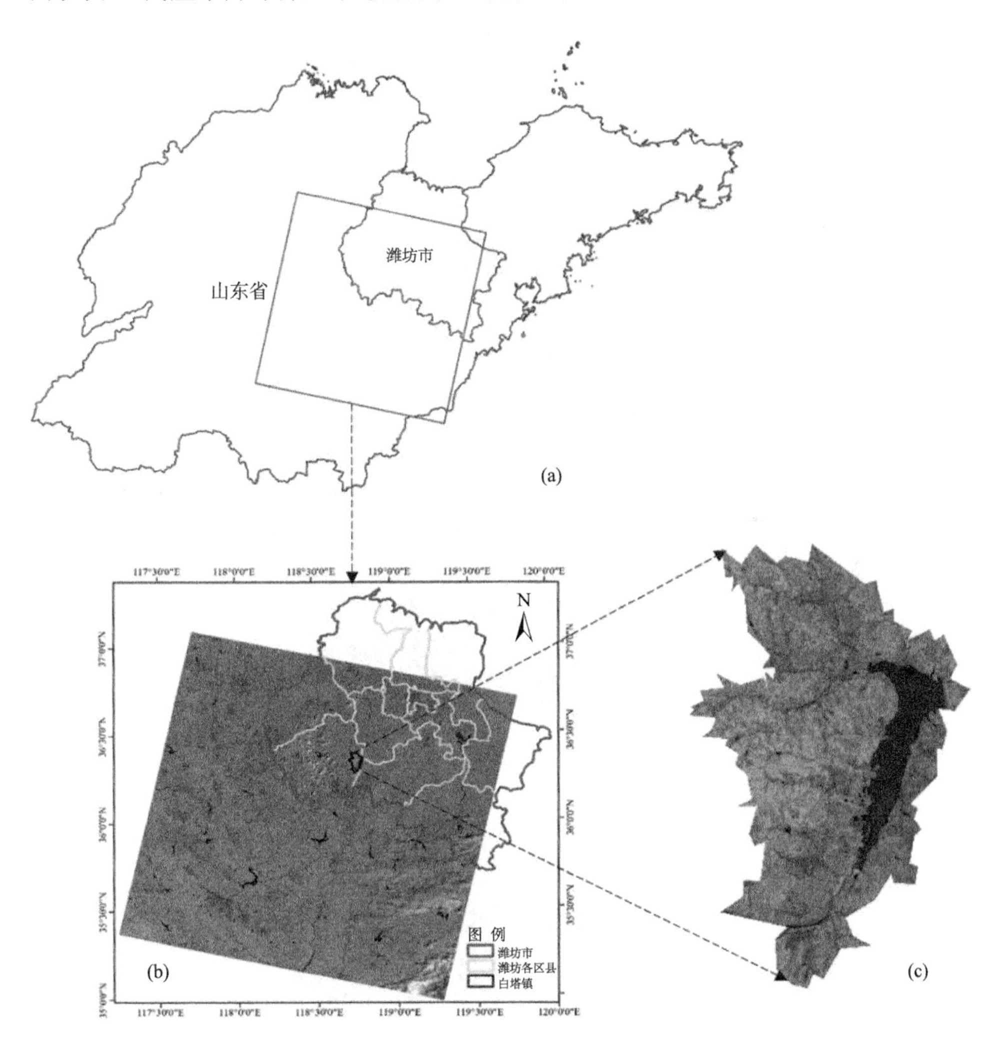

图 7.9　白塔镇地理位置

高崖水库修建以前，白塔公社共有 36 个村，4433 户，19765 人，耕地面积 65235 亩，人均 3.3 亩。水库建成后，淹没土地 28000 多亩，其中良田 26000 多亩，另外造成 2000 多亩土地因内涝不能耕种。2012 年末，白塔镇共有 17 个行政村，39 个自然村，6549 户，22898 人，26040 亩耕地，人均仅有 1.13 亩耕地，并且 90%以上是山岭薄地(图 7.10)。水库周围共有 23 个村庄(黄冢坡、克家洼、北段、东寺后、西寺后、窝铺、白塔、赵庄、董家庄、西后韩、西前韩、栗行、山坡、后河野、前河野、建新、东后河野、东前河野、东前韩、东后韩、张家楼、东窝铺、东白塔)，3637 户，12902 人，因受环库绿化、退耕还林等原因，仅剩余 10000 亩左右山岭薄地，人均仅 0.78 亩。1966 年修建高崖水库而搬迁的水库移民共有 19 个自然村，9777 人，约占全县水库移民的 80%。具体如下：1960 年左右搬迁

图 7.10　白塔镇和高崖水库地理位置

了 12 个村庄（前河野、后河野、前韩家庄、后韩家庄、张家楼、赵庄、白塔、窝铺、东寺后、西寺后、克家洼、黄家坡），共搬迁 1814 户，7590 人，房屋 9737 间。其中，1960 年库区搬迁人口中有 567 户 2761 人去东北支援边疆建设，后由于水土不服，有 262 户 978 人返回，实际搬迁到东北的共 305 户 1783 人。之后，高崖库区又先后在 1963 年、1967～1968 年进行了 4 次搬迁，其中外迁 193 户 872 人，使外迁群众总数达到了 498 户 2655 人。

白塔镇辖域内河道密布，有汶河、洋河、魏家沟河、董家庄河等大小 11 条河流汇入高崖水库，主河道汶河发源于国家级森林公园——沂山。主河流汶河 355km^2 流域面积全部位于沂山，经过多年的水源保护和生态建设，汶河水质清澈，为山东省一级饮用水源地。

2010～2011 年，昌乐县 10 万 t 供水工程取水口在大坝北部西侧建成并投入使用，主要供应县城区居民生活和企业生产用水。2012～2013 年，昌乐县农村安全饮用水工程中，在高崖水库大坝东侧建设了水厂。高崖水库除供应城区居民生活和企业生产用水外，乔官、营丘、红河、鄌郚四个镇的 38.2 万居民的安全用水也全部由高崖水库供给。高崖水库现已成为集抗旱、防汛、供水、发电、养殖、旅游等多功能于一体的综合型大二型水库。

7.2.1　地形、地貌、气象条件

白塔镇位于山东省中部，鲁中隆断区边缘和沂沭断裂带上，地质构造比较复杂。元古代以前吕梁运动期间，随着泰山升起，基岩是花岗片麻岩。古生代加里东运动和海西运动期间，海水自北向南淹进，沉积了厚度不均匀的寒武、奥陶系灰岩和石炭系砂页岩。新生代喜马拉雅运动期间，玄武岩喷发，形成车罗顶等大小山峰。白塔镇整体地势为中间低，周围依次渐高，水库东为山体丘陵，地势起伏大，水库西为丘陵，地势起伏不平。

白塔镇地处山东半岛内陆，属暖温带湿润大陆性季风气候，四季变化和季风影响都较为明显。冬季受西北大陆方面冷气团的控制，天气寒冷干燥，多吹西北风；夏季受海上暖湿气团控制，天气湿润多雨，气候炎热，多吹东北风；春季温暖，干旱多风；秋季凉爽。极端最高气温 39℃，最低温度–15℃，多年平均气温 12.5℃。雨热同季，年降水 726.3mm，全年 80%以上的降雨量集中在 5～9 月；年无霜期平均 260 天，全年平均日照时数 8.5 h/d。

7.2.2　产业

1. 农业

白塔镇充分发挥水土条件优势和产业优势，大力发展以芋头为主的种植业和

以奶牛为主的养殖业，全面推广"党支部+合作社"模式，在推行标准化生产、生态品牌建设、龙头企业建设等方面做文章，把传统优势产业打造成高端优势产业，成立了昌乐县仙月湖芋头购销专业合作社、昌乐县田润奶牛养殖专业合作社、青川土地股份专业合作社等 40 多个合作社。据统计，芋头种植方面，2016 年共种植芋头 7200 亩，总产量达 2 万 t，总收入 6000 多万元。2011 年 11 月，高崖水库库区被评为"中国芋头之乡"；2013 年"白塔"牌芋头产品被评为"中国特产知名品牌"，目前正在积极申报中国地理标志产品。奶牛养殖方面，已建成集中化标准化养殖小区 4 个，奶牛存养量达到 6500 头，是得益乳业股份有限公司、潍坊伊利乳业有限责任公司重要奶源供应基地。同时，白塔芋头、地瓜、核桃、板栗和小杂粮等四大类已获得有机食品认证。

2. 生态旅游业

高崖水库库区以造林绿化为重点，大力开展生态环境建设，将景区建设与生态绿化、特色农业有机结合，与历史文化和民间风俗深度融合，建设了亲水广场，新修了滨湖西路，完善了鹭鸟自然保护区——白鹭园，开发了湖畔十二坊、小白塔民俗文化村、逍遥水岸、南山农场、山水田园、窝铺村民俗文化村、罗成饮马沟以及"白塔古八景"等乡村旅游观光项目，全力打造山东省昌乐县"淘宝旅游新干线"上的黄金旅游站点，建设风筝都到宝石城、火山口至东镇沂山旅游线路上独特魅力的仙月湖休闲旅游胜地。

7.2.3　白塔镇生态框架的构建

生态框架设定了乡镇空间布局的边界，是区域生态环境保护和可持续发展的重要保证。不同用地类型的生态敏感度不同，在生态敏感性分析基础上构建白塔镇生态框架，确定乡镇发展的约束条件。对区域生态敏感性进行分析，进行景观格局优化和实现水生态韧性的生态水网布局，建立起白塔蓝绿生态基础设施，增强镇域的水生态韧性。

一般将研究区按照生态敏感度分为极高敏感区、高敏感区、中敏感区、低敏感区和非敏感区等 5 个级[42]。极高和高敏感区主要指水域、湿地等自然保护区和生态环境脆弱区，该区域极易受到人为活动影响，一旦被破坏就很难在短期内恢复，此类用地不宜开展生产建设活动，应该设定为保护区加以保护[43]。中敏感区为生态环境较为脆弱的用地，容易受到人为活动干扰，可能造成生态系统的不稳定和扰动。低敏感区和非敏感区是指对生态环境影响不大的用地，该区域可进行较大强度的开发。通过生态敏感性分析，确定白塔镇生态框架，保护镇域内敏感区域，合理开发低敏感区域，在生态环境保护的基础上满足发展的需要。

白塔镇的生态框架，主要包括生态敏感性分析和生态框架构建两部分内容：

(1) 生态敏感性分析：通过查阅文献、基础资料整理分析和现场调研，合理选择库区生态敏感度因子，并确定各因子的生态敏感度等级；分别计算各生态因子的单因子生态敏感性；采用层次分析法确定各单因子权重；利用权重分析法计算白塔镇综合生态敏感度。

(2) 生态框架构建：以库区生态敏感性分析为基础，以极高敏感区和高敏感区为主体，构建库区生态框架。

1. 生态敏感性分析

1) 评价因子选择

生态因子选择应遵循数据可获取、代表性和全面性原则。综合考虑人类活动和自然环境两个方面，结合现场调研，选取对库区生态环境和发展影响较大的土地利用、道路距离、水体距离、高程和坡度等 5 个要素作为生态敏感性评价因子。

土地利用与生态环境密切相关，不同的土地利用类型表现了人类对生态环境和土地的利用程度，由此导致了生态敏感性的差异。库区土地利用类型主要分为林地、园地、草地、耕地、水体、裸地和建设用地。

交通易对大气环境、生物生存环境带来影响，距离道路越近越容易受到人类活动干扰，对生态环境保护的作用越低，因此生态敏感性越低。道路缓冲区敏感带的选择以不同道路绿化带宽度对生物的保护作用为依据。研究者指出当道路绿化带宽度为 3～12m 时，廊道宽度与草本植物和鸟类的物种多样性之间的相关性接近零，12～30m 能够包含草本植物和鸟类多数的边缘种，但多样性较低，60/80～100m 对于草本植物和鸟类来说，具有较大的多样性和内部种，满足动植物迁移和传播以及生物多样性保护的功能。以此为依据，选择 12m、30m 和 100m 作为道路缓冲区敏感带的分界线。

河流在提升区域景观质量，改善区域空间环境，维持正常水循环，提供水源等方面有重要作用，但也是易被污染的环境因子。河流缓冲区敏感带的选择以不同宽度缓冲带对河流影响和对物种保护作用确定。研究者指出，当缓冲带宽度为 30～60m 时，廊道内有较多草本植物和鸟类边缘种，但多样性较低；基本满足动植物迁移和传播及生物多样性保护的要求；能起到保护鱼类、小型哺乳、爬行和两栖类动物的作用，可以截获从周围土地流向河流的 50%以上沉积物，控制氮、磷和养分的流失；为鱼类提供有机碎屑，为鱼类繁殖创造多样化的生境。综合考虑白塔镇的用地类型，河流缓冲区敏感带以 30m 和 60m 作为分界线。

高程和坡度的等级划分利用 ArcGIS 的 natural break 法[44]。为了便于叠加计算，参照相关研究成果，确定不同生态因子敏感性等级值，如表 7.1 所示。

表 7.1　生态因子敏感度分级

编号	生态因子	类别	等级值	生态敏感度
1	土地利用	河流、水库	9	极高
		林地	7	高
		耕地、园地、草地	5	中
		建筑用地、裸地	1	非
2	道路距离	＞100m	9	极高
		30～100m	7	高
		12～30m	5	中
		＜12m	3	低
3	河流距离	＜30m	7	高
		30～60m	5	中
		＞60m	1	非
4	高程	281～687m	9	极高
		164～281m	7	高
		93～164m	5	中
		39～93m	3	低
		＜39m	1	非
5	坡度	＞42.25°	9	极高
		26.18°～42.25°	7	高
		16.70°～26.18°	5	中
		9.23°～16.70°	3	低
		＜9.23°	1	非

2)权重确定

权重确定采用层次分析法[45]，邀请 5 位城乡规划、环境工程和生态环境等领域专家，两两比较各单因子对生态环境重要性的差异，对各评价因子按照 5 分制进行打分。其中，同等重要赋值 1；次重要赋值 2，相反赋值 1/2；比较重要赋值 3，相反赋值 1/3；十分重要赋值 4，相反赋值 1/4；绝对重要赋值 5，相反赋值 1/5。通过判断矩阵，计算得到各评价因子的权重，经检验后确定其满足权重使用的要求。白塔镇镇域各生态敏感因子权重如表 7.2 所示。

表 7.2　生态因子权重

敏感因子	土地利用	道路距离	河流距离	高程	坡度
权重值	0.304	0.165	0.219	0.156	0.156

3)生态敏感性评价

确定各生态因子的敏感度分级标准后，运用 ArcGIS 软件对各单因子进行空间分析，得到单因子生态敏感性分布图。应用层次分析法得到的评价因子权重，采用加权叠加法，在 ArcGIS 中对各因子进行加权叠加，计算综合生态敏感性得分，得到综合敏感性分布图。生态敏感性计算模型如下：

$$S=\sum_{k=1}^{n}[W_k \times C(k)] \tag{7-1}$$

式中，S 为生态敏感性综合值；k 为评价因子编号；n 为评价因子总数；W_k 为第 k 个评价单元的权重；$C(k)$ 为第 k 个评价因子的敏感性评价值。

将各因子按照公式(7-1)叠加计算，得到白塔镇生态环境敏感性综合值，分为极高敏感区、高敏感区、中敏感区、低敏感区和非敏感区 5 个等级，如图 7.11 所示。

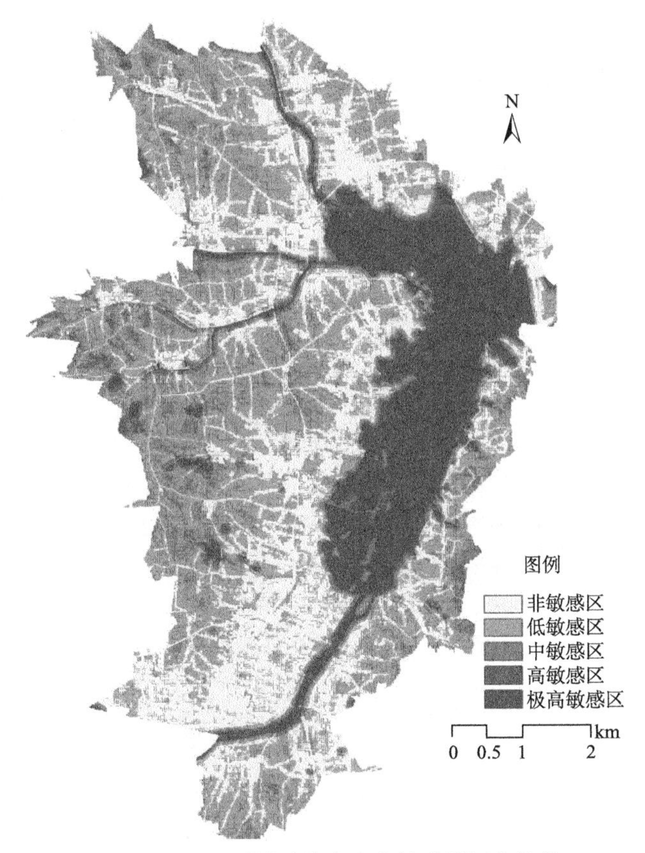

图 7.11　白塔镇镇域综合生态敏感性评价结果

如表 7.3 所示，极高敏感区主要是水库、河流和池塘，占总面积比例为 17.23%。高敏感区主要分布在水库、河流周边，构成了水体缓冲区，占总面积的 4.83%，极高和高敏感区占总面积的 22.06%。中敏感区占总面积的 12.01%，零散分布在河流、道路周边和耕地中。白塔镇以低敏感区和非敏感区为主，两者占总面积的

65.93%，主要是耕地、居民区及道路周边区域。

表 7.3　综合生态敏感性

生态敏感性类别	生态敏感等级	面积 (hm^2)	占比 (%)
非敏感区	1.0～3.55	1475.12	27.38
低敏感区	3.55～4.49	2077.045	38.55
中敏感区	4.49～5.28	646.98	12.01
高敏感区	5.28～6.23	260.3325	4.83
极高敏感区	6.23～9.0	928.22	17.23

2. 生态框架构建

在生态敏感性分析的基础上，以极高敏感区和高敏感区为主体，提取生态框架，生态框架是确保区域生态功能的基础。如图 7.12 所示，水库及周边区域构成了生态框架的主体，河流形成了生态廊道。

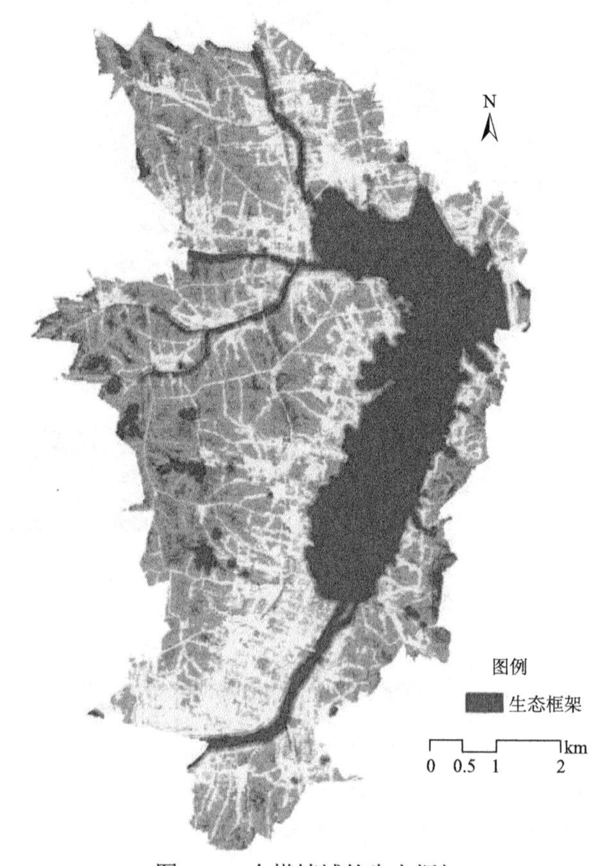

图 7.12　白塔镇域的生态框架

乡镇空间发展原则上应该在生态框架下，极高敏感区和高敏感区以外的区域展开，乡镇发展形态应顺应生态框架，保持生态的完整性。在保持现有生态框架的基础上，采取措施适度扩大生态敏感区的范围是提升区域生态环境质量的必要措施。

7.2.4 优化景观格局、提升生态韧性

生态韧性是指生态系统在受到外部干扰时，在维持本质生命过程和结构不发生根本性改变的前提下所能够承受并自我恢复的能力。生态系统越复杂，如物种多样性、景观异质性等越高，其稳定性越强，抵抗干扰的韧性也越强。通过景观格局优化，综合考量景观格局连续性和系统性，在生态空间的合理位置构建能影响甚至控制生态过程的景观要素，从而有效增强镇域景观的异质性和生态韧性。

1. 景观格局分析

通过景观格局分析，发现白塔镇景观格局的特征或不足之处，在此基础上进一步开展景观格局优化研究。对镇域景观进行分类；根据景观分类，合理选择景观格局指数；计算各景观指数，分析镇域景观格局特征。

2. 景观分类

景观分类是景观格局分析的基础，是景观规划和管理的前提。景观分类的方法主要有：基于土地利用方式的景观分类、参考生态功能价值的景观分类、按照生态流的景观分类和依据人类干扰强度的景观分类。本章采用基于土地利用方式的景观分类法[46]。

利用 ArcGIS 软件，从白塔镇 2015 年现状图中提取土地利用类型，构建土地利用类型数据库。根据各用地类型生态效用，对土地利用进行合并，各用地类型与景观之间的归并关系如表 7.4 所示。将白塔镇土地利用类型最终归并为林地、园地、草地、耕地、水体、裸地和建设用地七种景观[47]。

3. 景观指数选择

采用景观指数法分析白塔镇景观格局，景观指数法具有较直接反映景观各种特征、能够比较不同尺度上的景观格局和使数据具有一定统计性质等优点。选用多种景观格局指数，能够在一定程度上避免单一指数分析的片面性和局限性。本章主要选用景观要素水平上的指数，对镇域景观格局进行分析[48]。

选用的景观指数主要有景观类型面积(CA)、景观面积百分比(PLAND)、最大斑块占景观面积比例(LPI)、斑块数目(NP)、斑块密度指数(PD)、面积加权分维数(FRAC_AM)、聚集度指数(CLUMPY)、散布与并列指数(IJI)、凝聚度指数

(COHESION)等 9 个指数。借助以上指数可以从面积、形状、分布状态和连通性等方面探讨景观格局特点。

景观类型面积(CA)是指某种景观类型的面积总和。CA 的大小决定了景观的范围以及研究的最大尺度，是计算其他指标的基础。

景观面积百分比(PLAND)用以量化景观类型面积在整体景观中所占的比例。PLAND 计算的是某一景观类型占整个景观的面积比例，是确定景观基质或优势景观元素的依据之一。

最大斑块占景观面积比例(LPI)等于某一景观类型中最大斑块占该景观总面积的比例。LPI 有助于确定景观的优势类型，其值的大小决定着景观中的优势种、内部种的丰度等生态特征。

斑块数目(NP)是表征各景观类型斑块个数多少的量化指标。NP 反映景观的空间格局，可用来描述整个景观的异质性，其值的大小与景观破碎度也有很好的相关性。

斑块密度指数(PD)以单位面积上的斑块数目表示各景观类型破碎度。斑块密度指数可反映景观要素被分割的破碎程度，反映景观空间结构的复杂性和人类活动对景观结构的影响程度。PD 值越大，景观破碎化程度越高。

面积加权分维数(FRAC_AM)用来衡量景观形状复杂度，取值范围是 1～2，值越大表明景观格局越复杂，通过测定景观形状，研究人为干扰及其对斑块内部生态过程的影响。

聚集度指数(CLUMPY)是反映斑块在景观中聚集与分散状态的指数，其值在 –1～1 之间，越接近 1 说明聚集程度越高。

散布与并列指数(IJI)反映了景观类型 i 周边出现其他类型景观的混置情况，其取值为 0～100，当某景观类型 i 周边出现单一景观时，值接近于 0，随着周边出现其他景观增多，指数值增大。

凝聚度指数(COHESION)可衡量相应景观类型自然连接性程度，其值所处范围为 0～100。当斑块类型分布聚集，其值增加。景观类型占景观的比例减少并分割成不连接的斑块，值趋近于 0，关键类型占景观的比例增加，分布变得聚集，指数值增加。

4. 景观格局特征

基于 ArcGIS 软件，对镇域景观类型进行处理，得到 TIFF 格式数据。由于不同栅格粒度会影响景观格局分析结果[49]，在景观指数计算之前，选择不同栅格力度进行试验，对比分析，选择 2.5m 为镇域景观格局分析最适宜栅格粒度。用 Fragstats V4.2 软件计算镇域景观格局指数。耕地、建设用地、裸地、林地、水体、草地和园地景观格局计算结果如表 7.4 所示。

表 7.4　白塔镇景观格局

景观类型	CA	PLAND	NP	PD	LPI
耕地	3229.41	59.77	527.00	9.75	2.01
建设用地	606.31	11.22	759.00	14.05	4.64
裸地	29.13	0.54	42.00	0.78	0.09
林地	407.12	7.54	278.00	5.15	0.21
水体	978.78	18.12	43.00	0.80	17.27
草地	109.70	2.03	149.00	2.76	0.10
园地	42.72	0.79	54.00	0.80	0.13
耕地	1.19	0.95	66.92		99.47
建设用地	1.48	0.92	35.77		99.83
裸地	1.25	0.91	50.26		97.53
林地	1.20	0.95	56.07		98.50
水体	1.22	0.99	58.33		99.92
草地	1.23	0.93	32.51		97.95
园地	1.11	0.96	65.43		97.81

耕地面积占总面积比例为 59.77%，林地、园地、草地和水体等生态价值较高的用地类型面积占比为 28.48%，耕地构成了库区景观基质，生态本底优越。

水体、建设用地和耕地最大斑块占景观面积比例分别为 17.27%、4.64%和 2.01%，表明三种用地分布着较大面积的斑块。其他四种用地的最大斑块面积均在 0.5%以下。

建设用地斑块数目为 759，斑块密度指数为 14.05，破碎化程度在几种用地中最高。耕地斑块数目仅次于建设用地，为 527，斑块密度指数为 9.75，破碎化程度低于建设用地，但明显高于其他几种用地。林地、草地破碎化程度分列三、四位。裸地、水体和园地破碎化程度接近。

建设用地面积加权分维数最高，为 1.48，说明建设用地形状复杂。耕地、林地、草地、水体和裸地面积加权分维数接近，介于 1.19～1.25。园地最低，仅为 1.11。

裸地聚集程度最低，聚集程度最高的用地是水体。

耕地散布与并列指数最高，为 66.92，耕地周边景观组成在几种用地中最复杂。草地散布与并列指数最低，仅为 32.51，草地周边用地与其他用地相比较为简单。园地、水体和林地周边景观组成复杂程度较高。

水体凝聚度指数为 99.92，说明水体连通性最好。耕地和建设用地凝聚度指数也均在 99 以上，以上两种用地连通性较好。

下面从景观异质性与多样性、景观破碎度和景观聚散性三个方面分析白塔镇的现状景观格局特征。

(1)景观异质性与多样性。

白塔镇主要有七种景观，其中占主导地位的景观类型是耕地，建设用地面积占比位于第三位。生态价值较高的水体和林地分列第二和第四位，如图 7.13 所示。

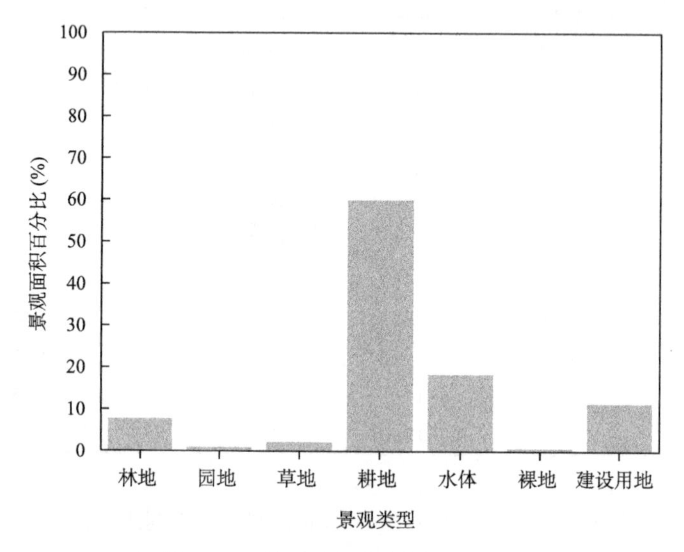

图 7.13　景观面积百分比(PLAND)

如图 7.14 所示，水体最大斑块占景观面积比例为 17.27%。大面积的自然植被斑块或者水体斑块可以保护水体和溪流网络，维持大多数内部物种的存活，为

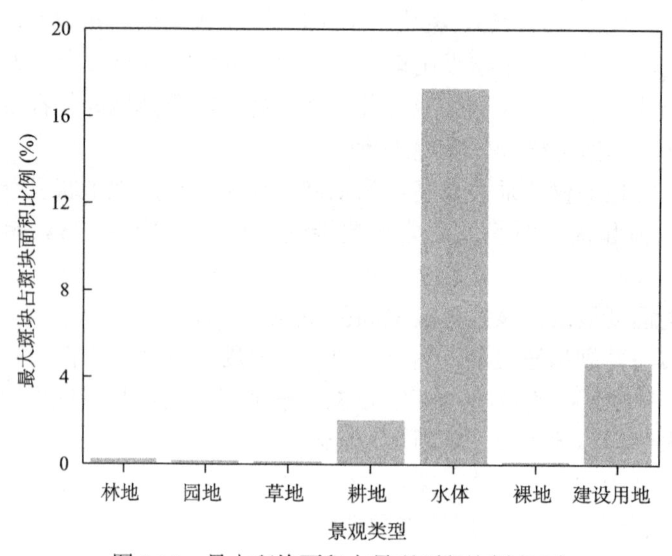

图 7.14　最大斑块面积占景观面积比例(LPI)

大多数的脊椎动物提供核心生境和避难所，并准许在自然干扰体系正常进行，也就是大斑块可以提升系统的生态韧性。大型水体斑块对白塔镇维持物种多样性和提升生态韧性具有重要意义。

总体来看，耕地构成了镇域景观基质，水体、建设用地和林地等景观有一定规模，水体大斑块为区域物种多样性维持和生态韧性提供了条件。

通过面积和周长的关系计算出面积加权分维数，该指数用来衡量景观形状复杂性。建设用地和耕地分维数较大，表明建设用地和耕地在人类影响下形状较为复杂，建设用地缺乏合理规划，在一定程度上会造成建设用地的浪费，如图 7.15 所示。

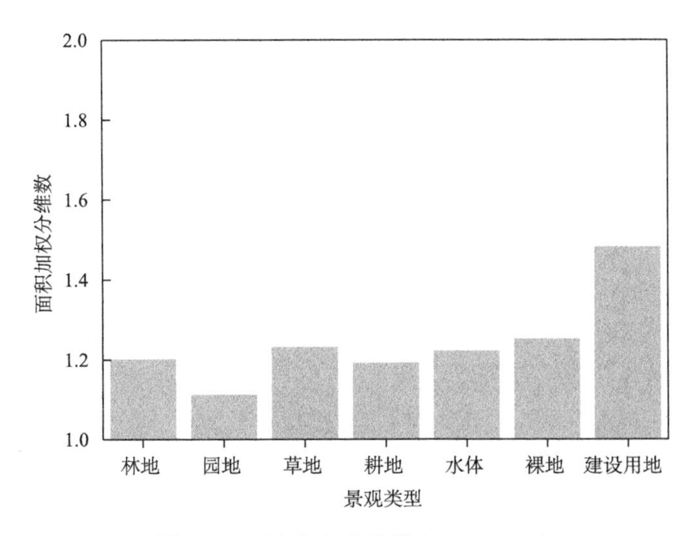

图 7.15　面积加权分维数(FRAC_AM)

(2)生境破碎化。

从斑块个数来看(图 7.16)，建设用地斑块数最多，明显高于其他用地，耕地斑块数处于第二位。园地、水体和裸地斑块数目接近，明显低于其他几种用地。

斑块密度指数由斑块数目和景观面积计算得到，其变化趋势与斑块数目一致，如图 7.17 所示。建设用地破碎化程度最高，其次是耕地，林地破碎化程度处于第三位，三种用地斑块密度指数均在 5 以上。园地、水体破碎化程度较低，有利于景观的稳定和生态栖息、繁衍。

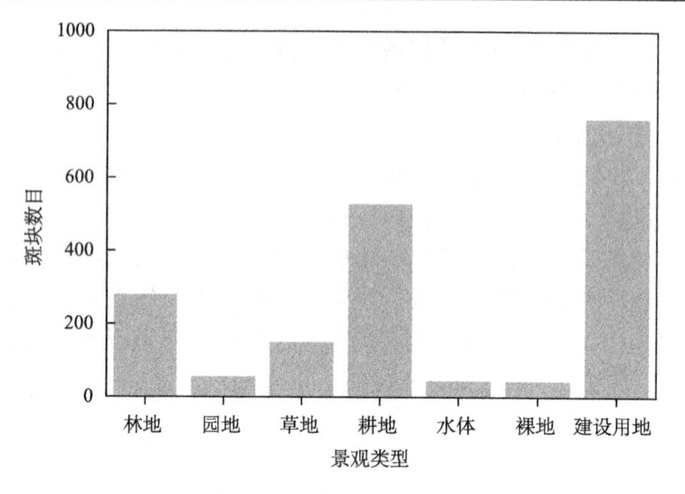

图 7.16　斑块数目(NP)

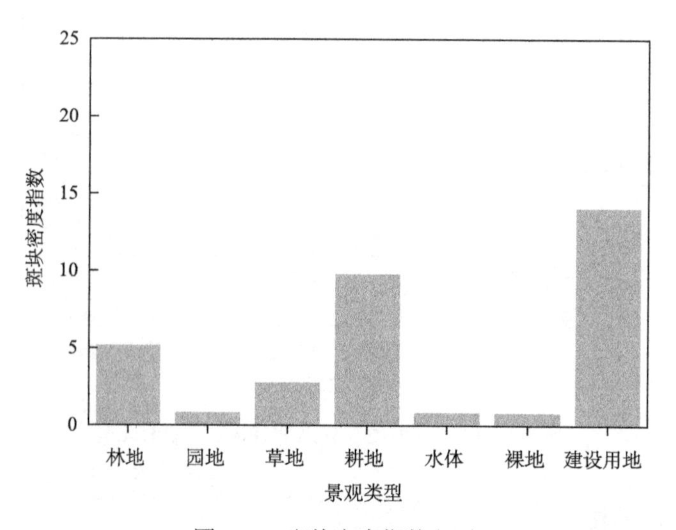

图 7.17　斑块密度指数(PD)

(3)景观聚散性。

聚集度指数(CLUMPY)反映斑块在景观中的聚集与分散状态，水体聚集度最高，达到了 0.99；耕地、林地、草地和园地聚集度指数在 0.95 左右。裸地聚集度指数最低，其次是建设用地，说明裸地和建设用地分布分散，如图 7.18 所示。

散布与并列指数(IJI)反映某一景观与其他景观的相邻特征。耕地的这一指数最高，其次为园地，耕地和园地散布与并列指数接近，说明耕地、园地与其他景观之间联系最密切。林地和裸地散布与并列指数接近，略低于耕地和园地，处于第二层次，说明这两种景观与其他景观联系也较为密切。草地散布与并列指数最低，仅为 32.51，建设用地略高于草地，为 35.77，草地和建设用地周边其他景观分布较为单一，见图 7.19。

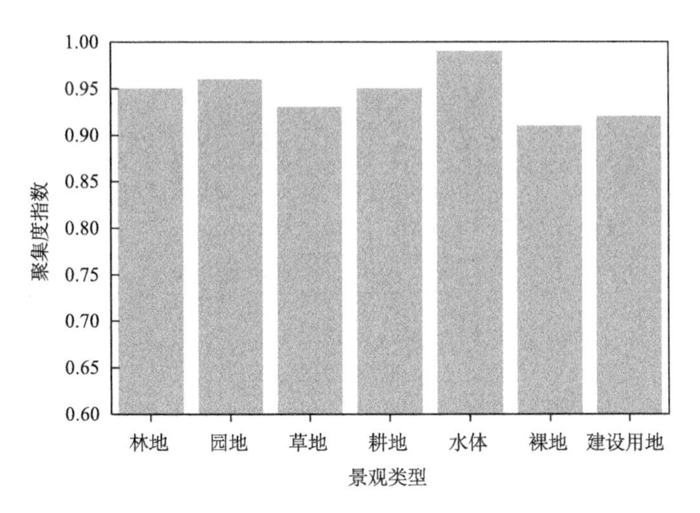

图 7.18　聚集度指数(CLUMPY)

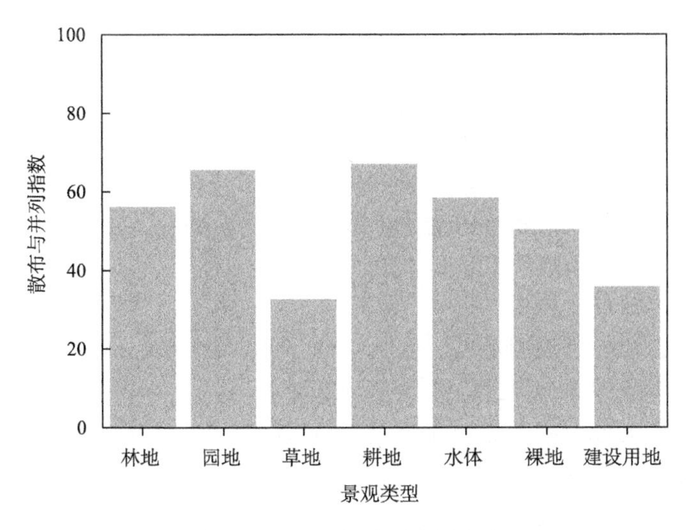

图 7.19　散布与并列指数(IJI)

凝聚度指数(COHESION)反映景观的自然连通情况，水体凝聚度指数最高，达到了 99.92，如图 7.20 所示，主要是由于水体面积占比大，且水体之间的连通性好。其次是建设用地，主要与道路的连通作用有关。裸地凝聚度指数最低，这与裸地面积占比小，多以细小斑块分布有关。园地凝聚度指数处于倒数第二位，主要是因为园地面积较小。

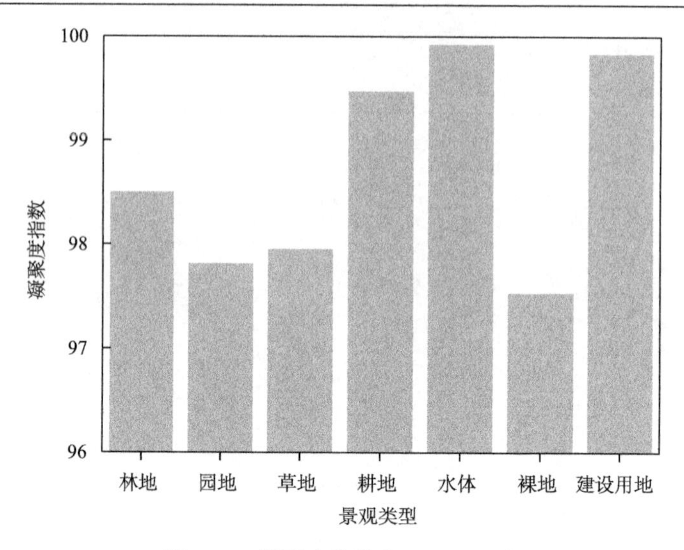

图 7.20　凝聚度指数(COHESION)

5. 白塔镇景观格局优化

流域是一个重要的自然地理单元，有着相对独立的生态系统功能、信息和能量，常被作为研究单元。以流域而不是行政边界为单元开展景观格局优化研究，考虑了景观的连续性和整体性，更符合生态目标。

以白塔镇所在的汶河流域为对象，借助最小耗费路径分析，确定流域生态源地、生态廊道和生态节点建立的位置和规模。

1) 白塔镇在流域的位置

白塔镇所在流域为汶河流域，如图 7.21 所示。其中双山河、洋河和孟津河为汶河支流，以上三条支流流经白塔镇部分区域。

白塔镇所在流域面积及流域流经镇域面积如表 7.5 所示。汶河流域总面积为 1517.85 km^2，流经镇域面积为 31.57 km^2，占流域面积比例仅为 2.08%，占镇域面积达到了 56.67%。三条支流中流域面积最大的是孟津河流域，河流位于乡镇边界以外，流经镇域面积仅为 0.38 km^2，仅占镇域面积的 0.68%。支流中双山河流域流经镇域面积最大，为 15.26 km^2，占流域面积和镇域面积比例分别为 42.57%和 27.39%。洋河流域面积最小，流域 38.63%的面积位于镇域以内。

2) 流域土地利用分类

土地利用分类数据是景观格局优化研究的基础数据。流域土地利用分类使用 Landsat 8 卫星影像数据(http://www.gscloud.cn)。采用 ENVI 软件对镇域所在流域进行用地分类。

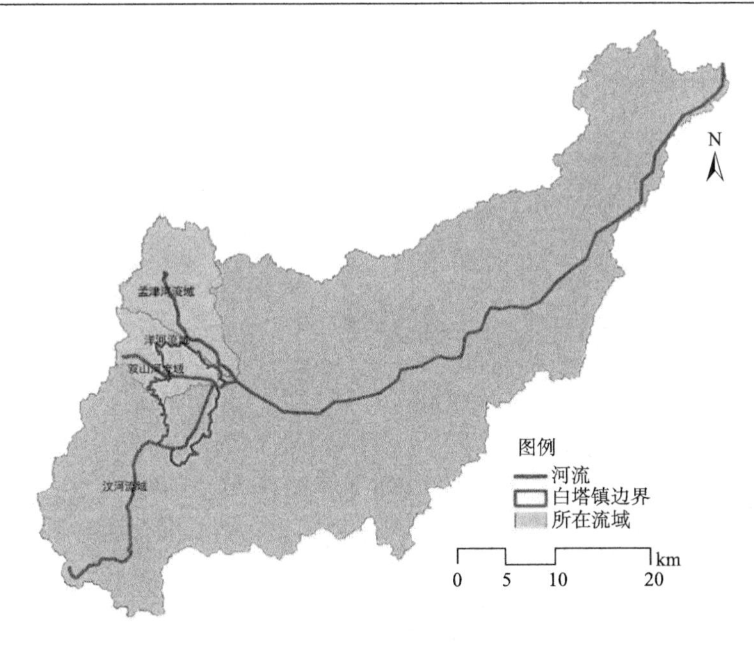

图 7.21　白塔镇所在流域

表 7.5　白塔镇所在流域面积统计

面积或比例	汶河	双山河	洋河	孟津河
流域总面积 (km^2)	1517.85	35.85	22.03	104.81
流经白塔镇面积 (km^2)	31.57	15.26	8.51	0.38
占流域面积比例 (%)	2.08	42.57	38.63	0.36
占镇域面积比例 (%)	56.67	27.39	15.28	0.68

根据研究目的和流域地表覆盖类型，利用土地利用分类法对 Landsat 8 遥感影像进行分类，将用地分为耕地、材地、水体和建设用地，如图 7.22 所示。

3）流域景观格局优化分析方法

(1) 最小耗费距离模型。

最小耗费距离是指从源到目的地经过不同阻力的景观所耗费的费用或克服阻力所做的功[50]，最小耗费距离能够很好地揭示景观格局与生态过程和功能的关系[51]。

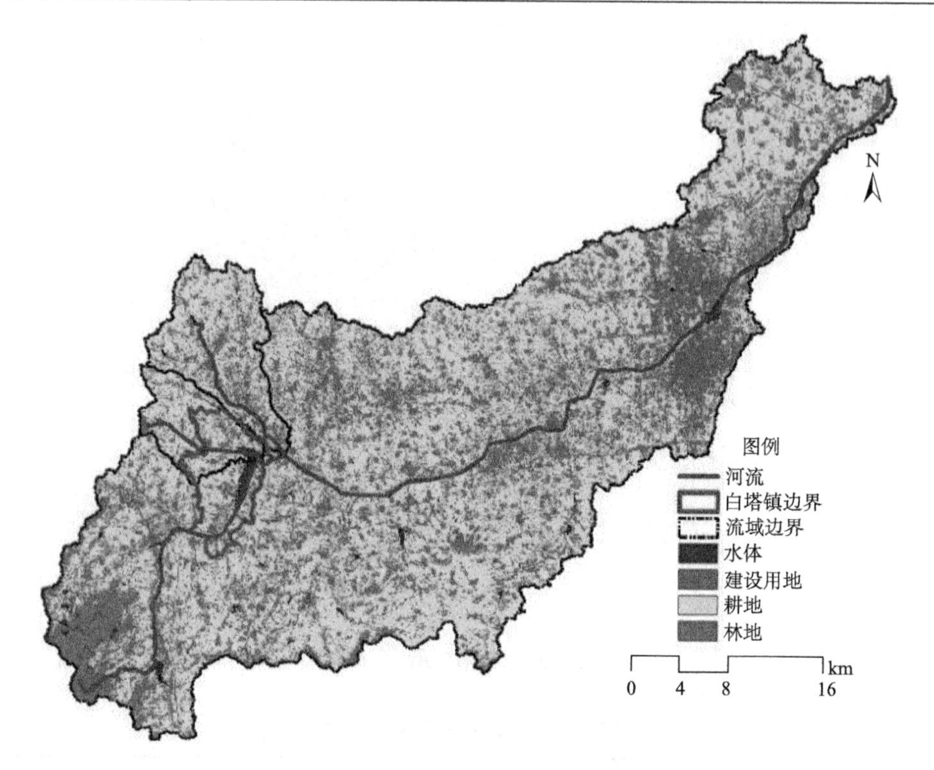

图 7.22　白塔镇所在流域土地利用分类

景观中营养物质、生物物种及其他物质能量在空间组分间移动需要克服景观阻力。景观生态系统服务价值越高，功能越完善，完成上述生态过程经受的阻力值越小。通过构建最小耗费距离模型，可以表达不同生态过程在景观中的运行特点，反映景观中生态源地空间的运动趋势，该模型主要考虑源、距离、景观界面特征等因素，公式如下[51]：

$$C_i = f_{\min}\sum(D_{ij} \times R_i) \quad (i = 1,2,3,\cdots,m; j = 1,2,3,\cdots,n) \tag{7-2}$$

式中，D_{ij}为空间某一点穿越景观基面 i 到源 j 的实地距离；R_i为景观 i 对某运动的阻力值；C_i为第 i 景观单元到源地的累积耗费值；n 为基本的单元总数。

(2)阻力值确定。

耗费距离分析必须包括源和成本表面，其中阻力值的确定是关键。本章以单位面积生态系统服务功能价值作为阻力赋值的标准。生态系统服务功能是衡量不同景观生态功能的重要依据，景观类型单位面积生态系统服务价值越高，生态功能越完善，生态流在其中的运行越流畅，景观单元阻力值越低，相反，生态系统服务功能较低的景观类型阻力值较高。镇域水体单位面积生态系统服务功能最高，则其阻力最小，阻力值设为 1，建设用地单位面积生态服务功能最低，阻力最高，阻力值设为 100，通过插值法确定其他景观类型景观阻力值，范围在 1～100 之间，如表 7.6 所示。

表 7.6　汶河流域景观类型阻力值

景观类型	单位面积生态系统服务价值[元/(hm^2 · a)]	阻力值
水体	113362.90	1
植被	53882.54	53
耕地	17037.70	85
建设用地	0	100

(3) 最小耗费路径分析及景观要素确定。

根据景观类型赋予阻力值，构建成本表面，利用 GIS 空间分析模块的成本距离功能计算得到累积耗费距离表面，借助水文分析模块，在累积耗费距离表面上分析得到生态廊道和生态节点等组分。

源的确定：生态学中，将以发挥自然生态功能为主，具有重要生态系统服务功能或生态环境脆弱、生态敏感性较高的土地称为生态源[51]。生态源是促进生态过程发展的景观类型，具有一定的空间拓展性和连续性[52]。从景观生态服务功能强弱和价值大小等方面考虑，生态服务价值越高的景观类型将是生态功能良好的源。基于 ArcGIS 空间分析模块，选择斑块面积较大的水体和林地作为生态源地[53,54]，如图 7.23 所示。

廊道的确定：生态廊道是景观中与两侧基质有明显区别的狭带状地，它一方面作为障碍物隔开景观的不同部分，另一方面作为通道将景观不同部分连接起来，有利于物种在源间及基质间流动[55]。生态廊道一般由林地、水体等生态要素构成，具有维持物种多样性、保持水土、防风固沙和涵养水源等功能。生态廊道是相邻两源之间的阻力低谷和最容易联系的低阻力通道[56]。将景观阻力值和生态源地输入 ArcGIS 软件，利用成本距离功能计算研究区累积耗费距离表面，结果如图 7.23 所示。借鉴水文分析方法，在累积耗费距离表面上提取景观生态流的“脊线”和“谷线”，反复设定阈值得到最小耗费路径。以 Landsat 遥感影像为背景，输出最小耗费路径，如图 7.24 所示。

生态节点判别：生态节点是指在景观空间中连接相邻生态源，并对生态流运行起关键作用，一般分布于生态廊道上生态功能最薄弱的区域。生态节点的生态地位关键，外界干扰会对其产生较大影响，部分节点起着基石作用，对维持生态系统的稳定性和整体性影响较大。依据景观生态学源、汇原理和景观连通性原理，利用 GIS 空间分析功能，提取生态廊道交汇点作为生态节点；生态廊道较长，且与其他廊道无交汇点，根据廊道长度和用地情况合理选择生态节点；生态廊道穿越建设用地的部分应根据城市用地选定生态节点。

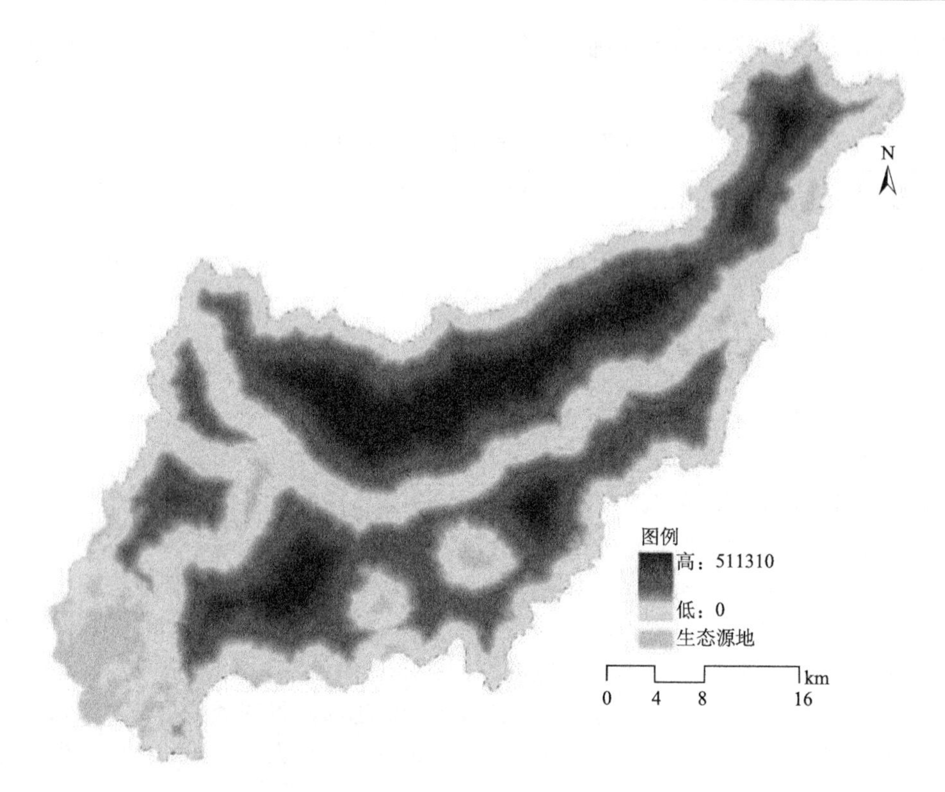

图 7.23　白塔镇所在流域累积耗费距离表面

4）流域景观格局优化途径

（1）生态源地保护。

汶河发源于流域西南部，该区海拔高，地形起伏大，有大片山区和林地。流域内有面积较大的高崖水库。这些源地生态系统服务功能价值较高，为区域人口和整个生态系统提供重要的生命支持，对控制和促进流域生态功能稳定、维持流域可持续发展具有重要作用。

应加强该区生态环境保护，避免对生态源地的破坏，尽量维持和增大源地斑块面积，周围建立缓冲带，提高景观生态功能。

（2）生态廊道构建。

提升现有生态廊道的连通性、增加廊道数量、强化廊道建设规模是优化生态廊道的重要途径，这样可以提升研究区生态廊道的完整性和闭合性，增加其生态服务功能。根据最小耗费路径分析结果，提出生态廊道构建方案，如图 7.25 所示。

汶河流域生态廊道总体形态为叶脉状。汶河河流缓冲区构成了生态廊道网络的主动脉，贯穿于河流发源地至流域出口，其他生态廊道围绕汶河生态廊道，将流域不同位置与汶河连接。生态廊道分为两个等级。其中，一级生态廊道包括汶

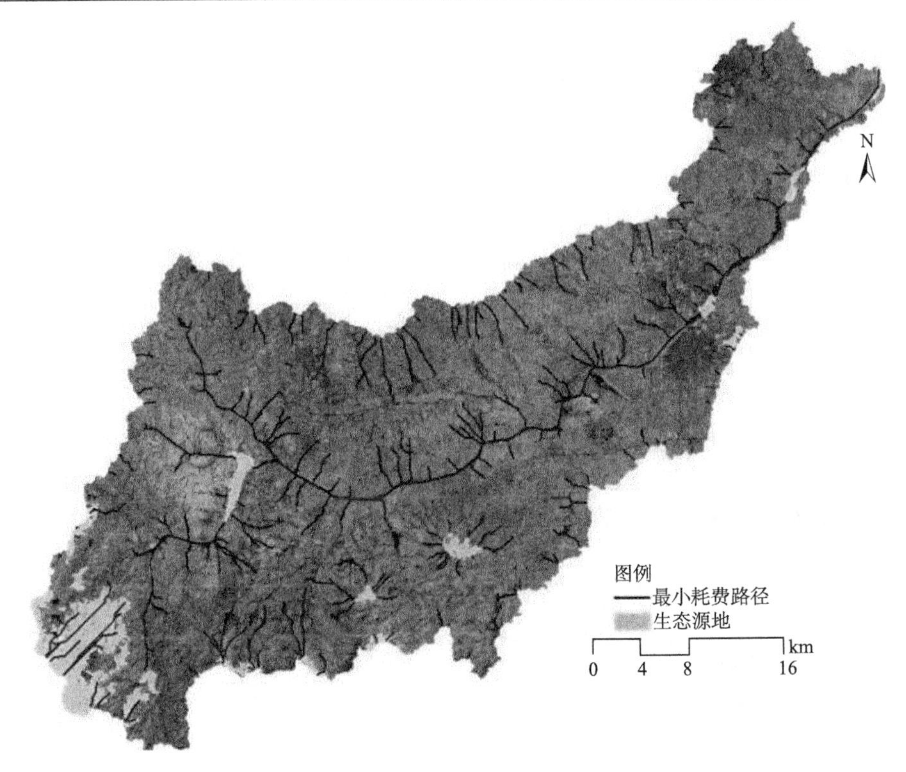

图 7.24　最小耗费路径

河生态廊道，连接生态源地与汶河的生态廊道、交通干道绿化带；二级生态廊道是对一级生态廊道的有力补充，主要为宽度较小河流的缓冲区和等级较低道路的绿化带，连接部分生态源地与一级生态廊道或分布于一级生态廊道之间。

研究者指出，当生态廊道宽度为 60～100m 时，草本植物和鸟类具有较大的多样性和内部种，该宽度满足动植物迁移和传播以及生物多样性保护的要求；当道路绿化带达到这一宽度时，可满足鸟类及小型生物迁移和生物保护的要求；该宽度还是许多乔木种群存活的最小廊道宽度。当生态廊道宽度为 30～60m 时，廊道内有较多草本植物和鸟类边缘种，但多样性较低；基本满足动植物迁移和传播及生物多样性保护的要求；能起到保护鱼类、小型哺乳、爬行和两栖类动物的作用，可以截获从周围土地流向河流的 50%以上沉积物，控制氮、磷和养分的流失；为鱼类提供有机碎屑，为鱼类繁殖创造多样化的生境[57]。

根据以上研究成果确定生态廊道宽度，其中一级生态廊道宽度大于 60m，二级生态廊道宽度大于 30m。各河流、道路生态廊道可根据条件再确定，但不低于最小值。

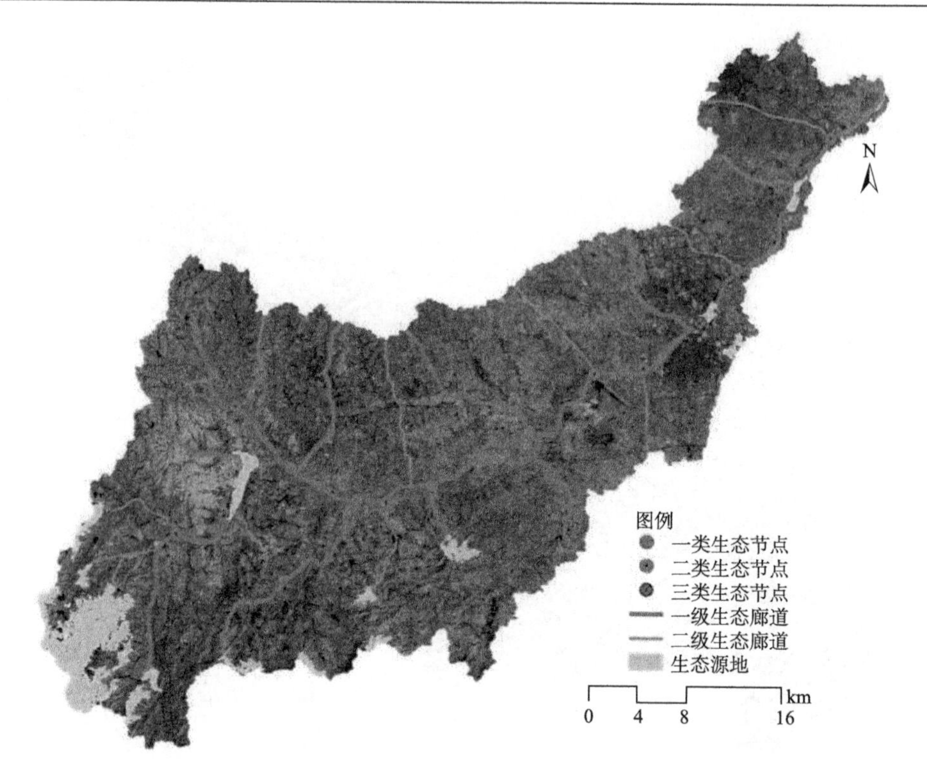

图 7.25　流域生态节点及生态廊道布局

(3) 生态节点建立。

生态节点作为物种栖息和迁移的跳板，在流域生态网中发挥着重要作用，应加强生态节点建设和保护。生态节点分三种类型，第一类生态节点是一级生态廊道之间的交汇点，这类生态节点在生态网络中处于战略地位，共有 4 处一级生态节点；第二类生态节点是一、二级生态廊道间的交汇点，共有 6 处二类生态节点；第三类生态节点位于生态廊道穿城区段，结合城区用地情况确定这一类生态节点位置，有 1 处三类生态节点。研究者指出，100～200m 是保护鸟类、保护生物多样性比较合适的宽度。以此确定生态节点的面积，一类生态节点在生态网络中处于战略地位，以 200m 作为一类生态节点的长、宽最小值，则一类生态节点面积不小于 $4hm^2$；100m 作为二类生态节点的长、宽最小值，则二类生态节点面积不小于 $1hm^2$；原则上，100m 作为三类生态节点的长和宽的最小值，则三类生态节点面积不小于 $1hm^2$。

5) 白塔镇在流域景观格局优化中的作用

白塔镇靠近汶河流域源头，境内有一重要的生态源地——高崖水库，如图 7.26 所示。汶河发源于沂山，流入高崖水库，后从高崖水库流向下游。高崖水库发挥着承上启下的关键作用，是上游物种向下游迁徙的跳板。流域景观格局优化应重视对高崖水库及其周边区域的保护与修复。

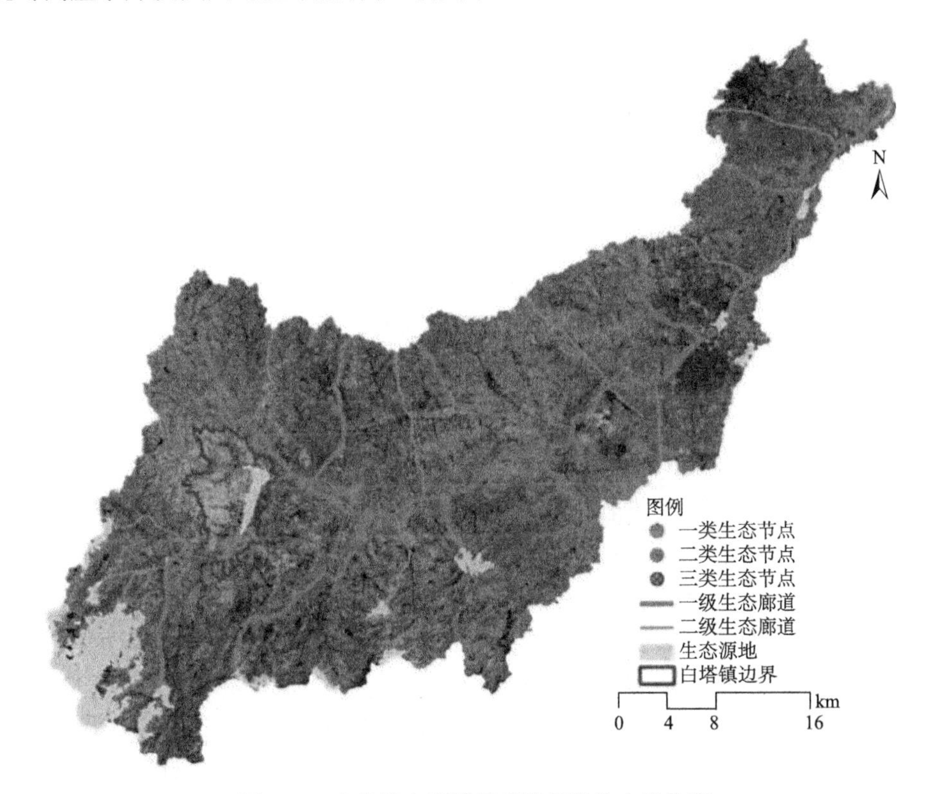

图 7.26 白塔镇在流域景观格局优化中的作用

6) 白塔镇景观格局优化

以白塔镇所在流域景观格局优化途径为基础，结合白塔镇土地利用条件和生态框架，通过斑块-廊道-基质模式解析，根据生态学原理，分析不同宽度生态廊道的作用，确定河流缓冲区和道路绿化带宽度，选择生态斑块适宜位置，对白塔镇景观格局进行优化，构建生态网络系统。

(1) 斑块-廊道-基质理论。

斑块-廊道-基质是景观生态规划中普遍采用的一种结构模型，如图 7.27 所示。

斑块是景观内部属性、结构、功能和外貌特征相对一致，且与周围景观要素有明显区别的块状空间地域或地段。其面积大小不仅影响物种的分布和生产力水平，而且影响能量和养分的分布；其形状则对生态学过程和各种功能流有重要影响。如果斑块解体，景观破碎，将对生物的迁移、觅食、灭绝等产生重大影响。

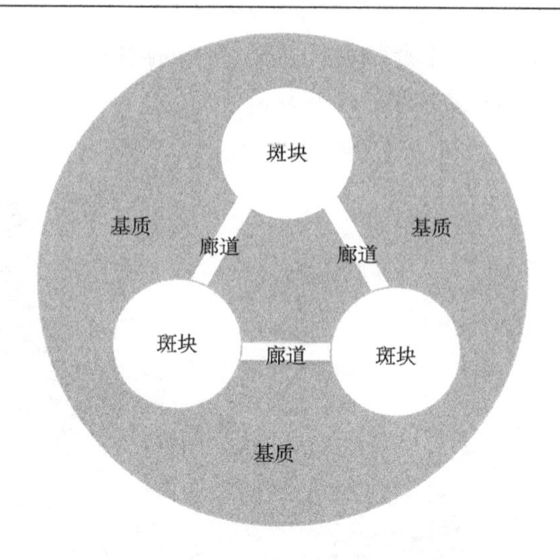

图 7.27　斑块-廊道-基质模式示意图

廊道指不同于两侧基质的狭窄地带。其结构特征主要包括：宽度、组成内容、内部环境、形状、连续性及与周围环境的相互关系等。廊道功能上的复杂性要求在廊道规划时最好能具有原始的本底及乡土特性。通常情况下，带状廊道较宽，内部包含一个具有丰富物种的中心环境，它对周围环境的干扰具有一定的抵抗性，因而对生物多样性保护具有重要意义。

基质是景观中面积最大、连通性最好的景观要素类型。基质对斑块镶嵌体等景观要素及景观要素之间的能量流动、生物迁移觅食等生态学过程有明显控制作用。作为背景的基质对生物多样性保护起关键作用。

随着社会经济的发展和资源环境的日益缺失，生态斑块和生态廊道对于生态保护的作用已日益凸显。生态斑块和生态廊道对促进区域资源整合、推动经济发展、改善生态环境和提高居民生活质量方面都发挥着不可替代的作用。因此，在白塔镇生态环境规划中，依据斑块-廊道-基质理论合理而有意识地加大生态斑块和生态廊道的建设力度，加大基质的改善力度。

(2) 景观构成分析。

基于斑块-廊道-基质理论对白塔镇景观类型进行再分类，分析镇域内景观构成。

(i) 生态斑块。

对斑块的定义根据研究对象、目的和内容的不同存在一定的差异。广义上，斑块可以是有生命和无生命的，而狭义上的斑块仅指有生命特征的动植物群落。本章研究的重点是库区景观格局优化，以提高景观的生态效用，因此所指斑块都是狭义上有生命特征的动植物群落。

按照定义，白塔镇用地类型中属于生态斑块的包括有林地、果园、草地和水体。结合生态斑块特点，参考研究者的研究结果，将斑块按尺度规模进行分级，分别有大型斑块、大中型斑块、中型斑块、中小型斑块和小型斑块[58]，结果见图 7.28。

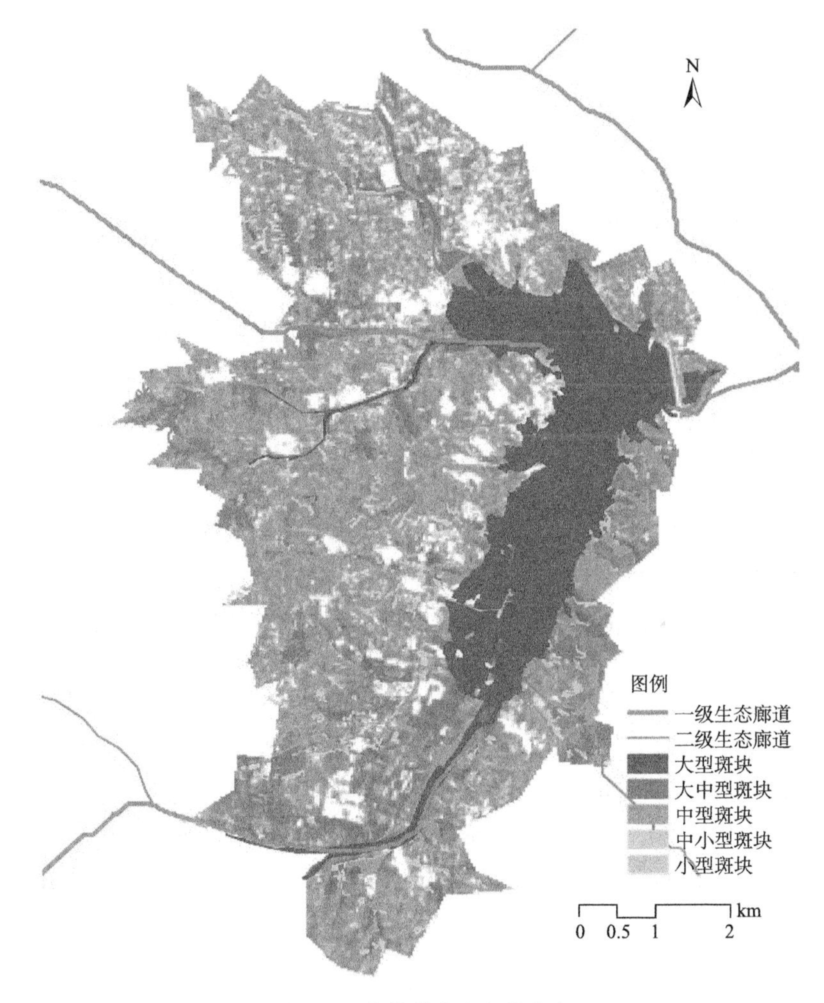

图 7.28　白塔镇生态斑块分布

高崖水库及入流河流、水库东岸的一处林地构成了镇域内的大型生态斑块，水库东岸生态斑块较为密集，生态斑块在镇域范围内都有分布。

按标准统计各类型斑块的数量，结果如表 7.7 所示。白塔镇共有各类生态斑块 506 个，其中小型斑块 221 个，中小型斑块 98 个，中型斑块 162 个，大中型斑块 21 个，大型斑块 4 个。小斑块在数量上占优势，但大斑块总面积明显大于小斑块面积之和。

表 7.7　白塔镇斑块构成

斑块类型	数量(个)	面积(hm²)
小型斑块	221	＜0.5
中小型斑块	98	0.5～1
中型斑块	162	1～5
大中型斑块	21	5～10
大型斑块	4	＞10
合计	506	—

(ii) 生态廊道。

几乎所有的景观都被廊道分割，同时又被廊道连接在一起[59]。廊道除了给物种提供栖息场所外，更重要的功能是为斑块与斑块之间提供联系的通道，从而为斑块之间的物质、能量流通提供可能，也可以在不同斑块之间起到隔离的作用，阻止不同生态功能斑块的干扰。影响廊道生态功能的因素主要有廊道宽度、连通度、弯曲度、生境特点以及是否连接成网络等，不同的廊道结构会对景观带来不同的生态效应[60,149]。

根据廊道的结构和特点，结合高崖水库库区现状发现，库区生态廊道主要以河流缓冲区和道路绿化带为主，部分河流缓冲区和道路绿化带宽度较大，具有一定的连通性，可在已有基础上增加生态廊道的密度和连通性。

(iii) 基质。

基质在景观功能上具有重要作用，也是斑块和廊道的生态本底。对基质的判定通常采用相对面积、连通性、对整体景观的控制以及三者相结合的方式。白塔镇耕地面积占比为 59.77%，连通性略低于水体和建设用地，因此判定耕地为白塔镇基质。

(3) 景观格局优化原则。

生态功能原则：①自然优先原则。自然资源是人类赖以生存的生态本底，更是良好的区域景观和生物多样性保护的重要生态保障，在生态网络系统建设中要充分遵循自然优先的原则，自然资源包括一些大的植被斑块，它们对当地基本的生态过程和生命维持系统以及保存生物多样性具有重要的意义，因此应优先考虑。②生态关系协调原则。生态系统是一个复杂的综合系统，包括各种复杂的生态关系，人与环境、环境与环境、发展与保护等都是生态关系的体现，在城市规划和绿地系统规划中都要考虑这些关系的协调，尤其是人类社会、经济的发展与生态环境保护，只有两者之间做到合理的平衡协调，才能保证人类社会的可持续健康发展。

结构布局原则：①景观整体性原则。生态网络系统是区域非常重要的一个生态子系统，是由一系列综合要素构成的具有一定结构和功能特点的景观系统，具有整体性的特点。生态网络系统的布局应考虑到景观整体性原则，与其他子系统的布局在时空上应是相辅相成的。②布局合理性原则。在对生态网络系统进行布局时，应遵循合理性原则，根据景观生态学原理，生态网络系统主要由不同尺度、性质的斑块、廊道构成，因此在对这些斑块、廊道布局时要考虑到其不同尺度、规模和性质，有主次、分层级地合理布局，最终形成有机统一的生态网络系统。

植物选择原则：①多样性原则。通过多层次、多种类的植被选择，有利于形成丰富的景观，也比单一植物形成的斑块具有更好的生态功能，因此在生态网络系统进行树种选种时应该考虑配置多样性，依据景观生态学原理及生态保护的要求，对植被树种进行多样性配置。②景观个性原则。不同地区具有不同的社会文化背景，其景观也有独特的个性，建设中应对其固有历史文化予以保留和延续，从而形成其独特的景观个性。在建设高崖水库库区生态网络系统中，应考虑其景观服务功能，结合高崖水库库区特点，合理选择本土树种进行景观打造，从而形成具有高崖水库库区特色的景观。③本土性原则。本土植被由于对当地气候及生长环境具有较好的适应能力，因此在生态网络建设中大量选用本土植物有利于提高树种成活率，降低建设成本；另一方面，本土植物的大量选种有利于形成具有本土特色的景观。

(4) 生态网络系统布局。

通过白塔镇景观现状分析，结合斑块-廊道-基质模型的结构要求，对白塔镇景观格局进行优化，构建生态网络系统。

(i) 生态斑块布局。

以现有生态斑块为基础，根据斑块的位置及规模进行选择，对选择的生态斑块进行重点保护和建设，提高高崖水库库区景观质量，改善生态功能。

选择大型生态斑块(面积大于 $1hm^2$)和生态廊道周边的生态斑块，对这些生态斑块重点保护和开发建设，如图 7.29 所示。

(ii) 绿色廊道网络构建。

通过构建合理的绿色廊道，使之形成网络化的生态系统，将各分散独立的生态斑块连接起来，实现各斑块间以及斑块与整个生态基质之间的物质、能量流交换，增强整个系统的生态功能和效益，最终实现整个系统综合效应的最大化。纵横交错的绿色网络，在保证了区域内部各组分相互联系以及内外物质、能量流交换的同时，还有利于生物多样性的保护。

流域景观格局优化研究中搭建起了高崖水库库区生态廊道的基本框架(图 7.29)，在此基础上加以完善。依托镇域内的沟渠缓冲带和道路绿化带，将分散在镇域各处的生态斑块连接起来，如图 7.30 所示。

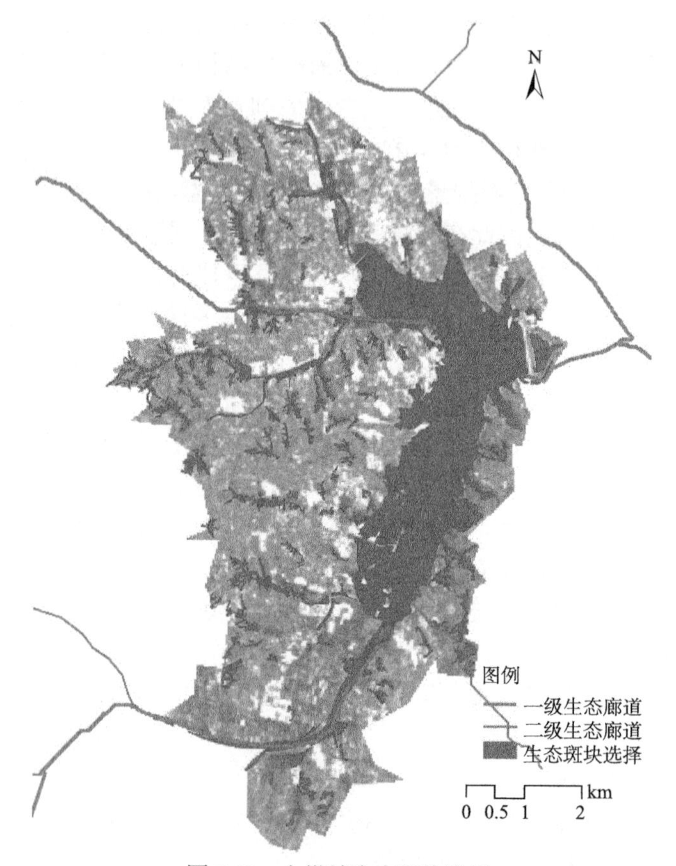

图 7.29　白塔镇生态斑块选择

研究者指出，河岸缓冲带具有强大的水土保持功能，80～100 m 的河岸缓冲带可以发挥滞留从周围耕地侵蚀的大多数沉积物的作用；12～30m 的道路绿化带能够保证草本植物和鸟类多数边缘种的生存，可满足鸟类迁移，保护无脊椎动物种群和小型哺乳动物[57]。以此为依据，确定水库周边缓冲带的宽度不低于 100m；连通生态斑块的沟渠缓冲带和道路绿化带宽度不低于 12m。

(iii) 基质改善。

分析发现，白塔镇基质是耕地，通过以下措施对基质进行保护和改善：严格控制城镇建设空间，保护基本农田，有效保护基质，为城镇自然生态环境提供后备资源保障。

通过廊道的连通作用，加强城镇内部生态斑块与基质的联系，有利于城镇内外生态物质及能量流的交换，为物种迁移提供通道和场所，进而保持城镇内部空间良好的自然生态环境。

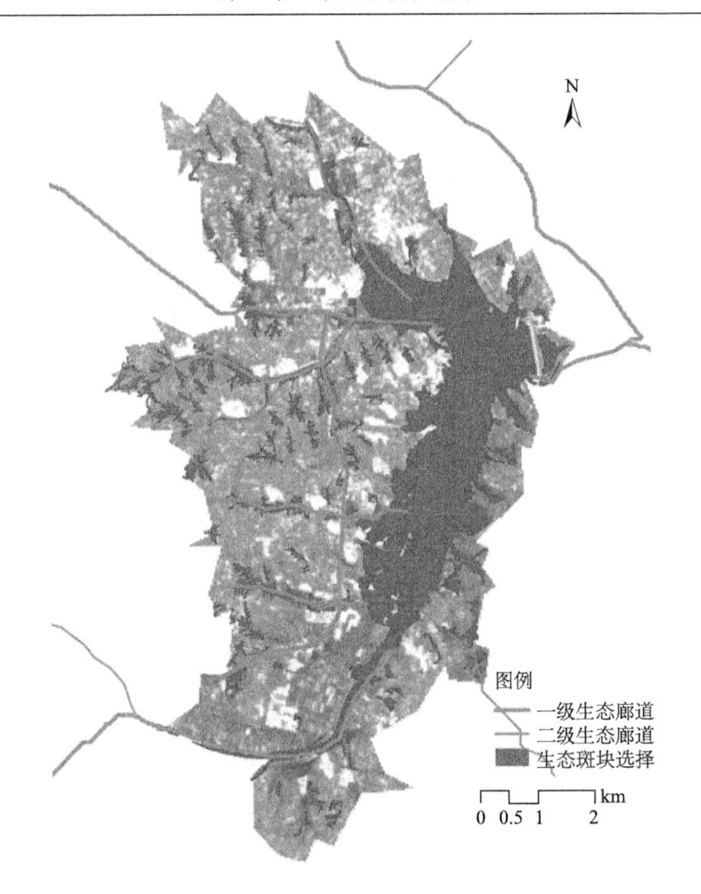

图7.30　白塔镇景观格局优化

结合白塔镇当前发展情况，根据当地政府发展导向改善耕地基质，发展观光、体验农业，种植果树，提高农业景观多样性。完善耕地防护林网，加强耕地的结合度和可达性，充分利用防护林截留田间营养物的生态功能，提高耕地基质稳定性。

7.2.5　优化水网布局、提升水系统韧性

白塔镇镇域生态本底优越，地形起伏较大，高崖水库蓄水量大，该区域有较强的水源涵养能力。目前，国内“海绵城市”建设发展迅速，“海绵城市”建设的目标是有效控制雨水径流，实现自然积存、自然渗透、自然净化的城市发展方式。深入分析发现，海绵城市建设实际上是通过工程措施最大限度恢复区域在开发前的水文特征。

城市发展到一定阶段，采取工程措施恢复区域水文特征，一方面恢复的难度较大，需要较高的成本；另一方面恢复的效果难以保证。若能在发展前，对区域

水文特征进行分析研究，根据地形、地势确定水网布局，有助于同时实现区域发展建设和水文特征保持。

通过水文分析，划分白塔镇汇水区，并提取镇域水系；分析汇水区与生态网络系统位置关系；提出生态水网布局策略。

1. 汇水区划分及水系提取

汇水区划分使用数字高程模型(DEM)，DEM 从地理空间数据云(http://www.gscloud.cn)获取，分辨率为 30m。

利用 DEM 数据，借助 GIS 软件水文分析功能，经反复试验，确定阈值后，划分镇域汇水区，如图 7.31 所示。

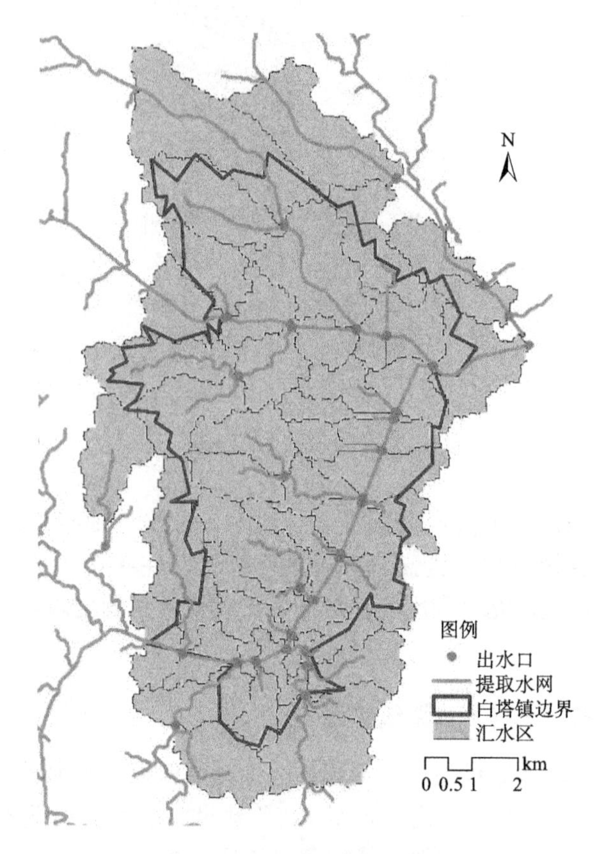

图 7.31　白塔镇镇域汇水区划分

白塔镇共 57 个汇水区，最大汇水区面积 6.61 km^2，最小汇水区面积仅为 0.013 km^2。汇水区出水口密集地分布在汶河和双山河上，部分汇水区出水口位于乡镇边界以外，而这些汇水区的大部分汇水面积位于乡镇边界以外。

提取汇水区出水口位于乡镇边界以内的汇水区及其河网，如图 7.32 所示。汇水区出水口位于镇域的汇水区共有 46 个。

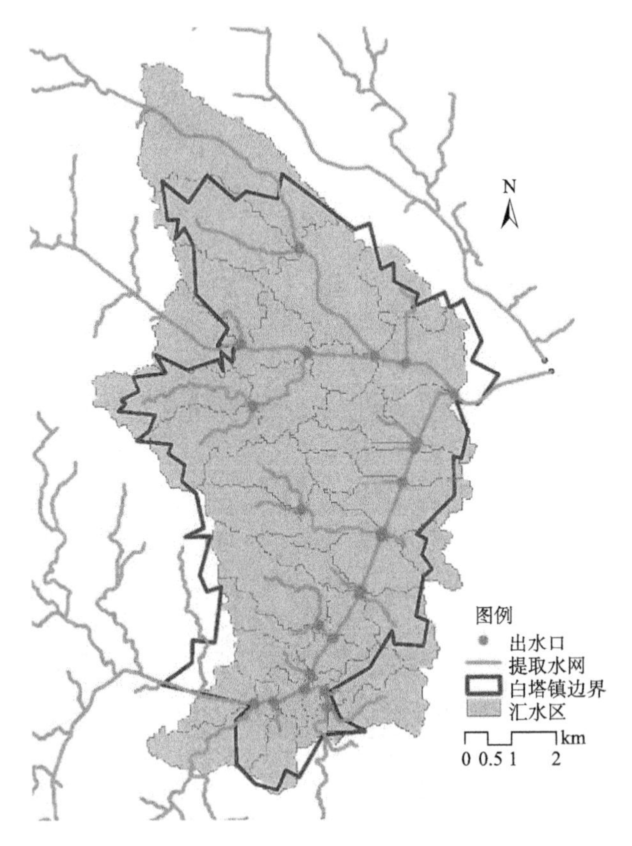

图 7.32　出水口位于镇域内汇水区

2. 汇水区与生态斑块位置

前面提出了白塔镇生态网络系统，而生态水网的布局应充分与生态网络系统结合，白塔镇汇水区及提取水网与生态网络系统关系如图 7.33 所示。

部分生态斑块分属于不同的汇水区。从 DEM 提取的河网分布广泛，若选择其中的某些河网进行疏通和拓宽，并构建生态廊道，将增加生态斑块之间的连通性，提高各斑块之间的物质、能量交换。

3. 生态水网布局路径

1) 梳理水网结构

水网良好的连通性，可以保障物质流、物种流和信息流的畅通[61]。首先，需要对研究区内的水文特征有一定认知和梳理，找到水网脉络，掌握水网结构和汇水区分布特征。

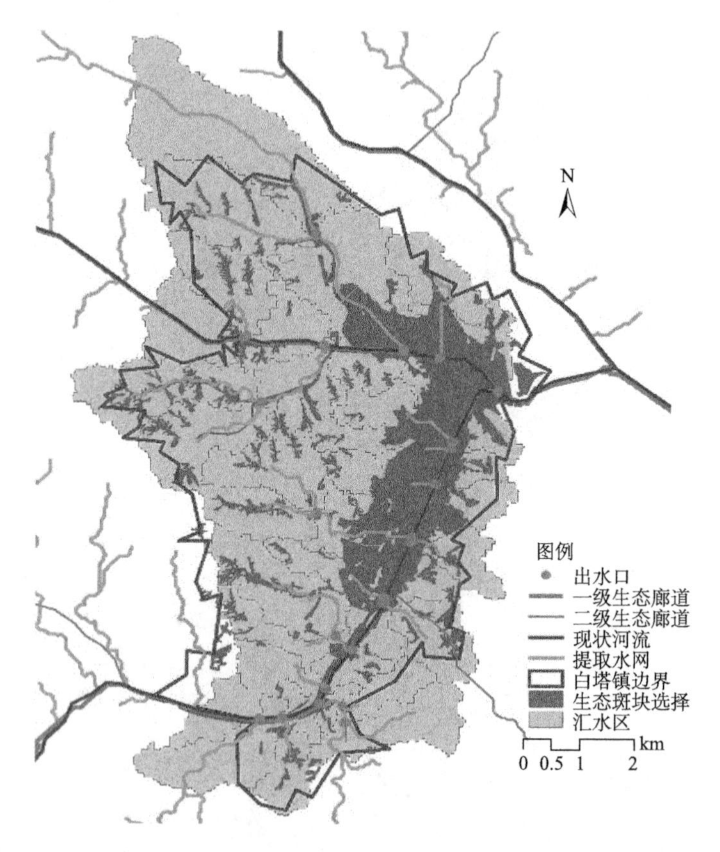

图 7.33　白塔镇汇水区、水网与生态网络系统关系

2) 恢复河湖连通性

根据水网结构，确定恢复连通性的措施，主要方式是保护现状水系，清除河道障碍，连通、疏浚、退田还水、增加河网与池塘水库的联系。

4. 生态水网布局

从 DEM 提取的河网符合地形条件，通过较少的工程量即可将河道疏通，可从中选择构成生态水网的河段。

选择的河段应满足两个条件，一是汇水区面积较大，二是可以连通大型生态斑块。根据以上两个条件确定生态水网布局，如图 7.34 所示。

共选择 14 条河段，总长度 26.30 km。已有沟渠或河段保留下来，疏通堵塞的位置，对沟渠或河段进行清淤。无沟渠或河段，则就近选择其他沟渠或河段，通过工程措施连通。河流和沟渠的宽度大多在 30 m 左右，综合考虑河网宽度对其生态功能的影响，将选择水网的宽度设定为 30 m。选择河段两侧按照绿色廊道网络构建中确定的标准构建生态廊道。

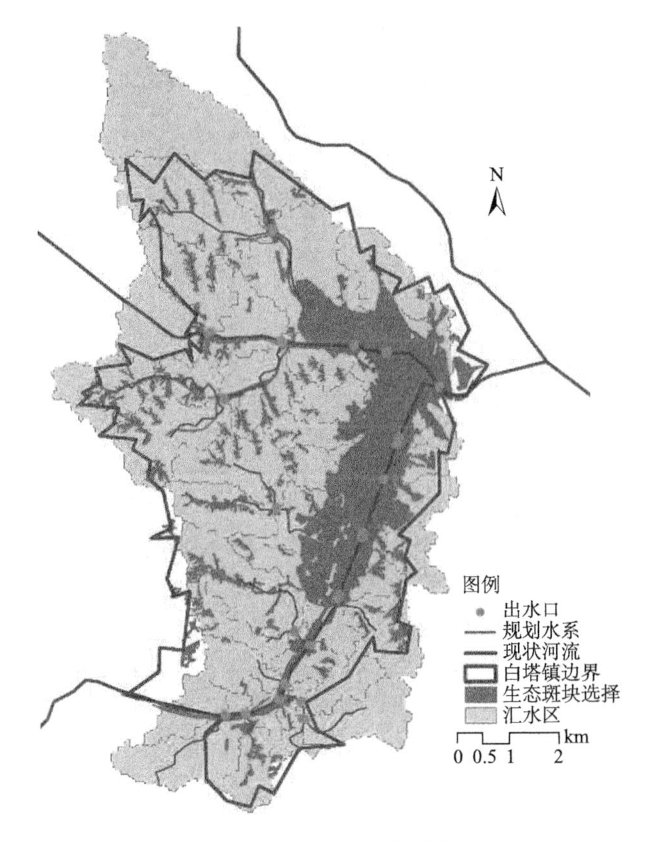

图 7.34　生态水网布局

7.3　水生态韧性评估

蓝绿生态基础设施的构建会提升白塔镇的水生态任性，水生态任性增加主要体现在生态价值较高的用地类型面积的变化、景观效果提升、物种多样性增加、生态系统的物质和能量流动增加等方面。

7.3.1　生态用地增加

景观格局优化和生态水网布局措施增加了生态用地，如图 7.35 所示。

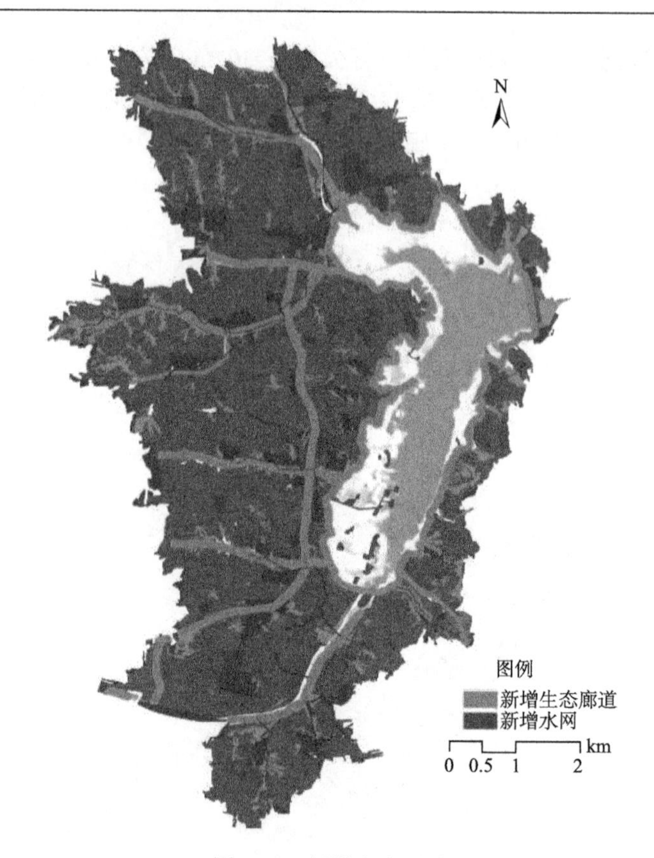

图 7.35　新增生态用地

7.3.2　景观格局优化

景观水平上的景观格局指数以研究区作为一个整体，反映区域整体景观格局特征，可以分析比较不同时期区域景观格局特征变化。选择的景观水平上景观格局指数及生态布局策略实施前后镇域景观格局特征如表 7.8 所示。

表 7.8　镇域景观格局特征

景观指数	生态布局策略实施前数值	生态布局策略实施后数值
斑块密度(PD)(块/km^2)	34.28	42.77
边缘密度(ED)	206.76	204.3
景观形状指数(LSI)	40.67	41.26
面积加权分维数(FRAC_AM)	1.2256	1.2314
蔓延度指数(CONTAG)	65.55	63.51
散布与并列指数(IJI)	54.97	57.73

续表

景观指数	生态布局策略实施前数值	生态布局策略实施后数值
分离度指数(SPLIT)	26.65	26.77
香浓多样性指数(SHDI)	1.2029	1.2818
香浓均匀度指数(SHEI)	0.6182	0.6587

斑块密度从 34.28 块/km^2 增加到 42.77 块/km^2，表明镇域景观斑块数量增加，生态廊道和生态水网将原有景观分割，增加了景观破碎化程度，分离度指数也反映了这一点；边缘密度减小，表明不同景观类型之间的边缘总长度减小；景观形状指数和面积加权分维数增加，表明景观形状趋于复杂和不规则，在一定程度上可以提升美观效果；蔓延度指数减小，说明优势景观(耕地景观)的连接性降低，主要由林地和水网的分割引起；散布与并列指数增大，表明景观的聚集程度增加；香浓多样性指数和香浓均匀度指数均增加，表明景观多样性指数提高，景观类型分布的均匀度也有所提升。

从景观整体来看，生态廊道和水网对原有景观起到了分割作用，使景观的破碎化程度增加，耕地的连接性降低；景观整体的复杂度和不规则性增加；景观聚集度提高；景观多样性提高，异质性提高，景观分布的均匀程度提高。

7.3.3　生态连接度变化

生态连接度是描述景观促进或阻碍生物体或生态过程在源斑块间运动程度的一个指标[62]，可用于衡量不同生态用地间生态结构、功能或生态过程的有机联系[63]。本章使用生态连接度评定生态布局策略实施前后区域生态资源结构和功能变化。

计算生态连接度首先需要计算障碍影响指数。阻碍影响指数用来表征不同人工建设用地对生态功能区之间实现结构和功能联系的障碍程度[64]。某一类障碍产生的障碍影响值与障碍类型、土地景观基质和距离障碍物的距离密切相关，障碍影响指数模型计算如下：

$$Y_{si} = b_s - k_{s1} \times \ln(k_{s2}(b_s - d_{si}) + 1) \tag{7-3}$$

$$\mathrm{BEI}_i = \sum_{s=1}^{n} Y_{si} \tag{7-4}$$

式中，Y_{si} 为第 i 个像元到第 s 种障碍物产生的障碍效应；b_s 为第 s 种障碍类型的权重系数，其值参考文献确定[65](表 7.9)；k_{s1} 和 k_{s2} 为不同障碍物指数递减函数的校正系数，参考相关文献确定[66](表 7.6)；d_{si} 为第 i 个像元到第 s 种障碍物所产生的耗费距离；BEI_i 为第 i 个像元的影响指数；n 为障碍种类个数。

白塔镇人工建设用地主要有居民点、风景名胜区及特殊用地、农村道路、建制镇等，参考相关文献确定以上用地的权重系数 b_s，见表 7.9。

表 7.9 白塔镇障碍类型及其权重系数

基本障碍类型	主要包含的用地类型	权重系数(b_s)
低密度建设用地	居民点、农村道路、水工建筑用地、风景名胜区及特殊用地	b_1=20
道路	公路用地	b_2=50
城镇用地	建制镇、采矿用地	b_3=100

分别以低密度建设用地、道路和城镇用地作为障碍影响指数计算的源，同时参考相关研究，确定不同障碍类型的校正系数[66,67]，如表 7.10 所示。

表 7.10 白塔镇障碍类型及其权重系数

基本障碍类型	k_{S1}	k_{S2}
低密度建设用地	11.10	0.253
高等级道路	27.75	0.102
城镇用地	55.52	0.051

参考相关研究，确定白塔镇所有用地类型的阻力值[68]，如表 7.11 所示。

表 7.11 白塔镇景观基质及其阻力值

景观基质类型	主要包含的用地类型	最大影响距离(m)	阻力值
湿地	河流、沟渠、水库	1000	0.1
农业用地	耕地、园地、林地	750	0.13
建设用地	居民点、农村道路、水工建筑用地、风景名胜区及特殊用地、公路用地、建制镇、采矿用地、裸地	150	0.67

利用 ArcGIS 的 Cost Distance 工具计算各栅格像元到不同障碍类型产生的耗费距离 d_{si},然后利用式(7-3)和式(7-4)计算每个像元的障碍影响指数 BEI_i。将 BEI_i 用自然断点法分为 1～10 级代表障碍影响指数的程度差异。

完成障碍影响指数计算后，基于最小耗费距离模型计算生态连接度指数，计算公式如下：

$$d_i = \sum_{r=1}^{m} d_{ri} \tag{7-5}$$

$$\mathrm{ECI}_i = 10 - 9 \times \frac{\ln[1 + (d_i - d_{\min})]}{\ln[1+(d_{\max} - d_{\min})]^3} \tag{7-6}$$

式中，d_i 为第 i 个像元到各生态功能区的总耗费距离；d_{ri} 为第 i 个像元到第 r 种生态功能区的耗费距离；$d_{\max}$ 和 $d_{\min}$ 分别为给定区域像元到各生态功能区总耗费距离最大值和最小值；ECI_i 为第 i 个像元的生态连接度指数。

以高崖水库为源，障碍影响指数 BEI_i 为阻力面，计算每个像元到高崖水库的耗费距离，然后根据公式计算每个像元的生态连接度指数。将生态连接度指数划分为 5 个等级，表征白塔镇生态连接度指数差异程度。生态布局策略实施前后白塔镇生态连接度划分等级如图 7.36 所示。

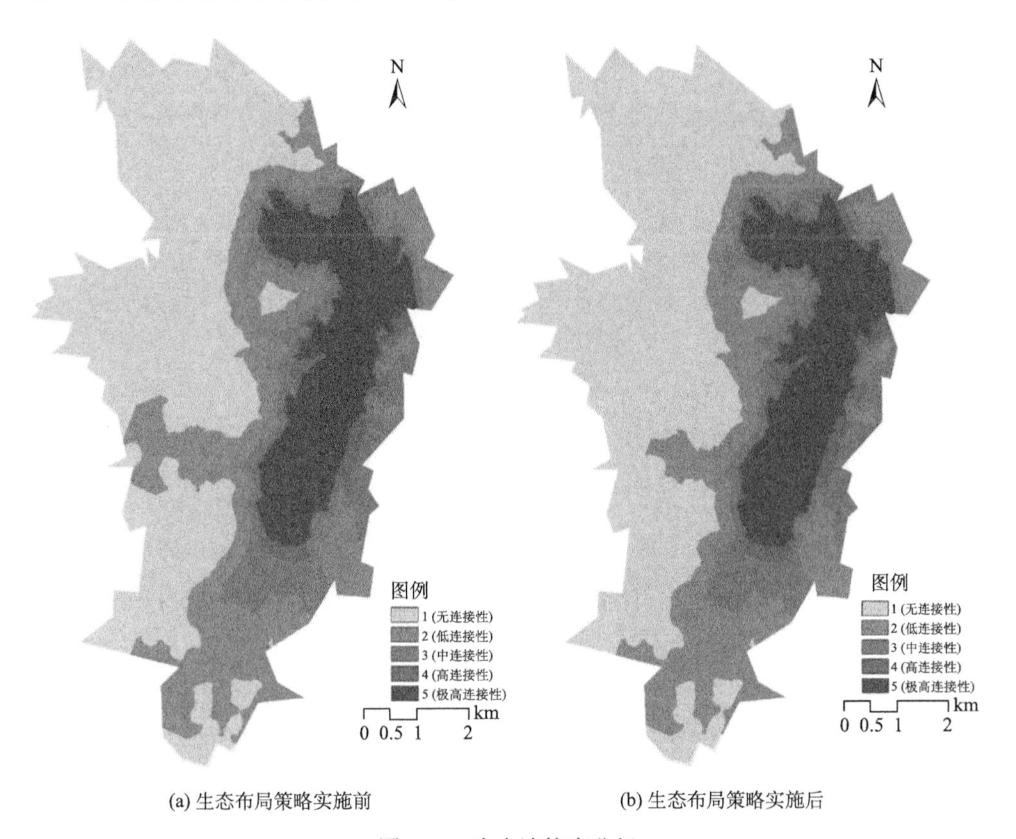

(a) 生态布局策略实施前　　(b) 生态布局策略实施后

图 7.36　生态连接度分级

统计生态布局策略实施前后，以高崖水库为源地的白塔镇生态连接度，结果如表 7.12 所示。

表 7.12　不同生态连接度分级面积占比

生态连接度分级	生态布局策略实施前(%)	生态布局策略实施后(%)
1	46.23	48.25
2	24.42	22.06
3	10.22	10.21
4	3.20	3.48
5	15.94	16.00

生态布局策略实施后，4 级和 5 级生态连接度面积占比均有所增加，这些变化主要出现在水库周边，如图 7.37 所示，表明水库周边生态廊道的实施有助于提高水库周边生态连接度。距离水库较远的区域，生态连接度变化不大或有一定程度的减少，这主要是由于镇域内除水库之外，其他大型生态斑块缺失。

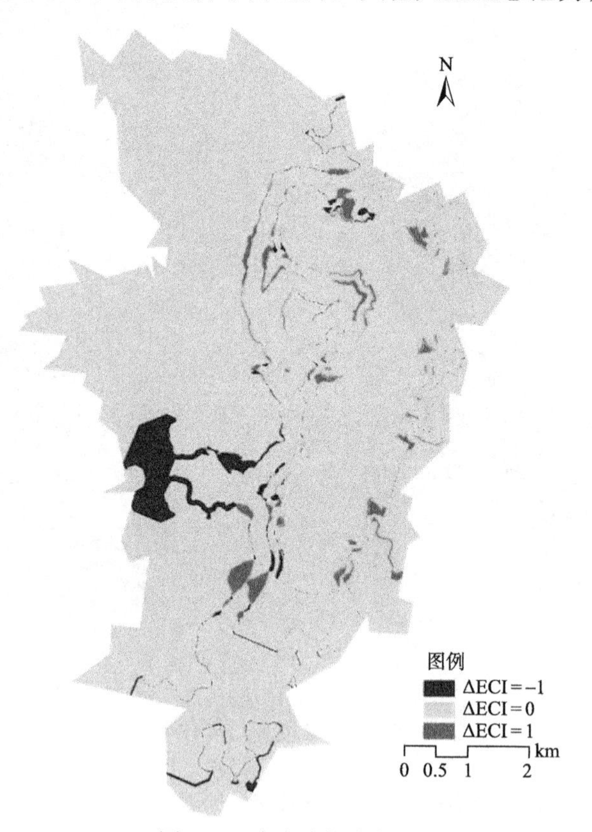

图 7.37　生态连接度变化

水网体系完善，城市抗洪涝灾害的能力增强，也就是水韧性增强。水生态韧性整体得到了提升。

7.4 本 章 小 结

本章以白塔镇为例，通过优化景观格局和构建水网体系，提升城市的水生态韧性，建设水生态韧性城市。

在景观格局分析和水系分析的基础上进行了景观格局优化和水网的构建。对大型生态斑块(面积大于 $1hm^2$)和生态廊道周边的生态斑块进行重点保护；以流域景观格局优化中的镇域生态廊道为基本框架，依托域内的沟渠缓冲带和道路绿化带，构成白塔镇生态廊道；严格控制城镇建设空间，保护耕地基质，加强耕地与其他生态斑块之间的联系，发展观光、体验农业，提高农业景观多样性，完善耕地防护林网。

根据汇水区面积和河网连通性确定生态水网布局，共选择 14 个河段，总长度 26.30 km 用于构建生态水网。水网体系完善，城市抗洪涝灾害的能力增强，也就是水韧性增强。利用生态廊道和水网对原有景观起到了分割作用，增加景观的破碎化程度，降低了耕地的连通性，景观整体的复杂度、不规则程度和聚集度增加，景观多样性和异质性提高，景观分布的均匀程度提高。

参 考 文 献

[1] 陈泳. 城市空间: 形态、类型与意义——苏州古城结构形态演化研究. 南京: 东南大学出版社, 2006: 197-201.

[2] 吴庆洲. 中国古代的城市水系. 华中建筑, 1991, (2): 57.

[3] Holling C S. Resilience and stability of ecological system. Annual Review of Ecological and Systematic, 1973, 4: 1-23.

[4] 周宏春, 江晓军. 构筑城市安全体系 建设生态韧性雄安(上) . 中国经济时报, 2018-06-29, (5).

[5] 尹衍雨, 王静爱, 雷永登, 等. 适应向然灾害的研究方法进展. 地理科学进展, 2012, (7): 953-962.

[6] 党明德, 林吉铃. 济南百年城市发展史——开埠以来的济南. 济南: 齐鲁书社, 2004.

[7] 张建华. 历史环境中的济南泉城聚落空间特色解析. 第十八届中国民居学术会议, 2010, 91-93.

[8] 杨颐. 古济南城水系与空间形态关系研究. 广州: 华南理工大学, 2017.

[9] 陆敏. 济南水文环境的变迁与城市供水. 中国历史地理论丛, 1997, (3): 105-116.

[10] 吴庆洲. 论北京暴雨洪灾与城市防涝. 中国名城, 2012, (10): 4-13.

[11] 赖娜娜, 李善征, 沈方, 等, 团城古渗井雨水利用工程简介. 2002 北京雨水与再生水利用国际研讨会论文集, 2002: 114-121.

[12] Vannote R L, Minshall G, Cummins K, et al. The river continuum Concept. Canadian Journal of Fisheries and Aquatic Sciences, 1980, 37: 130-137.

[13] Minshall G W. Developments in stream ecosystem theory. Canadian Journal of Fisheries and Aquatic Sciences, 1985, 42(5): 1045-1055.

[14] Saldi-Caromile K, Bates K, Skidmore P, et al. Stream habitat restoration guideline. Washington Department of Fish and Wildlife and Ecology, US. Fish and Wildlife Service, 2004.

[15] Word J V. The four-dimensional nature of lotic ecosystems. The north American Benthological Society, 1989, 8(1): 2-8.

[16] Bryce A A, Clarke S E. Landscape-level ecological regions: Linking state-level ecoregion frameworks with stream habitat classification. Environment Management, 1997, 20: 297-311.

[17] 傅伯杰, 陈利顶, 马克明, 等. 景观生态学原理及应用. 北京: 科学出版社, 2001.

[18] 韩文权, 常禹, 胡远满. 景观格局优化研究进展. 生态学杂志, 2005, 24(12): 1487-1492.

[19] 胡金龙. 景观格局演变及优化研究综述. 安徽农学通报(上半月刊), 2011, (21): 92-94.

[20] Wu J, Hobbs R. Key issues and research priorities in landscape ecology: An idiosyncratic synthesis. Landscape Ecology, 2002, 17(4): 355-365.

[21] 刘杰, 叶晶, 杨婉, 等. 基于 Gis 的滇池流域景观格局优化. 自然资源学报, 2012, (5): 801-808.

[22] 申桂芳, 李林山, 符增荣, 等. 尉氏县农业土地利用结构优化模式. 河南大学学报(自然科学版), 1989, (1): 59-65.

[23] 魏伟, 赵军, 王旭峰. GIS、Rs 支持下的石羊河流域景观利用优化研究. 地理科学, 2009, 29(5): 750-753.

[24] 秦向东, 闵庆文. 元胞自动机在景观格局优化中的应用. 资源科学, 2007, (4): 85-91.

[25] 岳德鹏, 王计平, 刘永兵, 等. GIS 与 Rs 技术支持下的北京西北地区景观格局优化. 地理学报, 2007, (11): 1223-1231.

[26] Seppelt R, Voinov A. Optimization methodology for land use patterns using spatially explicit landscape models. Ecological Modelling, 2002, 151(2): 125-142.

[27] Thomas M R. A GIS-based decision support system for brownfield redevelopment. Landscape & Urban Planning, 2002, 58(1): 7-23.

[28] 康慕谊, 姚华荣. Land use structure optimization for guanzhong region, Shaanxi Province. Journal of Natural Resources, 1999, 14(4): 363-367.

[29] Fu B, Gulinck H. Land evaluation in an area of severe erosion: The loess plateau of China. Land Degradation & Development, 2010, 5(1): 33-40.

[30] Burke V J. Landscape ecology and species conservation. Landscape Ecology, 2000, 15(1): 1-3.

[31] 俞孔坚. 生物保护的景观生态安全格局. 生态学报, 1999, (1): 10-17.

[32] Simberloff D S, Wilson E O. Experimental zoogeography of Islands: The colonization of empty islands. Ecology, 1969, 50(2): 278-296.

[33] MacArthar, R H, E O Wilson. The theory of Island Biogeography. Acta Biotheoretica, 2002, 50(2): 133-136.

[34] 李少华, 李晨希, 董增川. 生态型水网理论体系及关键问题探讨. 水利水电技术, 2006, (2): 64-67.

[35] 陈菁, 马隰龙. 新型城镇化建设中基于低影响开发的水系规划. 人民黄河, 2015, (8): 27-29, 34.

[36] 陈灵凤. 海绵城市理论下的山地城市水系规划路径探索. 城市规划, 2016, (3): 95-102.
[37] 赵祥, 周扬军. 基于模型的多尺度城市水系空间规划. 城市规划通讯, 2014, (16): 15-16.
[38] 霍艳虹, 杨冬冬, 曹磊. 基于 Lid 理念的校园水系景观规划探讨——以华北理工大学新校区为例. 建筑节能, 2017, (1): 102-106.
[39] 李婧. 海绵城市视角下城市水系规划编制方法的探索. 城市规划, 2018, (6): 100-104.
[40] 艾小榆. 江南新城水系连通概念性规划探讨与分析. 广东水利水电, 2014, (3): 57-60.
[41] 陆明, 柳清. 基于 Archydro 水文分析模型的城市水生态网络识别研究——以"海绵城市"试点济南市为例. 城市发展研究, 2016, (8): 26-32.
[42] 尹海伟, 徐建刚, 陈昌勇, 等. 基于 Gis 的吴江东部地区生态敏感性分析. 地理科学, 2006, (1): 64-69.
[43] 朱光明, 王士君, 贾建生, 等. 基于生态敏感性评价的城市土地利用模式研究——以长春净月经济开发区为例. 人文地理, 2011, (5): 71-75.
[44] 颜磊, 许学工, 谢正磊, 等. 北京市域生态敏感性综合评价. 生态学报, 2009, (6): 3117-3125.
[45] Wickwire W, Menzie C. A new approaches in ecological risk assessment: Expanding scales, increasing realism, and enhancing causal analysis. Human and Ecological Risk Assessment, 2003, 9(6): 1411-1414.
[46] 陈文波, 肖笃宁, 李秀珍. 景观指数分类、应用及构建研究. 应用生态学报, 2002, (1): 121-125.
[47] 彭建, 王仰麟, 张源, 等. 土地利用分类对景观格局指数的影响. 地理学报, 2006, (2): 157-168.
[48] 何鹏, 张会儒. 常用景观指数的因子分析和筛选方法研究. 林业科学研究, 2009, (4): 470-474.
[49] 郑建蕊, 蒋卫国, 周廷刚, 等. 洞庭湖区湿地景观指数选取与格局分析. 长江流域资源与环境, 2010, (3): 305-310.
[50] Knaapen J, Scheffer M, Harms B. Estimating habitat isolation in landscape planning. Landscape and Urban Planning, 1992, 23(1): 1-16.
[51] 张远景, 俞滨洋. 城市生态网络空间评价及其格局优化. 生态学报, 2016, (21): 6969-6984.
[52] 陈利顶, 傅伯杰, 赵文武. "源""汇"景观理论及其生态学意义. 生态学报, 2006, (5): 1444-1449.
[53] 邓文洪, 赵匠, 高玮. 破碎化次生林斑块面积及栖息地质量对繁殖鸟类群落结构的影响. 生态学报, 2003, (6): 1087-1094.
[54] 彭羽, 范敏, 卿凤婷, 等. 景观格局对植物多样性影响研究进展. 生态环境学报, 2016, (6): 1061-1068.
[55] 潘竟虎, 刘晓. 基于空间主成分和最小累积阻力模型的内陆河景观生态安全评价与格局优化——以张掖市甘州区为例. 应用生态学报, 2015, (10): 3126-3136.
[56] 赵筱青, 和春兰. 外来树种桉树引种的景观生态安全格局. 生态学报, 2013, (6): 1860-1871.
[57] 朱强, 俞孔坚, 李迪华. 景观规划中的生态廊道宽度. 生态学报, 2005, (9): 2406-2412.
[58] 黄侨. 基于景观生态学的城市绿地系统规划研究——以重庆开县为例. 重庆: 重庆大学, 2013.

[59] 陈晓明. 景观生态学理论与方法在小城镇总体规划的实践. 华南理工大学, 2011.
[60] 高芙蓉. 城市非建设用地规划的景观生态学方法初探. 重庆: 重庆大学, 2006.
[61] 董哲仁, 等. 河流生态修复. 北京: 中国水利水电出版社, 2013.
[62] 张利, 陈亚恒, 门明新, 等. 基于 GIS 的区域生态连接度评价方法及应用. 农业工程学报, 2014, (8): 218-226.
[63] Deyong Y, Bin X, Peijun S. Ecological restoration planning based on connectivity in an urban area. Ecological Engineering, 2012, 46(1): 24-33.
[64] Joan Pino, Joan Marnall. Ecological networks: Are they enough for connectivity conservation? A case study in the barcelona metropolitan region (Ne Spain). Land Use Policy, 2012, 29(3): 684-690.
[65] Marulli J, Mallarach J. A gis methodology for assessing ecological connectivity: Application to the barcelona metropolitan area. Landscape and Urban Planning, 2005, 71(2): 243-262.
[66] 武剑锋, 曾辉, 刘雅琴. 深圳地区景观生态连接度评估. 生态学报, 2008, (4): 1691-1701.
[67] 张琦曼. “三江并流”世界自然遗产地生态连接度及空间分异研究. 昆明: 云南大学, 2015.